"十四五"职业教育国家规划教材

职业教育教学资源库(国家级)配套教材

"十三五"江苏省高等学校重点教材 (编号: 2017-2-101)

微生物检验技术

第二版

万国福　主　编

郝涤非　李西腾　谢承佳　副主编

化学工业出版社

·北京·

内容简介

《微生物检验技术》（第二版）是"十四五"职业教育国家规划教材，"十三五"江苏省高等学校重点教材。本书结合现代微生物检验技术发展，通过对当代学生的学情分析，从内容到形式体现高等职业教育的新特色，突出微生物检验技术的实践应用，强调理论实践相结合。

本书在讲授专业知识的同时，引入了课程思政案例，有机融入了党的二十大报告内容，有利于培养学生的家国情怀，提高道德素养，树立正确的世界观、人生观、价值观。

全书共分两大模块十个项目。第一模块为微生物检验基础知识，包括项目一到项目六，阐述了微生物检验基础理论和实践，涵盖微生物定义、特点及发展史，微生物观察技术，微生物培养基制作技术，消毒和灭菌技术，微生物分离、纯化技术，微生物检测技术等内容。第二模块为微生物检验拓展知识，包括项目七到项目十，主要介绍了微生物的腐败变质和工业应用，包括腐败微生物和食品贮藏技术，食品微生物发酵技术，微生物资源开发和育种技术，食物中毒及其控制技术等内容。最后是附录内容，包括微生物实验常见器皿介绍及清洗，常用仪器设备的使用，微生物检验常用染色法等。

本书可作为高职高专食品、药品、生物、卫生防疫、分析检验技术等专业的教学用书，也可作为微生物检验人员、发酵生产人员、卫生防疫人员、食品安全监管人员及相关人员的参考培训用书。

图书在版编目（CIP）数据

微生物检验技术/万国福主编 . —2 版 . —北京：化学
工业出版社，2023.7（2024.8重印）
"十四五"职业教育国家规划教材
ISBN 978-7-122-40682-8

Ⅰ.①微… Ⅱ.①万… Ⅲ.①食品检验-微生物检定-
职业教育-教材 Ⅳ.①TS207.4

中国版本图书馆CIP数据核字（2022）第022937号

责任编辑：蔡洪伟　王　芳　　　　　　　　　　装帧设计：王晓宇
责任校对：杜杏然

出版发行：化学工业出版社（北京市东城区青年湖南街13号　邮政编码100011）
印　　装：河北延风印务有限公司
787mm×1092mm　1/16　印张19　字数453千字　2024年8月北京第2版第4次印刷

购书咨询：010-64518888　　　　　　　　　售后服务：010-64518899
网　　址：http ://www.cip.com.cn
凡购买本书，如有缺损质量问题，本社销售中心负责调换。

定　　价：49.00元

版权所有　违者必究

  《微生物检验技术》（第二版）是"十四五"职业教育国家规划教材、"十三五"江苏省高等学校重点教材。

  本教材自 2019 年 3 月第一版出版以来，已多次重印，深受广大读者欢迎。读者普遍反映教材内容紧跟专业发展，专业技能针对性强，利教利学，充分体现高职教育特色；教材建设坚持"实践技能培训为主导、理论知识够用"的原则，紧密结合微生物检验相关"1+X"职业技能等级证书的培训考核内容，满足学生专业岗位能力需求。

  此次修订有机融入了"推动绿色发展，促进人与自然和谐共生""尊重自然、顺应自然、保护自然""坚持面向世界科技前沿、面向经济主战场、面向国家重大需求、面向人民生命健康，加快实现高水平科技自立自强"等党的二十大报告中的内容，新增和修订的"走近院士""前沿技术""实用技术"等栏目，通过引入"陈文新与根瘤菌""中国白酒第一坊——水井坊""核酸检测与 PCR"等思政案例，有利于培养学生的家国情怀，提高道德素养，树立正确的世界观、人生观、价值观。

  这次修订，在保持第一版教材体系、结构不变的基础上，重点进行部分内容和数字资源更新，具体修订内容及特色如下：

  （1）教材引用标准均为新标准，为学习贯彻标准规范，提供了基础。

  （2）教材强调思政教育与专业课程的有机融合，在专业内容介绍上合理巧妙地增加了思政教育元素，强调"育才先育人"。

  （3）内容更新了部分微生物检验相关新技术、新应用；增补完善了"知识拓展"等内容，更新了微课、动画等数字化资源，进一步增加了教材学习的实用性、灵活性、趣味性。

  （4）教材修订与"1+X"职业技能等级证书考核相结合，依据"食品检验管理""粮农食品安全评价"等"1+X"证书考核要求，突出微生物检验考核内容，强化专业术语、实验原理、方法及操作要点等考核点的讲解，配以实操视频和动画的学习，为实施"1+X"证书制度提供支持。

（5）本次修订汇集了食品检验专业高校教师、食品企业技术专家等多方优势资源，由编写人员共同完成，突出了校企合作、工学结合的方针。

本书由江苏食品药品职业技术学院万国福担任主编，参加编写的人员有江苏食品药品职业技术学院的郝涤非、李西腾和谷绒，扬州工业职业学院的谢承佳，武汉中粮肉食品有限公司的焦驼文，广州岭南穗粮谷物股份有限公司的刘子立。万国福编写了项目一、项目二；郝涤非编写了项目三、项目四；李西腾编写了项目六、项目十；谷绒编写了项目九；谢承佳编写了项目五、项目七；焦驼文编写了项目八，刘子立编写了附录一至附录三。万国福负责全书的统稿。本书由天津现代职业技术学院王立晖主审。

感谢化学工业出版社的大力支持和帮助。教材修订中，参考和吸取了一些相关资料的精华，在此向有关作者表示感谢。限于编者水平，书中不妥之处在所难免，敬请广大读者和同行专家批评指正，以便修改。

编　者
2023 年 4 月

模块一　微生物检验基础知识

模块二 微生物检验拓展知识

项目七 腐败微生物和食品贮藏技术 ——————158

项目八 食品微生物发酵技术 ——————179

附　录 —————————————————— 275

参考答案 —————————————————— 288

参考文献 —————————————————— 291

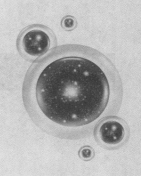

模块一
微生物检验基础知识

项目一
微生物检验技术绪论

项目引导

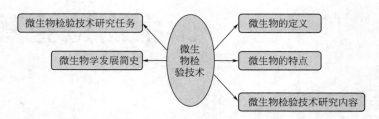

微生物检验技术是以微生物为研究对象，通过分析检测微生物种类、数量、性质及产生的安全危害程度，进行产品质量检验和判断的过程。微生物检验结果准确与否直接关系到产品质量是否合格和出厂，必须根据产品性质及质量要求，依据国家微生物学检验标准选择合适的检测方法。微生物检验技术广泛应用于食品、农产品、环境处理、生物制品等领域，以研究微生物的性质、生理功能、代谢产物、微生物腐败、微生物检测和发酵生产为主要内容。

想一想

微生物在日常生活中如何发现？

一、微生物的定义

微生物检验技术属微生物学的分支学科之一，它是通过研究细菌、放线菌、真菌、病毒、立克次氏体、支原体、衣原体、螺旋体、原生动物及单细胞藻类等微小生物的形态结构、生理生化特征、代谢方式及产物、遗传变异等生命活动基本规律及差异，并将其应用于食品检验、工业分析、医学卫生、防腐抗菌、环境监测等领域。

我们把自然界里那些肉眼看不见或看不清楚的、必须借助显微镜才能观察到的微小生物，总称为微生物。即微生物是一类个体微小、结构简单、肉眼不可见或看不清楚的必须借助显微镜才能观察的微小生物的统称。每一类微生物都具有各自特有的形态结构，有的是单细胞结构，有的是简单的多细胞，有的甚至无细胞结构，它们广泛存在于自然界中，是地球上最古老的"原住民"之一。

微生物虽然个体微小，但在适宜的环境中生长繁殖迅速。它们在自然界中起着巨大的作用，是引起各类物质循环转化的原因之一，例如土壤中微生物能分解动植物有机质转化为无机质，维持地球上的物质循环。

微生物种类繁多，通常包括非细胞生物的病毒、亚病毒（类病毒、拟病毒、朊病毒），原核细胞结构的真细菌、古生菌、蓝细菌、支原体、衣原体、立克次氏体，以及真核细胞结构的酵母菌、霉菌等真菌、原生动物和单细胞藻类。

一般来说，微生物都是非常简单的低等生物。细菌、放线菌、酵母菌、原生动物、藻类等都是单细胞结构，部分霉菌为简单的多细胞结构，病毒则是由蛋白质外壳和遗传核心构成的非细胞生物，甚至部分亚病毒是只有一种物质成分构成的非细胞生物。微生物形态、大小和细胞类型见表1-1，微生物类型见图1-1。

表1-1　微生物形态、大小和细胞类型

微生物	大小近似值	细胞类型
病毒	$10\sim350nm$	非细胞的
细菌	$0.1\sim10\mu m$	原核生物
真菌	$2\mu m\sim1m$	真核生物
原生动物	$2\sim1000\mu m$	真核生物
藻类	$1\mu m\sim$ 几米	真核生物

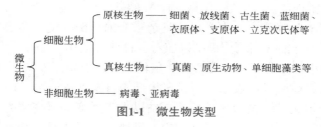

图1-1　微生物类型

二、微生物的特点

个体小、结构简、进化低，是微生物典型的生物学特征。种类多、数量大、代谢旺、繁殖快等特点，是其他生物所没有的，并且这些特点的本质都与微生物个体微小、比表面积大有着密切关系。

（一）个体微小，比表面积大

二维码1-1
微生物的定义、分类

微生物在形态上，个体微小，肉眼看不见，需用显微镜观察，通常大小以微米和纳米计量。例如，一个球菌直径平均$1\mu m$，杆菌的平均长度为$2\mu m$，而一个病毒粒子仅有约20nm。由于微生物个体微小，因此它们的结构也非常简单，大多数为单细胞结构，少数为简单多细胞结构，病毒、亚病毒属于分子生物。如果将1500个杆菌首尾相连，其长度大约为一粒芝麻的长度，将10亿～100亿个细菌的重量加起来大约为1mg。然而，微生物的比表面积却大得惊人，如果设定人的皮肤面积与体积比为1，那么一个大肠杆菌的比表面积将是人的30万倍，这大大有利于微生物和周围环境进行物质、能量、信息的交换。"个体微小，比表面积大"是微生物诸多特性的前提和物质基础，其他特性都与该特点密切相关。

二维码1-2
微生物的特点

（二）生长旺盛，繁殖迅速

微生物具有惊人的生长繁殖能力，在实验室培养条件下细菌几十分钟至几小时可以繁殖一代。以大肠杆菌为例：大肠杆菌一个细胞重约10^{-12}g，平均20min繁殖一代，1h 后繁殖 8 个，2h 繁殖 64 个，3h 繁殖 512 个，4h 繁殖 4096 个，24h 后繁殖 72 代，约 4.7×10^{21} 个细菌，重量达到 4722t，48h 后繁殖约 2.2×10^{43} 个细菌，重量达到 2.2×10^{25}t，相当于 4000 个地球的重量。由此可见，微生物生长繁殖速度惊人。但因种种条件的限制，这种繁殖速度是不能持久的。尽管如此，微生物这种惊人的繁殖能力在工业发酵生产上应用，短时间内也可获得大量增殖，收获较多产物。

（三）吸收力强，代谢多样

因为微生物个体小，比表面积大，有利于物质交换，因此微生物具有惊人的代谢能力。例如，一头 500kg 的食用公牛，24h 生产 0.5kg 蛋白质，而同样重量的酵母菌，以糖液和氨水为原料，24h 可以生产近 50000kg 优质蛋白质；再如，产朊假丝酵母合成蛋白质的能力是大豆的 100 倍，乳酸菌每小时能产生自重 1000~10000 倍的乳酸。微生物营养物质吸收能力是微生物生长繁殖和产生代谢产物的基础。微生物代谢多样主要包括代谢类型多、代谢途径多和代谢产物种类多。

（四）适应性强，容易变异

微生物适应能力极强，有动植物生存的地方微生物能够生存，人类和动植物不能生存的极端环境微生物同样能够生存。微生物的适应能力是高等动植物难以相比的，它们往往具有极强的耐（嗜）热性、耐（嗜）酸性、耐（嗜）碱性、耐（嗜）盐性、耐（嗜）压性、抗辐射等能力。为了适应复杂多变的周围环境，微生物在长期的进化过程中形成了灵活多样的代谢调控机制以应对各种环境变化。

微生物个体微小，结构简单，通常为单倍体，加上繁殖速度快，代时短，数量多，代谢旺盛，又与外界环境直接接触，即使在极低的自发突变概率（$10^{-9} \sim 10^{-8}$）下，也可以在短时间内产生大量变异后代，如若再辅以人工诱变（诱变率为 $10^{-6} \sim 10^{-5}$），那么产生变异后代的数目将更加庞大。基因突变是微生物最常见的变异形式，主要涉及形态结构、生长代谢、生理生化、代谢产量等遗传变异。人们利用微生物易变异的特点，进行菌种选育，以获得高产菌株，有利于提高发酵产品产量和质量并降低生产成本。若因保藏方法和条件不当，造成菌种性能退化，同样会对发酵生产造成极其不利的影响。

（五）种类繁多，分布广泛

微生物种类繁多主要指微生物数目和种类多。自然界中的微生种类不计其数，并且不断有新的物种逐渐被发现。据不完全统计，目前已定种的微生物大约 10 万多种，仅占自然界中存在的微生物总数的 1%，也就是说还有近 990 万种微生物未被发现。一般每克土壤中所含微生物数量高达到几千万至几亿个，其中细菌最多，放线菌次之。

微生物在自然界分布极为广泛，江河湖海、山川平原到处都有微生物的身影。例如，在火山口发现了微生物的踪迹，在南极冰川 3500m 以下永冻层找到了微生物生命，在远离地表数十公里的高空也有微生物发现，在人、动物的体内、体表均有微生物存在，可以说，微生物是无处不在、无时不在。微生物的种类多样和分布广阔这一特点，为人类对微生物的开发和利用提供了宝贵丰富的资源。

总之，微生物与人类的关系既是朋友又是敌人，它是一把利弊共存的"双刃剑"，由于微生物除具有一般生物所共有的特性外，又具有其他生物所没有的特点。因此，正确利用微生物，实质上就是正确地利用微生物特性为人类更好地服务。

三、微生物检验技术研究内容

微生物检验技术是专门研究微生物与食品、环境、医药等相互关系的一门学科。研究内容涉及与相关微生物的生命活动规律、生理生化特性、形态结构鉴别等内容。针对不同行业和产业，研究微生物的检测方法、微生物利用和控制、食品药品的腐败变质原理并制定相关指标等，为判断产品卫生质量提供科学的参考。

（一）微生物检验与食品工业

微生物腐败变质不仅对食品生产造成巨大的损失和浪费，同时也严重影响人们的身体健康。根据世界卫生组织的估计，全球每年发生食源性疾病的人口超过数十亿，平均每年有 1/3 的人群感染食源性疾病，即使在欧美发达国家，食源性疾病发生的概率也极高。因此不仅要预防和控制微生物的污染，更要求加强对食品中的微生物进行严格检验，让消费者吃上放心的食品。食品微生物检验意义重大。

微生物作为自然界存在的一种特殊生物群体，与人类食物有着密切的关系。微生物在许多食品生产中起着至关重要的作用，但同时也是导致食品腐败变质的元凶，因此要正确处理微生物与食品间的关系。

1. 微生物与食品生产

人类日常食用的很多食品都是由微生物直接作用或参与实现的。如白酒、黄酒、酱油、食醋等是用淀粉质为原料，经微生物制曲、糖化、发酵等阶段酿造而成的；酸乳制品是以鲜乳为原料，经过杀菌作用并接种乳酸菌进行发酵，生产出具有特殊风味的食品；啤酒是以大麦芽为主要原料，大米、酒花等为辅料，经过制麦、糖化、啤酒酵母发酵等工序酿制而成的一种含有二氧化碳和多种营养成分、低酒精度的饮料酒。像这类食品还有很多种，可见微生物在食品生产中发挥了非常大的作用。

2. 微生物与食品腐败

食品在加工前、加工过程中以及加工后，都可能受到外源性和内源性微生物的污染。污染食品的微生物主要有细菌、酵母菌和霉菌以及由它们产生的毒素。污染途径较多，加工前可以通过土壤、加工用水、环境空气、操作人员、加工器具、包装运输设备、贮藏环境，以及昆虫、动物等，直接或间接污染食品加工的原料、半成品或成品。加工过程中的清洗、消毒和灭菌过程都又可以使食品中微生物种类和数量显著下降，甚至完全杀菌。但由于食品的成分组成、理化性状、加工方式等原因，都会影响加工后食品中的微生物残留。

微生物引起腐败变质的条件：

① 原料本身营养丰富，如蛋白质、脂肪、碳水化合物、维生素和无机盐等含量丰富，易导致微生物污染和腐败。

② 适宜的理化条件，如温度、水分活度、pH 值、有氧环境等加速微生物生长繁殖。高温、低温抑制微生物的生长和代谢速率，减缓微生物引起的腐败变质；水分活度越低越不利于微生物生长繁殖；细菌、放线菌适于弱碱性环境，酵母菌、霉菌适于酸性环境；好氧微生物（生活中所接触的微生物大多为好氧菌）在无氧条件下（如充氮或抽真空）会被抑制生长。

③ 其他处理，如盐渍、糖渍、高压、微波、辐照、抗微生物制剂使用等处理也能够杀死或抑制微生物生长繁殖。

（二）微生物检验与医药卫生

微生物种类多、数量大、代谢能力强等特点广泛应用于医药卫生行业。如抗生素、维生素、酶制剂、氨基酸、有机酸等都可以利用微生物发酵生产。利用微生物工程菌发酵生产制药具有成本低、产量高、质量稳定等优点。

大多数微生物对人类和动、植物有益或无害，只有少数可引起人类或动、植物的病害，如伤寒、痢疾、脊髓灰质炎、天花、口蹄疫、禽流感、疯牛病、鼠疫等。具有致病性的微生物称病原微生物，为医学卫生微生物研究的主要对象。医药卫生检验中重要的一部分内容就是微生物检验，即通过研究致病微生物的形态结构、营养代谢、生长繁殖、遗传变异、消毒灭菌、对机体的感染致病和机体的免疫机制寻找出合适的微生物检验法与特异性防治措施，其目的是分析、控制、消灭传染病和与微生物有关的其他疾病，保障人类的健康。

四、微生物检验技术研究任务

微生物检验是衡量食品、农产品、医药等卫生质量的重要指标之一，也是判定被检样品能否食用的科学依据之一。微生物检验技术研究的主要任务是通过微生物检验，可以判断产品加工环境及卫生环境是否符合相应标准要求，能够对食品被微生物污染的程度做出正确的评价，为各项卫生管理工作提供科学依据。微生物检验要坚持"预防为主"，有效减少或防止食物中毒和人畜共患病的发生，保障人民的身体健康。同时，微生物检验对提高产品质量、避免经济损失、保证产品稳定性等方面具有重要意义。另外，微生物检验有利于及时发现并控制微生物污染，完善微生物污染防控机制，避免在生产、保藏、流通中遭受有害微生物的污染，保证产品的安全性。

二维码1-3 微生物
检验技术研究内容

五、微生物学发展简史

人类对微生物的认识是一段漫长而又曲折的过程。虽然微生物在进化图谱中处于较低等的位置，但因其个体微小，肉眼看不见，很难被发现，人们真正认识了解微生物应是从显微镜发明以后才开始的。纵观微生物学发展历史，根据人们对微生物的由无意识利用到简单形态观察，再到了解微生物特性及培养，最后到全面运用分子生物学理论和现代研究方法揭示微生物生命规律，我们将微生物学发展史分为四个阶段，即史前时期、启蒙时期、形成时期、发展成熟时期。

（一）史前时期

人类对微生物的利用可以追溯到史前文明。早在4000多年前的龙山文化时期，我国就有利用微生物进行酿酒的应用，早在殷商时期中国最早的文字甲骨文中就出现了"酒"字。北魏贾思勰的《齐民要术》中，详细列举了谷物制曲、酿酒、制酱、酿醋和腌菜等利用微生物的记载。此外，国外也有大量有关利用微生物制作产品的史料记载。早在公元前3000年的古埃及就已详细描述了利用微生物制作啤酒和葡萄酒的方法。

总之，这些早期的盐腌、糖渍、烟熏、风干和酿造技术都是人类无意识地利用了微生物学知识的最好实例。

（二）启蒙时期

1664年，英国人罗伯特·虎克（Robert Hooke）曾用原始的显微镜对生长在皮革表面及蔷薇枯叶上的霉菌进行观察。17 世纪中叶荷兰著名显微镜学家列文·虎克（Antonivan Leeuwenhoek，1632—1723）使用自制的显微镜观察并发现了霉菌等多种微生物，实现了人类从宏观世界到微观世界的观察，开创了微生物学启蒙时期。

19 世纪上半叶，以欧洲为代表的生物学家对微生物的认识逐步深入。1838 年德国动物学家埃伦贝格在著作《纤毛虫是真正的有机体》中，把纤毛虫纲分成 22 科，其中包括 3 个细菌科（他将细菌看作动物），这是首次创立"细菌"一词；1854 年德国植物学家科恩首次发现杆状细菌芽孢，并将细菌归属于植物界，确定了此后近百年的细菌分类学地位。

（三）形成时期

19 世纪下半叶，一大批学者推动了微生物学研究的蓬勃发展，其中贡献最突出的有巴斯德（发酵学之父）、科赫（细菌学之父）、贝耶林克和维诺格拉德斯基等生物学家。

微生物学研究的一套基本技术在 19 世纪后期已基本建立和成形，包括显微术、灭菌方法、加压灭菌器、纯培养技术、革兰氏染色法、培养皿和琼脂凝固剂等。

法国科学家路易·巴斯德（Louis Pasteur，1822—1895）将微生物研究从简单的形态结构转移到生理途径方面，奠定了工业微生物学和医学微生物学的基础，开创了微生物生理学。他论证了酒和醋的酿造以及个别物质的腐败都是因微生物发酵引起的，而不是因发酵或腐败产生微生物；证实了生命只能来源于生命，创立了著名的"胚种"学说，并通过著名的曲颈瓶实验强有力地证实了"自然发生"学说的错误；他进一步验证了微生物不同代谢机能也不尽相同，各自需要的生长条件也不同；他提出的防止葡萄酒变质的加热杀菌方法，即巴斯德消毒法，使用该方法可使新生产的葡萄酒得以长期保存；他还研究了人、畜之间的传染病（狂犬病、霍乱等），提出了传染病因是病原微生物的作用，并创立了疫苗接种预防传染病的方法。巴斯德在微生物学各方面的科学研究成果，大大促进了医学、发酵工业和农业的发展。

德国细菌学家罗伯特·科赫（Robert Koch，1843—1910）是病原细菌学研究的开拓者。他首先证实了炭疽杆菌是炭疽病的病原菌，肺结核病的病原菌是结核杆菌，并提倡采用消毒和杀菌方法防止类似疾病的传播；他创立了细菌的染色方法，设计出多种培养基，实现了实验室微生物的培养；他建立了细菌纯培养技术，并规定了鉴定病原细菌的方法和步骤，提出了著名的科赫原则。

荷兰微生物学家贝耶林克（Martinus Wllem Beijerinck，1851—1931）在研究烟草花叶病时指出烟草花叶病并非由细菌的病原因子诱发，而是由过滤性病毒引起的（即烟草花叶病毒）。

俄国出生的法国微生物学家维诺格拉斯基（Sergei Winogradsky，1856—1953）于1887 年发现硫黄细菌，1890 年发现硝化细菌，论证了土壤中硫化作用和硝化作用的微生物学过程以及这些细菌的化能营养特性。他最先发现自生固氮细菌，并运用无机培养基、选择性培养基以及富集培养等原理和方法，研究土壤细菌各个生理类群的生命活动，揭示土壤微生物参与土壤物质转化的各种作用，为土壤微生物学的发展奠定了基础，并且首次提出了自养生物的概念及其与自然循环的关系。

（四）发展成熟时期

微生物学发展成熟期是从 19 世纪末开始一直至今。其中人们常以 1953 年沃森（James Watson）和克里克（Francis Crick）提出的 DNA 双螺旋结构作为节点。在此以前，称之为发展期，而此后为成熟期。

20 世纪上半叶微生物学发展欣欣向荣。微生物学研究主要沿着两个方向发展，即应用微生物学和基础微生物学。随着微生物与人类疾病和躯体防御机能的深入研究，促进了医学微生物学和免疫学的发展。1928 年弗莱明发现青霉素和 1940 年瓦克斯曼对土壤中放线菌素的研究成果导致了抗生素科学的出现，这是工业微生物研究的一个重要领域。环境微生物学在土壤微生物学研究的基础上发展起来。随着微生物应用成果不断涌现，进一步促进了基础研究的深入，于是细菌和其他微生物的分类系统在 20 世纪中叶出现了，通过深入对细胞化学结构和酶及其功能的研究发展了微生物生理学和生物化学。微生物遗传与变异的研究导致了微生物遗传学的诞生。

自 1953 年美国科学家沃森和英国科学家克里克提出 DNA 双螺旋结构，微生物学研究重点转向了分子微生物学，并在较短的时间内取得了一系列进展，提出了一些新的概念，如生物多样性、进化、三原界学说，细菌染色体结构和全基因组测序，细菌基因表达的整体调控和对环境变化的适应机制，细菌的发育及其分子机制，细菌细胞之间和细菌同动植物之间的信号传递，分子技术在微生物原位研究中的应用等。经历近 150 年成长起来的微生物学，在新的时期将作为统一生物学的重要内容继续向前发展。

陈文新与根瘤菌

陈文新（1926.9—2021.10），我国著名土壤生物学家、细菌分类学家，湖南浏阳人，1952 年毕业于武汉大学，中国科学院院士，中国农业大学生物学院教授。

陈文新教授在根瘤菌这条"既艰辛耗时又偏僻生冷"的研究道路上坚持不懈数十年，踏遍祖国大江南北，采集、分离、保藏根瘤菌 5000 多株，数量和所属寄主植物种类位居世界首位，让这种肉眼看不见手摸不着的微生物为人类做出了巨大贡献。根瘤菌是一类共生固氮细菌的总称，这类细菌在许多豆科植物的根或茎上形成根瘤并固定空气中的氮气为植物提供营养。这种高效、节能、环保的微生物能够为农田生态系统提供其所需的 80% 的氮，并在极大程度上改良土壤结构。

自 20 世纪 80 年代以来，陈文新教授带领她的实验室先后描述并发表了两个根瘤菌新属和 8 个根瘤菌新种，占国际发表根瘤菌新属的 1/2、新种的近 1/3。她一手创立了中国农大根瘤菌研究中心，建立了根瘤菌资源数据库，提出了否定根瘤菌"寄主专一性"及与植物"互接种族"传统观念的新见解，引领我国的根瘤菌分类研究进入了世界先进行列。1998 年，她还受邀编写有"细菌学圣经"之称的《伯杰系统细菌学手册》（第二版）中根瘤菌部分内容。

陈文新教授一生献身于肉眼不可见的神奇生物——根瘤菌的研究。她给自己总结了四点做科学之道：勤奋、求新、认真、求实。

二维码1-4
微生物发展史

勤奋——不勤奋也不可能有太大的成就。

求新——对发现新事物总是有兴趣。

认真——认真对待科学研究。

求实——科研来不得半点虚假。

项目小结

对于微生物检验技术初学者而言，在本部分必须要学会四个方面的主要内容：微生物定义、微生物分类、微生物特点及对微生物研究贡献巨大的科学家。

1. 微生物是一类个体微小、结构简单、肉眼不可见或看不清楚的必须借助显微镜才能观察的微小生物的统称。

2. 微生物分类可以按照"三菌四体一病毒"原则帮助记忆。"三菌"指细菌（包括真细菌、古细菌、蓝细菌）、真菌（酵母菌、霉菌）、放线菌，"四体"指支原体、衣原体、立克次氏体、螺旋体，"一病毒"即病毒（包括真病毒和亚病毒）。

3. 微生物特点主要包括：个体微小，比表面积大；生长旺盛，繁殖迅速；吸收力强，代谢多样；适应性强，容易变异；种类繁多，分布广泛五个方面，其中"个体微小，比表面积大"是其他特点的前提和物质基础。

4. 微生物学先后经历了史前时期、启蒙时期、形成时期、发展成熟时期四个阶段，为微生物发展做出突出贡献的科学家有很多。荷兰人列文·虎克利用显微镜实现了微生物观察；法国科学家路易·巴斯德发现并确立了微生物是引起腐败变质的根本原因，创立巴氏消毒法、"胚种学说"，为微生物应用于工业发酵夯实了基础；德国细菌学家罗伯特·科赫实现了细菌的人工培养，验证了部分传染性疾病与微生物之间的关系，建立了著名的"科赫原则"，为细菌学的建立奠定了基础。

随着人们对微生物研究的不断深入，微生物检验技术已发展成与物理、化学、信息学、计算机科学等多个学科密集交织在一起的相互渗透、相互交叉、相互融合的跨专业学科，它将在人类社会中发挥更加重要的作用。

练一练测一测

1. 单选题

（1）下列不属于微生物范围的是（　　）。

A.细菌　　　　　　　　B.酵母菌　　　　　　　C.支原体　　　　　　D.蚂蚁

（2）细菌大小常用（　　）表示。

A.dm　　　　　　　　　B.cm　　　　　　　　　C.mm　　　　　　　　D.μm

（3）病毒大小常用（　　）表示。

A.dm　　　　　　　　　B.cm　　　　　　　　　C.nm　　　　　　　　D.μm

2. 判断题

（1）只要个体微小，就属于微生物。　　　　　　　　　　　　　　　　　（　　）

（2）微生物特点的核心是个体微小，比表面积大。　　　　　　　　　　（　　）

（3）巴斯德、科赫、虎克三位科学家都是因制作了显微镜而著称。　　　（　　）

（4）因为微生物个体小，所以微生物代谢能力不及动植物。　　　　　　（　　）

3. 填空题

（1）微生物学发展的奠基者是法国的_____，细菌学奠基者是德国的_____。

（2）微生物按结构是否有细胞结构可分为_____和_____。

（3）微生物的五大特点是_____、_____、_____、_____和_____。

（4）微生物学发展先后经历了_____、_____、_____、_____四个阶段。

4. 简答题

（1）试分析微生物与人类的关系如何。

（2）微生物主要包括哪些类型？

项目二
微生物观察技术

项目引导

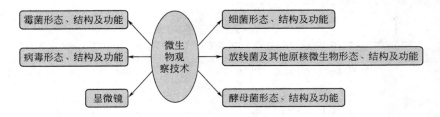

生物形态结构是微生物认识的重要组成部分，也是微生物检验技术的重点和难点。微生物种类繁多，根据进化水平和性状差异可分为原核微生物、真核微生物和非细胞微生物三大类。其中，原核微生物的代表为细菌和放线菌；真核微生物的代表为酵母菌和霉菌；非细胞微生物的代表为病毒。由于三种类群各自结构不同，各有特点，我们在进行微生物观察时将依据各自特点选用不同染色和镜检方法。

想一想

试比较植物、动物和微生物三者的细胞结构有哪些异同？

任务一 细菌形态、结构及功能

任务要求

1. 了解原核微生物、真核微生物之间的区别。
2. 掌握细菌形态、结构特点。
3. 掌握细菌细胞壁特点及革兰氏染色机制。
4. 了解细菌的典型二分裂方式。

微生物按形态结构分为细胞型微生物和非细胞型微生物，细胞型微生物按其细胞构造又可分为原核生物和真核生物。原核生物和真核生物在细胞核、细胞质膜、细胞器、核糖体 RNA、繁殖方式及代谢场所方面均存在较大差异。

一、原核微生物与真核微生物

原核微生物细胞和真核微生物细胞之间存在诸多差别。原核生物没有细胞核结构但有明显的核区，核区内只有一条双螺旋结构的脱氧核糖核酸（DNA）构成的染色体，且没有核膜和核仁。真核生物细胞内有细胞核结构，染色体由双螺旋结构的脱氧核糖核酸与组蛋白缠绕构成，且被一层核膜包裹，中间有核仁，核膜上有核孔。此外，真核细胞内有线粒体、叶绿体等细胞器，原核细胞内没有细胞器结构。两种类型的细胞核糖体 RNA 也存在差异，原核生物核糖体 RNA 沉降系数是 70S，而真核细胞的是 80S。原核生物与真核生物比较见表 2-1。

表2-1　原核生物与真核生物比较

比较内容	原核生物	真核生物
细胞核	DNA 在细胞质中游离，有明显核区	有完整的细胞核结构，DNA 被核膜包裹
	无核膜、核仁	有核膜、核仁
	只有一条 DNA 构成染色体	DNA 与组蛋白缠绕构成染色体
	在 mRNA 中没有发现内含子	所有基因中都发现内含子
	细胞分裂以二分裂方式，只有无性繁殖	细胞分裂存在有丝分裂，包括有性繁殖和无性繁殖两种
细胞结构	细胞膜为双分子层结构	结构也为双分子，且细胞膜中含有固醇
	无细胞器	有线粒体等细胞器
	物质、能量代谢在细胞膜上进行	物质、能量代谢多在线粒体进行
	由一根蛋白丝构成鞭毛	鞭毛为 9+2 微管排列的复杂结构
	细胞壁成分主要为肽聚糖、脂多糖、磷壁酸等	细胞壁成分主要为多糖，一般为纤维素或者几丁质
核糖体	核糖体 RNA 沉降系数是 70S	核糖体 RNA 沉降系数是 80S（线粒体和叶绿体的核糖体是 70S）

二、细菌基本形态及空间排列

细菌是一类个体微小、形态结构简单、多以二分裂方式繁殖的单细胞原核生物。广泛分布在地球的任何角落，土壤、水、动植物体内外等，到处都有它的踪迹，特别是温暖、湿润、肥沃的土壤，是细菌生长最活跃的场所。

细菌是维持生态系统中物质循环的重要分解者。碳、氮、磷等物质循环得以顺利进行，与细菌的分解作用密不可分。细菌与人类活动之间的关系就像一把"双刃剑"。一方面，细菌是人类许多疾病的病原菌，肺结核、淋病、炭疽病、梅毒、鼠疫等疾病都是由细菌引发和传播的；另一方面，细菌也常为人类所利用，酸奶、乳酪、泡菜的制作，污水处理，酱油、食醋酿造等，都与细菌作用密不可分。另外，在生物工程领域，细菌也有着广泛的应用，为基因工程技术提供了宝贵的工程菌。

细菌的形态多样，有球形、杆状、螺旋状、网状、心形、肾形、叶柄状、丝状等，但最常见的基本形态只有球菌、杆菌和螺旋菌三种（见图2-1）。

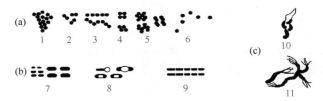

图2-1　细菌的各种形态

1—葡萄球菌；2—双球菌；3—链球菌；4—四联球菌；5—八叠球菌；6—单球菌；
7—短杆菌；8—芽孢杆菌；9—链杆菌；10—弧菌；11—螺菌
（a）球菌；（b）杆菌；（c）螺旋菌

（一）球菌

细胞个体呈球形或椭圆形，不同的球菌在细胞分裂时会形成不同的空间排列方式，这些排列方式常被作为细菌的重要分类依据。

① 单球菌　细菌分裂后的细胞分散而单独存在，如尿素微球菌。

② 双球菌　细菌在一个平面上进行分裂，分裂后不分离而是连在一起成对存在，如肺炎双球菌。

③ 链球菌　细菌沿一个平面进行分裂，分裂后细胞排列成链状，如乳链球菌。

④ 四联球菌　细菌是沿两个相互垂直的平面进行分裂两次，分裂后每四个细胞在一起相连呈"田"字形，如四联微球菌。

⑤ 八叠球菌　细菌沿三个相互垂直的平面进行分裂三次，分裂后每八个球菌在一起构成立方体形状，如藤黄八叠球菌。

⑥ 葡萄球菌　细菌分裂面不规则，分裂后多个子细胞聚集在一起，像葡萄串一样，如金黄色葡萄球菌。

二维码2-1
细菌基本形态

（二）杆菌

杆菌细胞一般呈圆柱状或梭状，菌体大多平直，少数有稍弯曲的弧度，两端多为钝圆，少数呈平截状或尖突状。根据其排列组合情况，杆菌可分为单杆菌、双杆菌和链杆菌。杆菌的排列特征远不如球菌那样固定，同一种杆菌往往有多种形态同时存在。杆菌的直径一般比较稳定，而长度会因培养时间、培养条件不同而发生较大变化。有些杆菌的菌体短小，近似球状，称为球杆菌，如多杀性巴氏杆菌；有些杆菌会形成侧枝或分枝，称为分枝杆菌，如结核分枝杆菌；有的杆菌呈长丝状，如坏死梭杆菌；有的杆菌一端分叉，如双歧杆菌；有的杆菌呈"八"字形，如北京棒状杆菌；还有的杆菌会成对出现或成链状、栅状出现，如鼠疫杆菌（双杆菌）、猪痢疾杆菌（链杆菌）等。

杆菌是三种基本形态中种类最多的细菌，接下来依次是球菌和螺旋菌。

（三）螺旋菌

菌体细胞呈弯曲杆状的细菌统称为螺旋菌。根据细胞弯曲的程度和硬度，螺旋菌可分为弧菌、螺旋菌和螺旋体三种类型。

1. 弧菌

菌体只有一个弯曲，其程度不足一环，形似"C"字或逗号，鞭毛偏端生，如蛭弧菌和霍乱弧菌。

2. 螺旋菌

菌体回转如螺旋，螺旋为2～6环。螺旋数目和螺距大小因种而异，鞭毛二端生，细胞壁坚韧，如小螺菌。

3. 螺旋体

菌体柔软，细胞螺旋大于6环，用于运动的类似鞭毛的轴丝位于细胞外鞘内，如梅毒密螺旋体。

三、细菌的大小及其测定方法

二维码2-2
细菌的大小测量

细菌大小测量方法常见有显微测微尺测定和显微照相后根据放大倍数测算两种，大小表示以微米（μm）为单位。不同形态的细菌，大小表示方法也不相同，球菌的大小用直径表示，一般球菌直径0.5～1μm；杆菌的大小用宽×长表示，一般杆菌大小为（0.5～1）μm×（1～3）μm；螺旋菌的大小表示与杆菌相似，以宽×螺旋空间距离表示，但个体相对较大。几种常见细菌大小见表2-2。

表2-2　常见细菌大小

菌名	宽×长/μm	菌名	宽×长/μm
乳链球菌	0.5～1①	枯草芽孢杆菌	（0.8～1.2）×（1.2～3）
金黄色葡萄球菌	0.8～1①	霍乱弧菌	（0.2～0.6）×（1～3）
大肠杆菌	0.5×（1～3）	迂回螺菌	（0.5～2）×（10～20）

① 此处为直径。

四、细菌细胞结构及其功能

细菌细胞结构可分为基本结构和特殊结构。任何细菌都具有的结构称之为基本结构，包括细胞壁、细胞膜、细胞质及拟核等。特殊结构是只有某些细菌特有的，属细菌生命活动中非必需的结构，包括荚膜、芽孢、鞭毛、纤毛及性菌毛等（详见图2-2）。

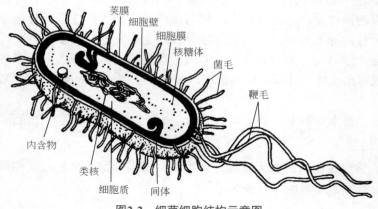

图2-2　细菌细胞结构示意图

（一）基本结构

1. 细胞壁

细胞壁是细菌菌体细胞外部有一定硬度和韧性的网状结构，具有维持细胞一定形状、保护细胞不被破坏、保障细胞在不同渗透压条件下生长、防止胞溶等作用。细胞壁可以通过染色后在光学显微镜下观察。

（1）细胞壁的结构及化学组成　细菌细胞壁中最主要的成分之一是肽聚糖，它是构成细胞壁机械强度的物质基础。肽聚糖又称胞壁质、黏肽，是细菌细胞壁所特有的成分。肽聚糖分子由肽链和聚糖两部分组成，其中肽链包括四肽尾和肽桥两种，而聚糖是 N- 乙酰氨基葡萄糖（N- 乙酰葡糖胺，NAG）和带有交替排列的 D 型或 L 型氨基酸侧链的 N-乙酰胞壁酸（NAM）通过 β-1,4- 糖苷键连接的多聚体。肽聚糖是高度交联的分子网状结构，使得细胞具有了刚性、强度和保护细胞抵抗渗透压的能力。肽聚糖结构见图 2-3。

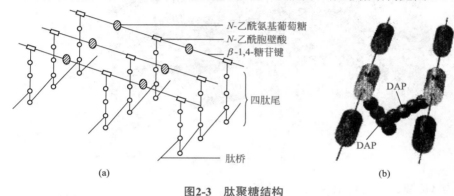

图2-3　肽聚糖结构

（a）肽聚糖立体结构示意图（片段）；（b）肽聚糖结构图（DAP为二氨基庚二酸）

根据细胞壁的结构不同，利用革兰氏染色可将细菌分成两大类：革兰氏阳性菌（G^+）和革兰氏阴性菌（G^-）。

① G^+ 细胞壁　细胞壁为单层，主要由肽聚糖、磷壁酸和少量脂类组成，肽聚糖含量较高，细胞壁网状结构致密。革兰氏阳性菌细胞壁厚 20～80nm，其中有 15～50 层肽聚糖，每层厚度 1nm，约占细胞干重的 60%～80%，另含 20%～40% 的磷壁酸。G^+ 细胞壁结构见图 2-4。

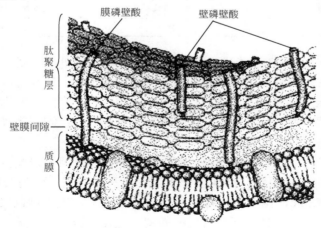

图2-4　G^+细胞壁结构

磷壁酸是 G^+ 细胞壁中的特有成分。磷壁酸是由核糖醇或甘油残基经由磷酸二键互相连接而成的多聚物，具有很强的抗原性，是革兰氏阳性菌的重要表面抗原。它在调节离子通过黏肽层中起到重要作用，并与某些酶活性或细菌致病性有关。

②G^- 细胞壁　细胞壁为两层，外层主要成分为脂蛋白和脂多糖层，内层为肽聚糖层，肽聚糖含量较低，肽聚糖层相对较薄，细胞壁网状结构疏松，交联松散。革兰氏阴性菌细胞壁厚约 10nm，仅有 2～3 层肽聚糖，其余为脂多糖、细菌外膜和脂蛋白。G^- 细胞壁结构见图 2-5。

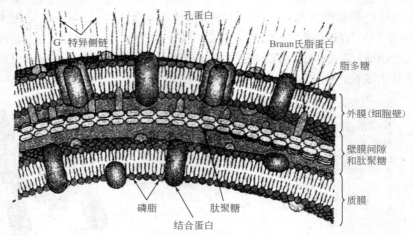

图2-5　G^-细胞壁结构

G^+ 与 G^- 细胞壁的特征比较详见表 2-3。

表2-3　G^+与G^-细胞壁结构特征比较

特　征	G^+	G^-
细胞壁构造	单层	两层
网状结构状态	致密	疏松
肽聚糖	层厚	层薄
磷壁酸	含量较高	无
类　脂	极少	脂多糖丰富
酸消化的效果	原生质体	原生质球
对染料和抗生素的敏感性	很敏感	中度敏感

（2）细胞壁的生理功能　细胞壁是细胞基本结构的最外层，是细胞鉴别的重要依据之一，其主要生理功能有：①维持和固定细菌细胞形态，提高细胞机械强度；②保护菌体免受渗透压等外力引起的破坏作用；③为鞭毛提供支点，并为细胞生长、分裂所必需；④与细菌抗原性、致病性、噬菌体的感染等有关；⑤细胞壁的多孔结构具有分子筛能力，可阻挡某些有害物质进入细胞。

（3）革兰氏染色法及其基本原理　革兰氏染色法是细菌鉴别检验中广泛应用的一种鉴别染色法，由丹麦医师、细菌学家汉斯·克里斯蒂安·约阿希姆·革兰（Hans Christian Joachim Gram，1853—1938）于 1884 年创立。革兰氏染色属复合染色法，未经染色的细菌，由于其与周围环境折射率差别小，在显微镜下极难观察。经染色后细菌与周围环境形成鲜明色差对比，可以清晰地观察到细菌的形态、排列、结构等特征，常用于分类鉴定。

　　革兰氏染色一般包括初染、媒染、脱色和复染四个步骤。具体操作步骤：固定过的细菌用草酸铵结晶紫进行初染色 1min。冲洗后再使用卢哥氏碘液进行媒染 1min，在细胞壁内形成结晶紫 - 碘复合染料。冲洗后使用 95% 乙醇进行脱色处理 15～30s。最后使用沙黄复染 1min，干燥、镜检观察，革兰氏阳性菌呈紫色，革兰氏阴性菌呈红色。革兰氏染色步骤详见表 2-4。

表2-4　革兰氏染色步骤和结果

步　骤	染色方法	结　果	
		阳性（G⁺）	阴性（G⁻）
初　染	结晶紫 1min	紫色	紫色
媒　染	碘液 1min	紫色	紫色
脱　色	95% 乙醇 15～30s	紫色	无色
复　染	沙黄（番红）1min	紫色	红色

　　革兰氏染色机制：革兰氏染色结果与细胞壁的化学组成、结构有密切关系。首先通过结晶紫初染和碘液媒染后，结晶紫与碘形成复合物沉积于细胞壁上，当用 95% 乙醇脱色处理时，革兰氏阳性菌由于细胞壁较厚、肽聚糖网状结构交联致密，遇乙醇脱色处理时，因失水使网孔进一步缩小，不能把结晶紫 - 碘复合物冲洗脱掉，而是牢牢包埋在壁内，使其仍呈紫色，经沙黄复染，因红色弱于紫色，最终革兰氏阳性菌染色呈紫色；革兰氏阴性菌因细胞壁中类脂含量高、肽聚糖层薄且交联度差，在遇脱色剂后，类脂被迅速溶解，细胞壁结构被破坏，网状结构变得进一步疏松，因此乙醇脱色结晶紫 - 碘复合物会被洗脱后由紫色变无色，再经沙黄染料复染，最终革兰氏阴性菌染色呈红色。

二维码2-3 细菌
革兰氏染色技术

二维码2-4 革兰氏
染色(动画)

　　2. 细胞膜和间体

　　（1）细胞膜　又称细胞质膜、质膜，是围绕在细胞质外柔软、脆弱、有弹性的半透性膜结构。细胞膜由磷脂双分子层、蛋白质及外表面的糖蛋白组成，蛋白质镶嵌在双分子层中。在电子显微镜下观察，用四氧化锇固定的细胞膜具有明显的"暗—明—暗"三条平行的带，其内、外两层暗带由蛋白质分子组成，中间一层明带由双层脂类分子组成，三者的厚度分别约为 2.5nm、3.5nm 和 2.5nm。细胞膜结构示意图见图 2-6。

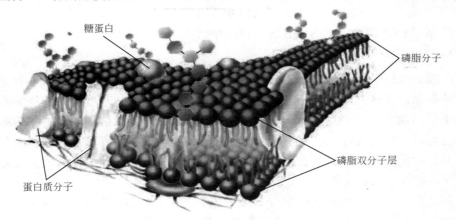

糖蛋白

磷脂分子

磷脂双分子层

蛋白质分子

图2-6　细胞膜结构示意图

细胞膜是具有高度选择性的半透膜，主要生理功能为：

① 维持渗透压的梯度和溶质的转移，对细胞内外物质交换起高度选择性吸收作用。细胞质膜的选择性渗透作用，能阻止高分子通过，并选择性地逆浓度梯度吸收某些低浓度分子进入细胞。

② 细胞膜上有合成细胞壁和形成横隔膜组分的酶系，是合成细胞壁、荚膜的重要场所。

③ 膜内陷形成的间体中含有细胞色素，可参与呼吸作用，并与细胞分裂有关。

④ 细胞膜是进行物质代谢和能量代谢的中心。

⑤ 细胞膜上长有鞭毛基粒，为鞭毛生长和鞭毛基体提供着生点，并为鞭毛运动提供所需要的能量。

（2）间体　又叫中间体，是细胞膜内陷形成的层状、管状和囊状物，位于细胞分裂处。间体常见于 G^+，每个细胞含有一个或几个，如地衣芽孢杆菌、枯草芽孢杆菌、粪链球菌间体较为明显。间体的着生部位可分为表层和深层两种，前者与某些酶（如青霉素酶）的分泌有关，后者与 DNA 的复制、分配以及细胞分裂有关。间体的生理功能主要为：参与隔膜形成，与细胞分裂有关，具有类线粒体功能，参与进行能量代谢。

3. 细胞质及其内含物

细胞质是细胞膜包裹的胶体中除拟核以外的部分，呈半透明胶体状，主要包括水、核糖体、液泡、气泡、多种酶类、各类营养物、储藏颗粒等，其中水约占总量的 80%。细菌的细胞质与真核生物的细胞质存在较大差异，细菌的细胞质呈胶体状，流动性差，核糖体沉降系数为 70S，不含有线粒体等细胞器，少数细菌细胞质中含有类囊体、羧酶体、气泡或伴孢晶体等；而真核生物细胞质流动性好，核糖体沉降系数为 80S，且含有细胞器等。细胞质中的内含物主要有：

① 核糖体　核糖体是细菌中蛋白质合成的重要场所，由一个小亚基（30S）和一个大亚基（50S）组成。

② 液泡　液泡内部充满水分、电解质及一些不溶性颗粒，具有调节细胞内渗透压作用。

③ 气泡　个别水生性好氧细菌细胞质内还含有气泡，具有贮存和提供氧气及调节浮力的作用。

④ 储藏颗粒　一些细菌在生长期间细胞质内会形成一些储藏物质。常见的有异染颗粒、聚 -β- 羟丁酸颗粒、多糖颗粒、硫粒、磁小体、羧酶体等。

4. 核区与质粒

细菌属于原核生物，无真正的细胞核。我们把无核膜、核仁结构的细胞核通常称为核区或拟核。核区只是一条闭合环状双链 DNA 分子形成的高度折叠缠绕的超螺旋结构，不与组蛋白结合，而与 Mg^{2+} 等阳离子和胺类等有机碱结合，以中和磷酸基团所带的负电荷，构成染色体。电子显微镜下观察，核区的电子密度相对较低并呈现丝状构造。化学组成上，核区不含组蛋白，主要成分是 DNA 链。细菌的核区是细菌遗传信息表达的重要物质基础，决定着细菌细胞的遗传和变异。

质粒是游离于染色体之外或整合在染色体上的共价闭合环状双链 DNA 分子，又称 cccDNA。质粒可独立存在于细菌染色体之外，进行自我复制和基因表达，也可以

二维码2-5 细菌
基本结构及功能

整合在染色体上或消失，并在一定范围内进行细胞间传递。质粒所携带的基因属非细菌进行生命活动的必需基因，所以细菌菌体内有无质粒对细菌的正常生长代谢无较大影响。

（二）细菌的特殊结构

特殊结构是指少数细菌特有的结构，如荚膜、鞭毛、纤毛（性纤毛）、芽孢等。

1. 荚膜

荚膜是某些细菌分泌到细胞壁外的疏松透明的黏液状物质，较薄，与周围环境有明显边缘差异，主要成分是水、多糖及一些多肽，对菌体具有抗干燥及其他保护作用。荚膜染色常用负染色法。一般荚膜对碱性染料的亲和性较低，不易着色，普通染色只能看到菌体周围有一圈未着色的透明带；如改用墨汁作负染色剂，则荚膜显现会十分清楚。荚膜染色结果见图2-7。

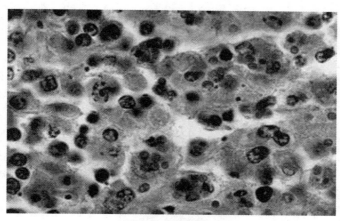

图2-7　荚膜染色

荚膜的功能主要有：①对细菌表面起渗透屏障作用，可使细菌免受重金属离子毒害；②保护细胞，可防止细菌受寄主白细胞吞噬；③保护细胞免受干燥损伤，荚膜中的大量水分可有效地保护细菌在恶劣干燥环境下的破坏；④帮助细菌附着到物体表面，个别产荚膜细菌生长过程中会分泌一些黏性多糖等物质，有助于菌体依附；⑤必要时提供养料，荚膜在适宜条件下就像细菌生长的垃圾废物堆积场，但一旦生长环境发生恶性变化，堆积的多肽、多糖、水等物质又可以重新被菌体利用。

2. 鞭毛

鞭毛是某些运动微生物表面着生的一根或数根由细胞内生出的细长、弯曲、毛发状的丝状蛋白体结构。鞭毛纤细而具有刚韧性，直径 12～18nm，长度 15～20μm，可分为三部分：基体、钩形鞘和鞭毛丝。鞭毛结构见图2-8。

细菌鞭毛的数目和分布位置是对鞭毛菌鉴定的重要依据之一。根据鞭毛数目及分布位置不同，一般可分五类：端生单鞭毛、端生丛鞭毛、两端生单鞭毛、两端生丛鞭毛和周生鞭毛。鞭毛类型见图2-9。

鞭毛的功能主要有：①鞭毛与细菌运动有关，是原核生物实现趋动性的最有效方式，如趋光性、趋磁性、趋氧性等；②与病原微生物的致病性有关，鞭毛是个别细菌抗原结构的一部分。

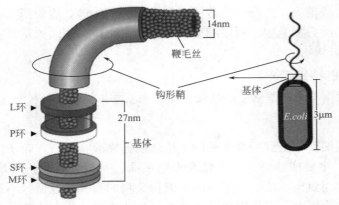

图2-8　鞭毛结构示意图

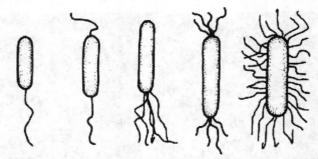

端生单鞭毛　两端生单鞭毛　端生丛鞭毛　两端生丛鞭毛　周生鞭毛

图2-9　鞭毛的五种类型

3. 纤毛

纤毛又叫线毛、菌毛、伞毛等，是某些细菌细胞上伸出的数目较多、短而直的蛋白质丝或细管。纤毛结构比鞭毛简单，直接着生于细胞膜，直径一般为2～10nm，长5～10μm，每个细菌一般有200～300根。纤毛多生于G⁻致病菌，如淋病奈氏球菌。图2-10为细菌纤毛示意图。

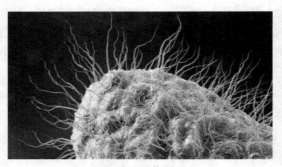

图2-10　细菌纤毛

纤毛可分为普通纤毛和性纤毛两种类型，普通纤毛即纤毛，是指能使细菌菌体黏附在某物质表面或在液面形成菌膜的一类；性纤毛是特殊的纤毛，通常只有一根或几根，比菌毛长，与细菌接合作用时遗传物质的传递有关，起两个菌体连接通道的作用。

性纤毛又称性毛、性菌毛，成分和构造与纤毛相同，但比普通纤毛要长，因菌体内含有性因子（F质粒）而生出。通常把长有性纤毛的细菌称之为雄性菌，没有性纤毛的细菌称之为雌性菌，雄性菌可以通过性纤毛向雌性菌传递性因子。性纤毛及接合过程见图2-11。

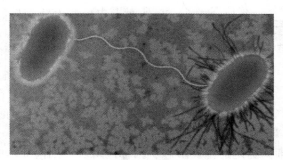

图2-11　性纤毛及接合过程

4. 芽孢

某些细菌在其生长发育后期，细胞内形成一个圆形或椭圆形、厚壁、含水量极低、抗逆性极强的休眠体结构，即芽孢。芽孢没有繁殖功能，仅是细菌应对外界不良环境的一种生命延续形式，所以每一个营养细胞内只能形成一个芽孢。

芽孢的结构和化学组成均与营养细胞不同，并且具有许多不同于营养细胞的特性。最主要的特性就是抗逆性强，对高温、干燥、电离辐射及多种化学药物均有很强的抗性。芽孢染色也采用负染色法，在显微镜下观察孔雀绿或碱性品红染色的芽孢菌涂片时，可以很清晰地将芽孢与营养细胞区分开。营养细胞染有颜色；而芽孢因折光性强，为无色透明的圆形或椭圆形（图2-12）。

二维码2-6　细菌
特殊结构及功能

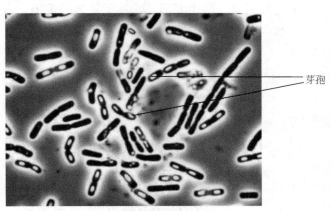

图2-12　细菌芽孢染色

芽孢的形成是一个极其复杂的过程，包括形态结构、化学成分等多方面的变化。大量研究结果表明，当环境中营养物质缺乏或生长条件不利时，产芽孢菌就会停止生长，在细菌内部逐渐形成芽孢。

形成芽孢的过程可分为4个阶段：①DNA浓缩，融合成杆状染色质；②在细胞中央或一端，细胞膜内陷形成隔膜包围核物质，产生一个前芽孢；③前芽孢的双层隔膜形成，并逐步形成皮层，脱水，产生抗热性；④前芽孢再被多层膜包围，如皮层、

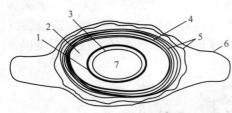

图2-13　芽孢结构示意图

1—初生细胞壁；2—皮层；3—内膜；4—外膜；
5—外壳层；6—外孢子囊；7—核心

芽孢衣等，最后芽孢成熟，经芽孢囊裂解而释放出来。

芽孢结构相当复杂。最里面为核心，含核质、核糖体和一些酶类，由芽孢壁所包围；核心外面为皮层，由肽聚糖组成；皮层外面是由蛋白质所组成的芽孢衣；最外面是芽孢外壁。皮层是最厚的一层。在芽孢的形成过程中产生 2,6-吡啶二羧酸，这是一种高度抗热性物质（芽孢耐热性机制）。此外，芽孢壳是一种类似角蛋白的蛋白质，非常致密，无通透性，可抵抗化学药物的侵入。芽孢结构见图 2-13。

对细菌芽孢深入研究有着重要的理论和实践意义：

① 芽孢是进行细菌鉴定的重要形态学指标，每一种细菌芽孢的有无、形态、大小和着生位置等都具固定的特性，是细菌分类和鉴定中的重要指标。

② 细菌芽孢是休眠体结构，利用其休眠特性有利于提高菌种的筛选效率和菌种的长期保藏。例如利用炭疽杆菌芽孢进行沙土保藏可达 10 年以上。

③ 芽孢的耐热性常被用来衡量和制定各种消毒灭菌的指标。例如肉制品加工中常以肉毒梭状芽孢杆菌的芽孢杀灭情况作为肉制品罐头的杀菌标准。因此，要保证芽孢的杀灭，肉类罐头必须在 121℃条件下维持 20min 以上的杀菌。

二维码2-7 细菌
特殊结构染色技术

五、细菌的繁殖方式与过程

细菌在营养物质充足、生长条件适宜的环境（温度、酸碱度、气体条件、渗透压）下，通过连续的新陈代谢、生物合成和积累，单个菌体不断增大，最终导致细胞分裂，即细菌裂殖。裂殖是细菌繁殖的主要形式，属无性繁殖范围，最为常见的裂殖形式是二分裂繁殖（一分为二），大至分为三个阶段：

（一）核质分裂

细菌核染色体 DNA 进行复制形成两个细胞拟核，然后通过细胞膜内陷两核分开，完成核分裂。

（二）横隔壁形成

细胞膜内陷，细胞壁同时随细胞质膜向内延伸，最后形成横隔壁，两个子代细胞具有完整的细胞壁。

（三）子细胞分离

两子代细胞彼此分开，独立进行各自生命活动，实现无性繁殖过程。

六、细菌的菌落形态及其意义

细菌的群体形态主要包括固体培养基上的群体形态、半固体培养基上的群体形态和液体培养基上的群体形态三类，其中与生活、生产联系最为紧密的是固体培养基上的群体形态——菌落。

通常将单个微生物或多个同种微生物接种至条件适宜的固体培养基表面或内部生长、繁殖到一定程度形成肉眼可见的、有一定形态结构的以母细胞为中心的子细胞克隆群体，称为菌落。当固体培养基表面众多菌落连成一片时，称为菌苔。

　　每种细菌的菌落都有其自身特征，对菌落进行形态特征描述时根据菌落大小、形状、隆起度、边缘情况、表面状态、表面光泽、质地、颜色、透明度等方面进行。例如，大肠杆菌菌落特征描述为圆形，直径 1～2mm，白色油亮，半透明，中心隆起，边缘光滑，表面湿润黏稠，质地柔软易挑取。

　　一般而言，在一定条件下形成的菌落特征具有一定的稳定性和专一性，因此菌落特征也作为衡量菌种纯度、辨认和鉴定菌种的重要依据。

二维码2-8 细菌的菌落形态

 思考与交流

　　细菌属于典型的原核微生物，根据细菌的结构特点试讨论常用的染色方法有哪些。

 想一想

　　我们已经学习了细菌的细胞形态、结构，那么除细菌外还有哪些原核生物呢？它们的形态、结构又各有什么特点？

任务二　放线菌及其他原核微生物形态、结构及功能

任务要求

1. 掌握放线菌、古细菌、蓝细菌等原核微生物形态、结构特点。
2. 掌握放线菌、蓝细菌细胞结构及特化形式。
3. 了解古细菌与细菌结构的异同。

　　原核微生物除细菌外还包括放线菌、蓝细菌、古细菌、支原体、衣原体、立克次氏体等，虽然它们同属于原核微生物范畴，但它们的结构、形态各不相同，并存在较大差异。例如，放线菌呈菌丝状，蓝细菌形态多样，古细菌虽与细菌相似但构成截然不同，支原体、衣原体、立克次氏体又各自具有独特的生存和疾病传播方式。

一、放线菌

　　放线菌是一类呈菌丝状生长、以无性孢子繁殖的陆生性强的革兰氏阳性单细胞原核微生物，是介于细菌与霉菌之间的一类生物，因在固体培养基上菌落呈放射状而得名。大多数放线菌菌丝呈分枝状，菌丝纤细，直径 0.5～1μm，接近于杆状细菌。放线菌大部分属于腐生菌，喜欢生长在有机质丰富的弱碱性土壤中。每克土壤中放线菌的含量仅次于细菌，约为 10^7 个 /g 土壤，赋予了土壤特有的泥腥味。多数放线菌为异养、

二维码2-9 放线菌染色技术

好氧、陆生性微生物，目前所发现放线菌均为 G⁺，且为单细胞无隔结构。

放线菌是生产抗生素的最主要菌种。目前世界上已经发现的 2000 多种抗生素中，大约 56% 是由放线菌（主要是链霉菌属）产生的，如链霉素、土霉素、四环素、庆大霉素等都是放线菌的代谢产物，有些植物用的农用抗生素和维生素等也可由放线菌中提炼。另外，放线菌在甾醇转化、石油脱蜡、氮素循环等方面也有着重要的应用。

（一）放线菌的形态特征

放线菌菌体结构多为无隔的单细胞菌丝结构，菌丝发达。根据菌丝的形态和功能可将菌丝分为营养菌丝、气生菌丝、孢子丝三种。菌丝结构示意见图 2-14。

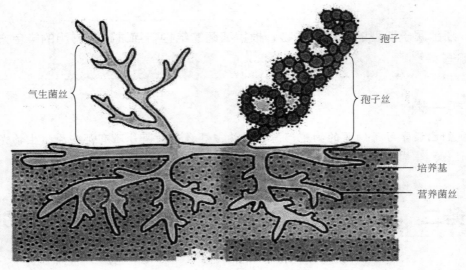

图2-14　放线菌菌丝结构示意图

1. 营养菌丝

营养菌丝，又称基内菌丝，通常生长在培养基内部或紧贴培养基表面，类似于植物的根，主要功能是吸收营养和水分。有的营养菌丝可产生不同的色素，形成不同的颜色，可作为菌种鉴定的重要依据。放线菌中多数种类的营养菌丝无隔膜、不断裂，如链霉菌属和小单孢菌属；但有一类放线菌，如诺卡氏菌型放线菌的营养菌丝生长一定时间后形成横隔膜，继而断裂成球状或杆状小体。

2. 气生菌丝

气生菌丝是营养菌丝向培养基外部空间伸展的菌丝。显微镜下观察，气生菌丝颜色较深，直径比营养菌丝要粗，分布在菌落表面。不同种类的放线菌，气生菌丝的发达程度也不相同，有些放线菌气生菌丝发达，有些则稀疏，还有的种类无气生菌丝。

3. 孢子丝

孢子丝是气生菌丝发育到一定程度，分化出的可发育成孢子的菌丝。放线菌孢子丝的形态多样，有直形、波曲状、钩状、螺旋状、轮生等多种，是放线菌鉴定的重要标志之一。孢子丝发育到一定阶段分化为孢子。孢子形态多样，如圆形、椭圆形、杆状、圆柱状、瓜子状、梭状和半月状等。不同孢子带有不同的色素，使孢子呈现出不同的颜色。孢子表面的纹饰因种而异，在电子显微镜下清晰可见，有的光滑，有的呈褶皱状、疣状、刺状、毛发状或鳞片状，有的带刺，刺又有粗细、大小、长短和疏密之分。孢子丝形态见图2-15。

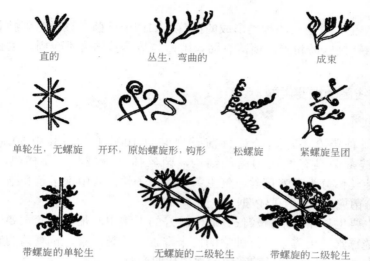

直的　　　　　　丛生，弯曲的　　　　　　　成束

单轮生，无螺旋　　开环，原始螺旋形，钩形　　松螺旋　　紧螺旋呈团

带螺旋的单轮生　　无螺旋的二级轮生　　带螺旋的二级轮生

图2-15　链霉菌不同类型孢子丝形态

（二）放线菌的繁殖方式

放线菌的无性繁殖方式主要有两种：一种是以无性孢子方式进行无性繁殖，这是自然界中放线菌繁殖的最主要形式，成熟孢子散落在适宜环境中可以重新发芽形成新的营养体，常见的无性孢子主要有凝聚孢子、横隔孢子、孢囊孢子、分生孢子、厚垣孢子等；另一种是菌丝断裂，常见于工业发酵生产，在液体振荡培养过程中，菌丝在外力作用下发生折断，而每一个脱落的菌丝片段，在适宜条件下都能长成全新的菌丝体。

放线菌生长到一定阶段，一部分菌丝形成孢子丝，孢子丝成熟后分化形成许多孢子。孢子形成的方式主要有两种：

一种是横隔分裂形成分生孢子。孢子丝长到一定阶段，其中会产生横隔，然后从横隔膜处断裂形成杆状或柱状分生孢子。

另一种是形成孢子囊孢子。少数放线菌可通过形成孢子囊来产生游动或不游动的孢子囊孢子。

（三）放线菌的菌落特征

放线菌在固体培养基上可形成与细菌不同的菌落。放线菌菌丝相互交错缠绕形成质地致密的小菌落，干燥、不透明、难以挑取，当大量孢子覆盖于菌落表面时，就形成表面为粉末状或颗粒状的典型放线菌菌落。由于营养菌丝、气生菌丝和孢子常有较大颜色差异，使得菌落的正反面呈现出不同的色泽，细胞之间丝状交织，形态特征细而均匀，生长速度缓慢，常带有泥腥味。放线菌总的特征介于霉菌和细菌之间，根据菌种的不同分为两大类：

① 由大量产生分枝和气生菌丝的菌种形成的菌落，如链霉菌。菌丝较细，生长缓慢，分枝多而且相互缠绕，形成的菌落质地致密，表面呈紧密的绒状或坚实，干燥，多皱，菌落小而不蔓延，营养菌丝长在培养基内，所以菌落与培养基结合紧密，不易

二维码2-10 放线菌

挑取，或挑起后不易破碎。有时气生菌丝体呈同心圆环状，当孢子丝产生大量孢子并布满整个菌落表面后，才形成絮状、粉状或颗粒状的典型放线菌菌落，个别伴有色素生成。

② 由不产生大量菌丝的种类形成的菌落，如诺卡氏菌。该类菌落黏着力较差，呈粉质结构，用针挑取易粉碎，菌落表面松弛，与培养基结合不牢固，生长易蔓延，菌落相对较大。

（四）放线菌的重要类群

1. 链霉菌属

链霉菌属种类众多，据统计目前发现共有 1000 多种，其中 50% 以上都能产生抗生素。链霉菌具有发达的菌丝结构，菌丝体呈分枝状，无横隔，多核，直径 0.4～1μm。菌丝体分为营养菌丝、气生菌丝和孢子丝，其中孢子丝和孢子的形态因种而异，是链霉菌属鉴定的主要依据之一。

链霉菌主要生长在含水量较低、通气较好的土壤中，是抗生素主要生产菌。常用的抗生素如链霉素、土霉素，抗肿瘤的博来霉素、丝裂霉素，抗真菌的制霉菌素，抗结核的卡那霉素等，均来源于链霉菌的次生代谢产物。

2. 诺卡菌属

诺卡菌属又名原放线菌属。在培养基上形成典型的菌丝体，只有营养菌丝，不形成气生菌丝，以横隔分裂方式形成孢子。该属的特点是菌丝体产生横隔膜，分枝的菌丝体突然全部断裂成长短基本一致的杆状或球状体或带权的杆状体。孢子丝多见直形，个别呈钩状或螺旋状，以横隔分裂形成杆状、柱形或椭圆形孢子。诺卡菌属部分种可用于产生抗生素、污水处理和烃类发酵。

3. 小单孢菌属

小单孢菌属无气生菌丝，有孢子梗，部分种能产抗生素。菌丝纤细，直径 0.3～0.6μm，无横隔，不易断裂，菌丝体侵入培养基内形成营养菌丝，但不形成气生菌丝。在菌丝上会长出孢子梗，并着生孢子。该属约 30 多种，也是产抗生素较多的一个属，庆大霉素、利福霉素等抗生素由该属放线菌生成。

4. 放线菌属

放线菌属多为致病菌，该属只有营养菌丝，无气生菌丝和孢子，属厌氧或兼性厌氧菌，直径小于 1μm，有横隔，断裂成"V"形或"Y"形。放线菌属生长对环境营养要求较高，通常要在培养基中加放血清或心、脑浸汁等进行培养。

5. 链孢囊菌属

链孢囊菌属主要特点是形成孢子囊和不游动的孢子囊孢子。该属菌的营养菌体分枝丰富，但横隔稀少，直径 0.5～1.2μm，气生菌丝成丛、散生或同心环排列。现发现该属包括 15 种以上，部分能产抗生素。多霉素、绿菌素、西伯利亚霉素等抗生素由该属放线菌生产。

二、其他原核生物

原核微生物除细菌、放线菌外，还包括蓝细菌、古细菌、支原体、衣原体、立克次氏体等，下面分别进行介绍。

（一）蓝细菌

蓝细菌又名蓝藻或蓝绿藻，是一类进化历史悠久、革兰氏染色阴性、无鞭毛、含叶绿素 a、能进行产氧性光合作用和固氮作用的自养型原核微生物。蓝细菌是古老的生物，在 50 亿年前，地球原本是无氧的环境，使地球由无氧环境转化为有氧环境是由于蓝细菌出现并产氧所致。蓝细菌分布极广，普遍生长在淡水、海水和土壤中，并且在极端环境中也能生长，故有"先锋生物"的美称。

1. 蓝细菌的形态与结构

蓝细菌的细胞一般比细菌大，直径 3～10μm，最大的可达 60μm。根据细胞形态差异，蓝细菌可分为单细胞和丝状体两大类。单细胞类群多呈球状、椭圆状和杆状，单生或团聚体，如黏杆蓝细菌属、皮果蓝细菌属等；丝状体类群是由许多细胞排列而成的群体，包括有异形胞的鱼腥蓝细菌属、无异形胞的颤蓝细菌属以及有分支的费氏蓝细菌属等。

蓝细菌属 G^-，细胞基本结构与 G^- 相似。细胞壁两层，外层为脂多糖层，内层为肽聚糖层；细胞膜单层，很少有间体；细胞质中含有能进行光合作用的叶绿素和藻胆素；细胞核为拟核结构，无核膜、核仁等。此外，蓝细菌还存在四种重要的特化细胞形式，分别为异形胞、静息孢子、链丝段和内孢子。异形胞是位于丝状体蓝细菌中的较营养细胞稍大、色浅、壁厚、在细胞链中间或末端、数目少而不确定的特化细胞。异形胞是固氮蓝细菌的固氮部位，与生物固氮作用有关。静息孢子是着生在丝状体细胞链中间或末端的形体大、颜色深、壁厚的一类休眠细胞，胞内含有储藏性物质，具有较强的抗逆性。链丝段又称连锁体或藻殖段，是长细胞断裂而成的短链段，具有繁殖功能。内孢子是少数蓝细菌种类在细胞内形成许多球形或三角形的内生孢子，成熟后可释放，也具有繁殖功能。

2. 生理特性

蓝细菌属自养微生物，其营养要求简单，能独立进行光合作用和进行生物固氮。蓝细菌无有性繁殖，以裂殖和产生孢子形式进行无性繁殖。

二维码2-11 蓝细菌

（二）古细菌

古细菌又名古生菌、古菌，是一类发现相对较晚的特殊细菌，多生活在高温、高酸、高盐、缺氧等极端环境中。1977 年，Carl Woese 以 16S rRNA 序列比较为依据，提出了古细菌概念。古细菌属原核生物范畴，具有原核生物的基本特征，但在某些细胞结构和化学组成上又有别于真细菌和真核生物。因此，普遍认为古细菌是独立于细菌、真核生物之外的第三种生命形式。

1. 古细菌的形态与结构

在细胞的结构与功能上，古生菌既有类似真细菌之处，也有类似真核生物之处，还具有一些自己独特的特点。古细菌形态结构特征：①细胞壁成分中没有肽聚糖；②独特转运 RNA 和核糖体 RNA；③细胞膜以醚键连接；④存在于罕见生存环境中；⑤古细菌在形态学和基因组构造方面与细菌相似，在基因组复制方式方面与真核生物相似。

（1）细胞壁　古细菌具有与真细菌功能类似的细胞壁，但细胞壁结构和成分与细菌细胞壁存在较大差异。古细菌细胞壁的构成极其多样，细胞壁中没有真正的肽聚糖，而是由多糖（假肽聚糖）、糖蛋白或蛋白质构成的；有的古细菌则是由两个双向的、不完全结晶的蛋白质或糖蛋白在细胞表面排列而成的表层；有的古细菌在原生质膜外形成厚的多糖细胞壁。

以假肽聚糖结构为例，甲烷杆菌细胞壁通过 N- 乙酰葡糖胺和 N- 乙酰塔罗糖胺糖醛酸交替连接而成，连在后一氨基糖上的肽尾由 L-Glu、L-Ala 和 L-Lys 三个 L 型氨基酸组成，肽桥则由 L-Glu 单个氨基酸组成，构成了类似肽聚糖的结构，称为假肽聚糖。该 β-1,3- 糖苷键不被溶菌酶水解，因此溶菌酶对该类古细菌没有杀菌效果。

（2）细胞膜　古生菌细胞膜在本质上也是由磷脂组成，但它比真细菌或真核生物具有更明显的多样性。主要区别有两点：①亲水头部（甘油）与疏水尾部（烃链）间是通过醚键而不是酯键连接的；②细胞膜的化学组分存在多样性，古生菌的细胞质膜中存在着独特的单分子层膜、双分子层膜或单、双分子层混合膜，而真细菌或真核生物的细胞质膜都是双分子层。

古细菌鉴别的重要特征之一就是在细胞膜中酯类的性质不像真细菌的酯类由酯键连接甘油，而是通过醚键连接甘油，并且它们的脂肪酸也是长链和分支的。

（3）DNA 结构　古细菌与真细菌的染色体结构相似，都是由不含核膜的单个环状 DNA 分子构成的，但大小通常小于大肠杆菌的 DNA。

（4）核糖体结构　古细菌的核糖体在某些特性上，更与真核生物的核糖体接近，如对抗生素链霉素和氯霉素的抗性及对白喉毒素的敏感性，而与细菌的核糖体不同。

2. 真细菌、真核生物和古细菌的差异

真细菌、古细菌与真核生物在细胞结构、细胞成分及抗生素敏感程度等多方面存在差别，具体比较见表 2-5。

表2-5　真细菌、古细菌和真核生物间的某些差异

特征	真细菌	古细菌	真核生物
细胞壁	有胞壁酸	无胞壁酸、假肽聚糖	无细胞壁，含纤维素、几丁质
细胞膜	酯键连接	醚键连接	醚键连接，有胆固醇
甲烷生成过程	没有	有	没有
RNA 多聚酶	4 个亚单位	多个亚单位	多个亚单位
起始 tRNA	甲酰甲硫氨酸	甲硫氨酸	甲硫氨酸
抗生素作用	链霉素和氯霉素敏感 白喉毒素抗性	链霉素和氯霉素抗性 白喉毒素敏感	链霉素和氯霉素抗性 白喉毒素敏感

3. 古细菌的类群和生长环境

古细菌类群主要指能够在极端环境下生存的原核微生物类群，如热泉（例如硫化叶菌属和热球菌属）和高盐（盐杆菌属）及产甲烷菌如甲烷杆菌属，该菌代谢结果产生甲烷。

（1）极端嗜热菌　能生长在 90℃ 以上的高温环境。如斯坦福大学科学家发现的古细菌，最适生长温度为 100℃，80℃ 以下即失活；德国的 K. Stetter 研究组在意大利海底发现的一族古细菌，能生活在 110℃ 以上高温条件下，最适生长温度为 98℃，降

至 84℃即停止生长；美国的 J.A. Baross 发现一些从火山口分离出的细菌可以生活在 250℃的环境中。嗜热菌的营养范围很广，多为异养菌，其中许多能将硫氧化以获得能量。

（2）极端嗜盐菌　生活在高盐度环境中，盐度可达 25%，如死海和盐湖中。

（3）极端嗜酸菌　能生活在 pH 1 以下的环境中，往往也是嗜高温菌，生活在火山地区的酸性热水中，能氧化硫，硫酸作为代谢产物排出体外。

（4）极端嗜碱菌　多数生活在盐碱湖或碱湖、碱池中，生活环境 pH 值可达 11.5 以上，最适 pH 值 8～10。

（5）产甲烷菌　属严格厌氧微生物，能利用 CO_2 使 H_2 氧化，生成甲烷，同时释放能量。

由于古细菌所栖息的环境和地球产生早期的环境有相似之处，如高温、缺氧，而且由于古细菌在结构和代谢上的特殊性，它们可能代表最古老的细菌，保持了古老的形态和生长特性。所以，科学家提出将古细菌从原核生物中分出，成为与真细菌、真核生物并列的一类。

二维码2-12　古细菌

（三）支原体

1898 年 E.Nocard 等在患传染性胸膜肺炎的病牛体内发现了一种类似细菌但又不具有细胞壁的革兰氏阴性原核微生物，这就是支原体。支原体能在无生命的人工培养基上生长繁殖，是一类无细胞壁的原核生物。过去曾称之为类胸膜肺炎微生物（PPLO），1995 年正式命名为支原体。

支原体的大小为 100～300nm，一般为 250nm，可通过滤菌器，属有害微生物，常给细胞培养工作带来污染的麻烦。支原体的细胞结构比较简单，多数呈球形，没有细胞壁，只有三层结构的细胞膜，具有较大的可变性。

支原体的特点：

① 无细胞壁结构，不能维持固定的形态而呈现多变性，对渗透压敏感，对青霉素、环丝氨酸等抑制细胞壁合成的抗生素不敏感。

② 革兰氏染色不易着色，可用吉姆萨（Giemsa）染色法染成淡紫色。

③ 细胞膜中含有胆固醇等甾醇类物质，大约占比 36%。胆固醇对保持细胞膜的完整性具有一定作用，因此支原体细胞膜比其他原核生物的质膜更坚韧。

④ 菌落个头较小（直径 0.1～1.0mm），在固体培养基表面呈现特有的"油煎蛋"状。

⑤ 支原体基因组为环状双链 DNA，分子量相对较小（约为大肠杆菌的 1/5），合成与代谢能力有限。

目前已知的支原体有 80 多种，其中大部分支原体为致病菌，如一些支原体可引起玉米、水稻等植物的黄化病、丛枝病，还有一些可以引起动物性疾病。

二维码2-13　支原体

（四）衣原体

衣原体最早于 1907 年被捷克学者在沙眼患者结膜细胞内发现，并被误认为是"大病毒"。直至 1955 年，我国著名医学病毒学家汤飞凡带领团队首次分离出沙眼衣原体。1970 年在美国波士顿召开的沙眼及有关疾病的国际会议上，才正式把这类病原微生物命名为衣原体。

衣原体是一类在真核细胞内营专性寄生生活的小型革兰氏阴性原核微生物。根据寄生的寄主不同，可将衣原体分成三类：

① 以人类为寄主。如沙眼 - 包涵体结膜炎衣原体、肺炎衣原体、淋巴肉芽肿衣原体，可引起眼、泌尿生殖系统和呼吸道疾病。

② 以鸟类为寄主。如鹦鹉热衣原体，可引起鸟类的呼吸道及全身感染。

③ 以哺乳动物（除灵长类动物以外）为寄主。如家畜和啮齿类动物衣原体，可引起哺乳动物的呼吸道、胎盘、关节和肠道的疾病。

衣原体在光学显微镜下有两种形态：一为原体，又称网状体，直径为 $200\sim500nm$，卵圆形，外周有细胞壁和细胞膜包裹，为衣原体的传染型；另一为始体，个体较大，直径为 $600\sim1200nm$，外周亦有细胞壁和细胞膜包裹，为衣原体的繁殖型。

衣原体的生活史：具有感染性的原体通过胞饮作用进入宿主细胞，被宿主细胞膜包围形成空泡；原体逐渐增大成为始体，始体无感染性，但能在空泡中以二分裂方式反复繁殖，形成大量新的原体，积聚于细胞质内成为各种形状的包涵体；随后宿主细胞破裂，释放出的原体重新感染新的寄主细胞。

衣原体不能在人工培养基上生长，只能在寄主细胞内专性能量寄生，并能通过滤菌器。衣原体为革兰氏阴性原核微生物，有细胞壁结构，含 DNA 和 RNA 两种核酸，胞浆内有核糖体，对磺胺和多种抗生素敏感，这些特性与细菌类似。衣原体对热、消毒剂、抗生素较敏感，$56℃$ 时 $5\sim10min$ 即可灭活；在 0.1% 甲醛、0.5% 石炭酸中经 24h 处理即可杀死衣原体，75% 酒精处理 0.5min 即可灭活；金霉素、四环素、氯霉素等均可抑制其繁殖或将其杀灭。

衣原体的特点：①含有 DNA 和 RNA 两种类型的核酸；②具有独特的发育周期，存在原体和始体两种状态，繁殖方式类似细菌的二分裂繁殖；③具有黏肽组成的细胞壁；④含有核糖体 RNA；⑤具有独立的酶系统，能分解葡萄糖释放 CO_2，有些还能合成叶酸盐，但缺乏产生代谢能量的作用，必须依靠宿主细胞的代谢中间产物，因而表现为严格的营专性能量寄生；⑥对热、消毒剂及多种抗生素敏感。

二维码2-14 衣原体

（五）立克次氏体

立克次氏体是一类大小介于细菌与病毒之间、在许多方面类似细菌、专性活细胞内寄生的革兰氏阴性原核微生物。1909 年，H.T.Ricketts 首次发现斑疹伤寒的病原体，并因研究此病而牺牲，1916 年人们为了纪念立克次医生所做的贡献，以他的名字命名这类病原体。

立克次氏体一般呈球状或杆状，是专性细胞内寄生物，主要寄生于节肢动物，有的会通过虱、蜱、螨传入人体，如斑疹伤寒、战壕热。

立克次氏体在虱等节肢动物的胃肠道上皮细胞中增殖并大量存在其粪便中。人受到虱等叮咬时，立克次氏体便随虱的粪便从抓破的伤口或直接从昆虫口器进入人的血液并在其中繁殖，从而使人感染得病。当节肢动物再叮咬病人吸血时，病人血中的立克次氏体又进入其体内增殖，如此不断循环。立克次氏体可引起人与动物患多种疾病，Q 热、恙虫热等均由立克次氏体引起。它与衣原体的不同之处在于细胞较大，不能通过滤菌器，具有一定的合成能力，且不形成包涵体。

立克次氏体的特点：①立克次氏体细胞个体较大，大小为 $(0.3\sim0.6)\mu m\times(0.8\sim2.0)\mu m$，一般不能通过细菌过滤器，在光学显微镜下清晰可见；②细胞形态多变，有球状、杆状、丝状等；③有细胞壁结构，呈革兰氏阴性反应；④除少数外，均在真核细胞内营专性细胞寄生，宿主一般为虱、蚤等节肢动物，并可传播给人或其他脊椎动物；⑤以二等分裂方式进行繁殖，但繁殖速度较细菌慢，一般 9～12h 繁殖一代；⑥有不完整的产能代谢途径，大多只能利用谷氨酸和谷氨酰胺产能而不能利用葡萄糖和有机酸产能；⑦大多数不能用人工培养基培养，需用鸡胚、敏感动物及动物组织细胞来培养立克次氏体；⑧对热、光、干燥及化学药剂敏感，60℃ 30min 即可将其杀死，对一般消毒剂、磺胺及四环素、氯霉素、红霉素、青霉素等抗生素敏感。

二维码2-15
立克次氏体

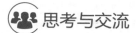 **思考与交流**

> 真核细胞与原核细胞有哪些不同？说一说你所了解的真核细胞有哪些，又有哪些结构特点。

 想一想

我们在日常生活中有哪些时候会用到酵母菌？应用酵母菌后会有哪些现象？

任务三　酵母菌形态、结构及功能

任务要求

1. 掌握酵母菌形态、结构特点。

2. 掌握酵母菌的生活史。

3. 了解酵母菌与细菌结构的异同。

　　真核微生物是由具有完整细胞核结构、能进行有丝分裂、在细胞质中存在线粒体等细胞器的微生物。酵母菌是最简单的真核细胞微生物之一，在细胞形态上与球菌相似，但结构较细菌复杂，生物学特点表现为典型真核微生物特点。

　　酵母菌是非分类学术语，泛指能发酵糖类的各种单细胞真菌。酵母菌种类很多，已知有 56 个属 1000 多个种。酵母菌分布广泛，含糖偏酸的环境酵母菌生长最为活跃，如水果、蔬菜表面和果园土壤中；油田、炼油企业附近的区域，因烃类物质丰富，也是酵母菌生长活跃区域。

　　酵母菌是人类最早利用的微生物之一，有"第一种家养微生物"的美誉。早在4000 多年前，古埃及人就开始利用酵母制作面包和酿制啤酒。殷商时期，中国人就已经学会利用酵母酿造白酒。汉朝时期，中国人已经掌握了使用酵母制作馒头、饼等面点。时至今日，酵母菌在人类生活中的地位更加重要，酒类生产、中西面点制作、乙醇发酵、石油及油品脱蜡、单细胞蛋白生产及维生素生产等均有酵母菌直接或间接参

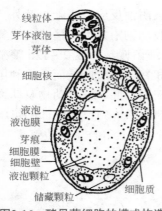

线粒体
芽体液泡
芽体
细胞核
液泡
液泡膜
芽痕
细胞膜
细胞壁
液泡颗粒
储藏颗粒
细胞质

图2-16　酵母菌细胞的模式构造

二维码2-16 酵母菌
美蓝染色技术

二维码2-17 酵母菌
死活鉴别(动画)

二维码2-18 酵母菌
计数(动画)

二维码2-19 酵母菌
大小测定(动画)

与。当然，少数酵母菌对人类也是有害的，如白假丝酵母、新型隐球酵母等是引起鹅口疮、阴道炎、肺炎等疾病的主要病原菌。另外，酵母菌也是引起含糖量高的水果、食物腐败的主要原因。

一、酵母菌的形态结构

酵母菌是一类圆形或椭圆形单细胞、以出芽或分裂为主要繁殖方式的真菌。酵母菌是典型的真核微生物，细胞结构包括细胞壁、细胞膜、细胞核、细胞质、液泡、线粒体等。酵母菌形态多为卵圆形、圆形、圆柱形、梨形等，无鞭毛，不能游动，细胞宽 $1\sim5\mu m$，长 $5\sim30\mu m$，其细胞直径一般为球菌的 10 倍左右。有的酵母菌子代细胞会连在一起成为链状，称之为假丝酵母。酵母菌细胞结构示意见图 2-16。

1. 细胞壁

酵母菌细胞壁位于细胞的最外层，厚约 25nm，重量约占细胞干重的 20%～30%，具有维持细胞形态和细胞间识别的作用。细胞壁呈"三明治状"，具有 3 层结构：内层为葡聚糖层，是复杂的分支状聚合物；中间层主要由蛋白质组成，包括多种酶类；外层为甘露聚糖层。层与层之间可部分镶嵌，其中甘露聚糖约占酵母细胞壁干重的30%，β- 葡聚糖约占 30%，糖蛋白和几丁质约占 20%，蛋白质、类脂、无机盐等其他成分约占 20%。

细胞壁内层的葡聚糖属于结构多糖，与细胞膜相连接，是酵母细胞壁的主要成分，具有支撑外部甘露聚糖的功能，赋予细胞壁足够的机械强度。葡聚糖由 β-1,3- 葡聚糖和 β-1,6- 葡聚糖按 85：15 比例组成，其以 β-1,3- 葡聚糖为骨架、β-1,6- 葡聚糖为支链，β-1,6- 葡聚糖的还原端连接到 β-1,3- 葡聚糖非还原端的末端葡萄糖上，并在氢键作用下共同构成一个三维的网络结构。其网状结构具有较强弹性，在正常渗透压下可大量延伸，而当细胞处于高渗透压情况下时，三维网状结构可迅速收缩，只占原来体积的 40% 左右，当渗透压恢复正常后，三维网状结构则可恢复原状。

中间层的蛋白质与细胞壁结合，其中含有葡聚糖酶、甘露聚糖酶、蔗糖酶、碱性磷酸酶和脂酶等多种酶类，担负着重要的催化作用。

外层的甘露聚糖具有细胞识别和控制细胞壁孔径等生理功能。甘露聚糖以共价键与蛋白质连在一起，主链为单链，通过 α-,6- 糖苷键将多个 α- 甘露糖连接而成。甘露糖侧链则以 α-1,2- 键和 α-1,3- 键与主链连接，部分侧链则结合有决定酵母细胞抗原相关的功能基团。β-1,6- 葡聚糖和甘露聚糖的连接在酵母细胞壁的合成中具有重要作用。

此外，酵母菌细胞壁上的芽痕周围还含有少量几丁质成分。实验室常用玛瑙螺胃液制成的蜗牛消化酶（内含纤维素酶、甘露聚糖酶、几丁质酶等 30 余种）水解酵母菌细胞壁，制备酵母菌原生质体，也可水解酵母菌的子囊壁释放其中的子囊孢子。

2. 细胞膜

酵母菌细胞膜与原核生物细胞膜基本相同，也是由磷脂双分子层和蛋白质组成，蛋白质镶嵌在双分子层中间。其中，蛋白质约占细胞膜干重的 50%，磷脂约占细胞膜干重的 40%。但酵母菌细胞膜中含有原核生物所没有的甾醇类物质，其中以麦角固醇居多，它经紫外线照射后转化成维生素 D_2，可作为维生素 D 的来源。

3. 细胞质及内含物

酵母菌同其他真核生物一样，细胞质主要是胶状物质，其中存在多种有特定结构和功能的细胞器和内含物，如核糖体、线粒体、内质网、高尔基体、液泡等。

（1）核糖体　酵母菌的核糖体沉降系数为 80S，由 60S 和 40S 两个亚基构成。它游离在细胞质中或附着在内质网上。

（2）线粒体　多为球状或杆状，一般位于核膜及中心体的表面，直径为 0.5～1μm，最长可达 2μm，双层膜包围，内膜内陷为脊。其主要成分为脂类、蛋白质、少量 RNA 和环状 DNA。线粒体中的 DNA 可自主复制，不受核染色体控制，决定着线粒体的某些遗传性状。线位体还是真核生物进行氧化磷酸化的中心，能量代谢的主要场所。

（3）内质网　是分布在整个细胞中的由膜构成的管道和网状结构，常与核膜或细胞膜相连在一起。内质网具有进行物质传递的功能，另外还参与合成膜脂和脂蛋白。

（4）高尔基体　也是一种内膜结构，是由扁平双层膜和小泡构成。高尔基体主要为细胞提供一个内部的运输系统。

（5）液泡　是单层膜包裹的囊泡物，其中含有水、有机酸、无机盐、水解酶类及一些储藏颗粒（如肝糖粒、脂肪粒、异染颗粒等）。液泡常在细胞发育后期出现，随着菌龄的增长而逐渐增大，其大小可作为衡量细胞成熟的标志。液泡的主要功能是储藏营养物和水解酶类，参与细胞质进行物质交换，调节细胞渗透压等。

4. 细胞核

酵母菌具有核膜包裹的细胞核，上面有大量的核孔，中间有核仁。每一个酵母细胞只有一个细胞核，位于细胞中央，呈圆形或卵圆形，直径一般小于 1μm。有时由于液泡的逐渐扩大，细胞核会被挤在边缘，变为肾形。

在电子显微镜下观察细胞核，核膜是一种双层单位膜，其上存在着直径 40～70nm 的圆形核孔，这是细胞核与细胞质之间进行物质交换的重要通道，核内合成的 RNA 可通过核孔转移到细胞质中，为蛋白质合成提供模板。细胞核是遗传物质复制、表达、传递、贮存的主要场所，通过吉姆萨染色或碱性品红染色可以清晰地观察到细胞核内的染色体。除细胞核外，在线粒体、质粒等成分中也含有 DNA 分子。

二维码2-20　酵母菌
形态、结构与功能

二、酵母菌的繁殖方式

酵母菌的繁殖方式可分无性繁殖和有性繁殖两大类，以无性繁殖为主。常见的无性繁殖包括芽殖、裂殖、芽裂和产无性孢子，有性繁殖方式为产子囊孢子。根据酵母菌是否存在有性繁殖，可分为只有无性繁殖过程的假酵母和有性、无性繁殖都存在的真酵母。繁殖方式及产物往往是酵母菌鉴定的重要依据。

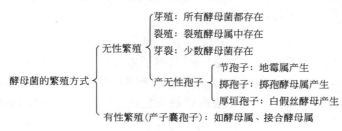

1. 无性繁殖

酵母菌的无性繁殖有四种方式：芽殖、裂殖、芽裂和产无性孢子。

（1）芽殖 即出芽繁殖，是酵母菌进行无性繁殖的主要方式。成熟的酵母菌细胞，在特定的一个或多个部位先长出小芽，待芽体细胞长到一定程度，与母细胞脱离继续生长，最终形成新的个体。芽殖的出芽方式有单边出芽、两端出芽、三边出芽和多边出芽。

芽殖常发生在酵母细胞壁芽痕的预定点上，每个酵母细胞有一个或多个芽痕。成熟的酵母细胞在水解酶作用下细胞壁变薄，长出芽体。新复制的细胞核、细胞质等向芽体部位转移，芽体逐渐长大，当长到接近母细胞大小时，自母细胞脱落成为新个体，完成出芽繁殖。每进行一次芽殖都会在母细胞上留下一个芽痕，同时在子细胞上相应位置会留下一个蒂痕（又称产痕）。酵母菌芽殖往往在同一地方不会二次出芽，所以根据芽痕数目可以判断该酵母菌的出芽次数。如果酵母菌生长旺盛，在芽体尚未自母细胞脱落前，即可在芽体上又长出新的芽体，最后则形成假菌丝状，该类酵母即假丝酵母。酵母菌芽殖示意图见图2-17。

（2）裂殖 少数种类的酵母菌进行的无性繁殖方式，类似于细菌的二分裂方式，以细胞分裂进行繁殖。其过程是母细胞延长，核复制分裂为两个，细胞中央出现隔膜，将细胞横分为两个大小相等、各具有一个单核的子细胞。进行裂殖的酵母种类很少，八孢裂殖酵母是该类繁殖方式的典型代表菌。裂殖酵母见图2-18。

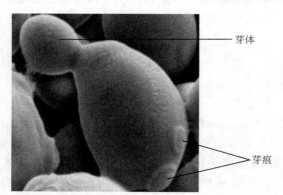

图2-17 酵母菌芽殖示意图

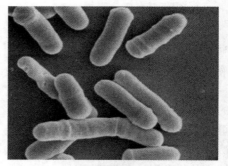

图2-18 电子显微镜下的裂殖酵母

（3）芽裂 少数酵母细胞在一端出芽的同时，在芽基处形成隔膜，将母子细胞分开，这种无性繁殖方式称为芽裂。该方式很少，形成的子细胞呈瓶状。

（4）产生无性孢子 少数酵母细胞可产生无性孢子进行繁殖。这些无性孢子有掷孢子、厚垣孢子和节孢子等，如掷孢酵母属等少数酵母菌产生掷孢子，其外形呈肾形、镰刀形或豆形，该类孢子在卵圆形的营养细胞生出的小梗上形成，孢子成熟后通过喷射小梗上分泌的液滴将孢子射出。此外，有的酵母菌还能在假菌丝的顶端产生厚垣孢子，如白假丝酵母菌等。

2. 有性繁殖

酵母菌的有性繁殖是以形成子囊和子囊孢子方式进行的。当两个邻近的性别不同的酵母细胞各自伸出一根管状的原生质突起，随即相互接触、局部融合，并形成一个通道，两个不同性别的细胞在此通道内相继发生质配、核配，形成双倍体细胞核，随后进行减数分裂，形成 4 个或 8 个子代细胞核。最后，每个子核与其周围的原生质结合形成孢子，即子囊孢子，而原来的营养细胞变成子囊包裹在孢子外部。

酵母菌形成子囊孢子的难易程度因种类不同而异。有些酵母菌不形成子囊孢子；有些酵母菌几乎在所有培养基上都能形成大量子囊孢子；有的种类必须用特殊培养基才能形成；有些酵母菌在长期的培养中会失去形成子囊孢子的能力。不同的酵母菌形成的子囊孢子形态结构也不相同，如球形、椭圆形、半球形、帽子形、橘子形、镰刀形、纺锤形等形状，孢子表面光滑或有刺，孢子皮层为单层或双层等。酵母菌子囊孢子形态结构也是酵母菌分类鉴定的重要依据。

三、酵母菌的生活史

生活史又叫生活周期，是指上代个体经一系列生长、发育阶段而产生下一代个体的全部过程。酵母菌的生活史可分为单倍体型、双倍体型和单双倍体型三种。

1. 单倍体型

营养体只能以单倍体（n）形式存在。

单倍体型以八孢裂殖酵母为代表。其主要特点是：营养细胞为单倍体；无性繁殖以裂殖方式进行；二倍体阶段短暂，二倍体细胞不能独立生活，一经生成立刻进行减数分裂。

单倍体型酵母菌生活史：①单倍体营养细胞以裂殖方式进行无性繁殖；②两个性别不同的营养细胞接触后形成接合管，发生质配、核配，形成二倍体；③二倍体核染色体迅速进行 3 次分裂，第一次为减数分裂，接着再进行两次有丝分裂，形成 8 个单倍体子囊孢子；④子囊破裂，释放子囊孢子，待子囊孢子发育成营养细胞后再进行裂殖。单倍体型酵母菌生活史见图2-19。

2. 双倍体型

营养体只能以二倍体（$2n$）形式存在。

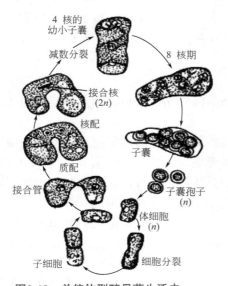

图2-19　单倍体型酵母菌生活史

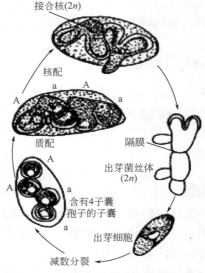

图2-20　双倍体型酵母菌生活史

双倍体型以路德类酵母为代表。其主要特点是：营养体为二倍体，以芽殖进行无性繁殖，二倍体阶段较长；单倍体的子囊孢子在子囊内发生接合；单倍体阶段仅以子囊孢子形式存在，不能进行独立生活。

双倍体型酵母菌生活史：①单倍体子囊孢子在孢子囊内成对接合，并发生质配、核配；②接合后的二倍体细胞萌发，穿破子囊壁；③二倍体的营养细胞可独立生活，通过芽殖方式进行无性繁殖；④在二倍体营养细胞内的核发生减数分裂，营养细胞成为子囊，其中形成 4 个单倍体子囊孢子。单倍体阶段仅以子囊孢子形式存在，不能进行独立生活，该阶段较短。双倍体型酵母菌生活史见图 2-20。

3. 单双倍体型

营养体既可以单倍体（n）也可以二倍体（$2n$）形式存在。

单双倍体型以啤酒酵母为代表。其主要特点是：单倍体营养细胞和双倍体营养细胞均可进行芽殖；营养体既可以单倍体形式存在，也可以二倍体形式存在；在特定条件下进行有性繁殖；单倍体和双倍体两个阶段同等重要，形成世代交替。

单双倍体型酵母菌生活史：①子囊孢子在适宜的条件下发芽产生单倍体营养细胞；②单倍体营养细胞不断进行出芽繁殖；③两个性别不同的营养细胞彼此接合，发生质配、核配，形成二倍体营养细胞；④二倍体营养细胞不会立即进行减数分裂，而是不断进行出芽繁殖；⑤在特定条件（如含醋酸钠的 Mcclary 培养基、胡萝卜条、石膏块、Gorodkowa 培养基或 Kleyn 培养基）下，二倍体营养细胞转变成子囊，二倍体核染色体进行减数分裂，形成 4 个子囊孢子；⑥子囊经自然破壁或人工破壁（如加蜗牛消化酶溶壁，加硅藻土和石蜡油研磨等），释放出单倍体子囊孢子。

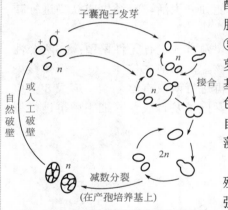

图2-21 单双倍体型酵母菌生活史

单倍体和二倍体营养细胞均可以进行出芽繁殖，但二倍体营养细胞体积相对较大，生命力更强，广泛地应用于工业生产、科学研究和遗传工程实践。单双倍体型酵母菌生活史见图 2-21。

四、酵母菌的菌落特征

酵母菌属典型的单细胞真核微生物，细胞间没有明显分化，菌落特征在固体培养基和液体培养基中各有特点。

在固体培养基表面，大多数酵母菌的菌落特征与细菌的球菌相似，但较细菌菌落大而且凸起，菌落表面光滑、湿润、黏稠、半透明、易被挑起，菌落质地均匀，边缘光滑，中间隆起，正反面和边缘、中央部位的颜色均匀一致，但个别种会因培养时间过长菌落表面出现皱缩。酵母菌落多为乳白色，少数呈红色、橙色，个别为黑色。不产生假菌丝的酵母菌，其菌落更为隆起，边缘圆整；而产生假菌丝的酵母菌，则菌落较平坦，表面和边缘较粗糙。菌落的颜色、光泽、质地、表面和边缘特征，均是酵母菌菌种鉴定的重要依据。

在液体培养基中，有的长在培养基底部并产生沉淀；有的在培养基中均匀生长并产生混浊；有的在培养基表面生长并形成菌膜，其厚薄因种而异；还有的甚至因干燥而变皱。菌膜的形成及特征也具有重要的分类学意义，可用以酵母菌菌种鉴定。

此外，由于酵母菌代谢途径常伴有酒精发酵，一般其菌落会散发出一定的"酒气"，此也为酵母菌菌落所特有。

 思考与交流

前面已经介绍了放线菌和细菌的形态特征，现根据已学的知识试分析细菌、放线菌和酵母菌间存在哪些异同。

想一想

食物在什么样的条件才会发霉？发霉的食物常伴有什么样的气味？

任务四　霉菌形态、结构及功能

任务要求

1. 掌握霉菌形态、结构特点。

2. 掌握霉菌菌丝的特化形式。

3. 了解霉菌的无性繁殖和有性繁殖。

霉菌是常见的真核微生物之一，为陆生性强的丝状真菌。在结构特征上与酵母菌相似，同为真核微生物，在形态上又与放线菌相似，同为菌丝体结构。过去人们称霉菌为"能引起霉变的真菌"，在潮湿的条件下，它们往往在有机质上大量生长繁殖，引起霉变或真菌病害。

霉菌是丝状真菌的统称，通常指菌丝体发达又不产生大型肉质子实体的真菌。在自然界中霉菌分布极广，土壤、水、空气、动植物体内外，只要存在有机物的地方，就会有它们的踪迹。霉菌是大自然中重要的有机质分解者，它们把数量巨大又难以分解的有机物经自身代谢作用转化为可被重新利用的养料，维持着地球生态系统的循环和发展。

霉菌与人类关系密切，对人类既有利又有害。有利的是：食品工业利用霉菌制酱、制曲、制干酪等；发酵工业利用霉菌来生产酒精、有机酸（如柠檬酸、葡萄糖酸等）；医药工业利用霉菌生产抗生素（如青霉素、灰黄霉素、头孢霉素等）、酶制剂（淀粉酶、蛋白酶、纤维素酶等）、维生素、生物碱、真菌多糖等；在农业上利用霉菌发酵饲料，生产农药、植物生长刺激素等；此外，霉菌还可分解自然界中的淀粉、纤维素、木质素、蛋白质等复杂大分子有机物，使之变成葡萄糖等微生物能利用的物质，保证了生态系统中的物质循环。有害的是：可使食品、粮食发生霉变，使纤维制品腐烂；引起多种与霉菌相关的疾病等。据不完全统计，每年因霉变造成的粮食损失达 2%；霉菌能产生 100 多种毒素，许多毒素的毒性大，致癌力强，即使食入少量也会对人畜造成严重后果。

一、霉菌的形态结构

霉菌不是分类学的名词，在分类上属于真菌门的各个亚门。构成霉菌的基本单位是菌丝。菌丝是一种管状的细丝，直径 2～10μm，比细菌和放线菌的细胞要粗，可不断自前端生长并产生分枝，大量菌丝相互交织缠绕在一起，构成绒毛状、絮状或网状个体形式，即菌丝体。菌丝体通常呈白色、褐色、灰色或较鲜艳的颜色，部分还可产生色素使培养基质着色。菌丝由坚硬的含壳多糖的细胞壁包裹，内含大量真核生物的细胞器。

根据菌丝中是否有隔膜，可把霉菌菌丝分为无隔菌丝和有隔菌丝两种。无隔菌丝中无隔膜，整个霉菌菌丝就是一个单细胞，其中可含有多个细胞核，该类菌丝多属于低等真菌所具有的特征。有隔菌丝中有隔膜，被隔膜隔开的一段菌丝就是一个细胞，菌丝体由多个细胞组成，每个细胞内可有 1 个或多个细胞核，且细胞隔膜上会有 1 个或多个孔，用来满足细胞之间的细胞质和营养物质的交换互通，该类菌丝多属于高等真菌所具有的特征。霉菌菌丝类型见图 2-22。

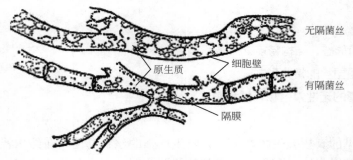

图2-22　霉菌菌丝类型

1. 霉菌菌丝的构成及其特点

霉菌菌丝按分化程度可分为营养菌丝、气生菌丝和繁殖菌丝三种，见图 2-23。

图2-23　霉菌菌丝示意图

霉菌在固体基质上生长时，部分菌丝伸入到培养基内部，以吸收养料为主的菌丝，称为营养菌丝（也称基内菌丝）；基内菌丝向空中伸展生长的菌丝称气生菌丝；气生菌丝进一步发育到一定阶段可再分化为能产生孢子的繁殖菌丝。

2. 霉菌菌丝的细胞结构

霉菌菌丝细胞的构造与酵母菌十分类似，基本结构为细胞壁、细胞膜、细胞质和细胞核。菌丝最外层为厚实、坚韧的细胞壁，紧贴细胞壁的是细胞膜，膜内由细胞质填充，其中包含有细胞核、线粒体、核糖体、内质网、液泡等。霉菌菌丝细胞结构见图 2-24。

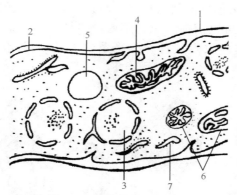

图2-24　霉菌菌丝细胞结构

1—细胞壁；2—细胞膜；3—细胞核；4—线粒体；5—液泡；6—核糖体；7—内质网

（1）细胞壁　霉菌细胞壁的功能与细菌相同，但是化学结构不同。霉菌细胞壁中不含有肽聚糖，除少数低等水生霉菌细胞壁含纤维素外，大部分霉菌细胞壁主要由几丁质组成。几丁质是由数百个 N-乙酰葡糖胺分子以 β-1,4- 糖苷键连接而成的。几丁质和纤维素分别构成高等和低等霉菌细胞壁的网状结构——微纤丝，微纤丝使细胞壁具有了坚韧的机械性能。组成真菌细胞壁的另一类成分为无定形物质，主要是一些蛋白质、甘露聚糖和葡聚糖，它们填充于上述纤维状物质构成的网内或网外，充实细胞壁的结构。

霉菌菌丝细胞在各部位的成熟度不同，可分为顶端的延伸区和硬化区、亚顶端的次生壁形成区、中后部的成熟区。顶端区域细胞壁为两层结构，外层为蛋白质，内层为几丁质；亚顶端区域的细胞壁为三层结构，葡聚糖蛋白外层、蛋白质中间层和几丁质内层；成熟区域的细胞壁则为四层结构，在次生壁结构的基础上最外层再形成一层无定形葡聚糖层。

（2）细胞膜　霉菌的细胞膜与其他真核生物（如酵母菌）基本相同，为典型的单位膜结构，是主要由蛋白质、磷脂组成的双分子层结构，其作用是对营养物质进行高度的选择性吸收。

另外，在细胞壁与细胞膜之间有一种单层膜构成的向内陷入或折叠形成的特殊构造，称为质膜体，其形状多为管状、球状、囊状、折叠状，类似于细菌的间体，常与细胞壁形成有关。

（3）细胞质　是细胞膜包裹的一种无色透明、均质的黏稠胶体，主要成分是水、蛋白质、类脂、多糖、核糖体和少量的无机盐等。其内包含细胞核和多种细胞器，是菌体进行新陈代谢的主要场所。

二维码2-21 霉菌
形态、结构与功能

（4）细胞核　霉菌细胞核具有完整核结构，个体较小，直径为0.7～3μm，由核膜、核仁、染色体和核质组成。核膜上有核孔，能够进行物质交换。

3. 霉菌菌丝的特化形态

在长期进化过程中，不同的真菌为了适应不同的环境条件，增强对环境的适应性和抵御性，更有效地摄取营养满足生长发育的需要，许多霉菌的菌丝形态与功能会发生明显变化，分化成一些特殊的形态和组织，这种特化的形态称为菌丝特化形态（也称菌丝变态）。

（1）菌环和菌网　菌丝交织成套状称菌环，菌丝交织成网状称菌网。菌环和菌网都是某些捕食性霉菌用来捕食的菌丝特化形态。例如，捕虫菌目在长期的自然进化中形成的网状特化结构，可以捕捉线虫、草履虫等原生动物或无脊椎动物，待被捕获物死后，菌丝伸入其体内吸收其营养为霉菌生长利用。菌环、菌网结构示意图见图2-25。

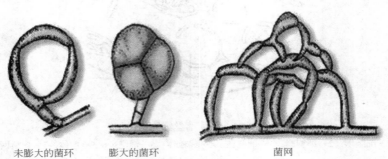

未膨大的菌环　　　膨大的菌环　　　　　　　菌网

图2-25　菌环、菌网结构示意图

（2）附枝　包括匍匐枝、假根等，其功能主要是固着和吸收营养。例如，毛霉目中的毛霉和根霉，其营养菌丝可形成具有延伸功能的匍匐枝，根霉属的霉菌在匍匐菌丝与培养基质接触的部位可分化出根状结构的假根。附枝示意图见图2-26。

（3）附着枝　个别以寄生生活为主的霉菌由菌丝细胞生出1～2个细胞的短枝，将菌丝附着于宿主细胞上，这种特殊的结构即附着枝。附着枝示意图见图2-27。

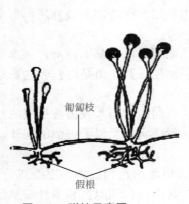

匍匐枝

假根

图2-26　附枝示意图

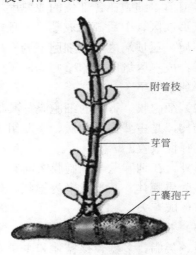

附着枝

芽管

子囊孢子

图2-27　附着枝示意图

（4）吸器　一些专性寄生霉菌从菌丝上分化出来的旁枝，侵入细胞内分化成指状、球状或丝状等，用以吸收寄主细胞内的营养。例如锈菌、霜霉菌和白粉菌等均能产生吸器。吸器示意图见图2-28。

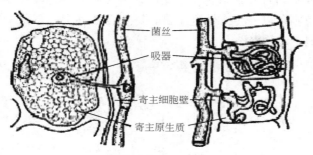

图2-28　吸器示意图

（5）附着胞　许多植物寄生真菌在其芽管或老菌丝顶端发生膨大，并分泌黏性物，借以牢固地黏附在宿主的表面，这一结构就是附着胞。附着胞上可形成纤细的针状感染菌丝，以侵入宿主的角质层而吸取营养。附着胞示意图见图 2-29。

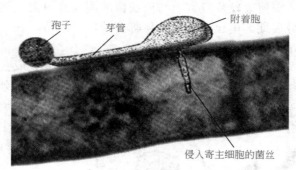

图2-29　附着胞示意图

（6）菌核　是一种休眠的菌丝组织，由菌丝密集地交织在一起，可抵抗外界不良的环境条件。其外层组织坚硬，颜色较深，内层疏松，大多呈白色。例如药用的茯苓、麦角都是菌核。菌核示意图见图 2-30。

（7）子座　是由菌丝交织成垫状、壳状等组织比较疏松的特化形态。在子座外或内可形成霉菌的繁殖器官。几种常见的子座见图 2-31。

二维码2-22　霉菌菌丝特化形态

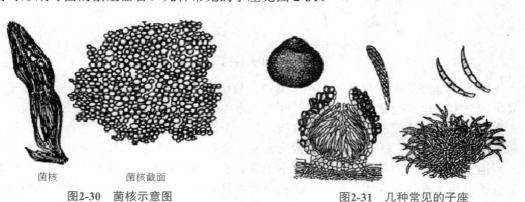

图2-30　菌核示意图　　　图2-31　几种常见的子座

二、霉菌的繁殖方式

霉菌属于丝状真菌，有着极强的繁殖能力，而且繁殖方式呈现多样性。霉菌的繁殖方式包括无性繁殖和有性繁殖两种。无性繁殖又可分为菌丝片段繁殖和产生无性孢子繁殖，有性繁殖则是以产生有性孢子进行。在自然界中，霉菌主要依靠产生形形色色的无性或有性孢子进行繁殖。

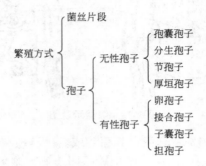

1. 无性繁殖

（1）菌丝片段　霉菌菌丝片段繁殖与放线菌的菌丝片段繁殖类似，主要应用工业发酵生产，缩短发酵周期。菌丝片段是指将霉菌菌丝打断后，任一片段在适宜条件下都能发展成新的营养个体。

（2）无性孢子　霉菌的无性孢子是直接由营养细胞的分裂或营养菌丝的分化切割而形成新个体的过程，分化过程中不经过两性细胞的配合和有丝分裂，是霉菌无性繁殖的主要形式。常见的无性孢子有游动孢子、孢囊孢子、分生孢子、节孢子和厚垣孢子等。无性孢子种类见图 2-32。

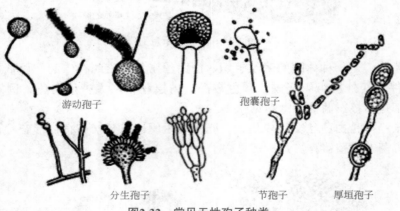

图2-32　常见无性孢子种类

① 孢囊孢子　由于孢子生于孢子囊内，故称孢囊孢子，属于内生孢子。在孢子形成时，气生菌丝或孢囊梗顶端膨大，并在下方生出横隔与菌丝分开而形成孢子囊。孢子囊逐渐长大，然后在囊中形成许多核，每一个核与细胞质结合并产生孢子壁，形成孢囊孢子。原来膨大的细胞壁就成为孢囊壁。带有孢子囊的梗叫作孢囊梗，孢囊梗伸入到孢子囊中的部分叫囊轴或中轴。孢子囊成熟后破裂释放出孢囊孢子，在适宜条件下孢子再萌发成为新个体。例如藻状菌纲毛霉目、水霉目的一些属就以产生孢囊孢子方式繁殖。

② 分生孢子　分生孢子是霉菌中常见的一类无性孢子，生于菌丝细胞外的孢子，属于外生孢子。分生孢子是由菌丝顶端细胞或由分生孢子梗顶端细胞经过分割或缩缢而形成的单个或成簇的孢子。大多数子囊菌纲及全部半知菌的无性繁殖都以分生孢子方式进行。分生孢子的形状、大小、结构、着生方式、颜色因种而异，如曲霉属分生孢子梗的顶端膨大成球形的顶囊，孢子着生于顶囊的小梗之上，呈"皇冠形"；青霉属分生孢子着生在帚状的多分支的小梗上，呈"扫帚形"；还有些霉菌的分生孢子着生在分生孢子垫或分生孢子器等特殊构造上。

③ 节孢子　又称粉孢子或裂孢子，是由菌丝断裂形成的外生孢子。节孢子的形成过程是当菌丝生长到一定阶段，菌丝上出现许多横隔膜，然后从横隔处断裂，产生许多成串的短柱状、筒状或两端钝圆的节孢子。白地霉的无性孢子就属于该类型。

④ 厚垣孢子　又称厚壁孢子，由菌丝顶端或中间的个别细胞膨大、原生质浓缩、变圆，然后细胞壁加厚形成圆形、纺锤形或长方形的休眠孢子，属于内生孢子。厚垣孢子呈圆形、纺锤形或长方形，对热、干燥等不良环境抵抗力较强，寿命较长，当菌丝体死亡后，上面的厚垣孢子还可成活，一旦环境条件好转，就能萌发成菌丝体。

二维码2-23　霉菌
无性繁殖

2. 有性繁殖

霉菌有性繁殖是依靠产生有性孢子进行的。有性孢子的形成过程一般经过质配、核配和减数分裂三个阶段。首先是质配，两个性细胞结合，细胞质融合，成为双核细胞，每个核均含单倍染色体（$n+n$）；接下来是核配，两个核融合成为二倍体接合子，此时核的染色体数是二倍（$2n$）；最后是减数分裂，具有双倍体的细胞核经过减数分裂，核中的染色体数目又恢复到单倍体状态。

在霉菌中，有性繁殖不及无性繁殖普遍，仅发生于特定条件下，而且一般培养基上不常出现。常见的有性孢子有卵孢子、接合孢子、子囊孢子和担孢子。有性孢子种类见图2-33。

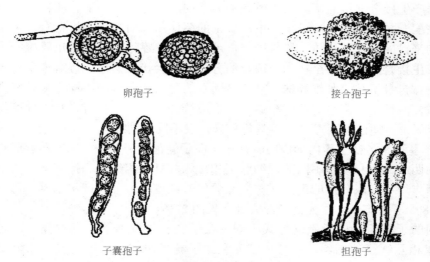

卵孢子　　　　　　　　　　　接合孢子

子囊孢子　　　　　　　　　　担孢子

图2-33　常见有性孢子种类

① 卵孢子　是由两个大小不同的配子囊结合后发育而成的。小型的配子囊称雄器，大型的配子囊称藏卵器，藏卵器内有一个或数个被称为卵球的原生质团，它相当于高等生物的卵。藏卵器中的原生质与雄器配合以前，收缩成一个或数个原生质团，

称卵球。当雄器与藏卵器配合时，雄器中的细胞质和细胞核通过受精管而进入藏卵器并与卵球结合，此后卵球生出外壁发育成卵孢子。卵孢子的数量取决于卵球的数量。藏卵器、雄器及卵孢子见图2-34。

② 接合孢子　是由菌丝生出的结构基本相似、形态相同或略有不同的两个配子囊接合而成的。接合孢子的形成过程是两个相邻的菌丝相遇，各自向对方生出极短的侧枝，称为原配子囊。原配子囊接触后，顶端各处膨大并形成横隔，分隔形成两个配子囊细胞，配子囊下面的部分称配囊柄。然后相接触的两个配子囊之间的横隔消失，发生质配、核配，同时外部形成厚壁，即为接合孢子。接合孢子的形态为厚壁、粗糙、黑色外壳。在适宜的条件下，接合孢子可萌发成新的菌丝体。接合孢子形成过程见图2-35。

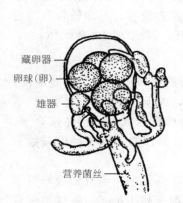

图2-34　藏卵器、雄器及卵孢子

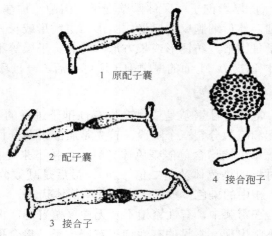

图2-35　接合孢子形成过程

　　根据产生接合孢子的菌丝来源或亲和力不同，可分为同宗配合和异宗配合两种方式。同宗配合是指菌体自身可孕，不需要别的菌体帮助而能独立进行有性生殖。雌雄配子囊均来自同一个菌丝体，雌雄同株，当两根菌丝靠近时，便生出雌雄配子囊，经接触后产生接合孢子，甚至在同一菌丝的分枝上也会接触而形成接合孢子。异宗配合则是指菌体自身不孕，雌雄异株，需要借助别的可亲和菌体的不同交配型来进行有性生殖，需要两种不同菌系的菌丝相遇才能形成接合孢子。这种有亲和力的菌丝，在形态上并无区别，通常用"+"或"-"符号来代表不同性别细胞。

③ 子囊孢子　在子囊内形成的有性孢子即子囊孢子。首先，同一菌丝或相邻的两菌丝上的两个大小和形状不同的性细胞互相接触并且互相缠绕。接下来，两个性细胞经过受精作用后形成分枝的菌丝（称为造囊丝）经过减数分裂产生子囊，每个子囊可产生1～8个子囊孢子。子囊孢子形成过程见图2-36。

　　不同的子囊菌形成子囊的方式不同。在子囊和子囊孢子发育过程中，会生出许多有规律相互缠绕的菌丝，并形成子囊果。子囊果通常有3种类型：完全封闭呈圆球形的子囊果，称闭囊壳；子囊果上有孔的，称为子囊壳；子囊果呈盘状的，称子囊盘（见图2-37）。子囊孢子成熟后即被释放出来。子囊孢子的形状、大小、颜色、纹饰等各不相同，常用来作为子囊菌分类鉴别的重要依据。不同形状的子囊孢子见图2-38。

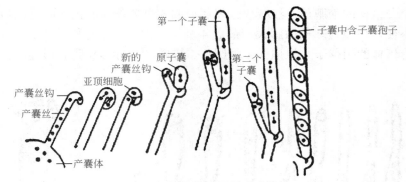

图2-36　子囊孢子形成过程

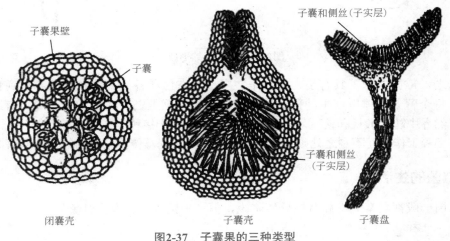

闭囊壳　　　　　　　　子囊壳　　　　　　　子囊盘

图2-37　子囊果的三种类型

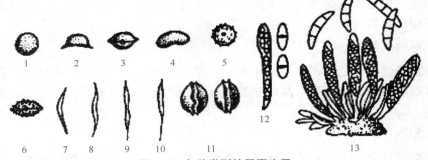

图2-38　各种类型的子囊孢子

1—球形；2—礼帽形；3—土星形；4—肾形；5—球形痣面；6—卵形，具中央突起，痣面；
7—镰刀形；8—弓形；9—针形；10—针形具鞭毛；11—双凸镜形，具赤道冠；
12—子囊孢子由两个细胞组成；13—子囊孢子由四个细胞组成

④ 担孢子　担孢子为担子菌所特有，是经两性细胞核配合后产生的外生孢子。担子菌经过特殊的分化和有性结合形成担子，在担子细胞外壁形成的有性孢子称担孢子。担孢子即担子菌产生的有性孢子。在担子菌中，两性器官退化，以菌丝结合的方式产生双核菌丝，在双核菌丝的两个核分裂之前可以产生钩状分枝而形成锁状联合，这有利于双核并裂。双核菌丝的顶端细胞膨大为担子，担子内 2 个不同性别的核配合

后形成一个二倍体的细胞核，经减数分裂后形成 4 个单倍体的核，同时在担子的顶端长出 4 个小梗，小梗顶端稍微膨大，最后 4 个核分别进入了小梗的膨大部位，形成 4 个外生的单倍体的担孢子。担孢子多为圆形、椭圆形、肾形和腊肠形等，其形成过程见图 2-39。

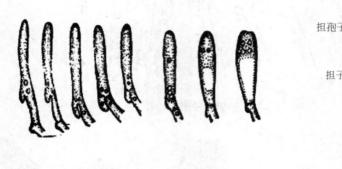

图2-39 担孢子的形成

总之，霉菌的孢子具有小、轻、干、多、形态色泽各异、休眠期长和抗逆性强等特点，每个营养个体所产生的孢子数常达数千万甚至上亿。大量的孢子数目有助于霉菌在自然界中随处散播和繁殖。孢子的这些特点有利于接种、扩大培养、菌种选育、保藏和鉴定等工作，而不利之处则是易于造成污染、霉变及传播动植物的霉菌病害等。

二维码2-24 霉菌有性繁殖

二维码2-25 霉菌染色技术

三、霉菌的生活史

霉菌一般都具有无性和有性繁殖阶段，但半知菌亚门只有无性繁殖阶段。

1. 无性繁殖阶段

无性繁殖生活史是指一个无性孢子从萌发产生菌丝体，再由菌丝体产生无性孢子的整个过程，也可以描述成营养菌丝体在适宜的条件下产生无性孢子，无性孢子萌发形成新的菌丝体的过程。

2. 有性繁殖阶段

有性繁殖生活史是指在一定条件下，发育后期的菌丝体上分化出特殊性器官，两个性器官细胞经质配、核配、减数分裂后形成有性孢子，孢子再经萌发形成新的菌丝体的过程。

3. 半知菌生活史

一些霉菌只存在无性繁殖，至今尚未发现其生活史中存在有性繁殖阶段，我们把这类霉菌称为半知菌，而其生活史中只有无性繁殖过程。

四、霉菌的菌落特征

霉菌菌落与放线菌菌落类似，都是由分枝状菌丝构成的。霉菌菌落通常比细菌、放线菌和酵母菌的要大，有的菌落可伸展到整个培养皿，有的霉菌则会受到一定的局限性，直径 1～2cm 或更小。霉菌菌丝相对较粗而且较长，菌落质地一般比放线菌疏松，表面干燥，不透明，呈绒毛状、棉絮状和蜘蛛网状等，不易挑取。菌落正反面颜色和边缘与中心的颜色深浅不一，颜色多样。造成颜色差别的主要原因是气生菌丝的子实体和孢子的颜色比营养菌丝的颜色深；中心和边缘的差别则是由于接近中心的气生菌丝菌龄大，分化发育时间长，因而相比边缘尚未分化的气生菌丝颜色要深，结构也更加复杂。菌落边缘常见粗丝状细胞，菌丝相互交织，细胞生长较快，气味伴有霉腐味。

总之，霉菌是一类相对低等的真核生物，其特点主要有：①具有细胞核，进行有丝分裂；②细胞质中含有线粒体但没有叶绿体，不进行光合作用，无根、茎、叶的分化；③以产生有性孢子和无性孢子两种形式进行繁殖；④营养方式为化能异养型、好氧微生物；⑤不能运动（仅个别种类的游动孢子有1~2根鞭毛）；⑥种类繁多，形态各异、大小悬殊，细胞结构多样。

二维码2-26 霉菌生活史及菌落形态

 思考与交流

> 根据已学的知识，试比较细菌、放线菌、酵母菌和霉菌四种微生物间的形态特征和菌落特点。

 想一想

伤寒感冒与流感一样吗？试分析下流感为什么更不容易治愈？

任务五　病毒形态、结构及功能

🌐 任务要求

1. 掌握病毒的形态、结构特点。
2. 掌握烈性噬菌体和温和性噬菌体的定义。
3. 了解烈性噬菌体的一步生长曲线。
4. 掌握烈性噬菌体的增殖过程。
5. 熟知溶原化、溶原性噬菌体及溶原性细菌各自的定义。

病毒是典型的非细胞生物。19世纪末科学家们经过大量研究发现了一类微小的有致病性和部分生命特征的分子——病毒。随着研究的深入，科学家们发现除了典型的核衣壳结构病毒外，还有只有一种成分的病毒，因此现代病毒学家把病毒依据其化学组成分成了真病毒和亚病毒两大类。

病毒是一个既熟悉又陌生的概念，到目前为止还没有能够给病毒下一准确的定义。人们通常讲的病毒是指一类超显微的非细胞生物，每一种病毒只含有一种核酸（不是DNA就是RNA）；它们只能在活细胞寄主内营专性寄生；在离体条件下，它们以无生命的化学大分子状态存在，并保持感染性。

病毒粒的大小仅是细菌的百分之一，普通光学显微镜难以观察。在电子显微镜下观察，病毒是一个由保护性外壳包裹的一段 DNA 或者 RNA 的完整的、具有感染性的颗粒，即病毒粒子。借由感染的机制，病毒的核酸可以借助宿主细胞的酶系进行自我复制和表达。

病毒与其他生物相比，具有更加独特的特点：①形体极小，大小表示以 nm 为单位，直径在 10～300nm，通常为 100nm 左右，能通过滤菌器，普通光学显微镜仅能看到病毒的群体结构（包涵体），而病毒粒子结构必须借助电子显微镜观察；②无细胞结构，化学组成极其简单，主要由蛋白质、核酸构成，故称"分子生物"；③每种病毒只含一种核酸，不是 DNA 就是 RNA；④生活方式为专性活细胞内寄生，病毒酶系不完整，无产能酶系和蛋白、核酸合成酶系，只能利用寄主细胞代谢系统完成增殖过程；⑤病毒的繁殖过程是增殖，包括吸附、侵入、复制合成、装配、释放等，是在分子水平上的表达；⑥在离体条件下，病毒以无生命生物大分子的感染态存在，并保持侵染活性，感染寄主细胞后，表现为增殖过程的营养态；⑦对抗生素不敏感，对阳光、紫外线、干燥、温度和干扰素敏感。

病毒可以感染几乎所有具有细胞结构的生命体，由于病毒是营专性活细胞寄生，所以从理论上说凡有细胞存在，就有与之对应的病毒。自马丁乌斯·贝杰林克于 1899 年发现第一个烟草花叶病毒，迄今已有超过 5000 种类型的病毒得到鉴定。根据侵染宿主不同，可以将病毒分三类，即动物病毒、植物病毒和细菌病毒（又称噬菌体）。

一、病毒的形态结构

1. 病毒的结构和化学组成

（1）病毒的结构　由于病毒属非细胞生物，单个病毒个体不能称作"单细胞"，这样就产生了病毒粒或病毒体的概念。病毒主要由核酸和蛋白质组成，较复杂的病毒还含有少量的脂类、多糖等。其中核酸位于病毒粒的中心，称为核心；蛋白质亚基包围在核心周围，形成了衣壳，其中蛋白质亚基又被称为衣壳粒。衣壳是病毒粒的支架结构和抗原成分，具有保护核酸免受破坏、介导核酸进入宿主细胞以及通过抗原性引起免疫应答等作用。核心和衣壳组合构成病毒的基本结构——核衣壳结构。有些较复杂的病毒，其核衣壳外还会有包膜（也称囊膜）和刺突等附属物。包膜是一层蛋白质或糖蛋白的类脂双层膜，其类脂来自宿主细胞膜。包膜的有无及其性质与病毒的宿主专一性和侵入功能有关。刺突是指在有包膜的病毒粒子表面具有的突起物，常起启动病毒侵染、诱发免疫应答及中和抗体的作用。病毒结构见图 2-40。

（2）病毒的化学组成

① 病毒蛋白　由病毒核酸借助寄主细胞酶系表达合成的全部蛋白，包括必要的结构蛋白（衣壳、包膜）和非必要的非结构蛋白（蛋白酶）。

a. 结构蛋白　包括衣壳粒和包膜蛋白。这些蛋白对病毒基因组起保护作用，并且能够利用宿主上的受体在宿主间传递遗传信息，同样在病毒粒子的装配过程中也起到了重要作用。

b. 非结构蛋白　主要指不作病毒体组成部分的蛋白，通常是指蛋白酶，主要参与启动病毒感染。非结构蛋白并不在病毒中存在，但在被感染的细胞中起作用，这种作用包括关闭宿主细胞的核酸和蛋白质合成。另外这些蛋白还具有 DNA 聚合酶、蛋白

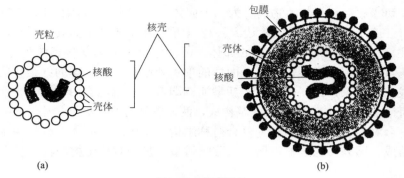

图2-40　病毒结构

（a）裸露病毒；（b）包膜病毒

激酶、DNA 连接酶的活性，与基因调控有关。

② 核酸　病毒核酸即核心，是病毒遗传信息的载体。病毒基因组有线状、环状、双链 DNA（dsDNA）、单链 DNA（ssDNA）等。它们携带有遗传信息，通过寄主细胞的酶系复制和表达。

③ 脂类　病毒所含的脂类主要是一些磷脂、胆固醇和中性脂肪，多数存在于包膜。

④ 糖类　病毒所含的糖类主要是葡萄糖、龙胆二糖、岩藻糖、半乳糖等，同脂类一样也多存在于包膜。

2. 病毒的基本形态

在电镜下观察发现，病毒粒的基本形态主要有螺旋对称、二十面体对称和复合对称三种。病毒的基本形态见图 2-41。

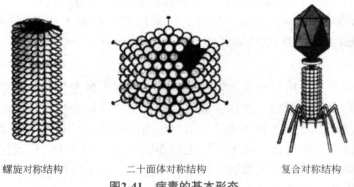

螺旋对称结构　　　　　二十面体对称结构　　　　　复合对称结构

图2-41　病毒的基本形态

（1）螺旋对称　螺旋对称结构的病毒常见形态为杆状。蛋白质亚基沿中心轴螺旋状排列，形成高度有序、对称的稳定结构。

螺旋对称的壳体形成直杆状、弯曲杆状和线状等杆状病毒颗粒。很多植物病毒如烟草花叶病毒（TMV）呈坚硬的直杆状，少数植物病毒和细菌病毒的形状呈现为柔软且能弯曲的长纤维状，昆虫病毒中核型多角体病毒属也多呈杆状。

（2）二十面体对称　二十面体对称结构的病毒常见形态为球状。蛋白质亚基围绕二十面体排列，每个面呈三角形，进而形成一个封闭的蛋白质外壳。

大部分动物病毒和少数植物病毒为二十面体对称结构。二十面体结构的病毒有 12 个角、20 个三角形平面和 30 条棱边。各种病毒的衣壳蛋白亚基数目不一，排列方式不同，往往聚在一起形成 5 邻体或 6 邻体，因而电镜下的球状病毒的外形变化多样。有些动物病毒，如腺病毒，每个二十面体的顶点处都有一带顶球的纤维状的细丝，很像卫星天线。近年来，最新发现一类新型病毒即双生病毒，它由 2 个二十面体连在一起组成，而每个球体由 12 个蛋白亚基构成，两两联结时黏合处会失去一个亚基。

（3）复合对称　仅少数病毒为复合对称结构，是由二十面体对称的头部和螺旋对称的尾部组成，因外形像蝌蚪，所以又称蝌蚪型。复合对称结构的典型代表是 T 偶数噬菌体。

以大肠杆菌 T4 噬菌体为例，复合对称结构的病毒可分为头部、颈部和尾部三部分。头部为二十面体对称结构，呈椭圆形，长 95nm，宽 65nm，由 8 种蛋白质衣壳粒构成，内含一条长约 50μm 的线状双链 DNA。颈部包括颈环和颈须两部分，颈环为一六角形薄盘，上面附带 6 根颈须。尾部由尾鞘、尾髓、基板、刺突、尾丝组成。尾鞘长约 95nm，为衣壳粒螺旋对称结构，可伸缩。尾髓呈中空管状构造，由尾鞘亚基螺旋缠绕而成，长度与尾鞘相同，其功能是为核心进入寄主细胞提供通道，DNA 可由此进入寄主细胞。基板和颈环一样，也是一个六角形盘状物，中央有孔，其上附有刺突和尾丝。刺突长约 20nm，有吸附功能。尾丝长约 140nm，由中间折成等长的两段，具有专一识别和吸附在寄主细胞表面相应受体上的功能。

3. 病毒的大小

病毒颗粒极小，测量大小的单位常用纳米（nm）表示。一般病毒大小在 10～300nm，多数 100nm 左右，均能通过细菌过滤器。形象地说，如把 10 万个病毒粒子排列起来才勉强能用肉眼看得到。因此，观察病毒必须借助电子显微镜。

病毒个体微小，不同病毒的个体大小也存在较大差异。例如，已知最小的病毒植物联体病毒直径仅 18～20nm，最大的病毒动物痘病毒大小达（300～450）nm×（170～260）nm，最长的丝状病毒科病毒大小为 80nm×（790～14000）nm。

4. 病毒的群体形态

单个病毒粒子无法用光学显微镜观察到，当病毒大量聚集并使宿主细胞发生病变时，就形成了具有一定形态、结构并能用普通光学显微镜观察和识别的特殊群体，称之为病毒的群体形态。例如被感染的动植物细胞中的病毒包涵体，噬菌体在菌苔上形成的噬菌斑，由动物病毒在宿主单层细胞培养物上形成的空斑，以及由植物病毒在植物叶片上形成的枯斑等，它们都属于病毒群体形态。病毒群体形态有助于对病毒的分离、纯化、鉴别和计数等实际工作。

（1）包涵体　病毒感染细胞后，会在宿主细胞内形成光学显微镜下可见的大小、形态、数量不等的小体，称为包涵体。包涵体多呈圆形、卵圆形或不定形，成分为碱溶性结晶蛋白，其内包裹数目不等的病毒粒子。病毒包涵体在细胞中的部位可以在细胞质、细胞核或细胞质、细胞核内均有。不同病毒包涵体的大小、形态、组成以及在宿主细胞中的部位也不相同，故可用于病毒的分类鉴别和病毒疾病的辅助诊断。例如位于细胞核内的疱疹病毒，位于细胞质内的狂犬病毒，细胞核、细胞质内都有的麻疹病毒。

（2）噬菌斑　是指在寄主细菌的菌苔上，寄主细胞被噬菌体侵染后，噬菌体使寄主菌裂解而形成的由无数噬菌体粒子构成的透亮不长菌的小圆空斑。噬菌斑的形状、大小、边缘和透明度，均因噬菌体不同而异。噬菌斑的形成可用于检出、分离、纯化、鉴定噬菌体和进行噬菌体的计数。

（3）空斑和病斑　用于动物病毒粒子的计数也可以采用类似噬菌斑计数的技术，但是这种斑点只能称为空斑或病斑。实验过程中，在覆盖一薄层琼脂的一片单层动物细胞上，某一细胞被病毒感染，则增殖后的病毒粒子扩散至邻近的细胞进行侵染，最终形成一个与噬菌斑类似的空斑。如果单层细胞受肿瘤病毒感染，则会产生细胞剧增，形成类似于菌落的病灶，称为病斑。

（4）枯斑　通常把植物病毒在植物叶片上形成的群体称为枯斑。情况同空斑类似，是植物病毒侵染植物叶片细胞形成的枯叶斑点，实质是病毒引起的病灶。

二维码2-27 病毒
形态、结构

二、病毒的种类

1. 动物病毒

动物病毒是指专门侵染动物和人体细胞并在其内增殖的病毒。常见的动物病毒有流感病毒、口蹄疫病毒、猪瘟病毒、兔出血症病毒、新城疫病毒、禽流感病毒、狂犬病病毒、肺炎病毒、肝炎病毒等。动物病毒引起的疾病除具有动物传染病的诸多性状外，还具有许多突出特点，如传播迅速、流行广泛、危害严重、高发病、高死亡、难诊、难治、难预防等。

2. 植物病毒

植物病毒是指侵染高等植物、藻类等真核生物并在其内增殖的病毒。早在 1576 年就有关于植物病毒病的记载，举世闻名的荷兰杂色郁金香，实际上是郁金香碎色花病毒造成的。根据病毒的分类学，将 977 种植物病毒分在 15 个科 73 个属，其中 DNA 病毒有 2 个科，11 个属；RNA 病毒有 13 个科，62 个属。

3. 噬菌体

噬菌体是病毒的一种，一般把能侵染细菌、放线菌、真菌等微生物并引起宿主细胞的裂解的病毒统称为噬菌体。噬菌体在自然界分布广泛，1995 年发表的 ICTV 的病毒分类与命名第六次报告中共报道了 4000 余种噬菌体，分别划归为 49 个病毒科。绝大多数噬菌体为裸露的球形、纤丝形或蝌蚪形，只有极个别的带有脂蛋白包膜。

三、噬菌体的繁殖

噬菌体属于病毒大类中的一个分支，下面以噬菌体的繁殖过程为例简单介绍病毒的繁殖过程。

与其他细胞生物不同，因为噬菌体（病毒）不存在个体由小变大、由大变老的生长过程，只有核酸复制、合成的组件进行装配的过程（通常称这一过程为增殖），所以同种病毒粒之间不存在年龄、大小的差异。

1. 噬菌体的繁殖过程

噬菌体的增殖又称为噬菌体的复制，是噬菌体在寄主细胞中的繁殖过程。各类噬菌体的增殖过程基本相似，一般分为 5 个阶段，即吸附、侵入、增殖（复制与生物合成)、装配和裂解(释放)。

(1)吸附　是指噬菌体和宿主细胞上的特异性吸附部位进行特异性结合。噬菌体以尾丝牢固吸附在受体上后,靠刺突"钉"在细胞表面上。吸附过程可分为静电吸附和特异性受体吸附两个阶段,尤其特异性吸附对噬菌体感染细胞至关重要。静电吸附主要是细胞及噬菌体表面所带电荷的静电作用,没有严格的特异性,呈可逆性结合状态。而特异性吸附是噬菌体表面的分子如包膜、刺突等吸附机构与敏感细胞膜上的特异性受体呈互补性的结合,吸附牢固,不可逆。不同噬菌体吸附的接受位点不同,如T3、T4、T7吸附于脂多糖,枯草杆菌噬菌体吸附于磷壁酸,沙门氏菌X噬菌体吸附在鞭毛上,还有的吸附在荚膜上。

吸附过程受环境因素的影响较大。二价和一价阳离子可以促进噬菌体的吸附,三价阳离子可以引起失活;pH值为7时呈现出最大吸附速度,pH值小于5或大于10时则很少吸附;温度对吸附也有影响,特异性结合的程度与温度高低成正比。

(2)侵入　是核酸注入寄主细胞的过程。噬菌体依靠尾部所含溶菌酶使细胞壁产生一些小孔,然后尾鞘收缩,尾髓刺入细胞壁,并将核酸注入细胞内,蛋白质外壳留在细胞外。核酸进入宿主细胞内是噬菌体感染和增殖的本质。不同病毒具有不同的侵入、脱壳过程,有些先侵入再脱壳,有些侵入的同时脱包膜再脱衣壳,有些则在侵入的同时即完成脱壳。

(3)增殖(复制与生物合成)　包括核酸的复制和蛋白质合成。噬菌体核酸进入宿主细胞后,会控制宿主细胞的合成系统,然后以噬菌体核酸中的指令大量复制合成噬菌体所需的核酸和蛋白质。生物合成包括mRNA的转录、翻译、蛋白质及DNA或RNA的合成等。此阶段是噬菌体增殖的最主要阶段。

(4)装配　指将分别合成的核酸和蛋白质组装成完整的有感染性的病毒粒。装配是一个逐步完成的过程。首先是核酸进一步分化,病毒蛋白亚单位组成前衣壳,然后核酸进入前衣壳而形成核衣壳。对于无包膜的噬菌体,组装成核衣壳即形成完整噬菌体;而对有包膜的病毒,则需从核膜或细胞膜上出芽获取包膜,才组装成完整噬菌体。包膜是细胞膜或核膜接受噬菌体核酸的改造,混入噬菌体特有的蛋白亚单位而形成的。

例如大肠杆菌T4偶数噬菌体装配的主要步骤有:①DNA分子的缩合;②通过衣壳包裹DNA而形成头部;③尾丝及尾部的其他部件独立装配完成;④头部与尾部相结合;⑤最后装上尾丝。至此,一个个成熟的形状、大小相同的噬菌体装配完成。

(5)裂解(释放)　噬菌体粒子完成装配后,寄主细胞裂解释放出子代噬菌体粒子的过程叫裂解(释放)。裂解释放过程根据寄主细胞是否死亡可分为裂解和分泌。裂解是指寄主细胞被崩解死亡,子代噬菌体释出;分泌则是指噬菌体穿出细胞,寄主细胞不被崩解而继续存活。

通常情况下,把连续完成以上五步增殖过程的噬菌体称之为烈性噬菌体,其生长繁殖方式也被称为一步生长。一个噬菌体通过增殖后一般能合成100~300个噬菌体。

2. 一步生长曲线

以感染时间为横坐标、噬菌斑数为纵坐标,定量描述烈性噬菌体生长规律的实验曲线，称为一步生长曲线，见图2-42。其基本实验步骤是：用噬菌体的稀释液感染高浓度的寄主细胞，以保证每个细胞至多不超过一个噬菌体吸附。数分钟后中止吸附并稀释后置于寄主菌最适生长温度下培养。在一定时间内，每隔数分钟取样测定效价。从图2-42可知，一步生长曲线分为潜伏期、裂解期和平稳期三个阶段。

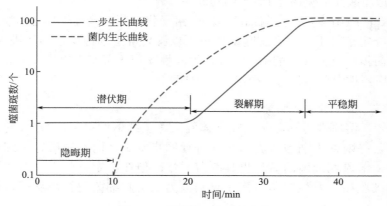

图2-42　噬菌体一步生长曲线

（1）潜伏期　潜伏期指噬菌体核酸侵染寄主细胞后至第一个成熟噬菌体粒子释放前的一段时间。该时期又可细分为隐晦期和胞内累积期两个阶段。

① 隐晦期　指在潜伏期前期人为地利用氯仿等裂解寄主细胞以后，此裂解液仍无侵染性的一段时间。该阶段为噬菌体核酸复制和蛋白质衣壳合成阶段。

② 胞内累积期　即潜伏期的后期，指在隐晦期后，人工裂解细胞，其裂解液已呈现出侵染性的一段时间。该阶段已经开始装配噬菌体粒子。

（2）裂解期　在潜伏期之后，寄主细胞迅速裂解、裂解液中噬菌体粒子急速增加的一个阶段。噬菌体不存在个体生长过程，装配完成的噬菌体大小、结构完全相同。因此，理论上讲，裂解期应是瞬间出现的。但事实上由于寄主细胞群体中各个细胞的裂解不可能同步，所以裂解期时间较长。

（3）平稳期　平稳期指感染后的寄主细胞全部被裂解，裂解液中噬菌体的数目达到最大的时期。在这个时期，每个受感染细胞所释放的新的噬菌体的平均数称为裂解量。裂解量的测定与噬菌体种类、寄主细胞菌龄以及环境因素有关。

3. 烈性噬菌体和温和性噬菌体

根据噬菌体与寄主细菌之间的关系，可将噬菌体分为烈性噬菌体和温和性噬菌体两种类型。

（1）烈性噬菌体　又叫毒性噬菌体，是指在噬菌体吸附和侵入寄主细菌后迅速完成增殖、装配、裂解的噬菌体。烈性噬菌体的增殖过程是吸附、侵入、复制与生物合成、装配和裂解释放五个阶段连续完成，构成了噬菌体的一个完整溶菌周期。

（2）温和性噬菌体　指噬菌体感染寄主菌后不立刻进行增殖、装配和裂解，而是把自身基因整合到寄主细胞的染色体上，随寄主细胞的基因复制而同步复制，当寄主细菌分裂时，噬菌体的基因也随之分布到两个子代细菌的基因中去的一类噬菌体。这种温和性噬菌体侵入寄主细菌但不引起寄主细胞裂解的现象称为溶原性或溶原化。带

二维码2-28
烈性噬菌体一步
生长曲线测定

有噬菌体基因组的寄主细菌称为溶原性细菌，整合在寄主细胞染色体上的噬菌体核酸称为原噬菌体（或前噬菌体）。

温和性噬菌体有三种存在形式：成熟后被释放并具有侵染性的游离噬菌体粒子叫游离态；整合在寄主细胞染色体上的噬菌体 DNA 叫整合态；脱离寄主基因后迅速完成复制、合成、装配的噬菌体 DNA 叫营养态。

发生整合的噬菌体基因可随细菌基因传给子代细菌，该过程称之为噬菌体的溶原性周期。在一定条件下，整合态噬菌体也可以脱离寄主细菌染色体而进入溶菌周期，产生子代噬菌体，裂解寄主细菌。因此，温和性噬菌体可有溶原性周期和溶菌性周期两个周期，而烈性噬菌体只有一个溶菌性周期。

4. 溶原性

前面已知，溶原性是指温和性噬菌体侵染寄主细菌后噬菌体 DNA 整合在寄主细胞染色体上，并随寄主细胞基因的复制进行同步复制，而不裂解寄主细菌。溶原性具有遗传性，溶原性细菌的后代也具有溶原性。但在特定条件下，温和性噬菌体可能会从寄主细胞核上发生脱落，恢复复制能力，引起细菌裂解，从而转化成烈性噬菌体。

（1）溶原性细菌的特点

① 可稳定遗传　溶原性细菌发生分裂繁殖后，子代细菌都含有原噬菌体基因，并都具有溶原性。

② 可自发裂解　在一定条件下，温和性噬菌体的核酸也可从寄主核染色体上脱落，恢复原来的状态，进行大量的复制和增殖，变成烈性噬菌体，自发裂解率一般为 $10^{-5} \sim 10^{-2}$。

③ 可诱导裂解　运用物理方法（如紫外线、高温）或化学方法（如丝裂霉素 C）可诱导大部分溶原性细菌裂解并释放温和性噬菌体，提高裂解率。

④ 具有"免疫性"　溶原性细菌对其本身产生的噬菌体或外来的同源的噬菌体不敏感，对同源噬菌体具有免疫性，但对非同源噬菌体没有免疫性。

⑤ 可复愈　溶原性细菌有时会遗失原噬菌体，变成非溶原性细菌，这时既不发生自发裂解也不发生诱发裂解。

⑥ 溶原转变　由于溶原性细菌整合了温和性噬菌体的核酸，而使自己获得了除免疫性以外的一些新性状的现象，称为溶原转变。如白喉杆菌、产气荚膜杆菌和肉毒杆菌分别因溶原性转换而成为可产生白喉毒素、α 毒素和肉毒素的有毒菌株。

（2）溶原性细菌的检验方法　先将少量溶原性细菌与大量的敏感性指示菌（指遇溶原菌裂解后所释放的温和性噬菌体会发生裂解循环的细菌）混合，然后再与琼脂培养基混匀后倒一平板。培养一段时间后溶原菌长成菌落。由于溶原菌在分裂过程中总会有极少数个体发生自发裂解，释放的噬菌体可不断感染其菌落周围新的指示菌，形成一个个中央有溶原菌小菌落、四周为透明圈的特殊噬菌斑，该特殊噬菌斑中的小菌落即为溶原性细菌菌落。该检验方法可用来进行溶原性鉴别和计数。溶原菌检验结果示意图见图 2-43。

四、噬菌体的应用及防治

噬菌体是感染细菌和放线菌等微生物的病毒，因其结构简单、基因数少、存在广

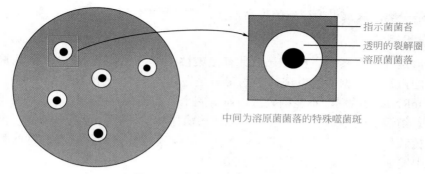

指示菌菌苔
透明的裂解圈
溶原菌菌落

中间为溶原菌菌落的特殊噬菌斑

图2-43　溶原菌检验结果示意图

泛等特点，对维持生态平衡、开展基因工程和分子生物学研究等起到非常重要的作用。但是噬菌体的危害也不容忽视，在工业发酵中菌种被噬菌体污染将导致发酵异常，造成倒罐等严重损失。

（一）噬菌体的应用

（1）作为分子生物学研究的实验工具　噬菌体是遗传调控、复制、转录和翻译等方面生物学基础研究的重要材料或工具。

（2）用于细菌的鉴定和分型　噬菌体只能侵染相应的寄主细菌，具有高度的特异性，可用于细菌鉴定；同时噬菌体具有型的特异性，可对细菌进行分型鉴定。

（3）噬菌体展示技术　是一种基因表达筛选技术，基本原理是将外源蛋白的基因克隆到噬菌体的基因组DNA中，从而在噬菌体表面表达特定的外源蛋白。利用噬菌体展示技术，可以筛选和确定抗原，辅助进行疫苗抗原的鉴定工作。

（4）用于检测和控制致病菌　食品和环境中存在诸多致病菌，利用噬菌体与致病菌的特异性结合，噬菌体能够检测和控制食品和环境中致病菌和腐败菌的生长。

（5）噬菌体疗法在临床治疗中的应用　噬菌体在致病菌细胞中生长繁殖，能够引起致病菌的裂解，降低致病菌的密度，从而减少和避免致病菌感染或发病的机会，达到治疗和预防疾病的目的。

（二）噬菌体的危害

噬菌体的危害主要是发酵工业中噬菌体的污染。例如在丙酮、丁醇等有机溶剂发酵工业中、抗生素发酵工业中、食品工业中，普遍存在着噬菌体污染的危害。

传统的噬菌体防治方法主要有环境消毒、控制活菌排放、菌种轮换，选育抗噬菌体菌株及利用金霉素、四环素等药物防治等，这些方法只能在一定程度上控制噬菌体的污染。

现代有效的噬菌体防治可利用质粒抗噬菌体体系、限制修饰系统、防止噬菌体DNA注入、反义RNA技术等高效防治技术。

总之，噬菌体与人类实践的关系极为密切，噬菌体可用于生物防治，疫苗生产和作为基因工程的外源DNA载体等，直接或间接地为人类造福。同时随着环境治理、生产管理和基因工程技术的完善和发展，人类将会更加有效地控制噬菌体对生产发酵的污染。

五、亚病毒简介

凡只有核酸或蛋白质一种成分的分子生物，称为亚病毒。亚病毒最早是1971年

二维码2-29　噬菌体
形态、结构

发现，它是一类比病毒更为简单的生命形式，常见有类病毒、拟病毒、朊病毒等。

（一）类病毒

类病毒是一类裸露的、仅含一个具有侵染性的单链环状 RNA 分子的病原体，营专性活细胞内寄生。据研究发现，类病毒只是含 246～375 个核苷酸的单链环状 RNA 分子，无 mRNA 的活性，不能编码蛋白质，完全依赖于宿主的功能。最早发现的类病毒是马铃薯纺锤形块茎病类病毒（PSTV）。该病原体呈棒状，无蛋白外壳，仅含一个由 359 个核苷酸组成的单链环状 RNA 分子，可导致马铃薯严重减产。目前类病毒仅在植物体中发现，已经鉴定的类病毒有 20 多种。

（二）拟病毒

拟病毒又叫类类病毒，是一类包裹在真病毒衣壳内的有缺陷的类病毒，它的侵染对象是植物病毒。被侵染的植物病毒又称辅助病毒，拟病毒必须通过辅助病毒才能完成复制。同时，拟病毒也可干扰辅助病毒的复制从而减少对寄主的损害，因此农业上可利用拟病毒进行生物防治。

自 1981 年以来，科学家们陆续从绒毛烟、苜蓿、莨菪以及地下三叶草分离到四种在核酸组成与生物学性质方面比较特殊的绒毛烟斑驳病毒（VTMoV）、苜蓿暂时性条斑病毒（LTSV）、莨菪斑驳病毒（SNMV）和地下三叶草斑驳病毒（SCMoV）。这些病毒都含有三种 RNA 分子，一种分子量大的线状单链 RNA-1（辅助病毒），另外两种为小分子量环状单链 RNA-2 和线状 RNA-3，其中这两种小分子的 RNA 被称为拟病毒。RNA-2 和 RNA-3 是由同一种 RNA 分子所表现的两种不同构型。RNA-1 与 RNA-2（或 RNA-3）之间存在着互相依赖的关系，两者必须合在一起时才能感染寄主，复制核酸和产生新的拟病毒粒子。

（三）朊病毒

二维码2-30 亚病毒

朊病毒是一类能侵染并在宿主细胞内复制的蛋白质颗粒。朊病毒仅是一条蛋白质分子，不含有能复制表达的核酸，其形态结构是直径约 25nm、长度 100～200nm 的长杆状蛋白颗粒。朊病毒的侵染对象主要是人和动物，例如引起羊瘙痒病、疯牛病以及人脑脱髓鞘病变的病原体都是朊病毒。朊病毒具有较强的抗逆性，经过高温、辐射以及化学药品等处理后依然存活。因为朊病毒是能复制表达的蛋白质，它的发现彻底修正了过去生物学界的只能 DNA 转录翻译合成蛋白质的"中心法则"，更加丰富了生物学的研究内容，并可能会为某些疾病研究带来新的希望。

思考与交流

病毒属于非细胞生物，它的结构特点和繁殖过程与细胞生物间存在哪些差异？烈性噬菌体与温和性噬菌体间又存在哪些不同？

想一想

应用中学物理知识，试分析下放大镜和显微镜的成像原理。

任务六　显微镜

 任务要求

1. 了解显微镜的分类。
2. 掌握普通光学显微镜的构造。
3. 掌握普通光学显微镜的使用方法。
4. 了解普通光学显微镜的日常维护方法。

　　显微镜是人类微生物科学研究领域最伟大的发明之一。在它发明出来之前，人类对周围事物的认知只能靠肉眼或者靠放大镜帮助肉眼观察，显微镜的出现使人类从宏观世界向微观世界观察成为可能，有助于科学家发现新物种和医生治疗部分疾病。

　　由于微生物个体微小，肉眼看不见或看不清楚，因此必须借助显微镜来观察。熟悉显微镜和掌握显微镜的操作技术是研究微生物必不可少的方法和手段。而显微镜是精密仪器，必须熟悉其构造及各部件的作用，才能真正掌握其使用方法，做到既懂得仪器维护，又敢于放手工作。

一、显微镜的种类

　　现代显微镜一般可以分为两大类：一类是光学显微镜；另一类是非光学显微镜。光学显微镜又分为可见光显微镜和不可见光显微镜。可见光显微镜按照明技术分为明视野、暗视野和荧光显微镜；按成像技术分为相差显微镜、干涉相差显微镜和偏光显微镜；按照镜体结构分为倒置、实体和比较显微镜。而不可见光显微镜分为紫外、红外和 X 射线显微镜。非光学显微镜分为电子显微镜和超声波显微镜，前者又有透射电子显微镜和扫描电子显微镜两种。下面将重点介绍几种常用的显微镜。

（一）普通光学显微镜

　　普通光学显微镜是通过目镜和物镜两组透镜系统组合作用实现放大成像的，故又被称为复式显微镜。普通光学显微镜由机械装置和光学系统两部分组成。机械装置包括镜座、镜臂、载物台、调焦螺旋等部件，是显微镜的基本组成单位，保证了光学系统的准确和灵活调控。光学系统由物镜、目镜、聚光器、光源等组成，直接影响着显微镜的性能，是显微镜的核心。一般的显微镜都可配置多种可互换的光学组件，通过这些组件的变换改变显微镜的功能，如明视野、暗视野、相差等。

（二）暗视野显微镜

　　营养态细菌在明视野显微镜下观察是透明的，不易看清楚，而暗视野显微镜则利用特殊的聚光器实现斜射照明，给样品照明的光不直接穿过物镜，而是由样品反射或折射后再进入物镜。因此，整个视野是暗的，而样品是明亮的，就像白天看不到的星空在黑夜能清楚地显现一样，在暗视野显微镜中由于样品与背景之间的反差增大，可以清晰地观察到在明视野显微镜中不易看清的活菌体等透明的微小颗粒。而且，即使

所观察微粒的尺寸小于显微镜的分辨率，依然可以通过它们散射的光而发现其存在。因此，暗视野显微镜主要用于活细菌运动性的观察。

（三）相差显微镜

光线通过较透明的菌样时，光的波长（颜色）和振幅（亮度）都没有明显的变化，因此用普通光学显微镜观察未经染色的菌体时，其形态结构很难辨别。如果光线通过不同的折射率和厚度的细胞时，直射光和衍射光的光程就会发生改变。随着光程的增加或减少，加快或落后的光波的相位也会发生改变并产生相位差。相差显微镜因配备环状光阑和相差板等特殊的光学装置，利用光的干涉现象，就能将光的相位差转变为人眼可以察觉的明暗差，从而使原来透明的菌体表现出明显的明暗差异和对比度。进而实现了在不染色的情况下比较清楚地观察到活细胞及其细胞的细微结构。

（四）荧光显微镜

荧光是指荧光素吸收紫外线并转放出的一部分光波较长的可见光。经紫外线照射，发荧光的物体会在黑暗的背景下表现为光亮的有色物体，这就是荧光显微镜的工作原理。由于不同荧光素的激发波长范围不同，因此同一样品可以同时用两种以上的荧光素标记，它们在荧光显微镜下经过一定波长的光激发出不同颜色的光，从而达到显像目的。荧光显微镜在免疫学、环境微生物学、分子生物学领域应用广泛。

（五）电子显微镜

由于显微镜的分辨率取决于所用光的波长，波长越短，成像放大倍数越大。因此，用波长极短的电磁波取代可见光来放大成像，可制造出分辨率更高的显微镜。1933年，德国人最早制造出世界上第一台以电子作为"光源"的电子显微镜。其工作原理是电子束通过电磁场时发生复杂的螺旋式运动，产生偏转、汇聚或发散，并同样可以聚集成像。而一束电子具有波长很短的电磁波的性质，其波长与运动速度成反比，速度越快，波长越短。理论上，电子波的波长最短可达到0.005nm，所以电子显微镜的分辨能力要远高于光学显微镜。几十年来，电子显微镜发展迅速，应用也日益广泛，对包括微生物学在内的许多学科的进步都起到了积极推动作用。

（六）扫描电子显微镜

扫描电子显微镜与光学显微镜和透射电镜不同，它的工作原理类似于显像管电视。电子枪发出的电子束被磁透镜汇聚成极细的电子"探针"，在菌体表面进行"扫描"，电子束扫到的地方就可激发菌样表面释放出二次电子。二次电子产生的多少与电子束入射角度有关，也就是说与样品表面的立体结构有关。与此同时，在观察用的荧光屏上另一个电子束也做同步的扫描。二次电子由探测器收集后被闪烁器转变成光信号，再经光电倍增管和放大器再次转变成电压信号来控制荧光屏上电子束的强度。这样，菌样上产生二次电子多的地方，在荧光屏上相应的部位就亮，从而就能得到一幅放大的菌样立体图像。

二、普通光学显微镜的基本构造

普通光学显微镜主要由机械装置和光学系统两部分组成。机械装置包括镜座、镜臂、转换器、载物台、调焦螺旋等，光学系统包括目镜、物镜、聚光器、光源等。普通光学显微镜结构见图2-44。

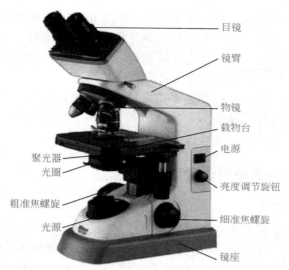

图2-44　普通光学显微镜结构

（一）机械装置

（1）镜座　位于显微镜底部，呈马蹄形，支撑整个显微镜。

（2）镜臂　位于镜筒后面，为弓形，起支撑镜筒作用，并且是搬移显微镜时握持部位。显微镜镜臂可根据需求改变角度，方便观察使用。

（3）镜筒　位于显微镜上方，上面安装目镜，下面连接转换器。根据镜筒个数可分为单镜筒和双镜筒两种。

（4）物镜转换器　位于镜筒下方，为两个金属圆碟合成的一个转盘，一般有4个圆孔，其可装配不同放大倍数的物镜，使物镜通过镜筒与目镜构成完整的放大系统。

（5）载物台　也叫镜台，一般为方形，上面有玻片夹，用于放置和固定标本。载物台上装有玻片移动器，可实现标本片的上下左右移动。另外，载物台中央有一通光孔，光线可以通过通光孔而直射到标本上。

（6）调焦螺旋　又叫准焦螺旋，在显微镜的镜臂上左右各有粗细准焦螺旋一对。粗准焦螺旋，可实现载物台的快速升降，便于迅速找出图像；细准焦螺旋，可实现载物台的细微升降，便于调节清晰图像。

（二）光学系统

（1）目镜　安装在镜筒上端，用于眼睛直接观察。目镜的作用是将由物镜放大的实像进一步放大，但不增加显微镜的分辨率。目镜上刻有放大倍数，常用的目镜有10×、16×，镜中可自装一条黑色纫丝作为"指针"，用来指示所观察的部位。根据需要，目镜内也可安装目镜测微尺，经校对后用以测量所观察物体的大小。

（2）物镜　安装在物镜转换器下方，用于放大物像。物镜是决定显微镜性能（如分辨率）的最重要的构件。物镜的作用是将标本第一次放大成倒像。一般显微镜常备有4个物镜，每个物镜由数片不同球面半径的透镜组成。物镜下端的透镜口径越小，镜筒越长，其放大倍数越高。物镜分为低倍物镜和高倍物镜，其放大倍数一般刻在物镜镜头上，例如4×、10×、40×、100×，分别表示4倍、10倍、40倍和100倍，其中40倍叫高倍物镜，100倍称为油镜。

二维码2-31　显微镜简介

二维码2-32　光学显微镜构造及使用

（3）聚光器　安装在载物台下方支架上，主要由聚光镜和光圈组成。聚光镜作用是汇聚光线，增加标本的照明。光圈位于聚光镜下方，由多片金属片组成，中心圆孔大小可变，以调节光线强弱。另外，升降聚光器也可调节照明强度。在光圈下面，还有一个圆形的滤光片架，可根据镜检需要放置滤光片。

（4）光源　光源可以分为灯源和反光镜反射光两种。现代显微镜多以灯泡作为光源，可通过开关按钮控制光线强弱。反光镜安装在聚光器或转盘下方，其作用是把光源投射来的光向上反射到聚光器上为观察标本提供光线。

三、普通光学显微镜的使用

（一）显微镜的取放

显微镜使用时要从镜箱中取出，取放时注意右手握持镜臂，左手托住镜座，保持镜身直立，切不可用一只手倾斜提携，防止摔落目镜。要轻取轻放，放置时注意镜臂朝向自己，距桌边沿 5～10cm。摆放显微镜的桌子要求平稳，桌面清洁，避免阳光直射。

（二）显微镜使用方法

1. 开启光源

打开电源开关，通过开关按钮调节光线强弱。

2. 放置载玻片标本

将待镜检的载玻片标本放置在载物台上用玻片夹固定，移动标本正对通光孔中央。

3. 低倍物镜观察

用显微镜观察标本时，应遵循"先低倍再高倍"的原则。先用低倍物镜找到物像，因为低倍物镜观察范围大，较易找到物像，且容易找到要作精细观察的部位。具体操作如下：

（1）转动粗准焦螺旋，用眼从侧面观望，使载物台快速上升，直到低倍物镜距标本 0.5cm 左右停止。

（2）眼睛接近目镜观察，用手慢慢转动粗准焦螺旋，使载物台缓缓下降，直到视野内的物像较清晰为止。然后改用细准焦螺旋，调节至物像清晰。

（3）前后左右轻移载玻片位置，在视野中找到要观察的部位。注意视野中的物像为倒像，移动载玻片时应向相反方向移动。

4. 高倍物镜观察

在低倍观察基础上，转动转换器至高倍物镜，进行高倍观察。具体操作如下：

（1）将欲观察的部位移至低倍镜视野正中央，物像要清晰。

（2）旋转物镜转换器，使高倍物镜移到卡槽位置上，利用物镜镜头的等焦性微调细准焦螺旋，使物像清晰。

（3）再次移动载玻片标本找到欲观察的部位。

5. 换片

观察完毕，如需换用另一载玻片标片时，将物镜转回低倍物镜，取出玻片，更换新片，稍加调焦，即可观察。

6. 整理

显微镜使用结束后，下降载物台至最低处，取下载玻片标本，清洁显微镜，把物镜转动呈"八"字形或置于最低倍物镜下，并调节玻片夹至适当位置，使物镜不会碰到。最后，套上专用防尘罩，并将显微镜放回指定位置。

四、普通光学显微镜使用注意事项

（1）显微镜是精密仪器，使用时必须按照操作规程，做到细心和耐心，切勿操之过急、动作过猛，以防操作失误而损坏构件。

（2）不要用手触摸显微镜光学玻璃部件，注意保持玻璃表面清洁。

（3）观察时载玻片要加盖盖玻片，注意防止载玻片上的水流到载物台上，更不要让酸、碱等腐蚀性化学药品接触显微镜。

（4）使用细准焦螺旋微调时，如遇到不能继续向同一方向转动而到达极限时，不能蛮转，应向相反方向转动粗准焦螺旋，然后再用细准焦螺旋进行微调。

（5）使用高倍物镜时，由于物镜与标本之间距离很近，因此要特别仔细，调焦时不能用粗准焦螺旋，只能用细准焦螺旋。

（6）目镜、物镜如有不洁时，使用擦镜纸作直线方向擦拭，切勿用手指或手帕及棉布涂擦。目镜或物镜如沾有油污，可先用擦镜纸蘸少许二甲苯擦拭干净，再用干净擦镜纸擦拭。

（7）换片时千万不可在高倍物镜下操作，以防损坏镜头。

（8）观察时坐姿要端正，双目并开，可两眼轮换观察以减轻疲劳。如需要绘图，一般用左眼观察标本，右眼看图纸，这样有利于提高工作效率。

（9）显微镜使用完毕，用擦镜纸清洁镜头，将各部分还原，并使低倍物镜转至中央或者将物镜转动呈"八"字形，下降载物台，套上防尘罩，放回箱内。

思考与交流

1.依据显微镜的分类，普通光学显微镜应属于明视野还是暗视野显微镜？为什么？

2.自行查阅资料，了解为什么观察细菌时要滴加香柏油。

走近院士 方心芳与微生物发酵工业

方心芳（1907.3—1992.3），我国著名微生物学家，河南临颍人，1931 年毕业于上海劳动大学，中国科学院微生物研究所研究员，中国科学院学部委员（院士），中国工业微生物学的开拓者和奠基人。

方心芳教授自 20 世纪 30 年代开始收集保藏菌种，为中国的菌种保藏事业奠定了基础，为创建中国的菌种保藏机构做出了重大贡献。他一生曾描述过多种酵母菌、丝状真菌和细菌，选育出多种具有高活性的工业生产用菌种，在我国开创了五倍子酸发酵、长链二元酸发酵等新型发酵工业，促进了我国传统发酵工业的现代化。

　　1937 年抗日战争全面爆发后，方心芳立即中断了在丹麦哥本哈根卡斯堡研究所的访问研究，匆匆返回祖国。在实验条件极其艰苦的情况下，方心芳仍然研究出运用霉菌发酵法以四川盛产的五倍子为原料生产没食子酸的方法，为当时提供了合成染料和药物的原料。抗日战争期间，方心芳和同事们还成功运用人尿代替硫酸铵以甘蔗糖蜜为原料发酵生产酒精，为缓解大后方汽车能源困难做出了贡献。

　　1960 年方心芳在化学家黄鸣龙的启示下，主持开展了微生物转化甾体化合物的研究，为我国甾体转化工业的建立奠定了坚实基础。他领导开展的氨基酸发酵研究，使我国当时氨基酸发酵工业的起步和发展迈出了决定性一步。

　　20 世纪 60 年代，当时我国还不具备生产呈味核苷酸的能力。1964 年，方心芳在中国科学院微生物研究所组建了一支迎难而上、敢于创新的科研团队，带领团队分工协作，利用微生物所保藏的丰富菌种资源，在一年多的时间里就筛选出了适用于生产的优良菌株，并建立了一整套发酵、提取工艺，在我国最早实现了酶解法生产核苷酸。

　　1969 年，尽管当时环境严重干扰着科学研究的顺利进行，但方心芳从大局出发，考虑到今后石油发酵的发展趋势，不顾当时的种种困难，毅然组建了烷烃代谢课题组。通过收集、鉴定发酵烷烃的微生物菌种，筛选出了优良菌株，并采用诱变育种技术创新设计了烷烃发酵生产长链二元酸的新工艺，为合成香料、热熔黏合剂和工程塑料提供了重要原料。

　　此外，方心芳教授一生还与传统白酒酿造结下不解之缘。他提出的改良高粱酒的酿造方法，不仅有效解决了出酒率问题，还为国家节约了数万吨的粮食；提出的"清蒸二次清"工艺，对汾酒生产的科学化、规范化，起到了革命性的作用。

　　方心芳教授一辈子同微生物打交道，将优良菌种视若生命。他选育出多种具有高活性的工业生产用菌种，开创了多种新型发酵工业。当有人问他选取科研课题的标准时，方心芳坚定地回答："人民的需要，就是我研究的方向！"

任务实施

操作1　**微生物形态镜检观察**

一、目的要求

1. 了解显微镜的构造及成像原理。

2. 熟悉细菌、放线菌、酵母菌、霉菌等微生物的基本形态结构。

二、显微镜的构造

显微镜的构造见图 2-44。

注：显微镜的总放大倍数 = 物镜放大倍数 × 目镜放大倍数

三、仪器与试剂

1. 实验器材

普通光学显微镜、擦镜纸、标本片（细菌、放线菌、酵母菌、霉菌等）。

2. 实验试剂

二甲苯、香柏油。

四、实验步骤

显微镜的使用方法主要包括 7 步：

1. 准备工作

小心取出显微镜，镜臂正对操作人员，放于离桌边 5～10cm 的位置。凳子的高低调至合适，并保持显微镜不倾斜。

2. 调节光源

将低倍物镜与目镜正确组合，通过目镜观看同时调节光源强度至最佳。

3. 放置标本

下降载物台，用玻片夹固定玻片标本，并移动菌样至通光孔中央位置。

4. 低倍物镜观察

通过缓慢转动粗准焦螺旋，使低倍物镜镜头下端接近于玻片，同时用眼观察找到图像"闪烁点"，立刻更换细准焦螺旋前后转动，直至找到清晰图像为止。

5. 高倍物镜观察

低倍物镜下，调整图像位置于视野中央（即目镜指针针尖处），接下来转动转换器至高倍物镜正确位置（伴有"咔嚓"声），最后微调细准焦螺旋即可获得清晰图像。

6. 油镜观察

首先下降载物台约 2cm，将油镜转至正确位置，接下来在标本片镜检部位滴加香柏油一滴，从侧面观察，将油镜镜头浸入香柏油中，最后目镜观察调节合适光线强度，用粗、细准焦螺旋找到清晰图像，并绘制视野图像标注样品名称和放大倍数。

7. 观察完毕，显微镜清洁还原

油镜镜头清洁要用三张擦镜纸。第一张擦镜纸拭去镜头上的香柏油，第二张擦镜纸蘸少许二甲苯擦拭镜头上残留的油迹，第三张擦镜纸擦去残留的二甲苯。另外，可用柔软的绸布擦拭显微镜的金属部件。显微镜还原主要包括关闭电源、物镜转成"八"字形、载物台下降、加盖防尘罩并归位等操作。

五、数据记录与处理

绘制标本片的视野图。

二维码2-33 光学
显微镜原理

二维码2-34
光学显微镜的使用
及维护

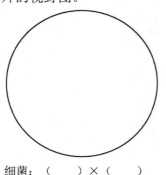

细菌：（   ）×（   ）

放线菌：（   ）×（   ）

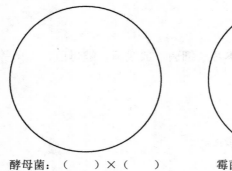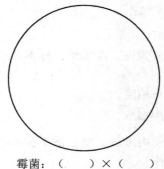

酵母菌：（　　）×（　　）　　　　　霉菌：（　　）×（　　）

六、操作注意事项

（1）取放载玻片，要先下降载物台，再取放。

（2）不要用手触摸显微镜光学部件，保持光学系统表面清洁。

（3）使用细准焦螺旋微调时，如遇到不能继续向同一方向转动时，应立刻向相反方向转动准焦螺旋。

（4）使用高倍物镜时，由于物镜与标本之间距离很近，要特别小心，以免损坏物镜镜头。

任务评价

评价内容	分值	考核得分	备注
实验原理熟悉情况	10		
实验操作熟练情况	40		
实验结果正确情况	20		
实验分析讨论情况	10		
实验总结改进情况	20		

思考与交流

1.显微镜最重要部件是什么？

2.如何正确使用显微镜？

3.如何正确处理有污物的物镜镜头？

操作2　水浸标本片制作

一、目的要求

1. 掌握水浸标本片的制作方法。

2. 熟悉简单染色方法。

二、方法原理

水浸标本的制作技术是研究微生物的一种主要方法。大多数的微生物由于个体微小，肉眼不适合观察；另外细胞内的各个结构，由于其折射率相差很小呈现无色，即使光线可透过，也难以辨明。但在经过固定、染色、包埋等处理后就可把材料做成较薄的水浸片，可以显示不同细胞组织的形态及其中某些化学成分含量的变化，在显微镜下即可清楚地看到其中不同的区域组分状态。

三、仪器与试剂

1. 实验器材

普通光学显微镜、载玻片、盖玻片、接种环、吸水纸、镊子、酒精灯等。

2. 实验试剂

生理盐水、吕氏碱性美蓝或齐氏石炭酸复红染液。

3. 实验材料

细菌平板或细菌斜面。

四、实验步骤

（1）擦拭载玻片和盖玻片　将清洗好的载玻片和盖玻片用清洁的纱布擦干。其方法是擦拭载玻片时，左手拇指和食指夹着其短边的边缘，右手拇指和食指持清洁的纱布沿长边往返，在上下两面同时轻轻擦拭。擦拭盖玻片，方法与载玻片相似，但要先持两对边擦拭后，再旋转 90°持另两对边进行二次擦拭。

（2）在擦拭好的载玻片正中央加滴一滴生理盐水。

（3）用灭菌的接种环挑取菌样，均匀涂抹在载玻片中间的生理盐水中，然后滴加染色剂进行染色。

（4）用镊子夹住盖玻片一边，将另一边放入载玻片水滴中，使盖玻片倾斜，来回拖拉一次，然后慢慢地放下另一边，轻轻抽出镊子，并用吸水纸把多余的生理盐水吸干，水浸标本片制作完成。

（5）将标本片置于显微镜观察，并绘制视野图像。

五、数据记录与处理

绘制水浸标本片的视野图。

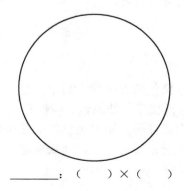

_____：（　　　）×（　　　）

六、操作注意事项

（1）擦拭载玻片和盖玻片，一手用食指和拇指轻轻夹住载玻片的边缘，另一只手拿纱布将载玻片放在两层纱布之间，用食指和拇指夹住轻轻擦拭，用力要均匀。此外，由于盖玻片小而薄，擦拭时必须小心。

（2）用滴管在载玻片中央滴加生理盐水要适量，水滴太小容易产生气泡或干涸影响观察，水滴太大容易溢出载玻片而污染物镜镜头。

（3）接种环挑取菌样要少许，涂抹要均匀，过多的菌样反而影响观察结果。

（4）加盖盖玻片要熟练，防止出现气泡。

📋 任务评价

评价内容	分值	考核得分	备注
实验原理熟悉情况	10		
实验操作熟练情况	40		
实验结果正确情况	20		
实验分析讨论情况	10		
实验总结改进情况	20		

👥 思考与交流

1.如何清洁载玻片和盖玻片？

2.如何加盖盖玻片才不会产生气泡？

3.为什么制作水浸标本片时不要挑取过多菌样？

操作3　常用染色技术

一、目的要求

1. 掌握简单染色的步骤。

2. 掌握革兰氏染色法的步骤和关键点。

3. 学会识别细菌的革兰氏染色结果。

4. 了解无菌操作技术。

二、方法原理

（一）简单染色

利用单一染料对菌体进行染色的方法称为简单染色。常用的微生物细胞染料分为碱性染料和酸性染料，前者包括美蓝、结晶紫、碱性复红、沙黄（番红）及孔雀绿等，后者包括酸性复红、伊红及刚果红等。简单染色以碱性染料进行，原因是微生物细胞在碱性、中性及弱酸性溶液中通常带负电荷，而染料电离后染色部分带正电荷，易与细胞结合使其着色，有利于观察。

（二）革兰氏染色

革兰氏染色与细菌细胞壁结构有密切关系。革兰氏阳性细菌的肽聚糖层较厚，经乙醇处理后使之发生脱水作用而使孔径缩小，结晶紫-碘的紫色复合物保留在细胞内而不被脱色；而革兰氏阴性细菌的肽聚糖层很薄，脂多糖含量高，经乙醇处理后部分细胞壁可被溶解并改变其组织状态，细胞壁孔径变大，因而结晶紫 - 碘紫色的复合物容易被洗脱至无色。再经沙黄复染后，镜检结果为革兰氏阳性菌呈紫色，革兰氏阴性菌呈红色。

三、仪器与试剂

1. 实验器材

普通光学显微镜、载玻片、盖玻片、接种环、吸水纸、镊子、酒精灯等。

2. 实验试剂

蒸馏水、生理盐水、吕氏碱性美蓝溶液、草酸铵结晶紫溶液、革兰氏碘液、95%乙醇、沙黄染液。

3. 实验材料

枯草芽孢杆菌斜面、金黄色葡萄球菌斜面、大肠杆菌斜面。

四、测定步骤

（一）简单染色

1. 涂片

取一块载玻片，滴一滴生理盐水于中央，用接种环按无菌操作要求挑取少许枯草芽孢杆菌于载玻片上的生理盐水中，涂抹均匀。按上述操作也可制作大肠杆菌、金黄色葡萄球菌等涂片。

2. 干燥

自然干燥或用电吹风干燥。

3. 固定

涂菌面朝上，通过酒精灯外焰往返移动 3～5 次。

4. 染色

将载玻片平放于载玻片支架上，滴加吕氏碱性美蓝染液于涂菌部位进行染色，时间 1～2min。

二维码2-35
简单染色

5. 水洗

染色完毕后进行蒸馏水冲洗，可用吸水纸吸去多余水分，并自然干燥或电吹风吹干。

6. 镜检

将制备好的样品置于显微镜下观察，记录。

（二）革兰氏染色

1. 涂片

在载玻片中央滴一滴无菌生理盐水，用灭菌的接种环挑取菌样（菌样可为大肠杆菌和金黄色葡萄球菌）在生理盐水中涂成薄层，并进行干燥。

2. 固定

用镊子夹住载玻片一端，菌样面朝上，在酒精灯外焰往返移动 3～5 次。待冷却后染色。

3. 初染

滴加草酸铵结晶紫染液，染色 1min，水洗。

二维码2-36 革兰
氏染色(视频)

4. 媒染

滴加革兰氏碘液，染色 1min，水洗。

5. 脱色

滴加 95% 乙醇脱色 15～30s，直至染色液被洗掉，不要过分脱色，水洗。

6. 复染

滴加沙黄复染液，复染 1min，水洗、干燥。

7. 镜检

使用显微镜油镜镜检观察。

五、数据记录与处理

绘制出各种染色后的视野图。

1. 简单染色结果   2. 革兰氏染色结果

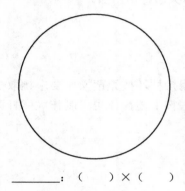

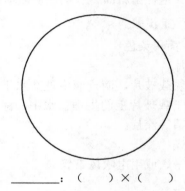

_____：（   ）×（   ）   _____：（   ）×（   ）

六、操作注意事项

（1）选用活跃生长期菌种染色，老龄的革兰氏阳性细菌会被染成红色而造成假阴性。

（2）涂片不宜过厚，以免脱色不完全造成假阳性。

（3）脱色是革兰氏染色的关键步骤，脱色不够易造成假阳性，脱色过度易造成假阴性。

任务评价

评价内容	分值	考核得分	备注
实验原理熟悉情况	10		
实验操作熟练情况	40		
实验结果正确情况	20		
实验分析讨论情况	10		
实验总结改进情况	20		

思考与交流

1. 染色过程中如何实现固定操作？
2. 简单染色为什么要用碱性染色剂？
3. 革兰氏染色的步骤是什么？关键操作是哪一步？

操作4 菌落形态观察

一、目的要求

1. 了解细菌、放线菌、酵母菌、霉菌四类微生物的菌落形态特征。
2. 掌握常见微生物菌落的特征描述。

二、方法原理

依据微生物菌落形态要点完成菌落描述。

三、仪器与试剂

1. 实验器材

恒温培养箱、培养皿、酒精灯、接种环等。

2. 实验试剂

营养琼脂培养基、高氏一号培养基、PDA 培养基。

3. 实验材料

大肠杆菌、枯草芽孢杆菌、链霉菌、酿酒酵母、啤酒酵母、根霉、曲霉、青霉、毛霉等。

四、实验步骤

菌落特征观察内容：

1. 菌落形态

主要包括形状、透明度、边缘状况等。

2. 大小

描述菌落大小。

3. 表面状况及隆起度

主要包括菌落表面湿润情况、黏稠度、隆起度、厚度、孢子状态等。

4. 质地

菌落的致密或疏松情况。

5. 培养基上蔓延程度

观察菌落在固体培养基上的生长延伸情况。

6. 与培养基结合程度

主要指菌落与培养基结合的牢固或松软，是否容易挑取。

7. 颜色

要从正面、背面、边缘、中心等多方面描述菌落的颜色，同时注意不同方面的色差情况。

8.气味

通过嗅觉来判断菌落散发的气味。

最后，根据观察正确描述各类微生物菌落特征，填写记录表。

五、数据记录与处理

不同微生物菌落形态观察记录表

形态描述	单细胞生物		菌丝状微生物	
	细菌	酵母菌	放线菌	霉菌
形状				
大小				
表面				
隆起度				
透明度				
边缘				
颜色				
质地和结合强度				
气味				

六、操作注意事项

菌落形态要观察仔细、详尽，菌落特征描述要规范、准确、科学。

任务评价

评价内容	分值	考核得分	备注
实验原理熟悉情况	10		
实验操作熟练情况	40		
实验结果正确情况	20		
实验分析讨论情况	10		
实验总结改进情况	20		

思考与交流

1.为什么菌落正反面颜色会出现色差？

2.描述菌落特征时，主要从哪些方面入手？

3.试比较一下放线菌与霉菌的菌落特征、细菌与酵母菌的菌落特征。

项目小结

　　微生物按形态结构分为细胞型和非细胞型。细胞型微生物按其细胞构造又可分为原核生物和真核生物，原核生物和真核生物主要在细胞核、细胞质膜、细胞器、核糖体 RNA、繁殖方式及代谢场所等方面存在较大差异。

细菌是原核生物的典型代表，无真正细胞核，无细胞器，核糖体 RNA 为 70S，繁殖为以二分裂为主的无性繁殖。细菌的基本形态有球状、杆状、螺旋状，基本结构是细胞壁、细胞膜、细胞质、拟核，特殊结构有荚膜、鞭毛、菌毛、性菌毛、芽孢等。由于细胞壁成分不同，通过革兰氏染色把细菌分成了革兰氏阳性菌和革兰氏阴性菌。革兰氏阳性菌细胞壁一层，主要成分肽聚糖，网状结构致密；革兰氏阴性菌细胞壁两层，主要成分脂多糖，网状结构疏松。

除细菌外，原核微生物还包括放线菌、蓝细菌、古细菌、支原体、衣原体、立克次氏体等。

酵母菌、霉菌都属于真核微生物。它们有真正的细胞核和线粒体等细胞器结构，繁殖方式存在无性繁殖和有性繁殖两种。酵母菌是单细胞真菌，其细胞壁主要成分是甘露聚糖、蛋白质和葡聚糖，芽痕部位还含有少量几丁质，其繁殖方式除芽殖、裂殖、芽裂、无性孢子四种无性繁殖外，还包括子囊孢子有性繁殖。酵母菌生活史有单倍体、双倍体、单双倍体三种。霉菌又叫丝状真菌，菌丝可分为营养、气生、繁殖菌丝三种。霉菌菌丝体在不断的进化过程中形成菌环（网）、假根、吸器、菌核、附着枝等特化形式，其生活史包括无性孢子繁殖和有性孢子繁殖两个阶段。

病毒、亚病毒属于非细胞结构微生物，是有生命活性的生物大分子。病毒由核酸和蛋白质两种成分构成，其形态主要有螺旋对称、二十面体对称、复合对称三种，基本结构为核衣壳，核酸（DNA 或 RNA）是核心，蛋白质亚基构成外壳。除基本结构外，有的病毒还有包膜和刺突。噬菌体是细菌、放线菌的病毒，它具有与病毒相同的形态结构。噬菌体分为烈性噬菌体和温和性噬菌体。凡连续完成吸附、侵入、复制合成、装配、释放五步的噬菌体称为烈性噬菌体；反之，不能连续完成五步的，则称为温和性噬菌体。温和性噬菌体在寄主细胞有游离态、整合态、营养态三种存在形式。其中处于整合态的被侵染寄主菌称为溶源性细菌，并获得了自身所没有的溶源性。亚病毒主要是指只含有一种成分的病毒，与真病毒相比，亚病毒结构更加简单，常见亚病毒有类病毒、拟病毒和朊病毒。

练一练测一测

1. 单选题

（1）下列微生物中属于真核细胞型微生物的是（   ）。

A. 支原体　　　　　　B. 放线菌　　　　　　C. 酵母菌　　　　　　D. 细菌

（2）下列微生物中属于非细胞型微生物的是（   ）。

A. 立克次氏体　　　　B. 衣原体　　　　　　C. 噬菌体　　　　　　D. 螺旋体

（3）下列属于原核细胞型微生物的是（   ）。

A. 噬菌体　　　　　　B. 酵母菌　　　　　　C. 霉菌　　　　　　　D. 细菌

（4）放线菌的形态是（   ）。

A. 单细胞　　　　　　B. 多细胞　　　　　　C. 单或多细胞　　　　D. 非细胞

（5）细菌主要繁殖方式为（   ）。

A. 有性孢子繁殖　　B. 出芽繁殖　　　　C. 分裂繁殖　　　　D. 无性孢子繁殖

（6）属于细菌细胞的特殊结构部分为（　　）。

A. 细胞壁　　　　　　B. 芽孢　　　　　　C. 细胞膜　　　　　D. 细胞核

（7）下列孢子中属于霉菌无性孢子的是（　　）。

A. 子囊孢子　　　　　B. 担孢子　　　　　C. 粉孢子　　　　　D. 接合孢子

（8）以芽殖为主要繁殖方式的微生物是（　　）。

A. 细菌　　　　　　　B. 酵母菌　　　　　C. 霉菌　　　　　　D. 病毒

（9）下列属于单细胞真菌的是（　　）。

A. 霉菌　　　　　　　B. 酵母菌　　　　　C. 放线菌　　　　　D. 球菌

（10）霉菌的基本形态是（　　）。

A. 球状　　　　　　　B. 螺旋状　　　　　C. 分枝丝状体　　　D. 链条状

（11）大多数霉菌细胞壁的主要成分是（　　）。

A. 肽聚糖　　　　　　B. 纤维素　　　　　C. 几丁质　　　　　D. 磷壁酸

（12）酵母菌的细胞壁主要含（　　）。

A. 肽聚糖和甘露聚糖　　　　　　　　　B. 葡聚糖和脂多糖

C. 几丁质和纤维素　　　　　　　　　　D. 葡聚糖和甘露聚糖

（13）在生物界分类中霉菌属于（　　）。

A. 原核原生生物界　　　　　　　　　　B. 真核原生生物界

C. 真菌界　　　　　　　　　　　　　　D. 病毒界

（14）属于病毒界的微生物是（　　）。

A. 放线菌　　　　　　B. 立克次氏体　　　C. 噬菌体　　　　　D. 藻类

（15）病毒对（　　）不敏感。

A. 高温　　　　　　　B. 紫外线　　　　　C. 抗生素　　　　　D. 干扰素

（16）与寄主细胞同步复制的噬菌体称为（　　）。

A. 烈性噬菌体　　　　B. 温和性噬菌体　　C. 病毒　　　　　　D. 类病毒

（17）下列微生物能通过细菌滤器的是（　　）。

A. 细菌　　　　　　　B. 酵母菌　　　　　C. 病毒　　　　　　D. 霉菌

（18）核酸是病毒结构中（　　）的主要成分。

A. 壳体　　　　　　　B. 核心　　　　　　C. 外套　　　　　　D. 刺突

（19）大肠杆菌 T4 噬菌体属于（　　）。

A. 螺旋对称　　　　　B. 立方体对称　　　C. 复合对称　　　　D. 都不是

（20）决定病毒感染专一性的物质基础是（　　）。

A. 核酸　　　　　　　B. 蛋白质　　　　　C. 脂类　　　　　　D. 糖类

2. 判断题

（1）鞭毛的主要成分是脂多糖，其主要功能是运动。（　　）

（2）大肠杆菌和枯草芽孢杆菌属于单细胞生物，链球菌和葡萄球菌属于多细胞生物。（　　）

（3）革兰氏染色法的第一个步骤是利用沙黄染液对细胞进行染色。（　　）

（4）酵母菌是单细胞的原核微生物。（　　）

（5）有隔霉菌构成的菌丝体结构与无隔霉菌构成的菌丝体结构相似，所以它们都

属于单核微生物。　　　　　　　　　　　　　　　　　　　　　　　（　　）

（6）量度细菌大小的单位是 mm。　　　　　　　　　　　　　　　（　　）

（7）霉菌的基因重组常发生于无性生殖时，较少出现在有性生殖过程中。　（　　）

（8）霉菌和放线菌细胞均呈丝状，故其菌落干燥、不透明、不易挑起。　（　　）

（9）细菌是一类细胞细短、结构简单、细胞壁坚韧、多以二分裂方式繁殖的真核生物。　　　　　　　　　　　　　　　　　　　　　　　　　　　　（　　）

（10）芽孢是芽孢杆菌的繁殖器官。　　　　　　　　　　　　　　　（　　）

（11）烟草花叶病毒的粒子形态是杆状，它所含的核酸为 ssDNA。　（　　）

（12）原核微生物的主要特征是细胞内无核。　　　　　　　　　　　（　　）

（13）真菌、原生动物和单细胞藻类都属于原核生物界。　　　　　　（　　）

（14）真菌细胞壁的主要成分是肽聚糖。　　　　　　　　　　　　　（　　）

（15）放线菌的菌丝是假菌丝，而霉菌是真菌丝。　　　　　　　　　（　　）

（16）革兰氏染色结果，菌体呈紫红色者为革兰氏阴性菌。　　　　　（　　）

（17）擦去油镜上的香柏油只需用一片擦镜纸。　　　　　　　　　　（　　）

（18）病毒对抗生素不敏感，对干扰素敏感。　　　　　　　　　　　（　　）

（19）病毒被认为是原核生物，因为它们具有全部原核生物的特征。　（　　）

（20）放线菌属于多细胞原核微生物。　　　　　　　　　　　　　　（　　）

项目三
微生物培养基制作技术

项目引导

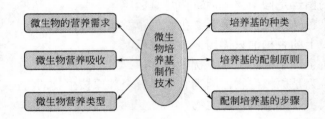

地球上所有生物的成分组成存在物质的同一性，从营养学角度讲所有生命形式都是由碳、氢、氧、氮、硫、磷、钙、铁等元素构成。微生物与其他生物一样，其营养需求主要是碳源、氮源、无机盐、生长因子、能源和水六大类。培养基是用来培养微生物、为微生物生长繁殖提供必需营养物质的混合养料，是微生物营养的提供媒介，也是微生物生长的环境。因此，培养基配制必须满足微生物营养物质要求和生存的理化条件。

想一想

微生物的营养需求有哪些？怎样配制适宜的培养基？

任务　微生物培养基知识

任务要求

1. 了解微生物细胞的化学组成。
2. 掌握微生物生长所需营养物质及其生理功能。
3. 理解微生物对营养物质吸收的不同方式。

4.熟悉微生物的营养类型及其划分依据。

5.掌握培养基配制原则。

微生物与其他生物一样都是有生命活动的，都需要从生存环境中获取所需的各种营养物质来满足其生长繁殖过程中的物质和能量代谢。营养物质是微生物进行各种生命活动的物质基础。

一、微生物营养

那些能够满足微生物机体生长、繁殖和完成各种生理活动所需的物质称为营养物质。而微生物从环境中获得和利用营养物质的过程称为营养。

微生物吸收何种营养物质主要取决于微生物细胞的化学组成。

（一）微生物细胞的化学组成

微生物细胞的化学成分以有机物和无机物两种状态存在。有机物包含各种大分子，它们是蛋白质、核酸、类脂和糖类等，占细胞干重的99%。无机成分包括小分子无机物和各种离子，占细胞干重的1%。

微生物细胞的元素构成包括C、H、O、N、P、S、K、Na、Mg、Ca、Fe、Mn、Cu、Co、Zn、Mo等。其中C、H、O、N、P、S六种元素占微生物细胞干重的97%，称为常量元素；其他为微量元素。微生物细胞的化学元素组成的比例常因微生物种类的不同而异。

组成微生物细胞的化学元素分别来自微生物生长所需要的营养物质，即微生物生长所需的营养物质应该包含所有组成细胞的各种化学元素。这些物质概括为提供构成细胞物质的碳素来源的碳源物质、构成细胞物质的氮素来源的氮源物质和一些含有K、Na、Mg、Ca、Fe、Mn、Cu、Co、Zn、Mo元素的无机盐等。

（二）微生物的营养物质及其生理功能

1.碳源

凡是为微生物生长繁殖提供碳元素来源的物质称为碳源。碳源分为无机碳和有机碳两大类。凡只能利用有机碳源的微生物，叫作异养微生物（为数众多）；凡以无机碳源作唯一或主要碳源的微生物，叫作自养微生物（种类较少）。微生物利用的碳源物质见表3-1。对一切异养微生物来讲，其碳源同时又作为能源，因此，这种碳源又称之为双功能营养物。

表3-1　微生物利用的碳源物质

种类	碳源物质	备注
糖	葡萄糖、果糖、麦芽糖、蔗糖、淀粉、半乳糖、乳糖、甘露糖、纤维二糖、纤维素、半纤维素、甲壳素、木质素等	单糖优于双糖，己糖优于戊糖，淀粉优于纤维素，纯多糖优于杂多糖
有机酸	糖酸、乳酸、柠檬酸、延胡索酸、低级脂肪酸、高级脂肪酸、氨基酸等	与糖类相比效果较差，有机酸较难进入细胞，进入细胞后会导致pH下降。当环境中缺乏碳源物质时，氨基酸可被微生物作为碳源利用

续表

种类	碳源物质	备注
醇	乙醇	在低浓度条件下被某些酵母菌和醋酸菌利用
脂	脂肪、磷脂	主要利用脂肪，在特定条件下将磷脂分解为甘油和脂肪酸而加以利用
烃	天然气、石油、石油馏分、石蜡油等	利用烃的微生物细胞表面有一种由糖脂组成的特殊吸收系统，可将难溶的烃充分乳化后吸收利用
CO_2	CO_2	为自养微生物所利用
碳酸盐	$NaHCO_3$、$CaCO_3$、白垩等	为自养微生物所利用
其他	芳香族化合物、氰化物、蛋白质、氨基酸、核酸等	利用这些物质的微生物在环境保护方面有重要作用；当环境中缺乏碳源物质时，可被微生物作为碳源而降解利用

碳源的生理作用主要有：碳源物质通过复杂的化学变化构成微生物自身的细胞物质和代谢产物；同时多数碳源物质在细胞内生化反应过程中还能为机体提供维持生命活动的能量，但有些以 CO_2 为唯一或主要碳源的微生物生长所需的能源则不是来自 CO_2。

2. 氮源

凡是为微生物生长繁殖提供氮元素来源的物质称为氮源。微生物营养上要求的氮素物质可以分为：

① 空气中的分子态氮，少数固氮菌可以利用；

② 无机氮化合物，绝大多数微生物可以利用；

③ 有机氮化合物，大多数寄生性微生物和一部分腐生性微生物可以利用。

铵盐作为氮源时会导致培养基 pH 值下降，称为生理酸性盐，而以硝酸盐作为氮源时培养基 pH 值会升高，称为生理碱性盐。

从微生物所能利用的氮源来看，一部分微生物不需要利用氨基酸作氮源，它们能把尿素、铵盐、硝酸盐甚至氮气等简单氮源自行合成所需要的一切氨基酸，因而可称为"氨基酸自养型生物"；反之，凡需要从外界吸收现成的氨基酸作氮源的微生物，就是"氨基酸异养型生物"。所有的动物和大量的异养微生物属于氨基酸异养型生物，而所有绿色植物和不少微生物（如细菌、酵母菌、多数放线菌和真菌）都是氨基酸自养型生物。

人类和为人类服务的大量动物都需要外界提供现成的氨基酸和蛋白质，而这些营养成分往往又是其食物或饲料、饵料中较缺少的。为了充实人和动物的氨基酸营养，除了继续向绿色植物索取外，还应更多地利用氨基酸自养型微生物，让它们将人和动物原先无法利用的廉价氮源，包括尿素、铵盐、硝酸盐或氮气等转化为菌体蛋白（单细胞蛋白或食用菌等）或含氮的代谢产物（谷氨酸等氨基酸），以丰富人类的营养和扩大食物资源，这对人类的生存和发展来说，具有十分积极的意义。

3. 无机盐

无机盐或矿物质元素主要可为微生物提供除碳源、氮源以外的各种重要元素。无机盐是微生物生长必不可少的一类营养物质，它们在机体中的生理功能主要是作为酶活性中心的组成部分、维持生物大分子和细胞结构的稳定性、调节并维持细胞的渗透压平衡、控制细胞的氧化还原电位和作为某些微生物生长的能源物质等（表 3-2）。

表3-2　无机盐及其生理功能

元素	化合物形式（常用）	生理功能
磷	KH_2PO_4，K_2HPO_4	核酸、核蛋白、磷脂、辅酶及 ATP 等高能分子的成分，作为缓冲系统调节培养基 pH
硫	$(NH_4)_2SO_4$，$MgSO_4$	含硫氨基酸（半胱氨酸、甲硫氨酸等）、维生素的成分，构成谷胱甘肽，可调节胞内氧化还原电位
镁	$MgSO_4$	己糖磷酸化酶、异柠檬酸脱氢酶、核酸聚合酶等活性中心组分，叶绿素和细菌叶绿素成分
钙	$CaCl_2$，$Ca(NO_3)_2$	某些酶的辅助因子，维持酶（如蛋白酶）的稳定性，芽孢和某些孢子形成所需，建立细菌感受态所需
钠	NaCl	细胞运输系统组分，维持细胞渗透压，维持某些酶的稳定性
钾	KH_2PO_4，K_2HPO_4	某些酶的辅助因子，维持细胞渗透压，某些嗜盐细菌核糖体的稳定因子
铁	$FeSO_4$	细胞色素及某些酶的组分，某些铁细菌的能源物质，合成叶绿素、白喉毒素所需

微生物生长所需的无机盐一般有磷酸盐、硫酸盐、氯化物以及含有钠、钾、钙、镁、铁等金属元素的化合物。

凡生长所需浓度在 $10^{-4} \sim 10^{-3}$mol/L 范围内的元素，可称为大量元素（又称常量元素），如 P、S、K、Mg、Na、Ca 和 Fe 等；凡生长所需浓度在 $10^{-8} \sim 10^{-6}$mol/L 范围内的元素，可称为微量元素，如 Cu、Zn、Mn、Mo 和 Ni、Sn、Se、Cr、W、Co 等。微量元素一般参与酶的组成或使酶活化（表 3-3）。

表3-3　微量元素及其生理功能

元素	生理功能
锌	存在于乙醇脱氢酶、乳酸脱氢酶、碱性磷酸酶、醛缩酶、RNA 与 DNA 聚合酶中
锰	存在于过氧化物歧化酶、柠檬酸合成酶中
钼	存在于硝酸盐还原酶、固氮酶、甲酸脱氢酶中
硒	存在于甘氨酸还原酶、甲酸脱氢酶中
钴	存在于谷氨酸变位酶中
铜	存在于细胞色素氧化酶中
钨	存在于甲酸脱氢酶中
镍	存在于脲酶中，为氢细菌生长所必需

无机盐的营养功能十分重要，可归纳如下：

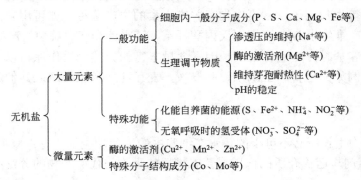

4. 生长因子

生长因子通常指那些微生物生长所必需且需要量很小，但微生物自身不能合成或合成量不足以满足机体生长需要的有机化合物。根据生长因子的化学结构和它们在机体中的生理功能的不同，可将生长因子分为维生素、氨基酸、嘌呤与嘧啶三大类（见表3-4）。维生素在机体中所起的作用主要是作为酶的辅基或辅酶参与新陈代谢；有些微生物自身缺乏合成某些氨基酸的能力，因此必须在培养基中补充这些氨基酸或含有这些氨基酸的小肽类物质，微生物才能正常生长；嘌呤与嘧啶作为生长因子在微生物机体内的作用主要是作为酶的辅酶或辅基，以及用来合成核苷、核苷酸和核酸。

表3-4 维生素及其在代谢中的作用

化合物	代谢中的作用
对氨基苯甲酸	四氢叶酸的前体，一碳单位转移的辅酶
生物素	催化羧化反应的酶的辅酶
辅酶 M	甲烷形成中的辅酶
叶酸	四氢叶酸包括在一碳单位转移辅酶中
泛酸	辅酶 A 的前体
硫辛酸	丙酮酸脱氢酶复合物的辅基
尼克酸	NAD、NADP 的前体，它们是许多脱氢酶的辅酶
吡哆素（VB_6）	参与氨基酸和酮酸的转化
核黄素（VB_2）	FMN 和 FAD 的前体，它们是黄素蛋白的辅基
钴胺素（VB_{12}）	辅酶 B_{12} 包括在重排反应里（为谷氨酸变位酶）
硫胺素（VB_1）	硫胺素焦磷酸脱羧酶、转醛醇酶和转酮醇酶的辅基
维生素 K	甲基酮类的前体，起电子载体作用（如延胡索酸还原酶）
氧肟酸	促进铁的溶解和向细胞中的转移

生长因子与碳源、氮源、能源有一定区别，即并非任何一具体微生物都需要外界为它提供生长因子。按微生物对生长因子的需要与否，可分成三种类型：

（1）生长因子自养型微生物 它们不需要从外界吸收任何生长因子，多数真菌、放线菌和不少细菌，如大肠杆菌、青霉菌、酿酒酵母等都属此类。

（2）生长因子异养型微生物 它们需要从外界吸收多种生长因子，才能维持正常生长，如各种乳酸菌、动物致病菌、支原体和原生动物等。

（3）生长因子过量合成型微生物 少数微生物在其代谢活动中，能合成并大量分泌某些维生素等生长因子，常可作为有关维生素的生产菌种。如可用阿舒假囊酵母或棉阿舒囊霉生产维生素 B_2，可用谢氏丙酸杆菌、链霉菌和产甲烷菌生产维生素 B_{12} 等。

在配制培养基时，一般可用生长因子含量丰富的天然物质作原料以保证微生物对它们的需要，例如酵母膏、玉米浆、肝浸液、麦芽汁、米糠浸液或其他新鲜动、植物的汁液等。

5. 水分

水是微生物生长所必不可少的。水在细胞中的生理功能主要有：

① 起到溶剂与运输介质的作用，营养物质的吸收与代谢产物的分泌必须以水为介

质才能完成；

② 参与细胞内一系列化学反应；

③ 维持蛋白质、核酸等生物大分子稳定的天然构象；

④ 因为水的比热容高，是热的良好导体，能有效地吸收代谢过程中产生的热并及时地将热迅速散发出体外，从而有效地控制细胞内温度的变化；

⑤ 保持充足的水分是细胞维持自身正常形态的重要因素；

⑥ 微生物通过水合作用与脱水作用控制由多亚基组成的结构，如酶、微管、鞭毛及病毒颗粒的组装与解离。

微生物生长的环境中水的有效性常以水活度值（a_w）表示，水活度值是指在一定的温度和压力条件下，溶液的蒸气压力与同样条件下纯水蒸气压力之比，即：

$$a_w = p/p_0$$

式中，p 代表溶液蒸气压；p_0 代表纯水蒸气压。

纯水 a_w 为 1.00，溶液中溶质越多，a_w 越小。微生物一般在 a_w 为 0.60～0.99 的条件下生长，a_w 过低时，微生物生长的迟缓期延长，比生长速率和总生长量减小。微生物不同，其生长的最适 a_w 不同（表 3-5）。一般而言，细菌生长最适 a_w 较酵母菌和霉菌高，而嗜盐微生物生长最适 a_w 则较低。

表3-5　几类微生物生长最适 a_w

微生物	a_w	微生物	a_w
一般细菌	0.91	嗜盐细菌	0.76
酵母菌	0.88	嗜盐真菌	0.65
霉菌	0.80	嗜高渗酵母	0.60

6. 能源

为微生物生命活动提供最初能量来源的物质，称为能源，通常分为辐射能和化学能。辐射能一般是指太阳能；化学能则指能够进行氧化还原反应并产生能量的物质，如 Fe^{2+}、S、H_2S、H_2、NO_2^- 等。

各种异养微生物的能源就是碳源。化能自养型微生物的能源是一些还原态的无机物质，如 NH_4^+、NO_2^-、S、H_2S、H_2 和 Fe^{2+} 等，能利用这种能源的都是一些原核微生物，包括亚硝酸细菌、硝酸细菌、硫化细菌、硫细菌、氢细菌和铁细菌等。

化学能源物质往往会与碳源、氮源等物质相重叠，使一种营养物充当两种或两种以上功能，因此也称之为双功能或多功能碳源。如无机物 NH_4^+ 属于双功能营养物（能源、氮源），有机物蛋白质、氨基酸属于三功能营养物（碳源、氮源、能源）。

二、微生物营养类型

由于微生物种类繁多，其营养类型也比较复杂，人们常在不同层次和侧重点上对微生物营养类型进行划分（表 3-6）。根据碳源、能源及电子供体性质的不同，可将绝大部分微生物分为光能无机自养型、光能有机异养型、化能无机自养型及化能有机异养型四种类型（表 3-7）。

二维码3-1 微生物
的营养需要

表3-6 微生物营养类型的划分

划分依据	营养类型	特点
碳源	自养型	以 CO_2 为唯一或主要碳源
	异养型	以有机物为碳源
能源	光能营养型	以光为能源
	化能营养型	以氧化还原反应释放的化学能为能源
电子供体	无机营养型	以还原性无机物为电子供体
	有机营养型	以有机物为电子供体

表3-7 微生物的各类型的特点

营养类型	电子供体	碳源	能源	举例
光能无机自养型	H_2、H_2S、S、H_2O	CO_2	光能	光合细菌、蓝细菌、藻类
光能有机异养型	有机物	有机物	光能	红螺细菌
化能无机自养型	H_2、H_2S、Fe^{2+}、NH_3、NO_2	CO_2	化学能（无机物氧化）	氢细菌、硫杆菌、亚硝化单胞菌属、硝化杆菌属、甲烷杆菌属、醋酸杆菌属
化能有机异养型	有机物	有机物	化学能（有机物氧化）	假单胞菌属、芽孢杆菌属、乳酸菌属、真菌、原生动物

（一）光能无机自养型

光能无机自养型，又称光能自养型，这是一类能以 CO_2 为唯一碳源或主要碳源并利用光能进行生长的微生物。它们能利用无机物如水、硫化氢、硫代硫酸钠或其他无机化合物使 CO_2 固定还原成细胞物质，并且伴随元素氧（硫）的释放。

藻类、蓝细菌和光合细菌属于这一类营养类型。

藻类和蓝细菌：$CO_2 + H_2O \xrightarrow{\text{光能、叶绿素}} [CH_2O] + O_2 \uparrow$

这与高等植物光合作用是一致的。

光合细菌：$CO_2 + 2H_2S \xrightarrow{\text{光能、菌绿素}} [CH_2O] + H_2O + 2S$

这与藻类、蓝细菌和高等植物是不同的。

（二）化能无机自养型

化能无机自养型，又称化能自养型，这类微生物利用无机物氧化过程中放出的化学能作为它们生长所需的能量，以 CO_2 或碳酸盐作为唯一或主要的碳源进行生长，利用电子供体如氢气、硫化氢、二价铁离子或亚硝酸盐等使 CO_2 还原成细胞物质。

属于这类微生物的类群有硫化细菌、硝化细菌、氢细菌与铁细菌等。例如氢细菌：

$$H_2 + \frac{1}{2}O_2 \longrightarrow H_2O + 56.7kcal$$

（三）光能有机异养型

光能有机异养型，又称光能异养型，这类微生物不能以 CO_2 作为唯一碳源或主要碳源，需以有机物作为供氢体，利用光能将 CO_2 还原为细胞物质。

红螺属的一些细菌就是这一营养类型的代表：

$$2(CH_3)_2CHOH + CO_2 \xrightarrow{\text{光能、光合色素}} 2CH_3COCH_3 + [CH_2O] + H_2O$$

光能有机异养型细菌在生长时通常需要外源的生长因子。

（四）化能有机异养型

化能有机异养型，又称化能异养型，这类微生物生长所需的能量来自有机物氧化过程释放出的化学能，生长所需要的碳源主要是一些有机化合物，如淀粉、纤维素、有机酸等，化能有机异养型微生物利用的有机物通常既是它们生长的碳源物质又是能源物质。

目前在已知的微生物中大多数属于化能有机异养型，如绝大多数的细菌、全部真菌、原生动物以及病毒。

如果化能有机异养型微生物利用的有机物不具有生命活性，则是腐生型；若是生活在活细胞内从寄生体内获得营养物质，则是寄生型。

二维码3-2 微生物
的营养类型

三、微生物营养吸收

微生物是借助生物膜的半透性及其结构特点来吸收营养物质和水分的。影响营养物质进入细胞的因素主要有三个：①营养物质本身的性质；②微生物所处的环境；③微生物细胞膜的透过屏障作用。

（一）单纯扩散

单纯扩散是一种最简单的物质跨膜运输方式，为纯粹的物理学过程，在扩散过程中不消耗能量，物质扩散的动力来自参与扩散的物质在膜内外的浓度差，营养物质由高浓度向低浓度扩散，不能逆浓度运输。物质扩散的速率随原生质膜内外营养物质浓度差的降低而减小，直到膜内外营养物质浓度相同时才达到一个动态平衡。

单纯扩散并不是微生物细胞吸收营养物质的主要方式。水是唯一可以通过扩散自由通过原生质膜的分子，脂肪酸、乙醇、甘油、苯、一些气体分子（O_2、CO_2）及某些氨基酸在一定程度上也可通过扩散进出细胞。

（二）促进扩散

促进扩散指溶质在运送过程中，必须借助存在于细胞膜上的底物特异性结合载体蛋白的协助，但不消耗能量的一类扩散性运送方式。营养物质也是由高浓度向低浓度扩散，不能逆浓度运输。

促进扩散与单纯扩散的主要区别：通过促进扩散进行跨膜运输的物质需要借助于载体的协助作用才能进入细胞（图3-1），而且每种载体只运输能特异性结合的物质，具有高度的专一性。被运输物质与载体之间亲和力大小变化是通过载体分子的构象变化而实现的。参与促进扩散的载体主要是一些蛋白质，这些蛋白质能促进物质进行跨膜运输，底物在这个过程中不发生化学变化，而且在促进扩散中载体只影响物质的运输速率，并不改变该物质在膜内外形成的动态平衡状态，被运输物质在膜内外浓度差越大，促进扩散的速率越快，但是当被运输物质浓度过高而使载体蛋白饱和时，运输速率就不再增加。

通过促进扩散进入细胞的营养物质主要有氨基酸、单糖、维生素及无机盐等。

（三）主动运输

主动运输是广泛存在于微生物中的一种主要的物质运输方式（图3-2）。主动运输的一个重要特点是在物质运输过程中需要消耗能量，而且可以逆浓度运输。

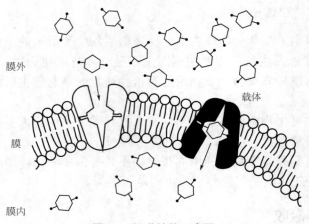

图3-1　促进扩散示意图

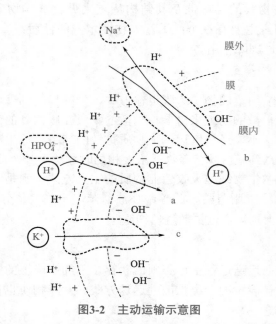

图3-2　主动运输示意图

主动运输须提供能量，并通过细胞膜上特异性载体蛋白构象的变化，而使膜外环境中低浓度的溶质运入膜内。由于它可以逆浓度梯度运送营养物，所以对许多生存于低浓度营养环境中的贫养菌的生存极为重要。主动运输的例子很多，主要有无机离子、有机离子（某些氨基酸、有机酸等）和一些糖类（乳糖、葡萄糖、麦芽糖、半乳糖、蜜二糖以及阿拉伯糖、核糖等）。在大肠杆菌中，通过主动运输，运送1分子乳糖约消耗0.5分子ATP，而运送1分子麦芽糖则要消耗1.0～1.2ATP。

（四）基团移位

基团移位是指既需特异性载体蛋白的参与，又需耗能的一种物质运输方式，其特点是溶质在运送前后会发生分子结构的变化。

基团移位广泛存在于原核生物中，尤其是一些兼性厌氧型细菌和专性厌氧型细菌中，主要用于糖（葡萄糖、果糖、甘露糖和N-乙酰葡糖胺等）的运输，丁酸、核苷酸、腺嘌呤等也可通过这种方式运输。目前尚未在好氧型细菌及真核生物中发现这种运输

二维码3-3　微生物
的营养吸收类型

方式，也未发现氨基酸通过这种方式进行运输。

在研究大肠杆菌对葡萄糖和金黄色葡萄球菌对乳糖的吸收过程中，发现这些糖进入细胞后以磷酸糖的形式存在于细胞质中，表明这些糖在运输过程中发生了磷酸化作用，其中的磷酸基团来源于胞内的磷酸烯醇式丙酮酸（PEP），因此称为磷酸烯醇式丙酮酸 - 磷酸糖转移酶运输系统（PTS），简称磷酸转移酶系统（图3-3）。PTS 通常由五种蛋白质组成，包括酶 I、酶 II（包括 a、b 和 c 三个亚基）和一种低分子量的热稳定蛋白质（HPr）。酶 I 和 HPr 是非特异性的细胞质蛋白，酶 II a 是可溶性细胞质蛋白，亲水性酶 II b 与位于细胞膜上的酶 II c 相结合。在糖的运输过程中，PEP 上的磷酸基团逐步通过酶 I、HPr 的磷酸化与去磷酸化作用，最终在酶 II 的作用下转移到糖，生成磷酸糖并释放于细胞质中。

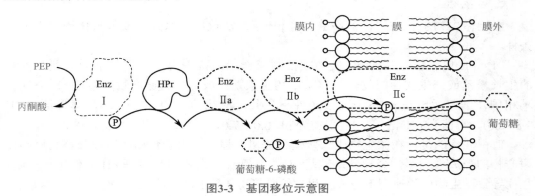

图3-3　基团移位示意图

四、培养基制作技术

培养基是人工配制的，适合微生物生长繁殖或产生代谢产物的混合营养料。培养基中应含有满足微生物生长繁殖的六大营养要素（碳源、氮源、生长因子、无机盐、水分、能源），且比例适宜。制作培养基时，应配制完毕后立即灭菌，避免杂菌污染和破坏其固有成分和性质。此外，培养基还应具有适宜的酸碱度（pH 值）、一定缓冲能力、一定的氧化还原电位和合适的渗透压等理化条件。

（一）配制培养基的原则

配制培养基应坚持以下原则：培养基组分应适合微生物的营养特点（目的明确）；营养物的浓度与比例应恰当（营养协调）；物理化学条件适宜（理化适宜）；根据营养目的来选择不同来源的材料（经济节约）。

1. 目的明确

配制培养基之前，先要明确拟培养什么微生物、获何产物、用途是什么，根据不同的工作目的，选择适宜的营养物质。

总体而言，所有微生物生长繁殖均需要培养基含有碳源、氮源、无机盐、生长因子、水及能源，但由于微生物营养类型复杂，不同微生物对营养物质的需求是不一样的，因此首先要根据不同微生物的营养需求配制针对性强的培养基。自养型微生物能从简单的无机物合成自身需要的糖类、脂类、蛋白质、核酸、维生素等复杂的有机物，因此培养自养型微生物的培养基完全可以（或应该）由简单的无机物组成。

2. 营养协调

微生物细胞内各种成分之间有相对稳定的比例。在大多数为化能异养微生物配制的培养基中，除水分外，碳源（兼能源）的含量最高，其后依次是氮源、常量元素和生长因子。

C/N 是指培养基中所含 C 原子的摩尔浓度与 N 原子的摩尔浓度之比。不同的微生物菌种要求不同的 C/N，同一种菌在不同生长时期都有不同的要求。C/N 是培养基制备的一个重要因素。

一般来讲，真菌需 C/N 较高的培养基（似动物的"素食"），细菌尤其是动物病原菌需 C/N 较低的培养基（似动物的"荤食"）。

3. 理化适宜

影响微生物生长的理化条件主要有 pH 值、渗透压、水分活度和氧化还原电位等条件。

（1）pH 值　培养基的 pH 值必须控制在一定的范围内，以满足不同类型微生物的生长繁殖或产生代谢产物。各类微生物生长繁殖或产生代谢产物的最适 pH 条件各不相同，细菌适于在 pH 6.5～7.5 条件下生长，放线菌为 pH 7.5～8.5，酵母菌为 pH 3.8～6.0，霉菌为 pH 4.0～5.8，藻类为 pH 6.0～7.0，原生动物为 pH 6.0～8.0。

值得注意的是，在微生物生长繁殖和代谢过程中，由于营养物质被分解利用和代谢产物的形成与积累，会导致培养基 pH 发生变化，若不对培养基 pH 条件进行控制，往往导致微生物生长速度下降或（和）代谢产物产量下降。因此，为了维持培养基 pH 的相对恒定，通常在培养基中加入 pH 缓冲剂，常用的缓冲剂是一氢和二氢磷酸盐（如 K_2HPO_4 和 KH_2PO_4）组成的混合物。K_2HPO_4 溶液呈碱性，KH_2PO_4 溶液呈酸性，两种物质等量混合溶液的 pH 为 6.8。当培养基中酸性物质积累导致 H^+ 浓度增加时，H^+ 与弱碱性盐结合形成弱酸性化合物，培养基 pH 不会过度降低；如果培养基中 OH^- 浓度增加，OH^- 则与弱酸性盐结合形成弱碱性化合物，培养基 pH 也不会过度升高。

但 K_2HPO_4 和 KH_2PO_4 缓冲系统只能在一定的 pH 范围（pH 6.4～7.2）内起调节作用。有些微生物，如乳酸菌能大量产酸，上述缓冲系统就难以起到缓冲作用，此时可在培养基中添加难溶的碳酸盐（如 $CaCO_3$ 等）作"备用碱"来进行调节，$CaCO_3$ 难溶于水，不会使培养基 pH 过度升高，但它可以不断中和微生物产生的酸，同时释放出 CO_2，将培养基 pH 控制在一定范围内。

在培养基中还存在一些天然的缓冲系统，如氨基酸、多肽、蛋白质等都属于两性电解质，也可以起到一定缓冲剂的作用。

（2）渗透压　是某水溶液中一个可用压力来度量的理化指标，它表示两种不同浓度的溶液间若被一个半透性薄膜隔开时，稀溶液中的水分子会因水势的推动而透过隔膜流向浓溶液，直至浓溶液所产生的机械压力足以使两边水分子的进出达到平衡为止，这时由浓溶液中的溶质所产生的机械压力，即为渗透压。渗透压的大小是由溶液中所含有的分子或离子的质点数决定的，等重的物质，其分子或离子越小，则质点数越多，因而产生的渗透压就越大。与微生物细胞渗透压相等的等渗溶液最适宜微生物的生长，高渗溶液会使细胞发生质壁分离，低渗溶液则会使细胞吸水膨胀，直至细胞破裂。

（3）水分活度（a_w）　表示微生物可利用的自由水或游离水的含量，其定义是指在同温同压下，某溶液的蒸气压（p）与纯水蒸气压（p_0）之比。各种微生物生长繁殖范围的 a_w 值在 0.60～0.998。例如：

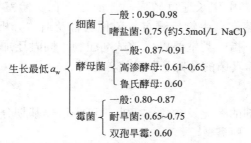

生长最低 a_w

- 细菌
  - 一般：0.90～0.98
  - 嗜盐菌：0.75（约5.5mol/L NaCl）
- 酵母菌
  - 一般：0.87～0.91
  - 高渗酵母：0.61～0.65
  - 鲁氏酵母：0.60
- 霉菌
  - 一般：0.80～0.87
  - 耐旱菌：0.65～0.75
  - 双孢旱霉：0.60

（4）氧化还原电位　也称氧化还原电势，是度量某氧化还原系统中还原剂释放电子或氧化剂接受电子趋势的一种指标。一般以 E_h 表示，是指以氢电极为标准时某氧化还原系统的电极电位值，单位是 V（伏）或 mV（毫伏）。

各种微生物对其培养基的氧化还原电位有不同的要求。一般好氧菌生长的 E_h 值为 +0.3～+0.4V，兼性厌氧菌在 +0.1V 以上时进行好氧呼吸产能，在 +0.1V 以下时则进行发酵产能；而厌氧菌只能生长在 0～+0.1V 的环境中。在实验室中，为了培养严格厌氧菌，除应驱走空气中的氧外，还应在培养基中加入适量的还原剂，包括巯基乙酸、抗坏血酸、硫化钠、半胱氨酸、铁屑、谷胱甘肽、瘦牛肉粒等，以降低它的氧化还原电位。例如，加有铁屑的培养基，其 E_h 值可降至 –0.40V 的低水平。

测定氧化还原电位值除用电位计外，还可使用化学指示剂，例如刃天青等。刃天青在无氧条件下呈无色（E_h 相当于 –0.40mV）；在有氧条件下，其颜色与溶液的 pH 相关，一般在中性时呈紫色，碱性时呈蓝色，酸性时为红色；在微含氧溶液中，则呈现粉红色。

二维码3-4　培养基的配制原则

4. 经济节约

配制培养基时，在能达到相同或相近效果的前提下，要尽可能选择原料易得、价格便宜、操作简便的培养基配制方法用于生产，降低成本，例如使用制糖生产废液、豆粕、米糠、花生饼等原料生产发酵，实现经济节约。

（二）培养基的类型

培养基常因分类依据不同而类型多样，实验中多以成分、物理状态、用途、生产目的等作为分类依据。

1. 根据成分划分

（1）天然培养基　是指一类利用动、植物或微生物体包括用其提取物制成的培养基，其营养成分复杂、丰富、不稳定，难以说清其化学组成，也称非化学限定培养基。牛肉膏蛋白胨培养基和麦芽汁培养基就属于此类。

常用的天然有机营养物质包括牛肉浸膏、蛋白胨、酵母浸膏、豆芽汁、玉米浆、土壤浸液、麸皮、牛奶、血清、豆粕、花生饼、稻草浸汁、胡萝卜汁等。天然培养基成本较低，除在实验室经常使用外，也适于用来进行工业上大规模的微生物发酵生产。

（2）**合成培养基**　是一类按微生物的营养要求精确设计后用多种高纯化学试剂配制成的培养基。因由化学成分完全了解的物质配制而成，也称化学限定培养基，高氏一号培养基和查氏培养基就属于此类型。配制合成培养基时重复性强，但与天然培养基相比其成本较高，微生物在其中生长速度较慢，一般适于在实验室用来进行有关微生物营养需求、代谢、分类鉴定、生物量测定、菌种选育及遗传分析等方面的研究工作。

（3）**半合成培养基**　指一类主要以化学试剂配制，同时还加有某种或某些天然成分的培养基。例如，培养真菌的马铃薯蔗糖培养基等。

2. 根据物理状态划分

根据培养基中凝固剂的有无及含量的多少，可将培养基划分为固体培养基、半固体培养基和液体培养基三种类型。

（1）**固体培养基**　是一类外观呈固态的培养基，由液体培养基中加入适量凝固剂配制而成。例如，加有 1%～2% 琼脂或 5%～12% 明胶的液体培养基，就可制成遇热熔化、冷却后呈凝固态的用途最广的固体培养基。

理想的凝固剂应具备以下条件：①不被所培养的微生物分解利用；②在微生物生长的温度范围内保持固体状态，在培养嗜热细菌时，由于高温容易引起培养基液化，可在培养基中适当增加凝固剂比例来解决这一问题；③凝固剂凝固点温度不能太低，否则将不利于微生物的生长；④凝固剂对所培养的微生物无毒害作用；⑤凝固剂在灭菌过程中不会被破坏；⑥凝固剂要具有透明度好、黏着力强等特点；⑦凝固剂配制要使用方便且价格低廉。常用的凝固剂有琼脂、明胶和硅胶。表 3-8 列出琼脂和明胶的一些主要特性。

表3-8　琼脂和明胶特性的比较

项目	化学成分	营养价值	分解性	融化温度	凝固温度	常用浓度	透明度	黏着力	耐加压灭菌
琼脂	聚半乳糖的硫酸酯	无	罕见	98℃	45℃	1.5%～2%	高	强	强
明胶	蛋白质	作氮源	极易	25℃	20℃	5%～12%	高	强	弱

对绝大多数微生物而言，琼脂是最理想的凝固剂，琼脂是由藻类（海产石花菜）中提取的一种有高度分支的复杂多糖；明胶是由胶原蛋白制备得到的产物，是最早用来作为凝固剂的物质，但由于其凝固点过低，而且某些细菌和许多真菌产生的非特异性胞外蛋白酶以及梭菌产生的特异性胶原酶都能液化明胶，目前已较少作为凝固剂；硅胶是由无机的硅酸钠及硅酸钾被盐酸及硫酸中和时凝聚而成的胶体，它不含有机物，适合配制分离与培养自养型微生物的培养基。

（2）**半固体培养基**　是在液体培养基中加入少量的凝固剂配制而成，一般添加琼脂比例为 0.2%～0.8%。半固体培养基常用来观察微生物的运动特征、分类鉴定及噬菌体效价滴定等。

（3）**液体培养基**　不加任何凝固剂。在用液体培养基培养微生物时，通过振荡或搅拌可以增加培养基的通气量，同时使营养物质分布均匀。液体培养基常用于大规模工业生产以及在实验室进行微生物的基础理论和应用方面的研究。

3. 根据用途划分

根据用途不同，将培养基划分为基础培养基、加富培养基、鉴别培养基和选择培养基。

（1）**基础培养基**　尽管不同微生物的营养需求各不相同，但大多数微生物所需的基本营养物质是相同的。基础培养基是含有一般微生物生长繁殖所需的基本营养物质的培养基，如牛肉膏蛋白胨培养基是最常用的基础培养基。基础培养基也可以作为一些特殊培养基的基础成分，再根据某种微生物的特殊营养需求，在基础培养基中加入所需营养物质。

（2）加富培养基　也称营养培养基，即在基础培养基中加入某些特殊营养物质制成的一类营养丰富的培养基，这些特殊营养物质包括血液、血清、酵母浸膏、动植物组织液等。加富培养基一般用来培养营养要求比较苛刻的异养型微生物。科研和发酵生产中，加富培养基也可以用来富集和分离某种微生物，这是因为加富培养基含有某种微生物所需的特殊营养物质，该种微生物在这种培养基中较其他微生物生长速度快，逐渐富集形成优势菌，并淘汰其他微生物，从而容易达到分离该种微生物的目的。从某种意义上讲，加富培养基类似选择培养基，但两者又存在一定的区别，加富培养基是用来增加所要分离的微生物的数量，使其形成生长优势，从而分离到该种微生物；选择培养基则一般是抑制不需要的微生物的生长，使所需要的微生物增殖，从而达到分离所需微生物的目的。

（3）鉴别培养基　是用于鉴别不同类型微生物的培养基。在培养基中加入能与目的菌的无色代谢产物发生显色反应的指示剂，从而达到只需用肉眼辨别颜色就能方便地从近似菌落中找出目的菌菌落的培养基，我们称作鉴别培养基。鉴别培养基主要用于微生物的快速分类鉴定，以及分离和筛选产生某种代谢产物的微生物菌种。最常见的鉴别培养基是伊红美蓝培养基，即 EMP 培养基。它在饮用水、牛奶等大肠菌群数细菌学检验和大肠杆菌的遗传学研究中有着重要的用途。EMP 培养基成分见表 3-9。

表3-9　EMP培养基的成分

成分	蛋白胨	乳糖	K_2HPO_4	伊红	美蓝	蒸馏水	最终 pH 值
含量 /g	10	10	2	0.4	0.065	1000mL	7.2

EMP 培养基中的伊红、美蓝两种苯胺染料可抑制 G^+ 细菌和一些难培养的 G^- 细菌。在低酸度下，这两种染料会结合并形成沉淀，起着产酸指示剂的作用。因此，试样中多种肠道细菌会在 EMP 培养基平板上产生易于用肉眼识别的多种特征性菌落，尤其是大肠杆菌，因其能强烈分解乳糖而产生大量混合酸，菌体表面带 H^+，故可染上酸性染料伊红，又因伊红与美蓝结合，故使菌落染上深紫色，从菌落表面的反射光中还可看到绿色金属光泽（类似金龟子色），其他几种产酸能力弱的肠道菌的菌落也会有相应的棕色，具体如下：

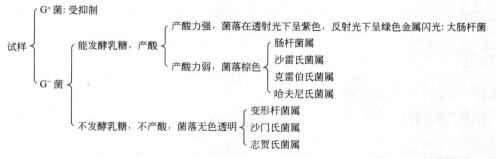

（4）选择培养基　是用来将某种或某类微生物从混杂的微生物群体中分离出来的

培养基。根据不同种类微生物的特殊营养需求或对某种化学物质的敏感性不同，在培养基中加入相应的特殊营养物质或化学物质，抑制不需要的微生物的生长，有利于所需微生物的生长，从而达到选择分离的目的。

选择培养基可分为两种类型：一种类型的选择培养基是依据某些微生物的特殊营养需求设计的（投其所好）；另一类选择培养基是在培养基中加入某种化学物质，这种化学物质没有营养作用，对所需分离的微生物无害，但可以抑制或杀死其他微生物（取其所抗）。

四种常用的选择培养基如下：

① 酵母菌富集培养基　葡萄糖 5%，尿素 0.1%，$(NH_4)_2SO_4$ 0.1%，KH_2PO_4 0.25%，Na_3PO_4 0.05%，$MgSO_4 \cdot 7H_2O$ 0.1%，$FeSO_4 \cdot 7H_2O$ 0.01%，酵母膏 0.05%，孟加拉红 0.003%，pH 4.5。

② Ashby 无氮培养基（富集好氧性自生固氮菌用）　甘露醇 1%，KH_2PO_4 0.02%，$MgSO_4 \cdot 7H_2O$ 0.02%，NaCl 0.02%，$CaSO_4 \cdot 2H_2O$ 0.01%，$CaCO_3$ 0.5%。

③ Martin 培养基（富集土壤真菌用）　葡萄糖 1%，蛋白胨 0.5%，KH_2PO_4 0.1%，$MgSO_4 \cdot 7H_2O$ 0.05%，琼脂 2%，孟加拉红 0.003%，链霉素 30μg/mL，金霉素 2μg/mL。

④ 含糖酵母膏培养基（在厌氧条件下富集乳酸菌用）　葡萄糖 2%，酵母膏 1%，KH_2PO_4 0.1%，$MgSO_4 \cdot 7H_2O$ 0.02%，pH6.5。

4. 根据生产目的划分

根据培养基用于生产的目的，可以分为种子培养基、发酵培养基。

（1）种子培养基　是为保证发酵工业获得大量优质菌种而设计的培养基。这种培养基营养较为丰富，氮源比例较高，有时会特意地加入使菌种适应发酵条件的基质。例如味精产生菌北京棒杆菌 AS.1299 的一级种子（用摇床培养）培养基配方是：葡萄糖 3%，玉米浆 2.5%，尿素 0.5%，K_2HPO_4 0.1%，$MgSO_4$ 0.04%，pH 6.7～7.0。二级种子（1200L 发酵罐）培养基配方是：用水解糖 3% 代替葡萄糖 3%，其他成分都相同。这样做既保证了营养要求，又有利于适应下面的发酵条件。

（2）发酵培养基　是为使生产菌种能够大量生长并能累积大量代谢产物而设计的培养基。其特点是用量特别大，因此对发酵培养基的要求，除了要满足菌种需要的营养条件外，还要求原料来源广泛，成本比较低。所以这种培养基的成分一般都比较粗放，碳源的比例较大。例如柠檬酸发酵用的培养基，就只用红薯粉作原料，浓度高达 22%，产酸在 14% 左右。

除了上述几类培养基外，还有专门用于培养病毒等寄生微生物的活组织培养基，如鸡胚等；专门用于培养自养微生物的无机盐培养基等。

二维码3-5
培养基的种类

思考与交流

1.微生物的营养物质有哪些？

2.微生物的营养类型有哪些？

3.培养基有哪些类型？

4.培养基配制原则是什么？

实用技术 **计数培养基适用性检查**

实验过程中培养基的质量常会影响微生物检测结果，如何进行培养基适用性检验，是每一位微生物检验人员必须掌握的专业技能。下面就为大家介绍一下有关计数培养基适用性检查的方法。

1. 细菌计数培养基适用性检查

先取无菌平皿 6 个，分别接种大肠埃希菌、金黄色葡萄球菌、枯草芽孢杆菌新鲜肉汤培养物（50～100cfu/mL）各 1mL，平行实验 2 次，并迅速倾注温度不超过45℃的被检营养琼脂培养基，混匀，凝固，置 30～35℃培养 48h，计数。再取 1 个平皿作为空白对照，倾注对照营养琼脂培养基，操作同被检培养基。

2. 霉菌计数培养基适用性检查

先取无菌平皿 4 个，分别接种白色念珠菌、黑曲霉新鲜改良马丁培养物（50～100cfu/mL）各 1mL，平行实验 2 次，并迅速倾注温度不超过 45℃的被检玫瑰红钠琼脂培养基，混匀，凝固，置 25～28℃培养 72h，计数。再取 1 个平皿作为空白对照，倾注对照玫瑰红钠琼脂培养基，操作同被检培养基。

结果判断：

若被检培养基上的菌落平均数不小于对照培养基上的菌落平均数的 70%，并且菌落形态大小与对照培养基上的菌落一致，则可判定该培养基的适用性符合要求。

 **任务实施**

操作 **培养基制作**

一、目的要求

了解并掌握培养基的配制、分装方法。

二、方法原理

培养基是供微生物生长、繁殖、代谢的混合养料。由于微生物具有不同的营养类型，对营养物质的要求也各不相同，加之实验和研究的目的不同，所以培养基的种类很多，使用的原料也各有差异，但从营养角度分析，培养基中一般含有微生物所必需的碳源、氮源、无机盐、生长素以及水分等。另外，培养基还应具有适宜的 pH 值、一定的缓冲能力、一定的氧化还原电位及合适的渗透压。

琼脂是从石花菜等海藻中提取的胶体物质，是应用最广的凝固剂。加琼脂制成的培养基在 98～100℃下熔化，于 45℃以下凝固，但多次反复熔化，其凝固性降低。

任何一种培养基一经制成就应及时彻底灭菌，以备纯培养用。一般培养基的灭菌采用高压蒸汽灭菌。

三、仪器与试剂

1. 实验器材

天平、称量纸、牛角匙、精密 pH 试纸、量筒、刻度搪瓷杯、试管、锥形瓶、漏斗、分装架、移液管及移液管筒、培养皿及培养皿盒、玻璃棒、烧杯、试管架、铁丝筐、剪刀、酒精灯、棉花、线绳、牛皮纸或报纸、纱布、乳胶管、电炉、灭菌锅、干燥箱。

2. 实验试剂

蛋白胨、牛肉膏、NaCl、K_2HPO_4、琼脂、$NaNO_3$、KCl、$MgSO_4$、$FeSO_4$、蔗糖、麦芽糖、木糖、葡萄糖、半乳糖、乳糖、马铃薯、豆芽汁、磷酸铵、5%NaOH 溶液、5%HCl 溶液等。

四、配制流程

称药品→溶解→调pH值→熔化琼脂→过滤分装→包扎标记→灭菌→摆斜面或倒平板

五、制作步骤

1. 称量药品

根据培养基配方依次准确称取各种药品，放入适当大小的烧杯中，琼脂不要加入。蛋白胨极易吸潮，称量要迅速。

2. 溶解

用量筒取一定量（约占总量的 1/2）蒸馏水倒入刻度搪瓷杯中，在放有石棉网的电炉上小火加热，并用玻棒搅拌，以防液体溢出。待各种药品完全溶解后，停止加热，补足水分。如果配方中有淀粉，则先将淀粉用少量冷水调成糊状，并在火上加热搅拌，然后加足水分及其他原料，待完全溶化后，再次补足水分。

3. 调节 pH

根据培养基对 pH 的要求，用 5%NaOH 或 5%HCl 溶液调至所需 pH。测定 pH 可用 pH 试纸或酸度计。

4. 溶化琼脂

固体或半固体培养基须加入一定量琼脂。琼脂加入后，置电炉上一面搅拌一面加热，直至琼脂完全熔化后才能停止搅拌，并补足水分（水需预热）。注意控制火力不要使培养基溢出或烧焦。

5. 过滤分装

先将过滤装置安装好。如果是液体培养基，玻璃漏斗中放一层滤纸，如果是固体或半固体培养基，则需在漏斗中放多层纱布，或两层纱布中间夹一层薄薄的脱脂棉趁热进行过滤。过滤后立即进行分装，分装时注意不要使培养基沾染在试管口或锥形瓶口，以免浸湿棉塞，引起污染。液体分装高度以试管高度的 1/4 左右为宜，固体分装量为试管高的 1/5，半固体分装试管一般以试管高度的 1/3 为宜；分装锥形瓶，其装量以不超过锥形瓶容积的一半为宜，建议为锥形瓶容积的 1/3 左右。

6. 包扎标记

培养基分装后加好棉塞或试管帽，再包上一层防潮纸（牛皮纸或报纸），用棉绳系好。并在包装纸上标明培养基名称、制备组别和姓名、日期等。

7. 灭菌

上述培养基应按培养基配方中规定的条件及时进行灭菌。普通培养基灭菌条件为121℃ 下 20min，以保证灭菌效果和不损伤培养基的有效成分。培养基经灭菌后，如需要作斜面固体培养基，则灭菌后立即摆放成斜面，斜面长度一般以不超过试管长度的 1/2 为宜；半固体培养基灭菌后，垂直冷凝成半固体深层琼脂。

二维码3-6 制备培养基的步骤

二维码3-7 牛肉膏蛋白胨琼脂培养基（动画）

8.倒平板

将需倒平板的培养基于水浴锅中冷却到45～50℃，立刻倒平板。

📋 任务评价

评价内容	分值	考核得分	备注
培养基配制	20		
分装	20		
包扎	20		
灭菌	20		
倒平板	20		

👥 思考与交流

1.配制培养基的主要材料与器皿有哪些？

2.制备培养基的步骤有哪些？

3.分装培养基有什么要求？

🔖 项目小结

　　微生物生长繁殖需要碳源、氮源、无机盐、生长因子、能源和水等营养成分，营养物质通过单纯扩散、促进扩散、主动运输、基团移位等不同方式被吸收，微生物有光能自养型、光能异养型、化能自养型、化能异养型等不同的营养类型。培养基是人工配制的、适合微生物生长繁殖或产生代谢产物的营养基质。培养基配制应选择适宜的营养物质且理化条件适宜。培养基根据成分不同分为天然培养基、合成培养基、半合成培养基，根据物理状态不同分为固体培养基、半固体培养基、液体培养基，根据用途不同分为基础培养基、加富培养基、鉴别培养基、选择培养基。培养基配制原则是目的明确、营养协调、理化适宜、经济节约。固体培养基配制步骤为称量药品、溶解、调节pH、溶化琼脂、过滤分装、包扎标记、灭菌、倒平板。

✏️ 练一练测一测

1.名词解释

（1）营养　　（2）碳源　　（3）生长因子

2.单选题

（1）下列关于微生物营养物质的叙述中正确的是（　　）。

A.同一物质不可能既作碳源又作氮源　　B.凡是碳源都能提供能量

C.除水以外的无机物仅提供无机盐　　D.无机氮源也可提供能量

（2）在用微生物发酵生产味精的过程中，所用的培养基成分中的生长因子是（　　）。

A. 豆饼水解液　　　　B. 生物素　　　　　C. 玉米浆　　　　　D. 尿素

（3）在合成培养基中加入含有 C、O、H、N 四种元素的某种大分子化合物，其作用是（　　）。

A. 作为异养生物的氮源和能源物质

B. 作为异养生物的碳源和能源物质

C. 作为异养生物的氮源、碳源和能源物质

D. 作为自养生物的氮源、碳源和能源物质

3. 判断题

（1）凡是碳源都能提供能量。　　　　　　　　　　　　　　　　　（　　）

（2）同一种微生物生长和代谢所需要的培养基是相同的。　　　　　（　　）

（3）同一物质有时可以既作碳源又作氮源。　　　　　　　　　　　（　　）

4. 填空题

（1）光能自养菌以＿＿＿＿＿＿＿＿＿＿作能源，以＿＿＿＿＿＿＿＿＿＿＿作碳源。

（2）半固体培养基多用于检测细菌的＿＿＿＿＿＿＿＿＿＿。

（3）在营养物质运输中，能逆浓度梯度方向进行的运输方式是＿＿＿＿＿、＿＿＿＿＿。

项目四
消毒和灭菌技术

项目引导

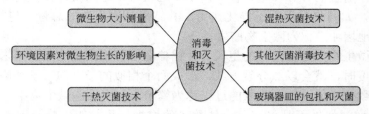

生长量的测定是描述微生物生长状况的重要指标，其方法可分为直接法和间接法两类，其中直接法包括测体积、称干重等，而间接法包括比浊法和测定生理指标。影响微生物生长繁殖的主要因素有温度、水分、氧化还原电位、pH、渗透压、辐射、化学物质等。消毒灭菌则是通过改变微生物生长的影响因素，使其生长处于不利状态甚至被杀死。常用方法有干热灭菌法和湿热灭菌法。干热灭菌法主要应用于工具和器皿灭菌，湿热灭菌法可用于培养基的灭菌。与干热灭菌相比，湿热灭菌具有杀菌效率高、速度快、温度低等特点。总之，掌握微生物消毒灭菌技术是从事微生物检验和研究的必备技术之一。

想一想

影响微生物生长的环境因素有哪些？消毒灭菌方法有哪些？

任务　微生物消毒灭菌方法

 任务要求

1. 了解生物量的测量方法。
2. 了解环境因素对微生物生长的影响。
3. 掌握干热灭菌技术。
4. 掌握湿热灭菌技术。
5. 掌握其他灭菌消毒技术。

　　一切微生物纯培养及实验操作都要求是无菌操作，而无菌操作技术的前提和基础之一则是培养基、实验工具及操作人员的消毒和灭菌。根据对微生物杀灭的剧烈程度，可分为消毒、灭菌、防腐及商业杀菌四种。评价消毒灭菌的效果常会与微生物生长情况联系，所以我们在讨论微生物消毒灭菌之前，先了解微生物生长量的测定。

一、微生物生长繁殖的测定方法

（一）测生长量

1. 微生物生长的概念

　　微生物在适宜的外界环境条件下，不断地吸收营养物质，并按自身的代谢方式进行新陈代谢，如同化作用大于异化作用，其结果是原生质的总量（包括重量、体积、大小）不断地增加，称为微生物的生长。

　　单细胞微生物（如细菌）的生长，往往伴随着细胞数量的增加而增加。当细胞增长到一定程度时，就会以二分裂方式，形成两个相似的子细胞，子细胞再重复上述过程，使细胞数目增加，这一重复的过程称为繁殖。在多细胞微生物中（如某些霉菌），细胞数量的增加如果不是伴随着个体数目的增加，只能叫生长，不能叫繁殖。例如菌丝细胞的不断延长或分裂产生同类细胞均属生长，只有通过形成无性孢子或有性孢子，使得个体数量增加的过程才叫作繁殖。

　　在一般情况下，当环境条件适宜，生长与繁殖始终是交替进行的。从生长到繁殖是一个由量变到质变的过程，这个过程就是发育。具体可用下列两个表达式说明：

个体生长——→个体繁殖——→群体生长

群体生长=个体生长+个体繁殖

　　在微生物学科领域中，凡提到"生长"时，一般都指群体生长。

　　微生物的生长繁殖是其在内外各种环境因素相互作用下的综合反映，当微生物处于一定的物理、化学条件下，生长、发育正常，则繁殖速率也相对较高；如果某一或某些环境条件发生改变，就会抑制微生物生长繁殖甚至杀灭。在发酵工业中，要提供最适的条件，以利于微生物的生长、繁殖和发酵；但在食品加工中，要研究最佳的灭菌方法和抑制微生物在食品中生长和繁殖的条件，保证食品的卫生、安全，延长食品的货架期。

2. 微生物生长量的测定

　　微生物（特别是单细胞微生物）体积很小，个体生长很难测定，意义也不大。通常测定微生物的生长是测群体的生长，而测定繁殖数目则要建立在计数的基础之上。

　　测定生长量的方法有多种，适用于大多数微生物测定。

　　（1）直接法

　　① 测体积　这是一种较为粗放的方法，通常用于初步比较。例如将待测培养液放在刻度离心管中作自然沉降或进行一定时间的离心，然后观察沉降物的体积。

　　② 称干重　采用离心法或过滤法测定，一般干重为湿重的10%～20%。如用离心法，将待测培养液离心，再用清水洗涤离心1～5次后干燥，可用100～105℃烘干或

红外线烘干，也可在较低的温度（40～80℃）下进行真空干燥，然后称取干重。如用过滤法，丝状真菌可用滤纸过滤，细菌可用醋酸纤维素膜等滤膜进行过滤。过滤后，细胞可用少量水清洗，再进行真空干燥，称取干重。

（2）间接法

① 比浊法　微生物在液体培养基中生长，由于细胞数量的增加，引起培养物混浊度的增高。最古老的比浊法是采用 McFarland 比浊管，用不同浓度的 $BaCl_2$ 与稀 H_2SO_4 进行化学反应，配制成 10 个梯度的 $BaSO_4$ 沉淀，表示 10 个相对的细菌浓度（预先用相应的细菌测定）。某一未知浓度的菌液在透射光下用肉眼与某一比浊管进行比较，如果两者的浊度相当，即可目测出该菌液的大致浓度。

精确的测定，要用分光光度计进行。一般在 450～650nm 波长范围内测定。若要连续跟踪某一培养物的生长动态，可用带有侧臂的锥形瓶作原位测定（该法不必每次测定取样）。

② 生理指标法　与微生物生长量相平行的生理指标很多，可根据实验目的和条件适当选用。常测定的生理指标如测氮、碳、磷、DNA、RNA、ATP、DAP（二氨基庚二酸）、几丁质或 N-乙酰胞壁酸等含量；此外，产酸、产气、耗氧、黏度和产热等指标，有时也应用于生长量的测定。

a. 测定细胞总含氮量来确定细菌浓度　大多数细菌的含氮量为干重的 12.5%，酵母菌为 7.5%，霉菌为 6.0%。总氮量与细胞粗蛋白（包括杂环氮和氧化型氮）的含量的关系可用下式计算：

$$粗蛋白总量=含氮量\%\times6.25$$

含氮量的测定方法有很多，但实验中常用凯氏定氮法测定。此法适用于细胞浓度较高的样品，操作过程相对烦琐，主要用于科学研究。

b. 含碳量的测定　微生物新陈代谢的结果，必然要消耗或产生一定量的含碳物质，以表示微生物的生长量。一般生长旺盛时消耗的碳源物质相对较多，或者积累的某种含碳代谢产物相对较多。因此，测定含碳量可间接表示微生物生长量。具体测定方法：将少量生物材料混入 1mL 水或无机缓冲液中，用 2mL 2% 重铬酸钾溶液在 100℃ 下加热 30min，冷却后，加水稀释至 5mL，在 580nm 波长下测定光密度值（用试剂作空白对照，并用标准样品作标准曲线）计算含碳量，即可推算出生长量。

c. 其他指标　除氮、碳测定外，磷、DNA、RNA、ATP 和 N-乙酰胞壁酸等的含量，以及产酸、产气、产 CO_2（用标记葡萄糖作基质）、耗氧、黏度和产热等指标，也都可用于生长量的测定。

（二）计繁殖数

（1）直接法（血球计数板法）　这类方法是利用特定的细菌计数板或血细胞计数板，在显微镜下计算一定容积里样品中微生物的数量。此法的缺点是不能区分死菌与活菌，不适合对运动细菌计数。

血细胞计数板是由一块比普通载玻片厚的特制玻片制成的。玻片中有四条下凹的槽，构成三个平台。中间的平台较宽，其中间又被一短横槽隔为两半，每半边上面各刻有一个方格网。方格网上刻有 9 个大方格，其中只有中间的一个大方格为计数室，供微生物计数用。

计数室通常有两种规格：一种是大方格内分为 16 中格，每一中格又分为 25 小格（计数室共 400 小格）；另一种是大方格内分为 25 中格，每一中格又分为 16 小格（计数室共 400 小格）。计数室容积为 0.1mm³，即 10^{-4}mL。血细胞计数板结构见图 4-1。

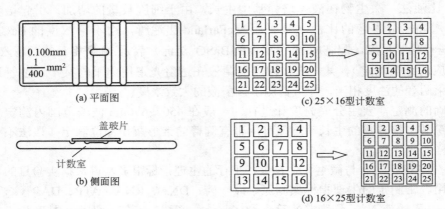

图4-1　血细胞计数板结构

计数时用 16 中格的计数板，要按对角线方位，取左上、左下、右上、右下的 4 个中格（即 100 小格）的酵母菌数。如果是 25 中格计数板，除数上述四格外，还需数中央 1 中格的酵母菌数（即 80 小格）。

16×25 型血细胞计数板的计算公式：

$$菌细胞数（个/mL）= \frac{100小格内菌细胞数}{100} \times 400 \times 10^4 \times 稀释倍数$$

25×16 型血细胞计数板的计算公式：

$$菌细胞数（个/mL）= \frac{80小格内菌细胞数}{80} \times 400 \times 10^4 \times 稀释倍数$$

测定时，将稀释的样品滴在计数板上，盖上盖玻片，然后在显微镜下计算 4～5 个中格的细菌数，并求出每个小格所含细菌的平均数，再按下面公式求出每毫升样品所含的细菌数：

每毫升原液所含细菌数=每小格平均细菌数×400×10000×稀释倍数

（2）间接法

① 稀释平板菌落计数法　稀释平板菌落计数法测定原理是每个活细菌在适宜的培养基和良好的生长条件下可以通过生长形成菌落。将待测样品经一系列 10 倍稀释，然后选择适宜稀释度的菌液，分别量取 0.2mL 倒入无菌平皿，再倒入适量的已熔化并冷却至 45℃的培养基中，与菌液混匀，待冷却凝固后，放入适宜温度的培养箱或温室培养，长出菌落后进行计数，重复三次平行实验。按下面公式计算出原菌液的含菌数：

每毫升原菌液活菌数 = 同一稀释度三个重复平皿菌落平均数 × 稀释倍数 ×5

此法会因无菌操作不熟练造成污染，或因培养基温度过高损伤细胞等原因造成结果不稳定。尽管如此，由于该方法能测出样品中微量的菌数，仍是教学、科研和生产上常用的一种测定细菌数的有效方法。土壤、水、化工材料、食品和其他材料中所含

二维码4-1　酵母菌
计数（动画）

细菌、酵母菌、芽孢及孢子等的数量均可用此法测定。但该法不适于测定样品中丝状体微生物，例如放线菌、丝状真菌或蓝细菌的营养体等。

② 厌氧菌的菌落计数法　测定双歧杆菌、乳酸菌等厌氧菌活菌数可用半固体深层琼脂法，该法简便快速。其主要原理是试管中的深层半固体琼脂有良好的厌氧性能，并利用其凝固前可作稀释用，凝固后又可代替琼脂平板作菌落计数用的良好性能。

二、环境因素对微生物生长的影响

影响微生物生长的外界因素有很多，其一是前面讨论过的营养物质，其二是许多物理、化学因素。当环境条件的改变，在一定限度内，可引起微生物形态、生理、生长、繁殖等特征的改变；当环境条件的变化超过一定极限时，则导致微生物的衰退甚至死亡。研究环境条件与微生物之间的相互关系，有助于了解微生物在自然界的分布与作用，也可指导人们在食品加工中有效地控制微生物的生命活动，保证食品的安全性，延长食品的货架期。

1. 温度

温度是影响微生物生长繁殖最重要的因素之一。在一定温度范围内，机体的代谢活动与生长繁殖随着温度的上升而增加，当温度上升到一定程度，开始对机体产生不利的影响，如再继续升高，则细胞功能急剧下降以致死亡。

与其他生物一样，任何微生物的生长温度尽管有高有低，但总有最低生长温度、最适生长温度和最高生长温度这三个重要指标，这就是生长温度三基点。

如果将微生物作为一个整体来看，它的温度三基点是极宽的，由以下可看出：

生长温度三基点 ⎰ 最低生长温度 (一般为-5~-10℃，极端为-30℃)
　　　　　　　⎱ 最适生长温度 ⎰ 嗜冷菌: <20℃，一般为15℃
　　　　　　　　　　　　　　 ⎨ 中温菌: 20~45℃
　　　　　　　　　　　　　　 ⎩ 嗜热菌: >45℃，一般为50~60℃
　　　　　　　 最高生长温度 (一般为80~95℃，极端为105℃以上)

总体而言，微生物生长的温度范围较广，已知的微生物在 -30~100℃均可生长。但每一种微生物又只能在一定的温度范围内生长。

① 最低生长温度　是指微生物能进行繁殖的最低温度界限。处于这种温度条件下的微生物生长速率很低，如果再低于此温度则生长完全停止。不同微生物的最低生长温度不一样，这与它们的原生质物理状态和化学组成有关，也可随环境条件而变化。

② 最适生长温度　是指某种微生物分裂代时最短或生长速率最高时的培养温度。但是，同一微生物，不同的生理生化过程有着不同的最适温度，也就是说，最适生长温度并不等于生长量最高时的培养温度，也不等于发酵速度最高时的培养温度或累积代谢产物量最快时的培养温度，更不等于累积某一代谢产物量最快时的培养温度。因此，生产上要根据微生物不同生理代谢过程温度的特点，采用分段式变温培养或发酵。

③ 最高生长温度　是指微生物生长繁殖的最高温度界限。在此温度下，微生物细胞易于衰老和死亡。微生物所能适应的最高生长温度与其细胞内酶的性质有关。

致死温度，最高生长温度如进一步升高，便可杀死微生物，这种致死微生物的最低温度界限即为致死温度。致死温度与处理时间有关。在一定的温度下处理时间越长，死亡率越高。严格地说，一般应以 10min 为标准时间，细菌在 10min 内被完全杀死的最低温度称为致死温度。测定微生物的致死温度一般在生理盐水中进行，以减少有机物质的干扰。

微生物按其生长温度范围可分为低温型微生物、中温型微生物和高温型微生物三类（表 4-1）。

表4-1　不同温型微生物的生长温度范围

微生物类型		生长温度范围 /℃			分布的主要处所
		最低	最适	最高	
低温型	专性嗜冷	-12	5~15	15~20	两极地区
	兼性嗜冷	-5~0	10~20	25~30	海水及冷藏食品上
中温型	室温	10~20	20~35	40~45	腐生菌
	体温		35~40		寄生菌
高温型	高温型	25~45	50~60	70~95	温泉、堆肥、土壤表层等

（1）低温型微生物　又称嗜冷微生物，可在较低的温度下生长。它们常分布在地球两极地区的水域和土壤中，即使在其微小的液态水间隙中也有微生物的存在。常见的产碱杆菌属、假单胞菌属、黄杆菌属、微球菌属等是冷藏食品腐败变质的主要原因。另外，有些肉类上的霉菌在 -10℃ 仍能生长，并造成冷冻食品腐败变质，如芽枝霉。

对于大多数微生物而言，低温会抑制微生物的生长。在 0℃ 以下，菌体内的水分冻结，生化反应无法进行而停止生长。有些微生物在冰点下就会死亡，主要原因是细胞内水分变成了冰晶，造成细胞脱水或细胞膜的物理损伤。因此，生产上常用低温保藏食品，根据食品保藏温度的不同，分为寒冷温度、冷藏温度和冻藏温度。

（2）中温型微生物　绝大多数微生物属于这一类，其最适生长温度在 20~40℃，最低生长温度 10~20℃，最高生长温度 40~45℃。该类微生物又可分为嗜室温和嗜体温性微生物。嗜体温性微生物多为人及温血动物的病原菌，它们生长的极限温度范围在 10~45℃，最适生长温度与其宿主体温相近，在 35~40℃，例如人体寄生菌为 37℃ 左右。嗜室温微生物则以室温环境作为最适生长温度。引起人和动物疾病的病原微生物、发酵工业应用的微生物菌种以及导致食品原料和成品腐败变质的微生物，大多属于中温型微生物。因此，它与食品工业生产和微生物检验的关系极为密切。

（3）高温型微生物　该类微生物适于在 45~50℃ 以上的温度中生长，在自然界中的分布仅局限于某些温度环境相对较高的区域，像温泉、日照充足的土壤表层、堆肥等环境中都有高温型微生物的发现。常见的高温型微生物有在 55~70℃ 中生长的芽孢杆菌属（梭状芽孢杆菌、嗜热脂肪芽孢杆菌）、高温放线菌属、甲烷杆菌属等；乳制品生产中常用的生长条件为 42~45℃ 的链球菌属和乳杆菌属；可在近 100℃ 温泉中生长的嗜（耐）高温细菌等。高温型微生物往往给罐头工业、发酵工业等生产带来了一定难度。

高温型微生物耐热机理可能是菌体内的蛋白质和酶比中温型的微生物更加抗热，尤其蛋白质对热更稳定；同时高温型微生物的蛋白质合成机构——核糖体和其他成分对高温抗性也较强；此外细胞膜中饱和脂肪酸含量高，比起不饱和脂肪酸，其能够形成更强的疏水键，因此多方面保证了微生物在高温下的稳定性和生命活性。

2. 氧化还原电位

前面已经简单讲述过，微生物生长要求适宜的氧化还原电位（E_h 值）。好氧微生物的 E_h 值以 0.3～0.4V 为宜，厌氧微生物的 $E_h<0.1V$ 才能生长，兼性厌氧微生物在 0.1～0.3V 内生长，当 E_h 值在 +0.1V 以上时进行好氧呼吸，在 +0.1V 以下时进行厌氧呼吸。在进行微生物培养时，向培养基中增加空气通入、降低 pH 或添加氧化剂，均可提高 E_h；反之，减少空气通入、提高 pH 值或加入还原性物质，可降低 E_h。另外，有些微生物代谢活动产生的还原性物质 H_2S 或半胱氨酸等，也可使 E_h 降低。根据微生物对氧气的需要情况可分为好氧菌、兼性厌氧菌和厌氧菌。具体表示如下：

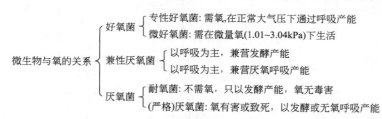

（1）专性好氧菌　要求必须在有分子氧的条件下才能生长，有完整的呼吸链，以分子氧作为最终氢受体，细胞有超氧化物歧化酶（SOD）和过氧化氢酶。绝大多数真菌和许多细菌都是专性好氧菌，如米曲霉、醋酸杆菌、荧光假单胞菌、枯草芽孢杆菌和蕈状芽孢杆菌等。

（2）微好氧菌　只能在较低的氧分压（1～3kPa，正常大气压中氧分压为 2kPa）下才能正常生长的微生物，也通过呼吸链以氧为最终氢受体而产能。例如霍乱弧菌、氢单胞菌、拟杆菌属和发酵单胞菌属等。

（3）兼性厌氧菌　在有氧或无氧条件下都能生长，但有氧的情况下生长得更好；有氧时进行呼吸产能，无氧时进行发酵或无氧呼吸产能；细胞含 SOD 和过氧化氢酶。许多酵母菌和少数细菌都是兼性厌氧菌。例如酿酒酵母、大肠杆菌和普通变形杆菌等。

（4）耐氧菌　是一类可在分子氧存在时进行厌氧呼吸的厌氧菌。该类菌的生长不需要氧，但分子氧存在对它们也无毒害。这类菌体内不具有呼吸链，仅依靠专性发酵获得能量，细胞内存在 SOD 和过氧化物酶，但没有过氧化氢酶。一般乳酸菌多数是耐氧菌，如乳链球菌、乳酸乳杆菌、肠膜明串珠菌和粪链球菌等，除乳酸菌外还有雷氏丁酸杆菌等也属耐氧菌。

（5）（严格）厌氧菌　其特征是分子氧存在对它们有毒，即使是短期接触空气，也会抑制其生长甚至被杀死；在空气或含 $10\%CO_2$ 的空气中，它们在固体或半固体培养基的表面上不能生长，只能在深层无氧或低氧化还原电势的环境下生长；其生命活动所需能量是通过发酵、无氧呼吸、循环光合磷酸化或甲烷发酵等提供；细胞内缺乏 SOD 和细胞色素氧化酶，大多数还缺乏过氧化氢酶。常见的厌氧菌有肉毒梭状芽孢杆菌、嗜热梭状芽孢杆菌、拟杆菌属、双歧杆菌属以及各种光合细菌和产甲烷菌等（详见图 4-2）。

一般绝大多数微生物都是好氧菌或兼性厌氧菌。厌氧菌的种类相对较少，但随着厌氧培养技术的发展，近年来发现的厌氧菌也是逐渐增多（过去可能是因厌氧菌缺乏 SOD，易被生物体内产生的超氧化物阴离子自由基毒害致死而不易被发现）。

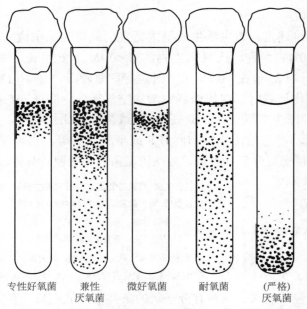

专性好氧菌　　兼性　　微好氧菌　　耐氧菌　　（严格）
　　　　　　　厌氧菌　　　　　　　　　　　　厌氧菌

图4-2　不同微生物在半固体琼脂柱中的生长状态

3.pH 值

微生物生长的 pH 值范围极广，一般在 pH 2～9，有少数种类甚至可超出这一范围，但绝大多数微生物都生长在 pH 5～8 条件下。

不同的微生物都有其最适生长 pH 值和一定的 pH 值生长范围，即最高、最适与最低三个数值，在最适 pH 值范围内微生物生长繁殖速度快，在最低或最高 pH 值的环境中，微生物虽然能生存和生长，但生长非常缓慢而且容易死亡。一般霉菌 pH 值适应范围最大，酵母菌适应的范围次之，细菌最小。霉菌和酵母菌生长最适 pH 值都在 5～6，而细菌、放线菌的生长最适 pH 值在 6.5～7.5。一些最适生长 pH 值偏于碱性范围内微生物，有的是嗜碱性，称嗜碱性微生物，如硝化菌、尿素分解菌、根瘤菌和放线菌等；有的不一定要在碱性条件下生活，但能耐受碱性条件，称耐碱微生物，如链霉菌属。生长 pH 值偏于酸性范围内的微生物也有两类；一类是嗜酸微生物，如硫杆菌属；另一类是耐酸微生物，如乳酸杆菌、醋酸杆菌、多数肠杆菌和假单胞菌等。

不同的微生物有其最适的生长 pH 值范围，同一微生物在其不同的生长阶段和不同的生理、生化过程中，也要求不同的最适 pH 值，这对发酵工业中 pH 值的控制、积累代谢产物尤其重要。例如，黑曲霉最适生长 pH 值为 5.0～6.0，在 pH 2.0～2.5 范围内有利于产柠檬酸，在 pH 7.0 左右时，则以合成草酸为主；又如丙酮丁醇梭菌生长繁殖的最适 pH 值为 5.5～7.0，在 pH 4.3～5.3 范围内发酵生产丙酮丁醇。此外，抗生素生产菌也存最适生长的 pH 值与最适发酵的 pH 值不一致的情况，要根据不同的发酵阶段选择不同的培养 pH 值以满足生产要求。

微生物在其代谢过程中，细胞内的 pH 值相对稳定，一般都接近中性，保护核酸不被破坏并维持了酶的活性。但是微生物代谢常会改变环境的酸碱度，使培养基的原始 pH 值发生变化，造成这一变化的原因主要有：①糖类和脂肪代谢产生酸；②蛋白质代谢产生碱，以及其他物质代谢产生酸碱。一般随着培养时间的延长，培养基会变得呈酸性，C/N 比高的培养基，如培养真菌的培养基，经培养后其 pH 值常会明显下降；

而 C/N 比低的培养基，如培养一般细菌的培养基，经培养后，其 pH 值常会明显上升。

在发酵工业中，及时地调整发酵液的 pH 值，有利于积累代谢产物，这在实际生产中是一项重要措施，方法如下：

pH调节措施
- "治本"
  - 过酸时
    - 加适量氮源：如尿素、硝酸钠、NH₄OH或蛋白质
    - 提高通气量
  - 过碱时
    - 加适量碳源：糖、乳酸、乙酸、柠檬酸、油脂等
    - 降低通气量
- "治标"
  - 过酸时：加氢氧化钠、碳酸钠等碱液中和
  - 过碱时：加硫酸、盐酸等酸液中和

4. 水分

水分对微生物生长的影响主要体现在水分活度（a_w）。水分活度是指在密闭容器内含有水溶性物质的蒸气压与相同条件下纯水蒸气压的比值。水分活度对微生物的生长繁殖有重要影响。不同类群微生物生长的水分活度也不一样，大部分新鲜食品 a_w 值在 0.95～1.00，许多腌肉制品 a_w 值在 0.87～0.95，这一 a_w 值范围的食品可满足一般细菌的生长，其下限可满足酵母菌的生长；盐分和糖分较高的食品 a_w 值在 0.75～0.87，可满足霉菌和少数嗜盐细菌的生长；干制品 a_w 值在 0.60～0.75，可满足耐渗透压酵母和干性霉菌的生长；奶粉 a_w 值为 0.20、蛋粉 a_w 值为 0.40，微生物几乎不能生长。

5. 渗透压

微生物对渗透压有一定的适应能力，逐渐改变渗透压，对微生物生长影响不大。渗透压过大时易出现质壁分离，而过小时则出现细胞膨胀现象。高浓度的盐或糖降低了食品的水分活性，提高了食品的渗透压，可抑制微生物的生长和繁殖。

不同的微生物对高渗透压的耐性不同。一般情况下，许多霉菌和少数酵母菌可在高渗条件下旺盛生长，因此在糖渍或盐腌食品中，引起腐败变质的微生物主要是霉菌或酵母菌。

6. 辐射

不同波长的射线对微生物的作用不同，可见光部分（波长 400～800nm）往往能被某些光合微生物所利用，而波长较短的紫外线（波长 13.6～400nm）、X 射线（波长 0.06～13.6nm）、γ 射线（波长 0.01～0.14nm）均可抑制或杀死微生物。尤其是 γ 射线因作用距离较远、穿透力较强，常用于食品杀菌保藏。

二维码4-2 环境因素对微生物生长的影响

7. 化学物质

（1）氧化剂　杀菌效果与作用时间和浓度成正比关系，杀菌机制是氧化剂释放出游离氧作用于微生物蛋白质的活性基团（如氨基、羟基及其他化学基团），造成代谢障碍而死亡。

（2）臭氧（O_3）　近年在纯净水生产中应用较广，灭菌技术的灭菌效果与浓度有一定的关系，但浓度过高会使水产生异味。其杀菌机制是臭氧分解释放出氧自由基而杀死微生物。

（3）氯（Cl_2）　具有较强的杀菌作用，其机制是使蛋白质变性。氯在水中能产生新生态的氧，如下式：

$$Cl_2 + H_2O \longrightarrow HCl + HClO \longrightarrow 2HCl + [O]$$

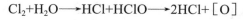

$$2HClO \longrightarrow 2HCl + O_2 \uparrow$$

氯气常用于城市生活用水的消毒，在饮料工业中用于水处理工艺中杀菌。

（4）漂白粉［$Ca(ClO)_2$］ 即次氯酸钙，其中有效氯为28%～35%。当浓度为0.5%～1%时，5min可杀死大多数细菌，5%的浓度1h可杀死细菌芽孢。漂白粉常用于饮用水消毒，也可用于蔬菜和水果的消毒。

（5）过氧乙酸（CH_3COOOH） 是一种高效广谱杀菌剂，它能快速地杀死细菌、酵母菌、霉菌和病毒。0.001%的过氧乙酸水溶液能在10min内杀死大肠杆菌，若改用0.005%的过氧乙酸水溶液只需5min；浓度为0.01%的过氧乙酸只需2min即可杀灭金黄色葡萄球菌；0.5%浓度的过氧乙酸在1min内杀死枯草杆菌；0.04%浓度的过氧乙酸1min内就可杀死99.99%的蜡状芽孢杆菌。通常能够杀死细菌繁殖体的过氧乙酸浓度，足以杀死霉菌和酵母菌；此外，过氧乙酸对病毒杀灭效果也很好。过氧乙酸杀菌具有高效、广谱、无毒等特点，其分解产物主要是乙酸、过氧化氢、水和氧，适用于食品表面消毒（如水果、蔬菜清洗）、食品生产车间地面和墙壁的消毒以及各种塑料、玻璃制品和一些食品包装材料的消毒等。

（6）重金属盐类 重金属盐类对微生物都有毒害作用，其机制是金属离子容易和微生物的蛋白质结合而发生变性或沉淀。汞、银、砷的离子对微生物的亲和力较大，能与微生物酶蛋白的—SH结合，影响其正常代谢。汞化合物是常用的杀菌剂，杀菌效果好，医药业较常用。重金属盐类虽然杀菌效果好，但对人有毒害作用，所以严禁用于食品工业的防腐或消毒。

（7）苯酚及其衍生物 苯酚又称石炭酸，杀菌作用是使微生物蛋白质变性，并具有表面活性剂作用，破坏细胞膜的通透性，使细胞内含物外溢致死。苯酚浓度低时有抑菌作用，浓度高时有杀菌作用，2%～5%苯酚溶液能在短时间内杀死细菌的繁殖体，若杀死芽孢则需要数小时甚至更长时间，但是许多病毒和真菌孢子对苯酚有较强抵抗力。苯酚适用于医院的环境消毒，不适用于食品加工用具以及食品生产场所的消毒。

（8）醇类 是脱水剂、蛋白质变性剂，也是脂溶剂，可使蛋白质脱水、变性，损害细胞膜而具杀菌能力。70%乙醇杀菌效果最好，超过70%浓度的乙醇杀菌效果则相对变差，其原因是高浓度的乙醇与菌体接触后迅速脱水，表面蛋白质凝固，形成了保护膜，阻止了乙醇分子进一步渗入。

乙醇常常用于皮肤表面消毒，在实验室多用于玻棒、玻片等用具的消毒。

醇类物质的杀菌力是随着分子量的增大而增强，但分子量大的醇类水溶性又较乙醇差，因此，醇类中常常用乙醇作消毒剂。

（9）甲醛 是一种常用的杀细菌、杀真菌剂，杀菌机制是与蛋白质的氨基结合而使蛋白质变性致死。市售的福尔马林溶液就是37%～40%的甲醛水溶液。0.1%～0.2%的甲醛溶液可杀死细菌的繁殖体，5%的浓度可杀死细菌的芽孢。甲醛溶液可作为熏蒸消毒剂，对空气和物体表面有消毒效果，但因其具有强致癌性不适宜于食品生产场所的消毒。

三、常用消毒、灭菌技术

消毒与灭菌的方法可分为物理方法和化学方法两大类，常用以下术语表示物理或化学方法对微生物的杀灭程度。

（1）灭菌　指杀灭或去除物体上所有微生物的方法，包括抵抗力极强的细菌芽孢。例如高温灭菌、辐射灭菌等。灭菌可分为杀菌、溶菌两种，前者指菌体虽死，但形体尚存；后者指菌体被杀死后，其细胞因自溶、裂解而消失。

（2）消毒　指杀死物体上病原微生物的方法，芽孢或非病原微生物可能仍存活。用以消毒的药品称为消毒剂。

（3）防腐　防止或抑制体外微生物生长繁殖的方法。即通过抑菌作用，防止食品、生物制品等对象发生霉腐。防腐的方法有低温、缺氧、干燥、高渗、加防腐剂等。

（4）无菌　指没有活菌的意思。防止微生物进入人体或其他物品的操作技术，称为无菌操作。

（5）化疗　即化学治疗，是利用具有高度选择毒力（即对病原菌具有高度毒力而对其寄主基本无毒）的化学物质来抑制寄主体内病原微生物的生长繁殖，借以达到治疗该寄主传染病的一种措施。

控制有害微生物的措施可表示如下：

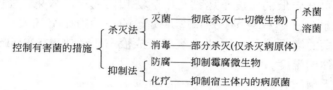

以上几个不同概念的特点和比较详见表4-2。

表4-2　灭菌、消毒、防腐、化疗的比较

比较项目	灭菌	消毒	防腐	化疗
处理因素	强理化因素	理化因素	理化因素	化学治疗剂
处理对象	有机质物体内外	任何物体内外	生物体表、酒、乳等	寄主体内
微生物类型	一切微生物	有关病原体	一切微生物	有关病原体
对微生物的作用	彻底杀灭	杀死或抑制	抑制或杀死	抑制或杀死
实例	高压蒸汽灭菌、辐射灭菌、化学杀菌剂、火焰灼烧灭菌	75%酒精消毒、巴氏消毒	冷藏、干燥、糖渍、盐腌、缺氧、化学防腐剂	抗生素、磺胺药物等

（一）热力灭菌法

热力灭菌法是指利用热能使蛋白质或核酸变性、破坏细胞膜结构和功能实现杀死微生物的一种灭菌方法，分为干热灭菌和湿热灭菌两大类。

干热灭菌包括火焰灼烧和热空气干热灭菌等；湿热灭菌又分为高压蒸汽灭菌、常压灭菌、间歇灭菌等。

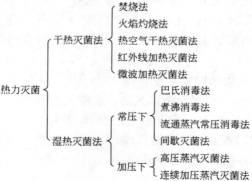

1. 干热灭菌法

常见的干热灭菌方法有：

（1）焚烧法　适用于废弃物品或动物尸体等。

（2）火焰灼烧法　适用于实验室的金属器械（镊、剪、接种环等）、玻璃试管口和瓶口等的灭菌。

二维码4-3
干热灭菌技术

（3）热空气干热灭菌法　在热风干燥箱内加热至 160～170℃维持 2～3h，可杀灭包括芽孢在内的所有微生物。适用于耐高温的玻璃器皿、瓷器、玻璃注射器。

（4）红外线加热灭菌法　常用于碗、筷等餐具的灭菌。

（5）微波加热灭菌法　微波属于波长 1～1000mm 的电磁波，具有穿透玻璃、塑料薄膜、陶瓷等物质对食物加热的特性，灭菌效果较好。常用于非金属器械、食材、餐具等物品消毒。

2. 湿热灭菌法

湿热灭菌法可在较低的温度下达到与干热法相同的灭菌效果，主要原因是：①湿热时蛋白质吸收水分，更易凝固变性；②水分子的穿透力比空气大，更易均匀传递热能；③蒸汽有较大的潜热存在，1g 水由气态变成液态要释放出 529cal 热能，有助于迅速提高待灭菌物体的温度。

常用的湿热灭菌法有：

（1）巴氏消毒法　61.1～62.8℃加热 30min，或者 72℃加热 15min，可杀死乳制品的链球菌、沙门氏菌、布鲁氏菌等病原菌，但仍保持被灭菌物中不耐热成分不被破坏。常用于乳制品、饮料、酱油等液体食物的消毒。

（2）煮沸消毒法　采用 100℃煮沸数分钟的方法杀死微生物，一般用于日常饮用水消毒等。微生物的繁殖体一般需在 100℃煮沸 5min 以上，杀死芽孢则需煮沸 2h 以上，常用于餐具、刀剪、医用玻璃注射器的消毒。

（3）流通蒸汽常压消毒法　在一个标准大气压下利用 100℃的水蒸气进行消毒，15～30min 可杀灭细菌繁殖体，但不保证杀灭芽孢。

二维码4-4
湿热灭菌技术

（4）间歇灭菌法　利用反复多次的流通蒸汽加热或煮沸加热，杀灭所有微生物，包括芽孢。方法同流通蒸汽灭菌法或煮沸灭菌法，但一般要重复 3 次以上，每次间歇是将要灭菌的物体放到 37℃培养箱过夜，目的是使芽孢发育成繁殖体。若被灭菌物不耐 100℃高温，可将温度降至 75～80℃，加热时间延长为 30～60min，并增加重复次数。该法适用于不耐高热的含糖或牛奶的培养基。

二维码4-5　高压
蒸汽灭菌锅的使用
（动画）

（5）高压蒸汽灭菌法　又称常规加压蒸汽灭菌法。该法可杀灭包括芽孢在内的所有微生物，是灭菌效果最好、应用最广的灭菌方法。方法是将需灭菌的物品放在高压锅内，加热至 103.4kPa（1.05kgf/cm^2）蒸气压下，温度达到 121.3℃，维持 15～20min。适用于普通培养基、生理盐水、手术器械、玻璃容器及医用注射器、敷料等物品的灭菌。

影响高压蒸汽灭菌效果的因素主要有：

① 被灭菌物体含菌量　一般含菌量越高，所需灭菌时间越长。

② 灭菌锅内空气排除程度　混有空气的蒸汽与纯蒸汽相比，其压力与温度之间不具有关联性，会造成温度虚高，导致杀菌不彻底或失败。因此，使用高压蒸汽灭菌时，必须先彻底排尽高压蒸汽灭菌锅内的空气。

③ 灭菌对象的 pH　灭菌对象的 pH<6 时，微生物易死亡，pH 值在 6.0～8.0 时，微生物不易死亡。

④ 灭菌对象的体积　体积大小影响热传导速率和热容量，进而影响灭菌效果。对于大容量培养基灭菌，应适当延长灭菌时间。

⑤ 加热与散热速度　在高压灭菌时，一般只注意达到预定压力后的持续时间。但由于季节变化，或灭菌物件体积的大小，都会使压力上升或下降时间出现较大的偏差，从而影响灭菌效果和培养基成分的破坏程度，因此实际操作过程要适当控制。

（6）连续加压蒸汽灭菌法　在发酵行业里俗称"连消法"。此法多用于大型食品发酵车间的大批液体原料灭菌。主要操作原理是让液料在管道的流动过程中快速升温、维持和冷却，然后进行灌装或发酵生产。液料一般加热至 135～140℃下维持 5～15s。

该法优点：①采用高温瞬时灭菌，既可彻底灭菌，又可有效地减少营养成分的破坏，从而提高了原料的利用率和发酵产品的质量；②由于总的灭菌时间比分批灭菌法明显减少，缩短了生产设备或发酵设备占用时间，提高了设备利用率；③由于蒸汽负荷均衡，提高了锅炉的利用效率；④此法适于自动化操作，可有效降低操作人员的劳动强度。

3. 热力杀菌效果评价

利用加热方法进行灭菌的定量指标常见有两种，即热致死时间和热致死温度。前者指在某一温度下，杀死某微生物的水悬浮液群体所需的最短时间。后者指在一定时间内（一般为 10min），杀死某微生物的水悬浮液群体所需的最低温度。D 值、Z 值、F 值是与热致死温度相关的 3 个特殊值。D 值指在一定的条件和热力致死温度下，杀死 90% 的特定微生物所需要的时间。Z 值是杀菌时间变化 10 倍所需相应改变的温度（℃）。F 值是指在恒定温度下的杀菌时间，也就是说是在瞬间升温、瞬间降温冷却的理想条件下的 F 值，单位 min，F 值反映了细菌耐热性。

（二）紫外线灭菌

波长 200～300nm 的紫外线（包括日光中的紫外线）具有一定的杀菌作用，其中以 250～260nm 波长杀菌最强。原理是紫外线可使 DNA 链上相邻的两个胸腺嘧啶共价结合而形成二聚体，阻碍 DNA 正常转录，导致微生物的变异或死亡。但是紫外线穿透力较弱，一般适用于手术室、病房、实验室的空气消毒。

无菌室、缓冲间和接种箱常用紫外线灯进行空气灭菌。无菌室和缓冲间的照射时间一般为 30～50min（视房间大小而定），接种箱照射 10～15min 即可。由于紫外线对人体有伤害性，所以人不要直视正在照射的紫外线灯，也不要在照射情况下进行工作。

灭菌结束后，可以在无菌室、缓冲间或接种箱内放置一套盛有培养基的培养皿对紫外线的灭菌效果进行检验。检验方法：在无菌室、缓冲间或接种箱内将皿盖打开 5～10min，然后盖好放入恒温培养箱中培养，如果只有 1～2 个菌落，可认为灭菌效果良好；如果杂菌丛生，则需延长紫外灯照射时间。

（三）电离辐射杀菌

电离辐射包括 γ 射线、X 射线和加速电子等，对各种微生物均有致死作用，其中细菌营养体对射线比芽孢要敏感。电离辐射杀菌多用于一次性医用塑料制品批量灭菌。

二维码4-6　其他
灭菌消毒技术

（四）酒精消毒

酒精消毒原理是通过蛋白质变性达到消毒杀菌的效果。体积分数 99.5% 以上的酒精称为无水酒精，在生物学中无水酒精常用来提取叶绿体中的色素；95% 酒精可用于擦拭紫外线灯和相机镜头的清洁；70%～75% 酒精用于医用消毒。由于过高浓度的酒精会在细菌表面形成一层保护膜，阻止其进入细菌体内，难以将细菌彻底杀死；若酒精浓度过低，虽可进入细菌，但不能将其体内的蛋白质凝固，同样也不能将细菌彻底杀死；70%～75% 酒精和细菌的渗透压相对较为接近，杀菌能力最强，消毒效果最好。

75% 酒精是一种良好的皮肤消毒剂，不仅能有效去除皮肤上的油脂，而且对细菌繁殖体、病毒、真菌孢子等微生物均有杀灭作用，常被用作医用消毒剂。

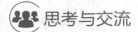 思考与交流

> 1.湿热灭菌为什么比干热灭菌效果好？
>
> 2.环境因素对微生物生长有什么影响？
>
> 3.什么是巴氏消毒法？
>
> 4.什么是高压蒸汽灭菌法？

 知识拓展

无菌操作技术

无菌操作技术在微生物学研究和应用上起着举足轻重的作用。微生物实验室工作人员必须有严格的无菌观念，许多实验要求在无菌条件下进行，主要原因：①防止实验操作中人为污染样品；②保证工作人员安全，防止检出的致病菌由于操作不当造成个人污染。无菌操作注意事项具体如下：

（1）进行微生物实验操作时穿戴的工作衣帽，必须经消毒后才能使用。

（2）微生物实验应在无菌室、超净工作台等无菌环境进行，工作人员在进入无菌室前应先用肥皂洗手，然后再用 75% 酒精棉球将手擦拭消毒。

（3）进行微生物实验操作所用的吸管、平皿及培养基等必须经灭菌后方可使用，打开包装未使用完的器皿，不能放置后再使用，金属用具应高压灭菌或酒精灯灼烧后使用。

（4）从包装中取出吸管时，吸管尖嘴部不得触及外露部位，使用吸管接种于试管或平皿时，吸管尖嘴不得触及试管或平皿边缘。

（5）接种样品、转种微生物时，必须在酒精灯周围无菌区域操作，从包装中取出的吸管尖嘴、打开的锥形瓶、试管口及棉塞都要通过火焰灭菌。

（6）接种环（针）在接种微生物前应经火焰灼烧全部金属丝，必要时还要灼烧到环（针）与杆的连接处及以上部位，往返重复灼烧 3 次。

常用消毒剂的配制

（1）5% 石炭酸液　石炭酸（苯酚）5g，水 100mL。

（2）5% 甲醛液　甲醛原液（35%）100mL，水 600mL。

（3）3%过氧化氢（双氧水）　30%过氧化氢原液100 mL，水900mL，密闭、避光、低温保存。

（4）75%乙醇　95%乙醇75 mL，水20 mL。

（5）2%甲酚皂液（来苏尔）　甲酚皂液（含甲酚皂50%）40 mL，水960 mL。

（6）0.25%新洁尔灭　新洁尔灭（5%）50 mL，水950 mL。

（7）漂白粉溶液　漂白粉10g，水140 mL，现用现配。

（8）消毒碘酒　碘20g，碘化钾8g，95%乙醇500mL，混合溶解后加蒸馏水至1000mL。

（9）红汞（医用红药水）　红汞20g，溶解于1000mL蒸馏水中。

（10）0.1%高锰酸钾　高锰酸钾1g，溶于1000mL蒸馏水中。

商业无菌

商业无菌是指食品经热杀菌后，不含致病性微生物，也不含在通常温度下能在其中繁殖的非致病性微生物。在通常的商品流通及贮藏过程中，这些残留微生物或芽孢不能生长繁殖，不会引起食品腐败变质或因致病菌的毒素产生而影响人体健康。

商业无菌是罐藏食品加工的微生物检验重要指标之一。食用微生物不合格的食品会给人体健康带来不良影响。商业无菌指标不合格的主要原因是生产过程中卫生不达标造成产品污染（食品或包装污染），或灭菌的温度和时间未达到生产工艺要求。

商业无菌与微生物学上所说的无菌不同，通常罐头食品杀菌后并不是绝对无菌。罐头食品的灭菌要求是去除有害微生物，不允许残留致病微生物，但允许罐头内残留极微量的微生物或芽孢。因为罐头内部制造出的真空状态以及特殊的pH值等环境，使得罐头内的残留微生物在商品流通及贮藏环节中处于休眠状态，不会大量繁殖或致病。因此，罐头中的食物在正常保质期内不会腐败变质，致病菌也不能产生毒素危害人体健康。

 任务实施

操作　玻璃器皿的包扎和灭菌

一、目的要求

1. 熟悉微生物实验所需的各种常用器皿名称和规格。
2. 掌握各种器皿的清洗方法。
3. 掌握玻璃器皿的灭菌操作过程。

二、仪器与试剂

1. 实验器材

恒温干燥箱、试管、锥形瓶、吸管、培养皿等玻璃器皿。

2. 实验试剂

去污粉、肥皂等洗涤液。

三、方法步骤

为了保证微生物实验顺利进行，要求把实验用器皿清洗干净。为保持灭菌后器皿

无菌状态，需要对培养皿、吸管等进行包扎和灭菌，对试管和锥形瓶要先做棉塞再包扎灭菌。这些工作看来很普通，如操作不当或不按规定要求去做，会导致实验的失败。因此器皿包扎、灭菌常被作为微生物实验的基本操作。

（一）器皿洗涤的方法和注意事项

（1）任何洗涤方法，都不应对玻璃器皿有所损伤，所以不能用有腐蚀作用的化学药剂，也不能使用比玻璃硬度大的物品来擦拭玻璃器皿。

（2）一般新的玻璃器皿应用 2% 盐酸溶液浸泡数小时后，再用清水冲洗干净。

（3）用过的器皿应立即洗涤，有时放置太久会增加洗涤困难。

（4）难洗涤的器皿不要与易洗涤的器皿放在一起；有油的器皿不要与无油的器皿放在一起，否则使本来无油的器皿也沾上了油垢，浪费药剂和时间。

（5）强酸、强碱、琼脂等易腐蚀或阻塞管道的物质不能直接倒在洗涤槽内，必须倒在废缸内。

（6）含有琼脂培养基的器皿，可先用小刀或铁丝将器皿中的琼脂培养基刮去，或把它们用水蒸煮，待琼脂熔化后趁热倒出，然后再洗涤。

（7）一般的器皿都可用去污粉、肥皂或配成 5% 热肥皂水来清洗油质很重的器皿，但注意清洗前应先将油层擦去。

（8）如果器皿沾有煤膏、焦油及树脂类等一些物质，可用浓硫酸或 40% 的氢氧化钠清洗，或用洗涤液浸泡。

（9）当器皿上沾有蜡或油漆等物质，用加热方法使之熔化后去除，或用有机溶剂（苯、二甲苯、丙酮、松节油等）擦拭。

（10）洗涤后的器皿要达到玻璃能被水均匀湿润而无条纹和水珠。

（11）载玻片或盖玻片可先在 2% 盐酸溶液中浸 1h，然后在清水中冲洗 2～3 次，最后再用蒸馏水冲洗 2～3 次，洗后烘干、冷却或浸于 95% 酒精中保存备用。

使用过香柏油的载玻片或盖玻片，应先擦去油垢，再放在 5% 肥皂水中煮 10min 后，立即用清水冲洗，然后放在稀洗涤液中浸泡 2h，再用清水洗至无色为止，最后用蒸馏水洗数次，干后浸于 95% 酒精中保存备用。

（12）凡遇有带传染性病原菌材料的器皿，应先高压灭菌后再清洗。

（二）器皿包扎

为了灭菌后仍保持无菌状态，各种玻璃器皿均需包扎。包扎方法如下：

1. 培养皿包扎

洗净烘干后的培养皿 6～10 套叠加在一起，其中一套与其他方向相反（注意底盖相邻上盖相对），然后用牛皮纸（或报纸）卷成一筒并折叠，外面可用绳子捆扎，以免散开，最后进行灭菌。使用时在无菌室中打开取出培养皿。

2. 吸管包扎

洗净烘干后的吸管，在吸管平头一端用尖头镊子或回形针等塞入少许脱脂棉。塞入棉花的量要松紧适宜，长度以 1～1.5cm 为宜，棉花不要露在吸管口外部，多余的棉花可用酒精灯火焰烧平。

每支吸管要用一条宽 4～5cm 的长条纸带，以 45°左右的角度螺旋卷起来，吸管的尖端在头部，吸管的另一端用剩余纸条打结，防止散开，并在结上做好标签。若干支吸管可扎成一束灭菌。使用时在无菌室中从吸管中间拧断纸条抽出吸管。

3. 试管和锥形瓶包扎

试管和锥形瓶都要制作棉塞。棉塞的作用是起过滤作用，避免空气中的微生物进入试管或锥形瓶。棉塞的制作要求是棉塞紧贴试管或锥形瓶口玻璃壁，没有皱纹和缝隙，松紧适中，过紧撑破口部并且不易塞入，过松则易掉落和污染。棉塞的长度不应少于管口直径的 2 倍，使用时约 2/3 塞进管口，见图 4-3。

做好棉塞的试管或锥形瓶，棉塞外面部分要用牛皮纸（或报纸）包裹并用线绳扎紧。试管可三、七、十支一束包扎，锥形瓶要单个包扎。

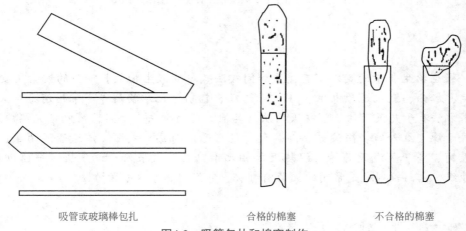

吸管或玻璃棒包扎　　　　　合格的棉塞　　　　　不合格的棉塞

图4-3　吸管包扎和棉塞制作

（三）灭菌

玻璃器皿包扎完毕后要进行灭菌，常用灭菌方法为热风干燥灭菌。灭菌操作如下：

（1）将包扎好的物品放在热风干燥箱内，堆置时要留有空隙勿使接触四壁，关闭箱门。

（2）接通电源，设置温度 140～160℃，把通气孔适当打开，保证干燥过程中箱内湿空气逸出。当箱内温度达到 100℃时关闭通气孔，然后当灭菌温度达到设定温度条件后维持 2～3h 灭菌。

（3）灭菌完毕，切断电源，自然冷却到 60℃时，才能把箱门打开，取出灭菌物品，待用。

热风干燥灭菌适用于玻璃器皿及其他耐热器皿的灭菌，但不适用于培养基和橡皮塞等不耐热物的灭菌。

任务评价

操作步骤	分值	得分	备注
器皿洗涤	25		
器皿包扎	50		
灭菌	25		

思考与交流

1.实验室常用玻璃器皿有哪些？

2.棉塞应如何制作？有何要求？

3.吸管包扎时为什么要塞脱脂棉？

4.热风干燥灭菌完毕，什么条件下才能把干燥箱门打开？

项目小结

微生物生长量的测定有直接法和间接法。影响微生物生长繁殖的因素主要有温度、水分、氧化还原电位、pH、渗透压、辐射、化学物质等。常用消毒、灭菌技术方法有干热灭菌法、湿热灭菌法、其他灭菌消毒法。干热灭菌包括火焰灼烧、热风干燥、红外线、微波等；湿热灭菌包括巴氏消毒、煮沸、流通蒸汽消毒、间歇灭菌、高压蒸汽灭菌等。湿热灭菌相比干热灭菌效果好，速度快，杀菌彻底。紫外线、电离辐射也是常用的灭菌消毒法，它们同属于冷杀菌方法。

练一练测一测

1. 名词解释

（1）巴氏消毒法 （2）间歇灭菌法

2. 单选题

（1）下列物品中最适合湿热灭菌的是（ ）。

A. 培养皿　　　　B. 培养基　　　　C. 接种环　　　　D. 吸管

（2）接种环常用的灭菌方法是（ ）。

A. 火焰灭菌　　　B. 干热灭菌　　　C. 高压蒸汽灭菌　D. 间歇灭菌

（3）培养细菌的适宜温度是（ ）。

A.17℃　　　　　B.4℃　　　　　C.27℃　　　　　D.37℃

（4）微生物彻底灭菌是以杀死（ ）为标准。

A. 荚膜　　　　　B. 鞭毛　　　　　C. 菌毛　　　　　D. 芽孢

（5）果汁、牛奶常用灭菌方法是（ ）。

A. 巴氏消毒法　　B. 干热灭菌法　　C. 间歇灭菌法　　D. 高压蒸汽灭菌法

（6）常用于消毒的酒精浓度是（ ）。

A.99.8%　　　　B.30%　　　　　C.70%～75%　　　D.50%

（7）实验室培养基高压蒸汽灭菌的工艺条件是（ ）。

A.121℃/30min　B.100℃/30min　C.130℃/30min　D.121℃/60min

3. 判断题

（1）干热灭菌的效果比湿热灭菌好，因为干热灭菌的灭菌温度高。　　　　（　　）

（2）酒精是常用的表面消毒剂，其100%浓度消毒效果优于70%浓度。　　（　　）

（3）引起冷藏食品腐败的微生物属于嗜温微生物。　　　　　　　　　　　（　　）

（4）紫外线具有很强的杀菌能力，因此可以透过玻璃进行杀菌。　　　　（　　）

（5）实验室常用血细胞计数板测定微生物总菌数。　　　　　　　　（　　）

4. 填空题

（1）微生物在培养过程中生长繁殖一段时间后，环境 pH 值会_____。

（2）热风干燥灭菌时，用160℃进行灭菌，需要的时间大约是_____h。

5. 简答题

（1）为何 70%～75% 的酒精消毒效果好？

（2）高压蒸汽灭菌锅中的空气排除度对灭菌效果有何影响？

项目五
微生物分离、纯化技术

项目引导

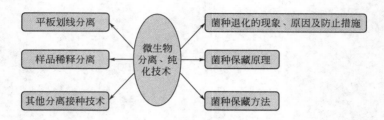

用于生产发酵的菌种一般为纯种微生物。从自然界中获得菌种必须通过微生物分离纯化。常用的分离纯化技术主要有稀释倒平板法、涂布平板法、平板划线法等。微生物菌种保藏一般采用低温、干燥、缺氧、贫营养、添加保护剂或酸度中和剂等方法，挑选优良纯种或休眠体，使其在代谢不活泼、生长受抑制的环境中生长，达到保藏菌种目的。在保藏过程中还要注意防止菌种退化。

想一想

微生物的生长有什么规律？怎样对微生物进行分离、提纯和保藏？

任务　微生物生长、菌种保藏

任务要求

1. 了解同步培养技术。
2. 掌握微生物生长曲线及其生产应用。
3. 了解常用的微生物保藏方法。
4. 掌握菌种分离纯化技术。

　　微生物在适宜的环境条件下，通过吸收营养物质和新陈代谢进行生命活动，如果吸收大于消耗，则细胞质的量不断增加，体积不断增大，表现为生长。生长是菌体细胞组分与结构在量方面的增加。当生长达到一定程度时，往往会伴随着细胞数目的增加。在微生物中，由于细胞分裂而引起的个体数目的增加，称为繁殖。微生物的生长、繁殖是一个量变到质变的过程。

一、微生物生长

（一）同步生长和同步培养

　　通过同步培养而使细胞群体处于分裂步调一致的生长状态，称同步生长。

　　获得微生物同步生长的方法主要有两类：①环境条件诱导法，主要是通过控制环境条件如温度、光线或处于稳定期的微生物通过添加新鲜培养基等来诱导同步；②机械筛选法，利用物理方法选择出同步的群体，一般可用过滤分离法或梯度离心法。在上面两种获取同步的方法中，由于诱导法可能导致与正常细胞循环周期不同的周期变化，所以不如筛选法有效和准确，这在生理学研究中尤其明显。

　　同步培养是指使细胞的分裂周期为同步的培养方法。同步培养的原理是使所有细胞都处于大体相同的分裂周期，并保证生长繁殖同步进行。同步培养的操作方法是先获得处于同步生长的微生物细胞，再将处于同步生长的细胞进行集中培养，研究其生长特性和规律。

　　同步生长的微生物，在培养过程中会很快丧失其同步性，一般同步培养只能维持2～3代。

（二）典型生长曲线

　　微生物生长繁殖的速度非常快，一般细菌在适宜的条件下，大约20～30min就可以分裂一代，如果不断迅速地分裂，短时间内就可达惊人的数目，但实际上是不可能的。在培养条件保持稳定的状况下，定时取样测定培养液中微生物的菌体数目，结果发现在培养的初始阶段，菌体数目并不增加，一定时间后菌体数目增长迅速，继而菌体数目增长速率保持为零，最后增长速率逐渐下降至负。如果以培养时间为横坐标、以微生物数量的对数值为纵坐标，绘制一条描述微生物数目与培养时间之间生长规律的曲线，称之为微生物典型生长曲线。典型生长曲线反映了微生物从生长开始到衰老死亡的一般规律。

　　根据微生物的生长速率常数（即每小时分裂次数）的不同，一般把典型生长曲线分为延滞期、对数期、稳定期和衰亡期四个时期（详见图5-1）。

1. 延滞期

　　延滞期又叫适应期、缓慢期或调整期，是指把少量微生物接种到新培养液刚开始的一段时间内，细胞数目不明显增加的时期。延滞期的特点：①生长速率常数 R 为零；②细胞的体积增大，RNA含量增多，为分裂作准备；③合成代谢旺盛，核糖体、酶类和ATP的合成加快，积累大量诱导酶；④对环境条件敏感，例如易受到pH、渗透压、温度及抗生素等理化条件影响。

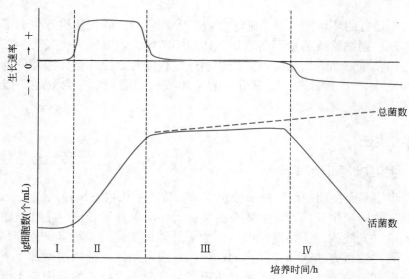

图5-1　典型生长曲线

Ⅰ—延滞期；Ⅱ—对数期；Ⅲ—稳定期；Ⅳ—衰亡期

延滞期出现的主要原因，可能是为了重新调整代谢体系。当细胞接种到新的环境（如从固体培养基接种到液体培养基）后，需要重新合成大量必需的诱导酶、辅酶及某些中间代谢产物，以适应新的环境而出现的生长延迟现象。

为了提高生产效率，发酵工业中常常要采取措施缩短延滞期，其具体方法主要有：

① 以对数期的菌体作种子菌　因对数期的菌体生长代谢旺盛，繁殖力强，抗不良环境和噬菌体的能力强，采用对数期的菌体作生产用种子，可大大缩短延滞期。

② 适当增大接种量　生产上接种量的多少是影响延滞期的一个重要因素，接种量大，延滞期短，接种量小，则延滞期长。一般采用3%～8%的接种量，可根据生产上的具体情况而定，但最高不要超过10%。

③ 减少种子培养和生产发酵两种培养基的成分差异　为了缩短培养基的营养成分差异，常常在种子培养基中加入生产培养基的某些营养成分，使种子培养基尽量接近发酵培养基。通常情况，微生物在营养丰富的天然培养基中要比在营养单调的组合培养基中生长迅速。

2. 对数期

对数期又叫指数期、对数生长期，指在生长曲线中，紧接着延滞期后的一段细胞数量以几何级数增长的时期，见图5-2。

对数期的特点：

① 生长速率常数 R 最大，细胞每分裂一次所需时间（代时，用 G 表示，又称世代时间、增代时间）最短，或原生质增加一倍所需的倍增时间最短；

② 细胞进行平衡生长，故菌体各部分的成分十分均匀；

③ 酶系活跃，代谢旺盛，细胞群体的形态与生理特征基本一致，抗不良环境的能力增强。

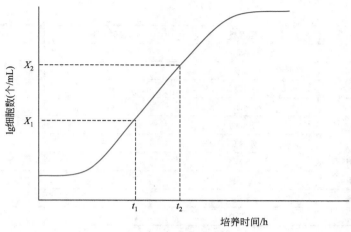

图5-2　对数期

在对数期有三个重要参数，其相互关系和计算方法如下：

（1）繁殖代数（n）　由图 5-2 可以得出：

$$X_2 = X_1 \times 2^n$$

以对数表示：$\lg X_2 = \lg X_1 + n\lg 2$

所以 $n = \dfrac{\lg X_2 - \lg X_1}{\lg 2} = 3.322\left(\lg X_2 - \lg X_1\right)$

（2）生长速率常数（R）　按前所述生长速率常数的定义可知：

$$R = \frac{n}{t_2 - t_1} = \frac{3.322\left(\lg X_2 - \lg X_1\right)}{t_2 - t_1}$$

（3）代时（G）　代时即生长速率常数（R）的倒数，即：

$$G = \frac{1}{R} = \frac{t_2 - t_1}{3.322\left(\lg X_2 - \lg X_1\right)}$$

影响微生物对数期代时的因素较多，主要有：

① 菌种　不同菌种代时差别极大，即使是同一菌种，由于培养基成分和物理条件（如培养温度、培养基 pH、营养物质性质）的不同，其对数期的代时也不同。但是，在一定条件下，各种菌的代时是相对稳定的，多数为 20～30min，有的长达 33h，快的只有 9.8min。不同细菌代时见表 5-1。

表5-1　不同细菌代时

细 菌	培养基	温度 /℃	代时 /min
漂浮假单胞菌	肉汤		9.8
大肠杆菌	肉汤	37	17
蜡状芽孢杆菌	肉汤	30	18
嗜热芽孢杆菌	肉汤	55	18.3
枯草芽孢杆菌	肉汤	25	26～32
巨大芽孢杆菌	肉汤	30	31
乳酸链球菌	牛乳	37	26

续表

细 菌	培养基	温度 /℃	代时 /min
嗜酸乳杆菌	牛乳	37	66～87
伤寒沙门氏菌	肉汤	37	23.5
金黄色葡萄球菌	肉汤	37	27～30
霍乱弧菌	肉汤	37	21～38
丁酸梭菌	玉米醪	30	51
大豆根瘤菌	葡萄糖	25	344～461
结核分枝杆菌	合成	37	792～932
活跃硝化杆菌	合成	27	1200
梅毒密螺旋体	家兔	37	1980
褐球固氮菌	葡萄糖	25	240

②营养成分　同一种微生物，在营养丰富的培养基上生长，其代时就短，反之则长。

③营养物浓度　每一种微生物对营养物浓度要求都有一定范围。营养物浓度既可影响微生物的生长速率，又可影响其生长总量。

④培养温度　培养温度对微生物生长速率有明显的影响。每一种微生物都有最适生长温度、最高耐受温度和最低耐受温度。温度变化影响微生物生长的规律对发酵生产、食品保藏、食物腐败变质和食物中毒等都具有重要参考价值。

一般而言，微生物在最适生长温度范围内，其代时也相应变短。大肠杆菌在不同培养温度下的代时见表5-2。

表5-2　大肠杆菌在不同培养温度下的代时

温度 /℃	代时 /min	温度 /℃	代时 /min
10	860	35	22
15	120	40	17.5
20	90	45	20
25	40	47.5	77
30	29		

对数期的微生物，整个群体的生理特性相对较为一致，细胞各成分平衡增长和生长速率恒定，可用作代谢、生理和酶学等研究的良好材料，是增殖噬菌体的最适宿主，也是发酵工业中用作种子的最佳材料。

3. 稳定期

稳定期又称平衡期、最高生长期，是细胞数目达到最大的阶段。其特点是生长速率常数 R 等于零，新繁殖的细胞数与衰亡细胞数相等，即正生长与负生长达到动态平衡。

出现稳定期的主要原因是：①营养物质特别是生长限制因子的耗尽；②营养物质的比例失调，例如 C/N 比值不合适；③酸、醇、毒素或过氧化氢等有害代谢产物的累积；④pH、氧化还原势等环境条件越来越不适宜等。

稳定期是生产菌体或代谢产物的最佳收获期，也是对某些生长因子如维生素、氨基酸等进行生物测定的最佳测定期。稳定期的微生物，在数量上达到了最高水平，产物的积累也相应达到了高峰，该时期菌体的总产量与营养物质的消耗量之间存在着有规律的比例关系。此外，由于对稳定期产生的原因进行研究，促进了连续培养技术的产生和发展。生产上常常通过补料、调节温度和 pH 等措施，延长稳定期，以积累更多的代谢产物。

4. 衰亡期

稳定期之后，微生物死亡率逐渐增加，细胞死亡数超过新生数，生长速率常数 R 出现负值，群体中活菌数目急剧下降，产生"负生长"现象，此阶段就是衰亡期。微生物生长处于衰亡期时，细胞形态产生多样化，出现细胞膨大、不规则的退化形态。有的细胞内产生多个液泡，革兰氏染色阳性反应转为阴性；有的微生物因蛋白水解酶活力的增强发生自溶；有的微生物在这时产生抗生素等次生代谢产物；对于芽孢杆菌，芽孢释放往往也发生在这一时期。

二维码5-1　微生物
生长曲线

产生衰亡期的原因主要是外界环境对继续生长的微生物越来越不利，从而引起细胞内的分解代谢大大超过合成代谢，导致菌体死亡。

（三）微生物的连续培养

连续培养又叫开放培养，是相对于分批培养或密闭培养而言的。

连续培养是指向培养容器中连续流加新鲜培养液，使微生物的液体培养物长期维持稳定、高速生长状态的一种溢流培养技术，故又称开放培养。

分批培养（又称单批培养）是指微生物置于一定容积的培养基中，经过培养一段时间后，最后一次性地收获。在分批培养中，培养基是一次性加入，不再补充，随着微生物的生长繁殖活跃，营养物质逐渐消耗，有害代谢产物不断积累，细菌的对数生长期不会长时间维持。

连续培养是在研究典型生长曲线的基础上，认识到了稳定期到来的原因，在培养器中不断补充新鲜营养物质，并搅拌均匀；另一方面，及时不断地以同样速度排出培养物（包括菌体和代谢产物），形成培养物的动态平衡。连续培养的微生物可长期保持在对数期的平衡生长状态和稳定的生长速率上，形成连续生长（见图5-3、图5-4）。连续培养不仅可以随时为微生物的研究工作提供一定生理状态的实验材料，而且还可以提高发酵工业的生产效益和自动化水平，此法已成为目前发酵工业的发展方向。

按控制方式不同，连续培养主要分为两类：

1. 恒浊法

恒浊法的工作原理是根据培养器内微生物的生长密度，用光电控制系统（浊度计）来检测培养液的浊度（即菌液浓度），进而控制培养液的流速，以取得菌体密度高、生长速率恒定的微生物细胞。培养过程中，当培养器中浊度增高时，通过光电控制系统的调节，可促使培养液流速加快，反之则慢，以此来达到恒密度的目的。

在恒浊器中的微生物，始终能以最高生长速率生长，并可在允许范围内控制不同的菌体密度。在生产实践上，为了获得大量菌体或与菌体生长相平行的某些代谢产物如乳酸、乙醇时，可以采用恒浊法。

2. 恒化法

恒化法是使培养液流速保持不变，使微生物始终在低于最高生长速率条件下进行

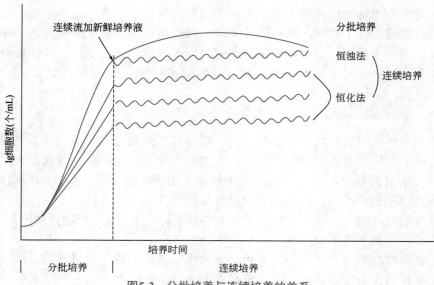

图5-3 分批培养与连续培养的关系

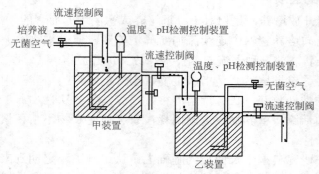

图5-4 连续培养装置示意图

生长繁殖的一种连续培养方法。常常通过控制某一种营养物的浓度,使其成为限制性的因子,而其他营养物均为过量,这样,细菌的生长速率将取决于限制性因子的浓度。随着细菌的生长,菌体的密度会随时间的增长而增高,而限制性生长因子的浓度又会随时间的增长而降低,两者互相作用的结果,出现微生物的生长速率正好与恒速加入的新鲜培养基流速相平衡。这样,既可获得一定生长速率的均一菌体,又可获得虽低于最高菌体产量但能保持稳定菌体密度的菌体。

恒化法连续培养主要用于实验室的科学研究,特别是用于与生长速率相关的各种理论研究。

连续培养如用于发酵工业中,就称为连续发酵。连续发酵与分批发酵相比有许多优点:

① 自控性。连续培养便于利用各种仪表进行自动控制。

② 高效性。连续培养使装料、灭菌、出料、清洗发酵罐等工艺简化,缩短了生产时间,提高了设备的利用效率。

③ 连续培养生产的产品质量相对稳定。

④ 连续培养有利于实现自动化生产,可节约大量动力、人力、水和蒸汽,并有利

于减少水、电、气的负荷。

当然，连续培养也存在不足之处：

① 生产过程中菌种容易发生退化。微生物长期处于高速繁殖的条件下，即使是自发突变率很低，也难以避免变异的发生，容易造成菌种退化。

② 生产过程中容易被杂菌污染。在连续发酵生产中，要保持各种设备无渗漏，通气系统不出任何故障，是极其困难的，"连续"是有时间限制的，一般为数月至一年、两年；若长久连续生产，难免被杂菌污染。

③ 连续培养中，营养物的利用率低于分批培养。连续培养中，由于新鲜培养物料的持续流入和经发酵的物料不断流出，必然造成物料中的营养物利用不完全，低于分批培养。

总之，到目前为止，连续培养技术已广泛用于多种发酵制品生产，如酵母单细胞蛋白的生产，乙醇、乳酸、丙酮和丁醇等有机物发酵。

二、菌种分离、纯化技术

从混杂微生物群体中获得只含有某一种或某一株微生物的过程称为微生物分离与纯化。在微生物研究及应用中，不仅需要通过分离纯化技术从混杂的天然微生物群中分离出特定的微生物，而且还必须随时注意保持微生物纯培养物的"纯洁"，防止其他微生物的混入。实验常用的分离纯化技术主要有稀释倒平板法、涂布平板法、平板划线法、稀释摇管法、单细胞（孢子）分离法、选择培养分离法等。

（一）用固体培养基分离和纯化

单个微生物在适宜的固体培养基表面或内部生长、繁殖到一定程度可以形成肉眼可见的、有一定形态结构的子细胞生长群体，称为菌落。当固体培养基表面众多菌落连成一片时，便成为菌苔。不同微生物在特定培养基上生长形成的菌落或菌苔一般都具有各自稳定的特征，可以作为对该微生物进行分类、鉴定的重要依据。大多数细菌、酵母菌以及许多真菌和单细胞藻类都能在固体培养基上形成孤立的菌落，采用适宜的平板分离法很容易得到纯培养。所谓平板，即培养平板的简称，是指固体培养基倒入无菌平皿，冷却凝固后，形成的盛有固体培养基的平皿。琼脂固体培养基平板是最常用的分离、纯化微生物的固体培养基。平板分离纯化技术因其简便易行，一直以来是各种菌种分离的最常用手段。

二维码5-2　涂布法平板计数（动画）

1. 稀释倒平板法

首先把微生物悬液制作成一系列的稀释度（如 1：10、1：100、1：1000、1：10000），然后分别取不同稀释液少许，与已熔化并冷却至 50℃左右的琼脂培养基混合，摇匀后，倾入灭过菌的培养皿中，待琼脂凝固后，制成可能含菌的琼脂平板，保温培养一定时间即可出现菌落。如果稀释得当，在平板表面或琼脂培养基中就会出现分散的单个菌落，每个菌落都可能是由一个细菌细胞繁殖形成的。随后挑取一个单个菌落，或重复上述操作数次，便可得到纯培养。

二维码5-3　平板划线分离

2. 涂布平板法

因为将微生物悬液先加到较烫的培养基中再倒平板易造成某些热敏感菌的死亡，且采用稀释倒平板法也会使一些严格好氧菌因被固定在琼脂中间缺乏氧气而影响其生

二维码5-4　平板划线（动画）

长，因此在微生物学研究中还常用涂布平板法进行纯种分离。其具体做法是先将已熔化的培养基倒入无菌平皿，制成无菌平板，冷却凝固后，将一定量的微生物悬液滴加在平板表面，再用无菌玻璃涂布棒将菌液均匀分散至整个平板表面，经培养后挑取单个菌落即可。

3.平板划线法

平板划线法是最简单、最常用的分离微生物的方法之一，即用接种环以无菌操作蘸取少许待分离的材料，在无菌平板表面进行连续划线（呈"S"形）（图5-5），微生物细胞数量将随着划线次数的增加而减少，并逐步分散开来，如果划线适宜的话，微生物能一一分散，经培养后，可在平板表面上得到单个菌落。但要注意，有时这种单菌落并非都由单个细胞繁殖而来，所以必须反复分离多次才可得到纯种菌落。其原理是将微生物样品在固体培养基表面多次做"由点到线"稀释而达到分离目的。划线的方法很多，常见的比较容易出现单个菌落的划线方法有斜线法、曲线法、方格法、放射法、四格法等。

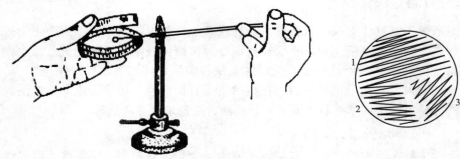

图5-5　平板连续划线示意图

4.稀释摇管法

用固体培养基分离严格厌氧菌时常伴有特殊性。如果该微生物暴露于空气中不立即死亡，可以采用通常的方法制备平板，然后放置在封闭的容器中培养，容器中的氧气可采用化学、物理或生物的方法清除。对于那些对氧气极为敏感的厌氧性微生物，纯培养的分离则可采用稀释摇管培养法进行，它是稀释倒平板法的一种变通形式。先将一系列盛有无菌琼脂培养基的试管加热使琼脂熔化后冷却并保持在50℃左右，将待分离的样品用这些试管进行梯度稀释，并迅速摇匀，待冷凝后，在琼脂柱表面倾倒一层经灭菌的液体石蜡和固体石蜡的混合物，将培养基和空气隔开。培养后，菌落形成在琼脂柱的中间，进行单菌落的挑取和移植时，需先用一只灭菌针将石蜡盖取出，再用一只毛细管插入琼脂和管壁之间，吹入无菌无氧气体，将琼脂柱吹出，置于培养皿中，用无菌刀将琼脂柱切成薄片进行观察和菌落的移植。

（二）用液体培养基分离和纯化

大多数细菌和真菌，用平板法分离通常是可行的，因为它们的大多数种类在固体培养基上生长良好。然而迄今为止并不是所有的微生物都能在固体培养基上生长，例如一些细胞体积较大的细菌、多数原生动物和藻类等，这些微生物仍需要用液体培养基分离来获得纯培养。

稀释法是液体培养基分离纯化常用的方法。接种物在液体培养基中进行一定浓度稀释，以得到高度稀释的效果（要求达到一支试管中分配不到一个微生物的稀释效

二维码5-5
样品稀释分离

果）。如果经稀释后的大多数试管中没有微生物生长，那么有微生物生长的试管得到的培养物可能就是纯培养物。如果经稀释后的试管中有微生物生长的比例提高了，得到纯培养物的概率就会急剧下降。因此，采用稀释法进行液体分离，必须在同一个稀释度的许多平行试管中，大多数（一般高于95%）表现为不生长。

（三）单细胞（孢子）分离

只能分离出混杂微生物群体中占数量优势的种类是稀释法的一个重要缺点。在自然界，很多微生物在混杂群体中都是少数。这时，可以采取显微分离法从混杂群体中直接分离单个细胞或单个个体进行培养以获得纯培养，称为单细胞（或单孢子）分离法。单细胞分离法的难度与细胞或个体的大小成反比，较大的微生物如藻类、原生动物较容易，个体很小的细菌则较难分离。

较大的微生物，可采用毛细管提取单个个体，并在大量的液体无菌培养基中转移清洗数次，除去较小微生物的污染。这项操作可在低倍显微镜如解剖显微镜下进行。对于个体相对较小的微生物，需采用显微操作仪，在显微镜下用毛细管或显微针、钩、环等挑取单个微生物细胞或孢子以获得纯培养。在没有显微操作仪时，也可采用一些变通的方法在显微镜下进行单细胞分离，例如将经适当稀释后的样品制备成小液滴在显微镜下观察，选取只含一个细胞的液体来进行纯培养物的分离。单细胞分离法对操作技术有较高的要求，多限于高度专业化的科学研究中采用。

（四）选择培养分离

没有一种培养基或一种培养条件能够满足一切微生物生长的需要，在一定程度上所有的培养基都是选择性的。如果某种微生物的生长需要是已知的，也可以设计特定环境使之适合这种微生物的生长，因而能够从混杂的微生物群体中把这种微生物选择培养出来。这种通过选择培养进行微生物纯培养分离的技术称为选择培养分离，该法特别适用于从自然界中分离、寻找有用的微生物。自然界中，在大多数场合微生物群落是由多种微生物组成的，从中分离出所需的特定微生物是十分困难的，尤其当某一种微生物所存在的数量与其他微生物相比非常少时，单独采用平板稀释法几乎是不可能完成分离纯化的。要分离这类微生物，必须根据该微生物的特点，包括营养、生理、生长条件等，先采用选择培养分离的方法。或抑制大多数微生物不能生长，或造成有利于该菌生长的环境，经过一定时间培养后使该菌在群落中的数量上升，由劣势变成优势，再通过平板分离等方法对它进行进一步纯培养分离。

1. 利用选择平板进行直接分离

根据待分离微生物的特点选择不同的培养条件，有多种方法可供采用。例如要分离高温菌，可在高温条件下进行培养；要分离某种抗生素抗性菌株，可在加有抗生素的平板上进行分离；有些微生物如螺旋体、黏细菌、蓝细菌等能在琼脂平板表面或内部滑动，可以利用它们的滑动特点进行分离纯化（因为能滑动的微生物通过目测即可与不能移动的微生物区分）。

2. 富集培养

富集培养的原理和方法相对简单，利用不同微生物间生命活动特点的不同，制定特定的环境条件，保证仅适应于该条件的微生物旺盛生长，使其在群落中的数量大大增加，从而较容易地分离到所要的目的微生物。富集条件可根据所需分离的微生物的特点从物理、化学、生物及综合多个方面进行选择，如温度、pH、紫外线、高压、光照、氧气、营养物等诸多方面。在相同的培养基和培养条件下，经过多次重复移种，最后富集的菌株则较容易在固体培养基上长出单菌落。如果要分离一些专性寄生菌，就必须把样品接种到相应敏感寄主细胞群体中，使其大量生长，再通过多次重复移种便可以得到纯种寄生菌。

（五）二元培养物分离

分离的目的就是要得到纯培养。然而，在有些情况下这是很难做到的。但可用二元培养物作为纯化培养的替代物进行分离培养。一般含有两种以上微生物的培养物称为混合培养物，但如果培养物中只含有两种微生物，而且是有意识地保持二者之间的特定关系的培养物，则称为二元培养物。二元培养物是保存病毒的最有效途径，因为病毒是严格的活细胞内寄生物。有一些具有细胞的微生物也是严格的其他生物的细胞内寄生物，或存在特殊的共生关系，对于这些生物，二元培养物培养也可实现在实验室控制条件下达到最接近于纯培养的分离培养。另外，猎食细小微生物的原生动物也可用二元培养法在实验室培养，培养物要由原生动物和它猎食的微生物二者组成，例如纤毛虫、变形虫和黏细菌之间的捕食。

在以上介绍的几种分离方法中，平板分离法普遍用于实验室微生物的分离与纯化。微生物在固体培养基上生长形成的单个菌落，通过挑取单菌落即可获得一种纯培养。可通过稀释涂布平板或平板划线等技术获取单个菌落。但要指出的是，从微生物群体中分离生长在平板上的单个菌落并不一定能保证是纯培养。因此，除观察其菌落特征外，还要结合显微镜检测个体形态特征后才能确定是否为纯培养，有些微生物的纯培养要经过一系列分离与纯化过程和多种特征鉴定才能得到。

二维码5-6 常用
的菌种分离方法

三、菌种的退化与保藏

（一）菌种的退化与复壮

1. 菌种的退化现象

随着菌种保藏时间的延长或菌种的多次转接传代，菌种本身所具有的优良遗传性状可能得到延续，也可能发生变异。变异有正变和负变两种，其中负变也称为菌种的退化，即菌株生产性状的劣化或某些遗传标记的丢失。但是在生产实践中，必须将由于培养条件的改变导致菌种形态和生理上的变化与菌种退化区别开来。因为优良菌株的生产性能是和发酵工艺条件紧密相关的。例如，培养条件发生变化，培养基中缺乏某些元素，则会导致个别霉菌产孢子数量减少，引起孢子颜色的改变等；温度、pH值的变化会引起发酵产量波动等。所有这些，只要条件恢复正常，菌种原有性能就能恢复正常，因此这些原因引起的菌种变化不能称为菌种退化。菌种退化是指遗传物质发生变化，如受环境影响 DNA 发生突变引起的菌落形态、细胞形态和生理等多方面的改变。最易察觉的菌种退化如菌落颜色的改变、畸形细胞的出现、菌株生长变得缓慢、产孢子越来越少直至丧失、菌种的代谢活动变缓、代谢产物的生产能力降低等，所有这些都对发酵生产不利。因此，为了使菌种的优良性状持久延续下去，必须做好菌种的复壮工作，即在各菌种的优良性状没有退化之前，定期进行纯种分离和性能测定。

2. 菌种退化的原因

菌种退化的主要原因是基因的负突变。如当控制产量的基因发生负突变，就会引起产量下降；当控制孢子生成的基因发生负突变，则使菌种产孢子性能下降。一般而言，菌种的退化是一个从量变到质变的逐步演变过程。开始时，在群体中只有个别细胞发生负突变，这时如不及时发现并采取有效措施而是持续接种传代，就会造成群体中负突变个体的比例逐渐增高，最后占优势，从而使整个群体表现出严重的退化现象。因此，突变在数量上的表现依赖于传代，即菌株处于一定条件下，群体多次繁殖，可使退化细胞在数量上逐渐占优势，于是退化性状的表现就更加明显，逐渐成为一株退化了的菌体。同时，对某一菌株的特定基因来讲，突变频率比较低，因此群体中个体发生生产性能的突变概率极低，但就一个处于旺盛生长状态的细胞而言，发生突变的概率比处于休眠状态的细胞要大得多。因此，细胞的代谢水平与基因突变关系密切，应设法控制细胞保藏的环境，使细胞处于休眠状态，从而减少菌种的退化。

3. 防止退化的措施

（1）利用不同类型的细胞进行接种传代　有些微生物，如放线菌和霉菌，由于其菌体细胞中常含有多个核甚至是异核体，因此用菌丝接种就会出现不纯和衰退，而孢子一般为单核结构，用孢子接种可有效防止菌种衰退。因此，保藏菌种时最好选择处于休眠状态的芽孢或孢子进行传代，避免使用多核细胞，这样可有效防止菌种的退化。

（2）选用合适的培养基　人们发现用老苜蓿根汁培养基培养"5406"抗生菌——细黄链霉菌可以防止其退化。在赤霉素产生菌——藤仓赤霉的培养基中，加入糖蜜、天门冬素、谷氨酰胺、5-核苷酸或甘露醇等物质时，也有防止菌种退化的效果。选取营养相对贫乏的培养基作菌种保藏培养基，比如培养基中适当限制葡萄糖的添加量，使菌株会处于生长"低迷"状态，可大大降低菌株的退化概率。

（3）创造良好的培养条件　在生产实践中，创造一个适合原种的生长条件，可以有效防止菌种退化。例如栖土曲霉的培养中，改变其培养温度（从20～30℃提高到33～34℃），即可达到防止其产孢子能力退化的目的。

（4）控制传代次数　由于微生物存在着自发突变，而突变都是在繁殖过程中发生并表现出来的。所以应尽量避免不必要的接种和传代，把必要的传代降低到最低水平，以降低自发突发的概率。菌种传代次数越多，产生突变的概率就越高，因而菌种发生退化的机会就越多。这要求不论在实验室还是在生产实践中，必须严格控制菌种的接种传代次数，并根据菌种保藏方法的不同，确立恰当的传代时间间隔，以延长菌种保藏时间。

（5）采用有效的菌种保藏方法　用于工业生产的微生物菌种，其主要性状都属于数量性状，而这类性状恰是最容易退化的。因此，有必要研究和制定出更加有效的菌种保藏方法以防止菌种退化。

4. 退化菌种的复壮

复壮是指对已衰退的菌种（群体）进行纯种分离和选择性培养，使其中未衰退的个体获得大量繁殖，重新成为纯种群体的措施。在实践中，复壮分为狭义的复壮和广义的复壮。狭义的复壮属于消极措施，一般指对已衰退的菌种进行复壮；广义的复壮属于积极措施，即在菌种的生产性状未衰退前就不断进行纯种分离和生产性状测定，以在群体中获得生产性状更好的自发突变株。所以，广义复壮实际上是一种利用自发突变不断从生产中进行筛选菌种的工作。具体的菌种复壮措施如下：

（1）纯种分离　通过纯种分离，可以把一部分退化菌种的细胞群体中仍保持原有典型性状的单细胞分离出来，经过扩大培养，就可以恢复原有菌株的典型性状。采用

二维码5-7　菌种退化的现象、原因及防止退化的措施

二维码5-8
菌种保藏原理

二维码5-9 细菌
接种传代(动画)

平板划线分离法、稀释平板法或涂布法，把仍保持原有典型优良性状的单细胞分离出来，该类方法较粗放，一般只能达到"菌落纯"的水平，即从"种"的水平上来说是纯的；如果用显微镜操纵器将生长良好的单细胞或单孢子分离出来，经培养恢复原菌株性状，这一类是较精细的单细胞或单孢子的分离方法，它可以达到"细胞纯"，即达到菌株纯的水平。

（2）通过寄主进行复壮 即通过在寄主体内生长进行复壮。对于寄生性微生物的退化菌株，可通过接种到相应的寄主体内的措施来提高它们的活性。例如，经过长期人工培养的菌种会发生毒力减退和杀虫效率降低等现象。这时，可以将已退化的菌株感染菜青虫等的幼虫，然后从病死的虫体内重新分离出典型的产毒菌株。如此反复进行多次，就可以提高菌株的杀虫效率。

（3）淘汰已衰退个体 即淘汰已经衰退的个体。有人曾对产生放线菌素的分生孢子，采用 $-30\sim-10^{\circ}\text{C}$ 的低温处理 $5\sim7\text{d}$，使死亡率达到80%。结果发现，在抗低温的存活个体中，留下了未退化的健壮个体，从而达到了复壮的目的。

（二）微生物菌种保藏

菌种保藏是指通过适当方法，使微生物能长期存活，并保持原种的生物学性状稳定不变的一类措施。在发酵工业中，具有良好性状的生产菌种的获得十分不易，如何利用优良的微生物菌种保藏技术，使菌种经长期保藏后不但存活健在，而且保证高产菌株不改变表现型和基因型，特别是不改变初级代谢产物和次级代谢产物生产的高产能力，这对于菌种保藏管理显得极为重要。

微生物菌种保藏方法很多，但原理基本一致，即采用低温、干燥、缺氧、贫营养、添加保护剂或酸度中和剂等方法，使微生物生长在代谢不活泼、生长受抑制的环境中，以降低生长速率和减少分裂次数。具体常用的方法有：蒸馏水悬浮或斜面传代保藏；干燥-载体保藏或冷冻保藏；超低温或在液氮中冷冻保藏等方法。具体如下：

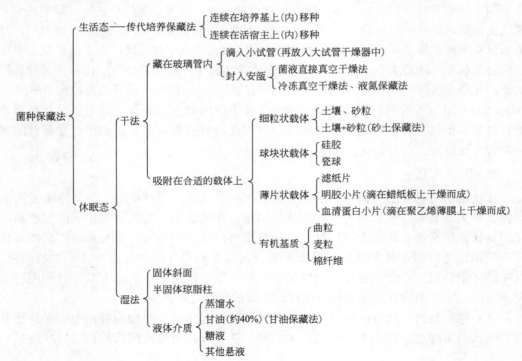

1. 蒸馏水悬浮法

这是一种简单的菌种保藏方法，只要将菌种悬浮于无菌蒸馏水中，将容器封口，置于10℃保藏即可达到目的。好气性细菌和酵母等可用此法保存。

2. 斜面传代保藏

斜面传代保藏方法是将菌种定期在新鲜琼脂斜面培养基上接种传代，然后置于较低温度条件下保藏。该法简单易行，设备要求低，可用于实验室中各类微生物的短期保藏。但由于此方法易发生培养基干枯、菌体自溶、基因突变、菌种退化、菌株污染等不良现象，因此要求最好在基本培养基上传代，既可淘汰突变株，又能达到保藏菌种目的。用该方法传代时注意接种量应保持较低水平，并将斜面置于4℃保藏，以防止培养基脱水并降低菌种代谢活性。此方法不适宜长期保藏，一般保存时间为3~6个月。如4~6℃保藏条件，放线菌每3个月传代一次；酵母菌每4~6个月传代一次；霉菌每6个月传代一次。

3. 矿物油中浸没保藏

此方法简便有效，可用于丝状真菌、酵母菌、细菌和放线菌的保藏。特别对难以冷冻干燥的丝状真菌和难以在固体培养基上形成孢子的担子菌的保藏更为有效。矿物油中浸没保藏是将琼脂斜面、液体培养物或穿刺培养物浸入矿物油中于室温下或冰箱中保藏，操作要点是首先将待保藏的菌种在适宜的培养基斜面上生长，然后注入已灭菌并于80℃烘去水分的矿物油（通常用石蜡），矿物油的用量以高出培养物1cm为宜，并以橡皮塞代替棉塞封口，这样可使菌种保藏时间延长至1~2年。若以液体石蜡作为矿物油保藏时，应对需保藏的菌株先做矿物油培养试验，因为个别菌株如酵母、霉菌、细菌等能利用石蜡为碳源，还有些菌株对液体石蜡保藏敏感，所有这些菌株都不适宜于液体石蜡保藏。另外，为了预防不测，一般保藏菌株2~3年还要做一次存活试验。

4. 干燥-载体保藏

此法适用于产孢子或芽孢的微生物的保藏。该法是将菌种接种于适当的载体上，如河砂、土壤、硅胶、滤纸及麸皮等，以保藏菌种。以沙土保藏用得最多，制备方法为：将河砂经60目过筛后用10%~20%盐酸浸泡3~4h，以除去其中所含的有机物，用水漂洗至中性，烘干，然后分装于小试管（高度约1cm），再经121℃时间1~1.5h间歇灭菌3次。用无菌吸管将孢子悬液滴入砂粒小管中，经真空干燥4~8h，火焰熔封试管口，于常温或低温下保藏即可，保存期为1~10年。土壤法以土壤代替砂粒，无需酸洗，经风干、粉碎、过120目筛，然后灭菌即可，方法同上。一般细菌芽孢多用砂土管保藏，霉菌孢子多用麸皮管保藏。

5. 冷冻保藏

冷冻保藏是指将菌种置于-20℃以下的温度保藏，为微生物菌种保藏最为有效的方法之一。通过冷冻，使微生物代谢活动停止，温度愈低，效果愈好。为了提高冷冻保藏效果，通常在培养物中加入冷冻保护剂，如甘油、二甲基亚砜、丙二醇、乙二醇等。常用的冷冻保藏方法主要有普通冷冻保藏、超低温冷冻保藏和液氮冷冻保藏。

（1）普通冷冻保藏技术　将菌种培养在小试管或培养瓶斜面上，待生长适度后，将试管或瓶口用橡胶塞严密封好，于-20℃条件下贮藏。此保藏方法可以维持若干微生物的活力 1～2 年。但要注意的是经过一次解冻的菌株培养物不宜再用来二次保藏。该法虽简便易行，但不适宜微生物的长期保藏。

（2）超低温冷冻保藏技术　要求长期保藏的菌种，一般都应在 –60℃以下的超低温冰箱中进行保藏。超低温冷冻保藏的一般方法是：先离心收获对数生长中期至后期的微生物细胞，再用新鲜培养基重新悬浮所收获的细胞，然后加入等体积的 20% 甘油或 10% 二甲基亚砜冷冻保护剂，混匀后分装于冷冻管或安瓿瓶中，于 –70～–60℃超低温冰箱中保藏。超低温冰箱的冷冻速度一般控制在 1～2℃ /min。此保藏方法可保藏菌种 5 年而活力不受影响。

（3）液氮冷冻保藏技术　近年来，大量实验发现在液氮中保藏的菌种的存活率远比其他保藏方法高且回复突变的发生率极低。液氮保藏已成为工业微生物菌种保藏的最好方法之一。具体方法是：先制备冷冻保藏菌种的细胞悬液，分装 0.5～1mL 入玻璃安瓿或液氮冷藏专用塑料瓶，安瓿用火焰封口。然后以 1.2℃ /min 的制冷速度降温，直到温度达到细胞冻结点（通常为 –30℃）。待细胞冻结后，将制冷速度降为 1℃ /min，直到温度达到 –50℃，将安瓿迅速移入液氮罐中于液相（–196℃）或气相（–156℃）中保存。在液氮冷冻保藏中，最常用的冷冻保护剂是二甲基亚砜和甘油，使用浓度一般为甘油 10%、二甲基亚砜 5%，所使用的甘油一般用高压蒸汽灭菌，而二甲基亚砜最好为过滤灭菌。液氮保藏的优点是保藏期长（一般 15 年以上）且适合各类微生物保藏，尤其适宜保藏难以用冷冻干燥法保藏的微生物，如支原体、衣原体、不产孢子的真菌、微藻和原生动物等，缺点是需要液氮罐等特殊设备，且管理费用高、操作较复杂、发放不便等。

6. 真空冻干保藏

真空冻干保藏的基本方法是先将菌种培养到最大稳定期（一般培养放线菌和丝状真菌需 7～10d，培养细菌需 24～28h，培养酵母需 3d），然后混悬于含有保护剂的溶液中，保护剂常选用脱脂乳、蔗糖、动物血清、谷氨酸钠等，菌液浓度为 10^9～10^{19} 个 /mL，取 0.1～0.2mL 菌悬液置于安瓿中冷冻，再于减压条件下使冻结的细胞悬液中的水分升华至 1%～5%，使培养物干燥。最后将管口熔封，保存在常温或冰箱中。此法是微生物菌种长期保藏的最为有效的方法之一，大部分微生物菌种可在冻干状态下保藏 10 年，且经冻干后的菌株无需再冷冻保藏，便于运输。但该法存在操作过程复杂、设备条件要求较高等缺点。

二维码5-10　菌种保藏方法

7. 寄主保藏

该保藏法适用于一些难以用常规方法保藏的动植物病原菌和病毒的保藏。

（三）菌种保藏机构

1979 年 7 月，我国成立了中国微生物菌种保藏管理委员会（CCCCM），委托中国科学院负责全国菌种保藏管理业务，并确定了与普通、农业、工业、医学、抗生素和兽医等微生物学有关的六个菌种保藏管理中心。各保藏管理中心从事应用微生物各学科的微生物菌种的收集、保藏、管理、供应和交流，以便更好地利用微生物资源为我国的经济建设、科学研究和教育事业服务。

1. 中国微生物菌种保藏管理委员会组织系统

中国微生物菌种保藏管理委员会办事处：中国科学院微生物研究所内，北京。

（1）普通微生物菌种保藏管理中心（CCGMC）

中国科学院微生物研究所（AS），北京：细菌、真菌。

中国科学院武汉病毒研究所（AS-IV），武汉：病毒。

（2）农业微生物菌种保藏管理中心（ACCC）

中国农业科学院土壤肥料研究所，北京（ISF）。

（3）工业微生物菌种保藏管理中心（CICC）

中国食品发酵工业科学研究所，北京（IFFI）。

（4）医学微生物菌种保藏管理中心（CMCC）

中国医学科学院皮肤病研究所（ID），南京：真菌。

卫计委药品生物制品鉴定所（NICPBP），北京：细菌。

中国医学科学院病毒研究所（IV），北京：病毒。

（5）抗生素菌种保藏管理中心（CACC）

中国医学科学院医药生物技术研究所（IA），北京：新抗生素菌种。

四川抗菌素工业研究所（SIA），成都：新抗生素菌种。

华北制药厂抗菌素研究所（IANP），石家庄：生产用抗生素菌种。

（6）兽医微生物菌种保藏管理中心（CVCC）

农业农村部兽医药品监察所（CIVBP），北京。

2. 国外著名菌种保藏中心

（1）美国标准菌种收藏所（ATCC）　美国，马里兰州，罗克维尔市。

（2）冷泉港研究室（CSH）　美国。

（3）国立卫生研究院（NIH）　美国，马里兰州，贝塞斯达。

（4）美国农业部北方开发利用研究部（NRRL）　美国，皮奥里亚市。

（5）威斯康新大学细菌学系（WB）　美国，威斯康新州马迪孙。

（6）国立标准菌种收藏所（NCTC）　英国，伦敦。

（7）英联邦真菌研究所（CMI）　英国，丘（园）。

（8）荷兰真菌中心收藏所（CBS）　荷兰，巴尔恩市。

（9）日本东京大学应用微生物研究所（IAM）　日本，东京。

（10）发酵研究所（IFO）　日本，大阪。

（11）日本北海道大学农业部（AHU）　日本，北海道札幌市。

（12）科研化学有限公司（KCC）　日本，东京。

（13）国立血清研究所（SSI）　丹麦。

（14）世界卫生组织（WHO）。

思考与交流

1.菌种分离提纯的方法有哪些？

2.菌种退化原因是什么？

3.实验室常用菌种保藏方法有哪些？

4.防止菌种退化的方法有哪些？

 **实用技术**

乳酸杆菌分离鉴定

乳酸杆菌属于厚壁菌门芽孢杆菌纲乳酸杆菌目乳酸杆菌科，能发酵糖类产生乳酸，广泛分布于环境当中。乳酸杆菌种类的多样性、来源的多渠道、可用于生产食品类别和形式的广泛性以及食用人群的敏感性等，使乳酸杆菌的安全状况越来越受到公众的关注。鉴于以上原因，正确分离鉴定乳酸杆菌是保证其制品食用安全性的重要基础。

1. 乳酸杆菌分离

乳酸杆菌分离常用的培养基为 MRS 培养基。一些常见的食品污染菌如金黄色葡萄球菌、大肠杆菌等在 MRS 培养基上几乎不长或生长缓慢，有利于减少杂菌污染，降低了分离难度。MRS 培养基目前是国际上公认的用于乳酸杆菌分离最好的培养基之一，可用于乳酸杆菌发酵制品中分离菌种及菌种分离后的传代培养。

2. 乳酸杆菌鉴定

乳酸杆菌鉴定包括属水平和种水平的鉴定两部分。

乳酸杆菌属水平的鉴定是乳酸杆菌整体鉴定过程最为基本的步骤。其方法为：对分离纯化后的乳酸杆菌进行革兰氏染色和镜检观察，挑选无分叉的革兰氏阳性杆菌进行培养，若在 pH 4.5 条件下能够正常生长并且过氧化氢试验、硝酸盐还原试验、联苯胺反应、明胶液化试验、吲哚试验、硫化氢试验均为阴性即可鉴定其为乳酸杆菌属。

乳酸杆菌种水平的鉴定主要是通过糖醇类发酵试验进行生化鉴定。由于不同乳酸杆菌对糖的利用情况不一样，分解糖类的能力各不相同，分解糖类后的终末产物也不一样，因此可作为种水平鉴定的依据。该方法要求配制各种特异性生化反应管，并通过接种后的生化现象最终确定乳酸杆菌的种。

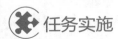 **任务实施**

操作 **混合菌种分离、纯化**

一、目的要求

1. 了解平板划线分离纯种的原理。

2. 熟练掌握划线分离操作法。

二、方法原理

分离是指将特定的微生物个体从群体中或从混杂的微生物群体中分离出来的技术。在特定环境中只让一种来自同一祖先的微生物群体生存的技术称为纯化。

平板划线分离法是指把混杂在一起的微生物或同一微生物群体中的不同细胞用接种环在平板培养基表面通过分区划线稀释而得到较多独立分布的单个细胞，经培养后生长繁殖成单菌落，通常把这种单菌落当作待分离微生物的纯种。有时这种单菌落并非都由单个细胞繁殖而来的，故必须反复分离多次才可得到纯种。其原理是将微生物样品在固体培养基表面多次作"由点到线"稀释而达到分离目的。

　　划线的形式有多种，可将一个平板分成四个不同面积的小区进行划线，第一区（A区）面积最小，作为待分离菌的菌源区，第二区（B区）和第三区（C区）是逐级稀释的过渡区，第四区（D区）则是关键区，使该区出现大量的单菌落以供挑选纯种用。为了得到较多的典型单菌落，平板上四区面积的分配应是 D>C>B>A。

三、器材与试剂

1. 实验器材

培养皿、水浴锅、接种环等。

2. 试剂

营养琼脂培养基。

3. 菌样

大肠杆菌、枯草芽孢杆菌混合菌。

四、操作步骤

1. 熔化培养基

营养琼脂培养基放入水浴中加热至98℃熔化。

2. 倒平板

待培养基冷却至50℃左右，按无菌操作法倒2只平板（每平皿15～20mL），平置，待凝固。

倒平板的方法：右手持装有培养基的试管或锥形瓶置于酒精灯火焰10cm周围，用左手将试管塞或瓶塞轻轻地拔出，试管或瓶口保持对着火焰；然后用右手手掌边缘或小指与无名指夹住管（瓶）塞（也可将试管塞或瓶塞放在左手边缘或小指与无名指之间夹住。如果试管内或锥形瓶内的培养基一次用完，管塞或瓶塞则不必夹在手中）。左手拿培养皿并将皿盖在火焰附近打开45°，迅速倒入培养基15～20mL，加盖后轻轻摇动培养皿，使培养基均匀分布在培养皿底部，然后平置于桌面，凝固后即为平板。

3. 作分区标记

在皿底将整个平板划分成A、B、C、D四个面积不等的区域。各区之间的交角应为120°左右（平板转动角度约60°），以便充分利用整个平板的面积，而且采用这种分区法可使D区与A区划出的线条相平行，并可避免此两区线条相接触（如图5-6所示）。

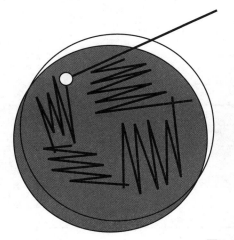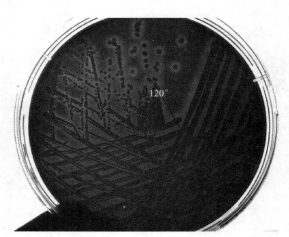

图5-6　四区平板划线

二维码5-11 分区
划线分离(动画)

4. 划线操作

（1）挑取含菌样品　选用平整、圆滑的接种环，按无菌操作法挑取少量混合菌。

（2）划 A 区　将平板倒置于酒精灯旁，左手中指、无名指和小指托住皿底，拇指和食指拿住皿盖并打开 45°，右手拿接种环在 A 区划 3～4 条连续的平行线（线条多少应依挑菌量的多少而定）。划完 A 区后应立即烧掉环上的残留菌，以免残留菌过多而影响后面各区的分离效果。

（3）划其他区　将烧去残留菌后的接种环在平板培养基边缘冷却数秒，并使 B 区转至原 A 区位置，接种环通过 A 区（菌源区）将菌带到 B 区，随即划数条致密的平行线。以此类推，再做 B 区到 C 区的划线，最后经 C 区做 D 区的划线。D 区的线条应与 A 区平行，但划 D 区时切勿重新接触 A、B 区，以免将该两区中浓密的菌样带到 D 区，影响单菌落的形成。完成划线操作后，注意灼烧接种环上的残留菌。

5. 恒温培养

将划线平板倒置，于 37℃（细菌培养温度）或 28℃（霉菌培养温度）培养，24～48h 后观察。

五、结果记录

1. 观察结果

检查每个平板划线分离的结果，并绘制菌苔、菌落分布草图。

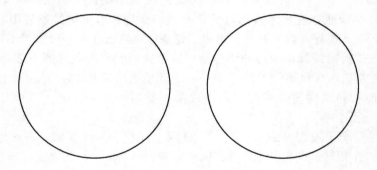

2. 讨论

针对实验原理、步骤、现象进行讨论。

📋 任务评价

操作步骤	分值	得分	备注
熔化培养基	15		
倒平板	20		
作分区标记	20		
划线操作	30		
恒温培养	15		

思考与交流

1. 倒平板为什么要按无菌操作法？
2. 划线分离时，划D区时为什么不能重新接触A、B区？
3. 培养基需冷却至50℃左右才能倒平板，为什么？

项目小结

　　微生物典型生长曲线一般可分为延滞期、对数期、稳定期和衰亡期四个时期。从混杂微生物群体中获得只含有某一种或某一株微生物的过程称为微生物分离与纯化。实验常用的分离、纯化技术主要有稀释倒平板法、涂布平板法、平板划线法、稀释摇管法、单细胞（孢子）分离法、选择培养分离法等。微生物菌种保藏原理，是采用低温、干燥、缺氧、缺乏营养、添加保护剂或酸度中和剂等方法，挑选优良纯种或它们的休眠体，使微生物在代谢不活泼、生长受抑制的环境中生长。具体常用的方法有：蒸馏水悬浮或斜面传代保藏；干燥-载体保藏或冷冻干燥保藏；超低温或在液氮中冷冻保藏等方法。随着菌种保藏时间的延长或菌种的多次转接传代，菌种本身的优良的遗传性状可能发生负突变，称为菌种的退化。防止退化的核心问题是必须降低菌种变异率，而菌种的变异主要发生于微生物旺盛生长、繁殖过程，因此创造微生物休眠态环境是菌种保藏最根本的目的。防止菌种退化的措施主要有：合理的育种，选用合适的培养基，创造良好的培养条件，控制传代次数，利用不同类型的细胞进行接种传代，采用有效的菌种保藏方法等。

练一练测一测

1. 名词解释

（1）菌种的退化　　（2）平板划线分离法

2. 单选题

（1）将少量细菌接种到新鲜培养基后，一般不立即进行繁殖，这是生长曲线的（　　）。

A. 延滞期　　　　　　B. 指数期　　　　　　C. 稳定期　　　　　　D. 衰亡期

（2）下列哪个时期细菌群体倍增时间最快？（　　）

A. 延滞期　　　　　　B. 指数期　　　　　　C. 稳定期　　　　　　D. 衰亡期

（3）分A、B、C、D四区进行划线分离，应从哪个区挑选单菌落进行纯种培养？（　　）

A. A区　　　　　　　B. B区　　　　　　　C. C区　　　　　　　D. D区

3. 判断题

（1）分批次培养时，细菌要先经历一个适应期，此时期细胞数目并不显著增加。（　　）

（2）划线分离时，划完一个区后应立即烧掉环上的残留菌。（　　）

（3）倒平板时，培养基应倒得越多越好。（　　）

4. 填空题

（1）分 A、B、C、D 四区进行划线分离，良好的结果应在_____区出现部分单菌落，而在_____区出现较多独立分布的单菌落。

（2）实验室保藏菌种最常用的方法为_____。

5. 简答题

（1）菌种分离培养，划线分离后，为什么要将平板倒置培养？

（2）简述菌种保藏原理。

项目六
微生物检测技术

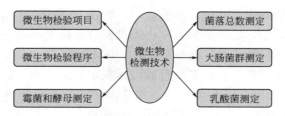

食品微生物检测方法是食品质量管理必不可少的重要组成部分，通过检验食品中微生物的种类、数量、性质和微生物对人类健康的影响来判断食品是否符合质量标准。微生物检测指标主要有细菌总数检验、大肠菌群检验、致病菌检验、霉菌及其毒素检验等四项。每项指标都按照国家标准规定的检验程序进行检验。

 想一想

为什么要进行微生物检测？微生物检测有哪些指标？

任务　常见微生物检验项目及意义

 任务要求

1. 了解微生物检验意义。
2. 掌握微生物检测指标。
3. 掌握微生物检测程序。

食品微生物检测是运用微生物学的理论与方法，检验食品中微生物的种类、数量、性质及其对人类健康的影响，以判别食品是否符合质量标准的检测方法。

食品微生物检验方法是食品质量管理必不可少的重要组成部分，它是贯彻"预防为主"的方针，可以有效地防止或者减少食物人畜共患病的发生，保障人民的身体健康。食品微生物检验是衡量食品卫生质量的重要指标之一，也是判定被检食品是否能食用的科学依据之一。通过食品微生物检验，可以判断食品加工环境及食品卫生情况，能够对食品被细菌污染的程度做出正确的评价，为各项卫生管理工作提供科学依据。

一、主要检测指标

目前，我国颁布的食品微生物检验指标主要有细菌总数检验、大肠菌群检验、致病菌检验、霉菌及其毒素检验等四项。

（一）细菌总数检验

细菌总数是指牛肉膏蛋白胨琼脂培养基上长出的菌落数，常用平板菌落计数法计数。平板菌落计数法测定食品中的活菌数，一般以 1g 食品、1mL 食品或 $1cm^2$ 食品表面所含的细菌数来表示。其检验的意义：①可反映食品被污染的程度，即清洁状态的标志；②可以用来预测食品可能存放的期限，即货架期。

菌落总数计数的研究已有很多，目前国标规定的方法为平板计数法，其检验方法是：在玻璃平皿内，接种 1mL 稀释样于加热液化的营养琼脂培养基中，冷却凝固后在（36±1）℃培养 48h，培养基上的菌落数或乘以水样的稀释倍数即为细菌总数。这种方法测量准、精度高，但耗时长，难以满足实际工作需要。为了简化检测程序、缩短检测时间，国内外学者进行了大量的快速检测方法的研究，提出了阻抗检测法、SimpLate™全平器计数法、微菌落技术、纸片法等检测方法，并取得了一定的成果，检测时间一般 4h 左右。

（二）大肠菌群检验

大肠菌群是指 37℃下 24h 发酵乳糖产酸产气的需氧或兼性厌氧的革兰氏阴性无芽孢杆菌。

由于大肠菌群都是直接或间接来自人和温血动物的粪便，来自粪便以外的极为罕见，所以大肠菌群作为食品卫生标准的意义在于直接反映了食品被粪便污染的情况，是较为理想的粪便污染的指示菌群。另外，肠道致病菌如沙门氏菌和志贺氏菌等，对食品安全威胁很大，如逐批或经常检验致病菌有一定困难，而食品中的大肠菌群在外环境中生存时间也与主要肠道致病菌一致，所以大肠菌群的另一个重要食品卫生意义是作为肠道致病菌污染食品的指示菌。

（三）致病菌检验

致病菌系指肠道致病菌、致病性球菌、产毒素致病菌等。

致病菌即能够引起人们发病的微生物。当大肠菌群检验呈阳性，并怀疑食品可能受到致病菌污染时可进行致病菌检验。在我国现有的国家标准中，致病菌一般指"肠道致病菌和致病性球菌"，主要包括沙门氏菌、志贺氏菌、金黄色葡萄球菌、致病性链球菌等四种，致病菌不允许在食品中检出。

对不同的食品和不同的场合，应选择一定的参考菌群进行致病菌检验。如海产品以副溶血性弧菌作为参考菌群；蛋与蛋制品以沙门氏菌、金黄色葡萄球菌、变形杆菌等作为参考菌群；米、面类食品以蜡样芽孢杆菌、变形杆菌、霉菌等作为参考菌群；

罐头食品以耐热性芽孢菌作为参考菌群等。

食品中不允许有致病菌存在，这是食品卫生质量指标中必不可少的标准之一。另外有些致病菌产生毒素，毒素的检查也是一项不容忽视的指标。因为有时当菌体死亡后，毒素还继续存在，仍具有致病作用。

（四）霉菌及其毒素检验

目前，我国还没有制定出霉菌的具体指标，鉴于有很多霉菌能够产生毒素，引起食物中毒及其他疾病，故应该对产毒霉菌进行检验，如曲霉属的黄曲霉、寄生曲霉等，青霉属的橘青霉、岛青霉等，镰刀霉属的串珠镰刀霉、禾谷镰刀霉等。

二、微生物快速检验技术简介

传统的微生物检验方法是培养分离法，依靠培养基进行培养、分离及生化鉴定。致病菌的检验耗时一般较长，需要 5～7d，包括前增菌、选择性增菌、镜检以及血清学验证等一系列的检测程序。相对操作简单、检测费用较低的是快速检测试剂盒，适用于食品及水中致病性沙门氏菌、金黄色葡萄球菌、副溶血弧菌、致泻大肠埃希氏菌、蜡样芽孢杆菌、板崎肠杆菌检测的前期增菌预实验观察以及大肠菌群污染程度的检测。常见的快速检测方法有：

1. 试剂盒法沙门氏菌快速检测

在检测装置的样品孔中加入一部分富集培养物，样品沿检测装置流动，出现易于区分的可见结果。如果只在对照区形成一个条带，则样品为沙门氏菌阴性；在对照区和检测区同时出现条带，则可初步鉴定样品为沙门氏菌阳性。

2. 测试片法检测金黄色葡萄球菌

将选择性培养基中加入专一性的酶显色剂，并将其加在纸片上，通过培养，如果样品中含有金黄色葡萄球菌，即可在纸片上呈现紫红色的菌落。

3. 微生物专有酶法测定大肠菌群

大肠菌群产生 β- 半乳糖苷酶，可分解液体培养基中的底物 4- 甲基伞形酮 -β-D- 半乳糖苷，使 4- 甲基伞形酮游离，因而在 366nm 的紫外光灯下呈现蓝色荧光。

4. 试纸片法快速测定食品中菌落总数

试纸片为预先制备好的培养基系统，它含有标准培养基、冷水可溶性凝胶和指示剂，便于菌落计数。细菌总数测试片检样后 37℃培养（48±2）h，阳性菌落在测试片上为红色或粉红色，与测试片底色有较大反差，容易判别计数。最适宜计数范围是每张测试片 25～250 个菌落。

三、检验程序

（一）采集样品

采样前要了解所采样品的来源、加工、储藏、包装、运输等情况。采样时必须做到：使用的器械和容器需经灭菌，严格进行无菌操作；不得加防腐剂；液体样品应搅拌均匀后再采样，固体样品应在不同部位采取以使样品具代表性；取样后及时送检。

国际食品微生物标准委员会（ICMSF）制定的食品微生物学分析采样方法，目前已在国内外被逐步推广采用。ICMSF 根据以下原则来规定不同的采样数：各种微生物本身对人的危害程度各有不同；食品经不同条件处理后，其危害程度可分为危害度降低、危害度未变和危害度增加三种情况。依据 ICMSF 采样方法规定，n 指同一批产品采样个数；c 指最大可允许超出 m 值的样品数，即结果超过合格菌数限量的最大允许数；m 指合格菌数限量，即微生物指标可接受水平限量值；M 指附加条件后判定为合格的菌数限量，即微生物指标的最高安全限量值，表示边缘的可接受数与边缘的不可接受数之间的界限。ICMSF 采样方法中包括二级法及三级法两种，二级法只设有 n、c 及 m 值，三级法则有 n、c、m 及 M 值。

二维码6-1
样品采集原则

二维码6-2
样品采集方法

1. 二级抽样方案

自然界中材料的分布曲线一般是正态分布，以其一点作为食品微生物的限量值，只设合格判定标准 m 值，超过 m 值的，则为不合格品。检查在检样是否有超过 m 值的，来判定该批是否合格。以生食水产品鱼为例，$n=5$，$c=2$，$m=100CFU/g$，$n=5$ 即采样 5 个，$c=2$ 即意味着在该批检样中，允许 ≤ 2 个检样超过 m 值，则此批货物为合格品。

2. 三级抽样方案

设有微生物标准 m 及 M 值两个限量如同二级法，超过 m 值的检样，即算为不合格品。其中以 m 值到 M 值的范围内的检样数，作为 c 值，如果在此范围内，即为附加条件合格，超过 M 值者，则为不合格。例如：冷冻生虾的细菌数标准为 $n=5$、$c=3$、$m=10$、$M=100$，其意义是从一批产品中，取 5 个检样，经检样结果，允许 ≤ 3 个检样的菌数是在 m 值和 M 值之间（即 $10CFU/g \leqslant X \leqslant 100CFU/g$），如果有 3 个以上检样的菌数是在 m 值和 M 值之间或一个检样菌数超过 M 值者，则判定该批产品为不合格品。

（二）样品送检

采集好的样品应及时送到微生物检验室，一般不应超过 3h，如果路程较远，可将无需冷冻的样品保持在 1～5℃ 的环境中，切勿冻结，以免细菌遭受破坏。样品送检时，必须认真填写申请单，以供检验人员参考。

（三）样品处理

样品处理应在无菌室内进行，若是冷冻样品必须事先在原容器中解冻，解冻温度为 2～5℃ 不超过 18h 或 45℃ 不超过 15min。

二维码6-3 样品的
标记、运送和保藏

1. 固体样品

用无菌刀、剪或镊子称取不同部位的样品，剪碎放入灭菌容器内，加一定量的无菌水混匀，制成 1∶10 混悬液，进行检验。在处理蛋制品时，加入约 30 颗无菌玻璃球，以便振荡均匀。生肉及内脏，先进行表面消毒，再剪去表面样品，采集深层样品。

2. 液体样品

原包装样品用点燃的酒精棉球消毒瓶口后，用经石炭酸或来苏尔消毒液消过毒的纱布将瓶口盖住，再用经火焰消毒的开瓶器开启，摇匀后用无菌吸管吸取；若是含有二氧化碳的液体食品，按上述方法开启瓶盖后，将样品倒入无菌磨口瓶中，盖上消毒纱布，轻轻摇动，使气体逸出后进行检验；若为冷冻液体食品，可将冷冻液体食品放入无菌容器内，熔化后检验。

3. 罐头

罐头要进行密闭试验、膨胀试验和采样检验。将被检验罐头置于 85℃以上的水浴中，使罐头沉入水面下 5cm，观察 5min，如有小气泡连续上升，表明漏气；另外将罐头放在（37±2）℃环境下 7d，如是水果、蔬菜罐头放在 20～25℃环境下 7d，观察其盖和底有无膨胀现象。采样时，先用酒精棉球擦去罐上油污，然后用点燃的酒精棉球消毒开口的一端，用来苏尔消毒纱布盖上，再用灭菌的开罐器打开罐头，除去表层，用灭菌匙或吸管取出中间部分的样品进行检验。

（四）检验

可根据不同的食品、不同目的来选择合适的检验方法。通常所用的常规检验方法为现行国家标准、国际标准（如 FAO 标准、WHO 标准等）或食品进口国的标准（如美国 FDA 标准、日本厚生省标准、欧盟标准等）。

二维码6-4 样品的处理和制备

食品卫生微生物检验室接到检验申请单，应立即登记，填写试验序号，并按检验要求立即将样品放在冰箱或冰盒中，积极准备条件进行检验。

检验完毕后样品的处理。一般阳性样品检出后 3d（特殊情况可适当延长）方能处理样品；进口食品的阳性样品，需保存 6 个月才能处理；阴性样品可及时处理。

（五）结果报告

样品检验完毕后，检验人员应及时填写报告单，签名后送主管人核实签字，加盖单位印章，以示生效，并立即交给食品卫生监督管理部门处理。

思考与交流

1. 微生物检测指标有哪些？

2. 微生物检验程序有哪些步骤？

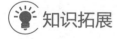 知识拓展

食品微生物检验原始记录单

样品名称	_____	样品编号	_____	样品状态	_____		
检验环境	环境温度（T）：		相对湿度（RH）：　　%		接样日期	年　月　日	
检验地点	无菌室		检验起止日期　年　月　日～		年　月　日		
检验仪器	□电子天平（型号：　　）编号 □数显隔水恒温培养箱（型号：　　）编号 □数显电热鼓风干燥箱（型号：　　）编号 □超净工作台（型号：　　）编号			□拍打式均质器（型号：　　）编号 □生物显微镜（型号：　　）编号 □生物安全柜（型号：　　）编号			
培养基	□ PCA_____　□ LST_____　□ BGLB_____　□ VRBA_____						
样品制备	□固体和半固体样品：无菌称取 25g 样品加 225mL 磷酸盐缓冲液或生理盐水，均质。 □液体样品：吸取 25mL 样品于 225mL 磷酸盐缓冲液或生理盐水，混匀。 □液体样品：直接吸取样品原液检验。						
培养条件	□ PCA_____，_____h　　□ LST_____，_____h；BGLB_____，_____h □ VRBA_____，_____h；BGLB_____，_____h						

续表

检验项目	菌落总数	检验依据	GB 4789.2—2022	限制范围	无

样品编号	不同稀释度菌落数		计算结果 □ CFU/mL □ CFU/g	结果报告 □ CFU/mL □ CFU/g
		空白对照		

计算公式：$N = \dfrac{\sum C}{(n_1 + 0.1n_2)\,d}$

式中 N——样品中菌落数；

$\sum C$——平板（含适宜范围菌落数的平板）菌落数之和；

n_1——第一稀释度（低稀释倍数）平板个数；

n_2——第二稀释度（低稀释倍数）平板个数；

d——稀释因子（第一稀释度）。

检验项目	大肠菌群	检验依据	GB 4789.3—2016	限制范围		第　法

样品编号	□初发酵　□平均计数	□复发酵阳性管比例 □证实试验阳性管比例	检验结果 □查表结果 □计算结果	结果报告 □ MPN/mL □ MPN/g □ CPU/mL □ CPU/g

检验人		校核人		审核人	
日期		日期		日期	

前沿技术　　　现代食品微生物检测技术

随着生活水平的提高，食品安全意识的增强，人们对食品质量和安全也提出了更高的要求。食品安全问题已成为全球关注焦点，现代食品微生物检测技术在食品安全检测中的应用越来越受到人们的重视。

1. 基因探针技术

基因探针是指用同位素、生物素等可检测标记的一小段已知序列的寡聚核苷酸。其原理是通过分子杂交与目的基因结合，产生杂交信号，便于将目的基因查找出来。探针标记可分为同位素和非同位素两种。用基因探针可以快速检测金黄色葡萄球菌、李斯特菌、志贺氏菌等多种致病微生物。

2.PCR 技术

PCR（聚合酶链式反应）技术是体外酶促合成特异 DNA 片段的一种技术，由"高温变性—低温退火（复性）—适温延伸"形成一个循环周期，使目的 DNA 迅速扩增。其具体过程是利用 DNA 在体外高温时变性形成单链，低温退火使引物与单链按碱基互补配对的原则结合，再调温度至 DNA 聚合酶最适反应温度，DNA 聚合酶沿着 $5' \rightarrow 3'$ 方向合成互补链。PCR 技术可将研究的目的基因或 DNA 片段在数小时内扩增至数十万至数百万倍，极大缩短了检测时间，具有特异性强、灵敏度高、操作简便、省时、易自动化等特点。可用于食品中沙门氏菌、肠出血性大肠杆菌、肉毒梭状芽孢杆菌、金黄色葡萄球菌、单核李斯特杆菌等的检测。

3. 生物芯片技术

生物芯片，又称 DNA 微阵列。生物芯片技术指由按照预定的位置固定在固相载体上很小面积内的千万个核酸分子所组成的微阵列。具体过程为：首先把样品中的核酸片段进行标记，在一定条件下，来自样品的互补核酸片段可与载体上的核酸分子进行杂交，在专用的芯片阅读仪上检测到杂交信号。生物芯片技术是高度集成的反向斑点杂交技术，解决了传统核酸印迹杂交自动化程度低、操作复杂、检测目标分子数量少、成本高、效率低等问题。

4. 生物传感器检测技术

生物传感器是一种对生物物质敏感并将其浓度转换为电信号进行检测的仪器，是由固定化的生物敏感材料作为识别元件（如酶、抗体、抗原、微生物、核酸等）、适当的理化换能器（如氧电极、光敏管、场效应管、压电晶体等）及信号放大装置构成的分析工具或系统。生物传感器检测技术能快速检测病原菌、细菌毒素、霉菌毒素等，具有功能多样化、智能化、微型化、高灵敏度、检测低成本等优点。

任务实施

操作1　菌落总数测定

一、目的要求

1. 掌握菌落总数的检验步骤。
2. 掌握活菌计数的计数方法。
3. 掌握菌落总数的检验报告填写。

二、方法原理

用平板菌落计数技术测定细菌总数。平板菌落计数法是将待测样品经适当稀释之后，其中的微生物充分分散成单个细胞，取一定量的稀释样液接种到平板上，经过培养，由每个单细胞生长繁殖而形成肉眼可见的菌落，即一个单菌落应代表原样品中的一个单细胞。统计菌落数，根据其稀释倍数和取样接种量即可换算出样品中的含菌数。但是由于待测样品往往不易完全分散成单个细胞，所以长成的单菌落也可能是来自样品中的 2～3 个或更多个细胞形成的。因此，平板菌落计数的结果往往较实际准确值偏低。

三、仪器与试剂

1. 实验器材

恒温培养箱、天平、无菌培养皿、1mL 吸管、10mL 吸管（或微量移液器及吸头）、试管、500mL 锥形瓶、pH 试纸、酒精灯等。

2. 实验试剂

生理盐水。

3. 实验材料

平板计数琼脂培养基。

二维码6-5 菌落
总数测定原理

四、实验步骤

1. 检验程序

菌落总数的检验程序见图6-1。

2. 操作方法

（1）样品稀释

① 固体和半固体样品：称取 25g 样品置于盛有 225mL 无菌磷酸盐缓冲液或无菌生理盐水的无菌均质杯内，8000～10000r/min 均质 1～2min，或放入盛有 225mL 稀释液的无菌均质袋中，用拍击式均质器拍打 1～2min，制成 1∶10 的样品匀液。

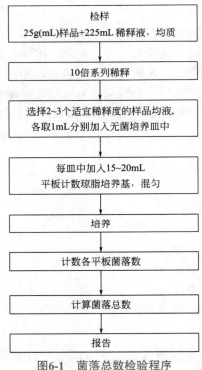

图6-1　菌落总数检验程序

② 液体样品：以无菌吸管吸取 25mL 样品置盛有 225mL 磷酸盐缓冲液或生理盐水的无菌锥形瓶（瓶内预置适当数量的无菌玻璃珠）中，充分混匀，制成 1∶10 的样品匀液。

③ 用 1mL 无菌吸管或微量移液器吸取 1∶10 样品匀液 1mL，沿管壁缓慢注于盛有 9mL 稀释液的无菌试管中（注意吸管或吸头尖端不要触及稀释液面），振摇试管或换用 1 支无菌吸管反复吹打使其混合均匀，制成 1∶100 的样品匀液。

④ 按上述操作，制备 10 倍系列稀释样品匀液。每递增稀释一次，换用 1 次 1mL 无菌吸管或吸头。

⑤ 根据对样品污染状况的估计，选择 2～3 个适宜稀释度的样品匀液（液体样品可包括原液），在进行 10 倍递增稀释时，吸取 1mL 样品匀液于无菌平皿内，每个稀释度做两个平皿。同时，分别吸取 1mL 空白稀释液加入两个无菌平皿内作空白对照。

二维码6-6
倒平板（动画）

⑥ 及时将 15～20mL 冷却至 46～50℃的平板计数琼脂培养基［可放置于（48±2）℃恒温装置中保温］倾注培养皿，并转动培养皿使其混合均匀。

（2）培养

① 待琼脂凝固后，将平板翻转，（36±1）℃培养（48±2）h。水产品（30±1）℃培养（72±3）h。

② 如果样品中可能含有在琼脂培养基表面弥漫生长的菌落时，可在凝固后的琼脂表面覆盖一薄层琼脂培养基（约 4mL），凝固后翻转平板，按①条件进行培养。

3. 菌落计数

（1）可用肉眼观察，必要时用放大镜或菌落计数器，记录稀释倍数和相应的菌落数量。菌落计数以菌落形成单位（colony-forming units，CFU）表示。

（2）选取菌落数在 30～300CFU、无蔓延菌落生长的平板计数菌落总数。低于 30CFU 的平板记录具体菌落数，大于 300CFU 的可记录为多不可计。每个稀释度的菌落数应采用两个平板的平均数。

（3）其中一个平板有较大片状菌落生长时，则不宜采用，而应以无片状菌落生长的平板作为该稀释度的菌落数；若片状菌落不到平板的一半，而其余一半中菌落分布又很均匀，即可计算半个平板后乘以 2，代表一个平板菌落数。

（4）当平板上出现菌落间无明显界线的链状生长时，则将每条单链作为一个菌落计数。

4. 菌落总数的计算方法

（1）若只有一个稀释度平板上的菌落数在适宜计数范围内，计算两个平板菌落数的平均值，再将平均值乘以相应稀释倍数，作为每克（毫升）样品中菌落总数结果。

（2）若有两个连续稀释度的平板菌落数在适宜计数范围内时，按公式计算：

$$N = \frac{\sum C}{(n_1 + 0.1n_2)\, d}$$

式中　N——样品中菌落数；

　　$\sum C$——平板（含适宜范围菌落数的平板）菌落数之和；

　　n_1——第一稀释度（低稀释倍数）平板个数；

　　n_2——第二稀释度（高稀释倍数）平板个数；

　　d——稀释因子（第一稀释度）。

示例：

稀释度	1：100（第一稀释度）	1：1000（第二稀释度）
菌落数 /CFU	232、244	33、35

$$N = \frac{\sum C}{(n_1 + 0.1n_2)\, d}$$

$$= \frac{232 + 244 + 33 + 35}{(2 + 0.1 \times 2) \times 10^{-2}} = \frac{544}{0.022} = 24727$$

上述数据按数字修约后，表示为 25000 或 2.5×10^4。

（3）若所有稀释度的平板上菌落数均大于 300CFU，则对稀释度最高的平板进行

二维码6-7 菌落
总数测定步骤

二维码6-8 菌落
总数检测报告

计数，其他平板可记录为多不可计，结果按平均菌落数乘以最高稀释倍数计算。

（4）若所有稀释度的平板菌落数均小于30CFU，则应按稀释度最低的平均菌落数乘以稀释倍数计算。

（5）若所有稀释度（包括液体样品原液）平板均无菌落生长，则以小于1乘以最低稀释倍数计算。

（6）若所有稀释度平板菌落数均不在30～300CFU范围，其中一部分小于30CFU或大于300CFU时，则以最接近30CFU或300CFU的平均菌落数乘以稀释倍数计算。

5.菌落总数的检验报告

（1）菌落数小于100CFU时，按"四舍五入"原则修约，以整数报告。

（2）菌落数大于或等于100CFU时，第3位数字采用"四舍五入"原则修约后，取前2位数字，后面用0代替位数；也可用10的指数形式来表示，按"四舍五入"原则修约后，采用两位有效数字。

（3）若所有平板上为蔓延菌落而无法计数，则报告菌落蔓延。

（4）若空白对照上有菌落生长，则此次检测结果无效。

（5）称重取样以CFU/g为单位报告，体积取样以CFU/mL为单位报告。

五、数据记录与处理

根据实验结果，报告检测结果：

每克（毫升）样品中菌落总数是_____。

六、操作注意事项

（1）操作中必须有"无菌操作"的概念。所用玻璃器皿必须完全灭菌，所用剪刀、镊子等器具也必须进行消毒处理。

（2）样品必须具有代表性。采样后，固体样品必须经过均质或研磨，液体样品须经过混匀，以获得均匀稀释液。

（3）每递增稀释换用1次1mL无菌吸管或吸头。

二维码6-9 果汁
饮料中菌落总数的
测定

（4）如果稀释度大的平板上菌落数反而比稀释度小的平板上菌落数高，则是检验工作中发生差错，属实验室事故，也可能因抑菌剂混入样品中所致，但均不可用作检样计数报告的依据。

（5）如果平板上出现链状菌落，菌落之间没有明显的界线，这是在琼脂与检样混合时，一个细菌块被分散所造成的。一条链作为一个菌落计，如有来源不同的几条链，每条链作为一个菌落计，切不要把链上生长的各个菌落分开来数。

📋 任务评价

评价内容	分值	考核得分	备注
实验原理熟悉情况	10		
实验操作熟练情况	40		
实验结果正确情况	20		
实验分析讨论情况	10		
实验总结改进情况	20		

👥 思考与交流

1. 什么是菌落总数？
2. 影响菌落总数准确性的因素有哪些？
3. 在食品卫生检验中，为什么要以细菌菌落总数为指标？
4. 为什么平板计数琼脂培养基在使用前要保持在（46±1）℃的温度？
5. 试比较平板菌落计数法和显微镜下直接计数法的优缺点及应用。
6. 当你的平板上长出的菌落不是均匀分散的而是集中在一起时，你认为问题出在哪里？

操作2 大肠菌群的测定

一、目的要求

1. 掌握大肠菌群检测的程序、方法。
2. 掌握大肠菌群检测结果的报告填写。

二、方法原理

大肠菌群是一群以大肠埃希氏菌为主的需氧及兼性厌氧的革兰氏阴性无芽孢杆菌，在 37℃ 生长时，能在 48h 内发酵乳糖并产酸产气。其检验方法分为 MPN 法和平板计数法。

（1）MPN 法 MPN 法是统计学和微生物学结合的一种定量检测法。待测样品经系列稀释并培养后，根据其未生长的最低稀释度与生长的最高稀释度，应用统计学概率论推算出待测样品中大肠菌群的最大可能数。

（2）平板计数法 大肠菌群在固体培养基中发酵乳糖产酸，在指示剂的作用下形成可计数的红色或紫色、带有或不带有沉淀环的菌落，通过菌落计数并计算出样品中大肠菌群数。

三、仪器与试剂

1. 实验器材

恒温培养箱、天平、无菌培养皿、1mL 吸管、10mL 吸管（或微量移液器及吸头）、试管、500mL 锥形瓶、pH 试纸、酒精灯等。

2. 培养基和试剂

月桂基硫酸盐胰蛋白胨（LST）肉汤、煌绿乳糖胆盐（BGLB）肉汤、结晶紫中性红胆盐琼脂（VRBA）、无菌磷酸盐缓冲液、无菌生理盐水、1mol/L NaOH 溶液、1mol/L HCl 溶液。

二维码6-10 大肠
菌群测定原理

四、实验步骤

（一）大肠菌群 MPN 计数法

1. 检验程序

大肠菌群 MPN 计数法检验程序见图 6-2。

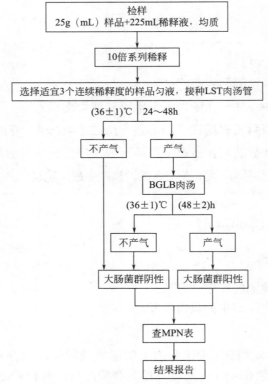

图6-2　大肠菌群MPN计数法检验程序

2. 操作方法

（1）样品稀释

二维码6-11 大肠
菌群测定步骤

二维码6-12 大肠
菌群检测报告

二维码6-13 MPN
法测定果汁饮料中
大肠菌群数

① 固体和半固体样品：称取 25g 样品，放入盛有 225mL 磷酸盐缓冲液或生理盐水的无菌均质杯内，8000～10000r/min 均质 1～2min，或放入盛有 225mL 磷酸盐缓冲液或生理盐水的无菌均质袋中，用拍击式均质器拍打 1～2min，制成 1∶10 的样品匀液。

② 液体样品：以无菌吸管吸取 25mL 样品置盛有 225mL 磷酸盐缓冲液或生理盐水的无菌锥形瓶（瓶内预置适当数量的无菌玻璃珠）或其他无菌容器中充分振摇或置于机械振荡器中振摇，充分混匀，制成 1∶10 的样品匀液。

③ 样品匀液的 pH 值应在 6.5～7.5，必要时分别用 1mol/L NaOH 或 1mol/L HCl 调节。

④ 用 1mL 无菌吸管或微量移液器吸取（1∶10）样品匀液 1mL，沿管壁缓缓注入 9mL 磷酸盐缓冲液或生理盐水的无菌试管中（注意吸管或吸头尖端不要触及稀释液面），振摇试管混匀或换用 1 支 1mL 无菌吸管反复吹打，使其混合均匀，制成 1∶100 的样品匀液。

⑤ 根据对样品污染状况的估计，按上述操作，依次制成十倍递增系列稀释样品匀液。每递增稀释 1 次，换用 1 支 1mL 灭菌吸管或吸头。从制备样品匀液至样品接种完毕，全过程不得超过 15min。

（2）初发酵试验　每个样品，选择 3 个适宜的连续稀释度的样品匀液（液体样品可以选择原液），每个稀释度接种 3 管月桂基硫酸盐胰蛋白胨（LST）肉汤，每管接种 1mL（如接种量超过 1mL，则用双料 LST 肉汤），（36±1）℃培养（24±2）h，观察试管内是否有气泡产生，（24±2）h 产气者进行复发酵试验（证实试验），如未产气则继续培养至（48±2）h，产气者进行复发酵试验。未产气者为大肠菌群阴性。

（3）复发酵试验（证实试验）　用接种环从产气的 LST 肉汤管中分别取培养物 1 环，移种于 BGLB 管中，（36±1）℃培养（48±2）h，观察产气情况。产气者，计为大肠菌群阳性管。

3. 大肠菌群最可能数（MPN）的报告

按照复发酵试验确证的大肠菌群 BGLB 阳性管数，检索 MPN 表（表 6-1），报告每克（毫升）样品中大肠菌群的 MPN 值。

表6-1　每克（毫升）检样中大肠菌群最可能数（MPN）的检索表

阳性管数			MPN	95% 可信限		阳性管数			MPN	95% 可信限	
0.10	0.01	0.001		上限	下限	0.10	0.01	0.001		上限	下限
0	0	0	<3.0	—	9.5	3	0	0	23	4.6	94
0	0	1	3.0	0.15	9.6	3	0	1	38	8.7	110
0	1	0	3.0	0.15	11	3	0	2	64	17	180
0	1	1	6.1	1.2	18	3	1	0	43	9	180
0	2	0	6.2	1.2	18	3	1	1	75	17	200
0	3	0	9.4	3.6	38	3	1	2	120	37	420
1	0	0	3.6	0.17	18	3	1	3	160	40	420
1	0	1	7.2	1.3	18	3	2	0	93	18	420
1	0	2	11	3.6	38	3	2	1	150	37	420
1	1	0	7.4	1.3	20	3	2	2	210	40	430
1	1	1	11	3.6	38	2	0	1	14	3.6	42
1	2	0	11	3.6	42	2	0	2	20	4.5	42
1	2	1	15	4.5	42	2	1	0	15	3.7	42
1	3	0	16	4.5	42	2	1	1	20	4.5	42
2	0	0	9.2	1.4	38	2	1	2	27	8.7	94
2	2	0	21	4.5	42	3	2	3	290	90	1000
2	2	1	28	8.7	94	3	3	0	240	90	1000
2	3	0	35	8.7	94	3	3	1	460	90	2000
2	3	1	29	8.7	94	3	3	2	1100	180	4100
2	3	1	36	8.7	94	3	3	3	>1100	420	—

注：1.本表采用3个稀释度〔0.1g（mL）、0.01g（mL）和0.001g（mL）〕，每个稀释度接种3管。

2.表内所列检样量如改用1g（mL）、0.1g（mL）和0.01g（mL）时，表内数字应相应降低10倍；如改用0.01g（mL）、0.001g（mL）、0.0001g（mL）时，则表内数字应相应增高10倍，其余类推。

（二）大肠菌群平板计数法

1. 检验程序

大肠菌群平板计数法的检验程序见图 6-3。

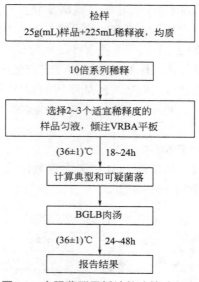

图6-3 大肠菌群平板计数法检验程序

2. 操作方法

（1）样品稀释

① 固体和半固体样品：称取 25g 样品，放入盛有 225mL 磷酸盐缓冲液或生理盐水的无菌均质杯内，8000～10000r/min 均质 1～2min，或放入盛有 225mL 磷酸盐缓冲液或生理盐水的无菌均质袋中，用拍击式均质器拍打 1～2min，制成 1∶10 的样品匀液。

② 液体样品：以无菌吸管吸取 25mL 样品置于盛有 225mL 磷酸盐缓冲液或生理盐水的无菌锥形瓶（瓶内预置适当数量的无菌玻璃珠）或其他无菌容器中充分振摇或置于机械振荡器中振摇，充分混匀，制成 1∶10 的样品匀液。

③ 样品匀液的 pH 值应在 6.5～7.5，必要时分别用 1mol/L NaOH 或 1mol/L HCl 调节。

④ 用 1mL 无菌吸管或微量移液器吸取（1∶10）样品匀液 1mL，沿管壁缓缓注入 9mL 磷酸盐缓冲液或生理盐水的无菌试管中（注意吸管或吸头尖端不要触及稀释液面），振摇试管混匀或换用 1 支 1mL 无菌吸管反复吹打，使其混合均匀，制成 1∶100 的样品匀液。

⑤ 根据对样品污染状况的估计，按上述操作，依次制成十倍递增系列稀释样品匀液。每递增稀释 1 次，换用 1 支 1mL 灭菌吸管或吸头。从制备样品匀液至样品接种完毕，全过程不得超过 15min。

（2）平板计数

① 选取 2～3 个适宜的连续稀释度，每个稀释度接种 2 个无菌平皿，每皿 1mL。同时取 1mL 生理盐水加入无菌平皿作空白对照。

② 及时将 15～20mL 熔化并恒温至 46℃的结晶紫中性红胆盐琼脂（VRBA）倾注于每个平皿中。小心旋转平皿，将培养基与样液充分混匀，待琼脂凝固后，再加 3～4mL VRBA 覆盖平板表层。翻转平板，置于（36±1）℃培养 18～24h。

3. 平板菌落数的选择

选取菌落数在 15～150CFU 的平板，分别计数平板上出现的典型和可疑大肠菌群菌落（如菌落直径较典型菌落小）。典型菌落为紫红色，菌落周围有红色的胆盐沉淀环，菌落直径为 0.5mm 或更大，最低稀释度平板低于 15CFU 的记录具体菌落数。

4. 证实试验

从 VRBA 平板上挑取 10 个不同类型的典型和可疑菌落，少于 10 个菌落的挑取全部典型和可疑菌落，分别移种于 BGLB 肉汤管内，（36±1）℃培养 24～48h，观察产气情况。凡 BGLB 肉汤管产气，即可报告为大肠菌群阳性。

5. 大肠菌群平板计数的报告

经最后证实为大肠菌群阳性的试管比例乘以步骤 3 中计数的平板菌落数，再乘以稀释倍数，即为每克（毫升）样品中大肠菌群数。例：10^{-4} 样品稀释液 1mL，在 VRBA 平板上有 100 个典型和可疑菌落，挑取其中 10 个接种 BGLB 肉汤管，证实有 6 个阳性管，则该样品的大肠菌群数为：$100×6/10×10^{4}/g（mL）=6.0×10^{5}CFU/g（mL）$。若所有稀释度（包括液体样品原液）平板均无菌落生长，则以小于 1 乘以最低稀释倍数计算。

五、数据记录与处理

根据试验结果，报告检测结果：

每克（毫升）样品中大肠菌群的 MPN 值是＿＿＿＿＿＿＿＿＿＿＿＿＿＿＿＿＿＿＿＿。

每克（毫升）样品中平板菌落数是＿＿＿＿＿＿＿＿＿＿＿＿＿＿＿＿＿＿＿＿＿。

六、操作注意事项

（1）第一步初发酵试验是样品的发酵结果，不是纯菌的发酵试验，初发酵阳性管，经过后两步，有可能成为阴性，只做一步，会有相当多的合格样品作为不合格处理。

（2）胆盐可抑制革兰氏阳性菌的生长，有利于大肠杆菌的生长繁殖。

（3）对初发酵时未产气的发酵管有疑问时，可用手轻轻敲动或摇动试管，如有气泡沿管壁上升，应考虑为有气体产生，做进一步试验。

任务评价

评价内容	分值	考核得分	备注
实验原理熟悉情况	10		
实验操作熟练情况	40		
实验结果正确情况	20		
实验分析讨论情况	10		
实验总结改进情况	20		

思考与交流

1. 什么是MPN值？

2. 典型的大肠菌群菌落特征是什么？

3. 食品中大肠菌群测定的意义是什么？

4. 在进行食品中大肠菌群的测定时，为什么要进行复发酵试验？

二维码6-14 霉菌、
酵母菌测定原理

操作3　霉菌和酵母菌测定

一、目的要求

1. 掌握测定食品中霉菌和酵母菌检测程序、方法。

2. 掌握霉菌、酵母菌检测结果的报告填写。

二、方法原理

霉菌和酵母菌菌数的测定是指食品检样经过处理，在一定条件下培养后，所得 1g 或 1mL 检样中所含的霉菌和酵母菌菌落数（粮食样品是指 1g 粮食表面的霉菌总数）。霉菌和酵母菌数主要作为判定食品被污染程度的标志，以便对被检样品进行卫生学评价时提供依据。本方法适用于所有食品。

三、仪器与试剂

1. 实验器材

恒温培养箱、恒温水浴箱、天平、无菌培养皿、1mL 吸管、10mL 吸管（或微量移液器及枪头）、试管、500mL 锥形瓶、pH 试纸、酒精灯等。

2. 实验试剂

生理盐水、磷酸盐缓冲液。

3. 实验材料

马铃薯葡萄糖琼脂、孟加拉红琼脂。

四、实验步骤

1. 检验程序

霉菌和酵母菌平板计数法的检验程序见图 6-4。

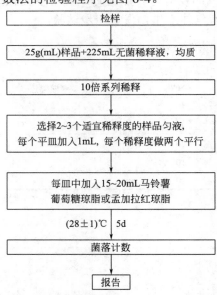

图6-4　霉菌和酵母菌平板计数法检验程序

2. 操作方法

（1）样品稀释

① 固体和半固体样品：称取 25g 样品，加入 225mL 无菌稀释液（蒸馏水或生理

盐水或磷酸盐缓冲液），充分振荡，或用拍击式均质器拍打 1～2min，制成 1：10 的样品匀液。

② 液体样品：以无菌吸管吸取 25mL 样品置于盛有 225mL 无菌稀释液（蒸馏水或生理盐水或磷酸盐缓冲液）的适宜容器内（可在瓶内预置适当数量的无菌玻璃珠）或其他无菌均质袋中，充分振摇或用拍击式均质器拍打 1～2min，制成 1：10 的样品匀液。

③ 取 1mL 1：10 样品匀液注入含有 9mL 无菌稀释液的试管中，另换一支 1mL 无菌吸管反复吹吸，或在漩涡混合器上混匀，此液为 1：100 的样品匀液。

④ 按上述操作，制备 10 倍递增系列稀释样品匀液。每递增稀释一次，换用 1 次 1mL 无菌吸管。

⑤ 根据对样品污染状况的估计，选择 2～3 个适宜稀释度的样品匀液（液体样品可包括原液），在进行 10 倍递增稀释的同时，每个稀释度分别吸取 1mL 样品匀液于 2 个无菌平皿内。同时分别取 1mL 样品稀释液加入 2 个无菌平皿作空白对照。

⑥ 及时将 15～20mL 冷却至 46℃的马铃薯葡萄糖琼脂或孟加拉红琼脂［可放置于（46±1）℃恒温水浴箱中保温］倾注平皿，并转动平皿使其混合均匀。置水平台面待培养基完全凝固。

（2）培养　琼脂凝固后，将平板正置，（28±1）℃培养 5d，观察并记录培养至第 5d 的结果。

（3）菌落计数　肉眼观察，必要时可用放大镜或低倍镜，记录稀释倍数和相应的霉菌和酵母菌落数。以菌落形成单位（CFU）表示。

选取菌落数在 10～150CFU 的平板，根据菌落形态分别计数霉菌和酵母。霉菌蔓延生长覆盖整个平板的可记录为菌落蔓延。

（4）结果

① 计算同一稀释度的两个平板菌落数的平均值，再将平均值乘以相应稀释倍数。

② 若有两个稀释度平板上菌落数均在 10～150CFU，则按照菌落总数测定的相应规定进行计算，如下：

$$N= \frac{\sum C}{(n_1 + 0.1n_2)\ d}$$

式中　N——样品中菌落数；

　　$\sum C$——平板（含适宜范围菌落数的平板）菌落数之和；

　　n_1——第一稀释度（低稀释倍数）平板个数；

　　n_2——第二稀释度（高稀释倍数）平板个数；

　　d——稀释因子（第一稀释度）。

二维码6-15 酵母菌、霉菌测定步骤

③ 若所有平板上菌落数均大于 150CFU，则对稀释度最高的平板进行计数，其他平板可记录为多不可计，结果按平均菌落数乘以稀释倍数计算。

④ 若所有平板上菌落数均小于 10CFU，则应按稀释度最低的平均菌落数乘以稀释倍数计算。

⑤ 若所有稀释度（包括液体样品原液）平板均无菌落生长，则以小于 1 乘以最低稀释倍数计算。

⑥ 若所有稀释度的平板菌落数均不在 10～150CFU 范围，其中一部分小于 10CFU

二维码6-16 酵母菌、霉菌检测报告

或大于150CFU时，则以最接近10CFU或150CFU的平均菌落数乘以稀释倍数计算。

（5）报告

① 菌落数按"四舍五入"原则修约。菌落数在10CFU以内时，采用一位有效数字报告；菌落数在10～100CFU时，采用两位有效数字报告。

② 菌落数大于或等于100CFU时，前第3位数字采用"四舍五入"原则修约后，取前2位数字，后面用0代替位数来表示结果；也可用10的指数形式来表示，此时也按"四舍五入"原则修约，采用两位有效数字。

③ 若空白对照上有菌落出现，则此次检测结果无效。

④ 称重取样以CFU/g为单位报告，体积取样以CFU/mL为单位报告，报告或分别报告霉菌数和酵母菌数。

五、数据记录与处理

根据试验结果，报告检测结果：

每克（毫升）样品中霉菌数是＿＿＿＿＿＿＿＿＿＿＿＿＿＿＿＿＿＿＿。

每克（毫升）样品中酵母菌数是＿＿＿＿＿＿＿＿＿＿＿＿＿＿＿＿＿＿＿。

六、操作注意事项

（1）操作中必须建立"无菌操作"的概念，所用玻璃器皿必须完全灭菌。

（2）采样必须具有代表性。固体样品必须经过均质或研磨，液体样品须经过混匀，以获得均匀稀释液。

（3）每递增稀释换用1次1mL无菌吸管或吸头。

任务评价

评价内容	分值	考核得分	备注
实验原理熟悉情况	10		
实验操作熟练情况	40		
实验结果正确情况	20		
实验分析讨论情况	10		
实验总结改进情况	20		

思考与交流

1.试说明霉菌、酵母菌数的测定与菌落总数的测定有什么异同。

2.同一个平板上如何分辨霉菌和酵母？二者菌落特征有何不同？

操作4　乳酸菌测定

一、目的要求

1.掌握测定乳及乳制品中乳酸菌检测程序、方法。

2.掌握乳酸菌检测结果的报告方式。

3. 熟悉厌氧培养方法。

二、方法原理

乳酸菌是一类可发酵糖主要产生大量乳酸的细菌的通称，具体讲是一群能分解葡萄糖或乳糖产生乳酸、需氧和兼性厌氧、多数无动力、过氧化氢酶阴性、革兰氏阳性的无芽孢杆菌和球菌。乳酸菌主要包括乳杆菌属、双歧杆菌属和嗜热链球菌属。乳酸菌测定是指检样在一定条件下培养后，所得 1mL（g）检样中所含乳酸菌菌落的总数。

由于乳酸菌对营养有复杂的要求，生长需要碳水化合物、氨基酸、肽类、脂肪酸、酯类、核酸衍生物、维生素和矿物质等，一般的肉汤培养基难以满足其要求。测定乳酸菌时必须尽量将试样中所有活的乳酸菌检测出来。要提高检出率，关键是选用特定良好的培养基。

三、仪器与试剂

1. 实验器材

恒温培养箱、冰箱、天平、无菌培养皿、1mL 吸管、10mL 吸管（微量移液器及吸头）、试管、500mL 锥形瓶等。

2. 实验试剂

生理盐水、磷酸盐缓冲液。

3. 实验材料

MRS 培养基、莫匹罗星锂盐和半胱氨酸盐酸盐改良 MRS 培养基、MC 培养基、0.5% 蔗糖发酵管、0.5% 纤维二糖发酵管、0.5% 麦芽糖发酵管、0.5% 甘露醇发酵管、0.5% 水杨苷发酵管、0.5% 山梨醇发酵管、0.5% 乳糖发酵管、七叶苷发酵管、革兰氏染色液等。

四、实验步骤

1. 检验程序

乳酸菌检验程序见图 6-5。

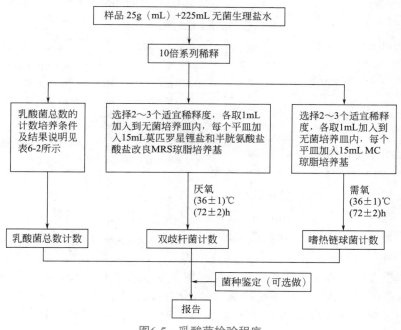

图6-5　乳酸菌检验程序

2. 操作方法

（1）样品制备

① 样品的全部制备过程均应遵循无菌操作程序。

② 对于冷冻样品，可先使其在 2～5℃条件下解冻，时间不超过 18h，也可在温度不超过 45℃的条件解冻，时间不超过 15min。

③ 对于固体和半固体样品，以无菌操作称取 25g 样品，置于装有 225mL 生理盐水的无菌均质杯内，于 8000～10000r/min 均质 1～2min，制成 1：10 样品匀液；或置于 225mL 生理盐水的无菌均质袋中，用拍击式均质器拍打 1～2min 制成 1：10 的样品匀液。

④ 对于液体样品，应先将其充分摇匀后以无菌吸管吸取样品 25mL 放入装有 225mL 生理盐水的无菌锥形瓶（瓶内预置适当数量的无菌玻璃珠）中，充分振摇，制成 1：10 的样品匀液。

（2）步骤

① 用 1mL 无菌吸管或微量移液器吸取 1：10 样品匀液 1mL，沿管壁缓慢注于装有 9mL 生理盐水的无菌试管中（注意吸管尖端不要触及稀释液），振摇试管或换用 1 支无菌吸管反复吹打使其混合均匀，制成 1：100 的样品匀液。

② 另取 1mL 无菌吸管或微量移液器吸头，按上述操作顺序，做 10 倍递增样品匀液，每递增稀释一次，即换用 1 次 1mL 灭菌吸管或吸头。

③ 乳酸菌计数

a. 乳酸菌总数　乳酸菌总数计数培养条件的选择及结果说明见表 6-2。

表6-2　乳酸菌总数计数培养条件的选择及结果说明

样品中所包括乳酸菌菌属	培养条件的选择及结果说明
仅包括双歧杆菌属	按 GB 4789.34—2016 的规定执行（双歧杆菌检验）
仅包括乳杆菌属	按照 d 操作，结果即为乳杆菌属总数
仅包括嗜热链球菌	按照 c 操作，结果即为嗜热链球菌总数
同时包括双歧杆菌属和乳杆菌属	按照 d 操作，结果即为乳酸菌总数； 如需单独计数双歧杆菌属数目，按照 b 操作
同时包括双歧杆菌属和嗜热链球菌	按照 b 和 c 操作，二者结果之和为乳酸菌总数； 如需单独计数双歧杆菌属数目，按照 b 操作
同时包括乳杆菌属和嗜热链球菌	按照 c 和 d 操作，二者结果之和即为乳酸菌总数； c 结果为嗜热链球菌总数； d 结果为乳杆菌属总数
同时包括双歧杆菌属、乳杆菌属和嗜热链球菌	按照 c 和 d 操作，二者结果之和即为乳酸菌总数； 如需单独计数双歧杆菌属数目，按照 b 操作

b. 双歧杆菌计数　根据对待检样品双歧杆菌含量的估计，选择 2～3 个连续的适宜稀释度，每个稀释度吸取 1mL 样品匀液于灭菌平皿内，每个稀释度做两个平皿。稀释液移入平皿后，将冷却至 48℃的莫匹罗星锂盐和半胱氨酸盐酸盐改良的 MRS 培养基倾注入平皿约 15mL，转动平皿使混合均匀。（36±1）℃厌氧培养（72±2）h，培养后计数平板上的所有菌落数。从样品稀释到平板倾注要求在 15min 内完成。

c. 嗜热链球菌计数　根据待检样品嗜热链球菌活菌数的估计，选择 2～3 个连续的适宜稀释度，每个稀释度吸取 1mL 样品匀液于灭菌平皿内，每个稀释度做两个平皿。

稀释液移入平皿后，将冷却至48℃的MC培养基倾注入平皿约15mL，转动平皿使混合均匀。（36±1）℃需氧培养（72±2）h，培养后计数。嗜热链球菌在MC琼脂平板上的菌落特征为：菌落中等偏小，边缘整齐光滑的红色菌落，直径（2±1）mm，菌落背面为粉红色。从样品稀释到平板倾注要求在15min内完成。

　　d. 乳杆菌计数　根据待检样品活菌总数的估计，选择2~3个连续的适宜稀释度，每个稀释度吸取1mL样品匀液于灭菌平皿内，每个稀释度做两个平皿。稀释液移入平皿后，将冷却至48℃的MRS琼脂培养基倾注入平皿约15mL，转动平皿使混合均匀。（36±1）℃厌氧培养（72±2）h。从样品稀释到平板倾注要求在15min内完成。

　　（3）菌落计数　可用肉眼观察，必要时用放大镜或菌落计数器，记录稀释倍数和相应的菌落数量。菌落计数以菌落形成单位（CFU）表示。

　　① 选取菌落数在30~300CFU、无蔓延菌落生长的平板计数菌落总数。低于30CFU的平板记录具体菌落数，大于300CFU的可记录为多不可计。每个稀释度的菌落数应采用两个平板的平均数。

　　② 其中一个平板有较大片状菌落生长时，则不宜采用，而应以无片状菌落生长的平板作为该稀释度的菌落数；若片状菌落不到平板的一半，而其余一半中菌落分布又很均匀，即可计算半个平板后乘以2，代表一个平板菌落数。

　　③ 当平板上出现菌落间无明显界线的链状生长时，则将每条单链作为一个菌落计数。

　　（4）结果的表达

　　① 若只有一个稀释度平板上的菌落数在适宜计数范围内，计算两个平板菌落数的平均值，再将平均值乘以相应稀释倍数，作为每克（毫升）样品中菌落总数结果。

　　② 若有两个连续稀释度的平板菌落数在适宜计数范围内时，按公式计算：

$$N = \frac{\sum C}{(n_1 + 0.1n_2)\, d}$$

式中　N——样品中菌落数；

　　$\sum C$——平板（含适宜范围菌落数的平板）菌落数之和；

　　n_1——第一稀释度（低稀释倍数）平板个数；

　　n_2——第二稀释度（高稀释倍数）平板个数；

　　d——稀释因子（第一稀释度）。

　　③ 若所有稀释度的平板上菌落数均大于300CFU，则对稀释度最高的平板进行计数，其他平板可记录为多不可计，结果按平均菌落数乘以最高稀释倍数计算。

　　④ 若所有稀释度的平板菌落数均小于30CFU，则应按稀释度最低的平均菌落数乘以稀释倍数计算。

　　⑤ 若所有稀释度（包括液体样品原液）平板均无菌落生长，则以小于1乘以最低稀释倍数计算。

　　⑥ 若所有稀释度的平板菌落数均不在30~300CFU范围，其中一部分小于30CFU或大于300CFU时，则以最接近30CFU或300CFU的平均菌落数乘以稀释倍数计算。

　　（5）菌落数的报告

　　① 菌落数小于100CFU时，按"四舍五入"原则修约，以整数报告。

　　② 菌落数大于或等于100CFU时，第3位数字采用"四舍五入"原则修约后，取

二维码6-18 乳酸菌
测定步骤

二维码6-19 乳酸菌
检测报告

前 2 位数字，后面用 0 代替位数；也可用 10 的指数形式来表示，按"四舍五入"原则修约后，采用两位有效数字。

③ 称重取样以 CFU/g 为单位报告，体积取样以 CFU/mL 为单位报告。

五、数据记录与处理

根据试验结果，报告检测结果：

每克（毫升）样品中乳酸菌数是＿＿＿＿＿＿＿＿＿＿＿＿＿＿＿＿＿＿＿＿＿。

六、操作注意事项

（1）操作中必须建立"无菌操作"的概念，所用玻璃器皿必须完全灭菌。

（2）采样必须具有代表性。固体样品必须经过均质或研磨，液体样品须经过混匀，以获得均匀稀释液。

（3）每递增稀释换用 1 次 1mL 无菌吸管或吸头。

任务评价

评价内容	分值	考核得分	备注
实验原理熟悉情况	10		
实验操作熟练情况	40		
实验结果正确情况	20		
实验分析讨论情况	10		
实验总结改进情况	20		

思考与交流

1.乳酸菌检验有哪些要求，为什么要需氧和厌氧两种培养形式？

2.双歧杆菌计数和嗜热链球菌计数有什么区别？

项目小结

　　食品微生物检测是运用微生物学的理论与方法，检验食品中微生物的种类、数量、性质及其对人的健康的影响，以判别食品是否符合质量标准的检测方法。目前，我国颁布的食品微生物检验指标主要有细菌总数检验、大肠菌群检验、致病菌检验、霉菌及其毒素检验等四项。

　　细菌总数是指牛肉膏蛋白胨琼脂培养基上长出的菌落数，平皿菌落计数法测定食品中的活菌数，一般以 1g 食品、1mL 食品或 1cm² 食品表面所含的细菌数来表示。其检验的意义：可反映食品被污染的程度，即清洁状态的标志；可以用来预测食品可能存放的期限。

　　大肠菌群是指 37℃条件下 24h 发酵乳糖产酸产气的需氧或兼性厌氧的革兰氏阴性无芽孢杆菌。大肠菌群作为食品卫生标准的意义在于直接反映了食品被粪便污染的情况，它是较为理想的粪便污染的指示菌群。

　　致病菌系指肠道致病菌、致病性球菌等。食品中不允许有致病菌存在，这是食品卫生质量指标中必不可少的标准之一。另外有些致病菌产生毒素，毒素的检查也是一项不容忽视的指标。

　　微生物检验程序包括采集样品、样品送检、样品处理、检验、结果报告。

　　菌落总数测定程序为：样品稀释、培养、菌落计数、菌落总数的报告。

　　MPN 法测定大肠菌群方法：待测样品经系列稀释并培养后，根据其未生长的最低稀释度与生长的最高稀释度，应用统计学概率推算出待测样品中大肠菌群的最大可能数。

　　大肠菌群平板计数法：大肠菌群在固体培养基中发酵乳糖产酸，在指示剂的作用下形成可计数的红色或紫色，带有或不带有沉淀环的菌落。

　　霉菌和酵母测定程序：样品稀释、培养、菌落计数、结果报告。

　　乳酸菌检验测定程序：样品制备、稀释、乳酸菌计数（根据乳酸菌总数计数培养条件选择结果）、菌落数报告。

练一练测一测

1. 单选题

（1）在测定菌落总数时，首先将食品样品做成（　　）倍递增稀释液。

A.1∶5　　　　B.1∶10　　　　C.1∶15　　　　D.1∶20

（2）一般培养基高压蒸汽灭菌的条件是（　　）。

A.121℃/15～30min　　　　B.115℃/15～30min

C.130℃/15～30min　　　　D.65℃/15～30min

（3）依据 GB/T 4789.2—2022，菌落数测定结果 1∶100（第一稀释度）菌落数分别为 204、213；1∶1000（第二稀释度）菌落数分别为 19、18，菌落总数报告为（　　）。

A.$2.0×10^4$　　　B.$2.1×10^4$　　　C.$1.9×10^4$　　　D.$4.0×10^4$

（4）霉菌及酵母菌的培养温度是（　　）℃。

A.36±1　　　B.35±1　　　C.30±1　　　D.25～28

（5）某食品作细菌菌落计数时，若 10^{-1} 平均菌落数为 27，10^{-2} 平均菌落数为 11，10^{-3} 平均菌落数为 3，则该样品应报告菌落数是（　　）。

A.270　　　B.1100　　　C.3000　　　D.1500

（6）大肠菌群 MPN 计数初发酵试验所用培养基是（　　）。

A.月桂基硫酸盐胰蛋白胨（LST）肉汤　B.缓冲蛋白胨水或碱性蛋白胨水

C.改良 EC 肉汤　　　　D.乳糖发酵管

（7）在微生物检测中最常见的是细胞生物，其中最多的是（　　）。

A.病毒　　　B.真菌　　　C.霉菌　　　D.细菌

（8）实验室对接种针（环）、试管口的灭菌方法是（　　）。

A.灼烧法　　　　B.流通蒸汽法

C.间歇灭菌法　　　　D.高压蒸汽灭菌法

（9）在普通琼脂培养基中与细菌的营养无关的成分是（　　）。

A.牛肉膏　　　B.蛋白胨　　　C.氯化钠　　　D.琼脂

2. 判断题

（1）进行微生物检验采集的样品，在送检过程中应越快越好，一般不应超过24d。　　　　　　　　　　　　　　　　　　　　　　　　　　　　　（　　）

（2）大肠菌群经 LST 肉汤初发酵试验后，等培养基变蓝，且小导管中有气泡则需进行确证实验。　　　　　　　　　　　　　　　　　　　　　　　　　（　　）

（3）对酱类进行微生物检验时，所用稀释液是灭菌蒸馏水。　　　　　（　　）

（4）分装试管时，用于制作斜面的固体培养基分装量为管高的 1/3，用于制作平板的培养基需分装于锥形瓶中，一般分装量以锥形瓶容积的 1/2 为宜。　（　　）

（5）MPN 是指可能产气的数量。　　　　　　　　　　　　　　　　　（　　）

（6）菌落计数结果以菌落形成单位（CFU）表示。　　　　　　　　　（　　）

（7）大肠菌群在结晶紫中性红胆盐琼脂（VRBA）上的典型菌落形态是紫红色，有胆盐沉淀环。　　　　　　　　　　　　　　　　　　　　　　　　　　（　　）

（8）沙门氏菌是革兰氏阴性大肠杆菌，其所引起的食物中毒在我国居首位。　（　　）

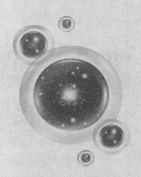

模块二
微生物检验拓展知识

项目七
腐败微生物和食品贮藏技术

项目引导

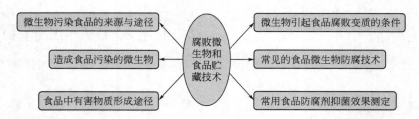

食品微生物污染是指食品在加工、运输、贮藏、销售过程中被微生物及其毒素污染。污染食品的微生物来源包括原料、环境、加工方法、加工工具、操作人员、贮运条件、销售方式、食用方法等多方面综合作用。

食品腐败变质的过程实质上是食品中糖类、蛋白质、脂肪在微生物的作用下分解变化、产生有害物质的过程。食品腐败变质受环境条件影响，不同食品变质后，其症状、判断及引起变质的微生物类群各不相同。研究微生物腐败机理对食品防腐技术具有重要意义。

想一想

腐败微生物主要来自何方？微生物导致食品腐败的机理是什么？

任务一　常见腐败微生物的来源及腐败原理

任务要求

1. 了解腐败微生物来源。
2. 了解控制微生物污染的措施。
3. 掌握微生物导致食品腐败的原理。
4. 依据腐败现象学会分析微生物腐败原因。

　　由于微生物的作用使食品发生了有害变化，失去了原有的或应有的营养价值、组织性状及色、香、味，被称为食品的腐败变质。食品腐败变质是微生物的污染、食品的性质和环境条件综合作用的结果。造成食品变质的原因包括物理、化学和生物三个方面，其中危害最严重、也最难控制的就是微生物危害，它占到了整个食品危害问题的90%。微生物危害包括加工、运输、贮藏、消费等整个食品产业链，并与人员、环境、器具、食用方法等有紧密关系。

一、常见腐败微生物来源

　　食品微生物污染是指食品在加工、运输、贮藏、销售过程中被微生物及其毒素污染。研究并弄清食品的微生物污染源、途径及其在食品中的生长规律，对于切断污染途径、控制其对食品的污染、延长食品保藏期、防止食品腐败变质与食物中毒的发生都有非常重要的意义。食品微生物的污染主要包括细菌及细菌毒素污染和霉菌及霉菌毒素污染。

（一）污染食品的微生物来源及其途径

　　一方面微生物在自然界中分布十分广泛，不同的环境中存在的微生物类型和数量不尽相同，另一方面食品从原料、生产、加工、贮藏、运输、销售到烹调等各个环节，常常与环境发生各种方式的接触，进而导致微生物的污染。污染食品的微生物来源主要为土壤、空气、水、人及动植物携带、加工机械设备、包装材料、原料及辅料等。

　　1. 土壤

　　土壤中含有丰富的可被微生物利用的碳源和氮源，还含有大量的硫、磷、钾、钙、镁等无机元素及硼、钼、锌、锰等微量元素。土壤具有一定的保水性、通气性及适宜的酸碱度（pH 3.5～10.5），土壤温度变化范围通常在10～30℃，而且表面土壤的覆盖可有效地保护微生物免遭阳光中紫外线的伤害。可见，土壤为微生物的生长繁殖提供了有利的营养条件和环境条件。因此，土壤素有"微生物的天然培养基"和"微生物大本营"之称，也是食品腐败菌的主要来源之一。

　　土壤中的微生物不仅数量庞大而且种类庞杂，其中细菌所占比例最大，可达70%～80%，放线菌次之，占5%～30%，再次是真菌、藻类和原生动物。不同土壤中微生物的种类和数量有很大差异，在地面下3～25cm是微生物最活跃的场所，肥沃的土壤中微生物的数量和种类较多，果园土壤中酵母的数量较多。土壤中的微生物除了自身发展外，分布在空气、水和人及动植物体的微生物也会不断进入土壤中。许多病原微生物就是随着动植物残体以及人和动物的排泄物进入土壤的。因此，土壤中的微生物既有非病原的，也有病原的。通常无芽孢菌在土壤中生存的时间较短，而有芽孢菌在土壤中生存时间较长。例如沙门氏菌只能生存数天至数周，炭疽芽孢杆菌却能生存数年或更长时间。

　　2. 空气

　　空气中不具备微生物生长繁殖所需的营养物质和充足的水分条件，加之室外经常接受来自阳光紫外线照射，所以空气不是微生物生长繁殖的良好场所。然而空气中也确实含有一定数量的微生物，这些微生物随风飘扬而悬浮在大气中或附着在飞扬起来的尘埃或液滴上。这些微生物可来自土壤、水、人和动植物体表的脱落物以及呼吸道、消化道的排泄物。

空气中的微生物主要为霉菌、放线菌的孢子、细菌的芽孢及酵母。不同环境空气中微生物的数量和种类有很大差异。公共场所、街道、畜舍、屠宰场及通气不良处的空气中微生物的数量较高。空气中的尘埃越多，所含微生物的数量也就越多。室内污染严重的空气微生物数量可达 10^6 个 /m³，海洋、高山、乡村、森林等空气清新的地方微生物的数量较少。空气中也可能会出现一些病原微生物，它们直接来自人或动物呼吸道、皮肤脱落物及排泄物或间接来自土壤，如结核杆菌、金黄色葡萄球菌、沙门氏菌、流感嗜血杆菌和病毒等。例如一名患病者口腔喷出的飞沫小滴含有 1 万～2 万个细菌。

3. 水

自然界中的江、河、湖、海等各种淡水与咸水水域中都生存着相应的微生物。由于不同水域中的有机物和无机物的种类和含量、温度、酸碱度、含盐量、含氧量及不同深度光照度等差异，因而各种水域中的微生物种类和数量呈明显差异。通常水中微生物的数量主要取决于水中有机物质的含量，有机物质含量越多，其中微生物的数量也就越大。例如污水中的微生物数目多于清水，地表水中的微生物多于地下水。食品生产用水通常也会含有一定数量的微生物，是食品腐败菌的重要来源之一。

4. 人及动植物

人体及各种动物，如犬、猫、鼠等的皮肤、毛发、口腔、消化道、呼吸道均带有大量的微生物，如未经清洗的动物皮毛、皮肤微生物数量可达 10^5～10^6 个 /cm²。人体中各部位的常见微生物如表 7-1 所示。当人或动物感染了病原微生物后，体内会存在不同数量的病原微生物，其中有些菌种是人畜共患病原微生物，如沙门氏菌、结核杆菌、布氏杆菌等。这些微生物可以通过直接接触或通过呼吸道和消化道向体外排出而污染食品。

表 7-1　人体中各部位的常见微生物

部位	主要微生物的种类
皮肤	葡萄球菌、类白喉杆菌、铜绿假单胞杆菌、非致病性抗酸杆菌等
口腔	奈氏球菌、某些链球菌、梭形杆菌、乳酸杆菌、螺旋体和真菌等
鼻咽腔	葡萄球菌、链球菌、肺炎球菌、奈氏球菌、铜绿假单胞杆菌等
肠道	大肠杆菌、产气杆菌、变形杆菌、铜绿假单胞杆菌、葡萄球菌、肠链球菌、产气荚膜杆菌、破伤风梭菌等
眼结膜	白色葡萄球菌、结膜干燥杆菌、类白喉杆菌等
尿道	白色葡萄球菌、类白喉杆菌、非致病性抗酸杆菌等

蚊、蝇、蟑螂等昆虫也都携带有大量的微生物，其中有多种还属于病原微生物，它们接触食品同样会造成微生物的污染。

在植物体表也存在着许多微生物，如葡萄表面的酵母可以使葡萄糖转化成酒精，蔬菜表面的细菌可以转化糖为有机酸等。

5. 加工机械设备

各种加工机械设备本身没有微生物所需的营养物质，但在食品加工过程中，由于食品的汁液或颗粒黏附于表面，食品生产结束时机械设备没有得到彻底的清洗灭菌，使原本少量的微生物得以大量生长繁殖，成为微生物的污染源。这种机械设备在后续的使用中，会通过与食品接触而造成食品的微生物污染。

6.包装材料

各种包装材料如果处理不当也会带有微生物。一次性包装材料通常比循环使用的材料所带有的微生物数量要少。塑料包装材料由于带有电荷，常会吸附空气中的灰尘及微生物。

7.原料及辅料

二维码7-1 微生物污染食品的来源与途径

（1）动物性原料　屠宰前健康的畜禽具有健全而完整的免疫系统，能有效地防御和阻止微生物的侵入和在肌肉组织内扩散。屠宰后的畜禽随即丧失了先天的防御机能，微生物侵入组织后迅速繁殖。屠宰前畜禽的状态对微生物的污染也有较大影响。屠宰前给予充分休息和良好的饲养，使其处于安静舒适的条件，此种状态下进行屠宰，其肌肉中的糖原将转变为乳酸。在屠宰后 6～7h 内由于乳酸的增加使胴体的 pH 降低到 5.6～5.7，24h 内 pH 降低至 5.3～5.7，在此 pH 条件下，污染的细菌不易繁殖。如果宰前畜禽处于应激和兴奋状态，则将动用储备糖原，宰后动物组织的 pH 接近于 7，在这样的条件下腐败细菌的污染会更加迅速。

（2）植物性原料　植物生产于土壤，其本身就带有一定数量的微生物。例如，果蔬汁是以新鲜果蔬为原料经加工制成的。由于果蔬原料本身带有微生物，而且在加工过程中还会再次感染，所以制成的果蔬汁中必然存在大量微生物。果蔬汁的 pH 值一般在 2.4～4.2，糖度较高，可达 60～70°Brix（白利度），因而在果汁中生存的微生物主要是酵母菌，其次是霉菌和极少数的细菌。粮食在加工过程中，经过洗涤和清洁处理，可除去籽粒表面上的部分微生物，但某些工序又可使其受环境、机具及操作人员携带的微生物的二次污染。

（二）控制微生物污染的措施

微生物污染是导致食品腐败变质的首要原因，生产中必须采取综合措施才能有效地控制食品的微生物污染。

1.加强生产环境的卫生管理

食品加工厂和畜禽屠宰场必须符合卫生要求，及时清除废物、垃圾、污水和污物等；生产车间、加工设备及工具要经常清洗、消毒，严格执行各项卫生制度。操作人员必须定期进行健康检查，患有传染疾病者不得从事食品生产；工作人员要保持个人卫生及工作服的清洁。生产企业应使用符合卫生标准的水源。

2.严格控制加工过程中的污染

自然界中微生物的分布极广，欲杜绝食品的微生物污染是很难办到的。因此，在食品加工、贮藏、运输过程中尽可能减少微生物的污染，对防止食品腐败变质就显得十分重要。选用符合要求的动植物原料，采用科学卫生的加工处理方法，科学规范地进行原料、产品管理，采用冷藏、冷冻等有效贮藏方法，都可有效遏制微生物的大量繁殖。另外，食品加工中的灭菌条件，要满足商业灭菌的要求；使用过的生产设备、工具要及时清洗、消毒。

3. 注意贮藏、运输和销售卫生

食品的贮藏、运输及销售过程中也应防止微生物的污染，控制微生物的大量生长。采用合理的贮藏方法，保持贮藏环境符合卫生标准；运输车辆应做到专车专用，定期清洗消毒，并且要有防尘设施；销售过程要依据产品特点设置规范的销售形式。

二、微生物腐败的原理

食品腐败变质的过程实质上是食品中糖类、蛋白质、脂肪在微生物的作用下分解变化、产生有害物质的过程。

（一）食品中糖类的分解

食品中糖类在微生物及植物组织中的各种酶及其他因素作用下，可发生水解并顺次形成低级产物，从而使新鲜原料软化。其主要变化指标是酸度升高，根据食品种类不同也表现为糖、醇、醛、酮含量升高或产 CO_2 气体。

（二）食品中蛋白质的分解

肉、蛋、鱼和豆制品等富含蛋白质的食品，经过微生物的蛋白酶和肽酶的作用，蛋白质被分解成多肽及氨基酸，氨基酸再进一步分解成相应的胺类、有机酸和各种碳氢化合物，从而产生各种异臭味。各种不同的氨基酸分解产生的腐败胺类和其他物质各不相同，甘氨酸产生甲胺，鸟氨酸产生腐胺，精氨酸产生色胺进而分解成吲哚，含硫氨基酸分解产生硫化氢和氨、乙硫醇等。

（三）食品中脂肪的分解

食品中脂肪的变质主要为酸败。在解脂酶作用下脂肪分解成甘油和脂肪酸。饱和脂肪酸可进而断链形成具有不愉快味道的酮类或酮酸；不饱和脂肪酸的不饱和键可形成过氧化物，脂肪酸可分解成具有特殊气味的醛类和醛酸，即所谓的"油哈"气味。

（四）有毒有害物质的形成

有些微生物引起食品腐败变质的同时还会产生对人体有害的物质。微生物产生的毒素分为细菌毒素和真菌毒素，它们能引起食物中毒，有些毒素甚至能引起人体器官的病变及癌症。

二维码7-2 食品中
有害物质形成途径

 思考与交流

1. 什么是食品微生物污染？
2. 食品腐败变质过程的实质是什么？
3. 食品生产中应该怎样控制微生物污染？

📖 想一想

日常生活中常用的防腐措施有哪些？试举例说明。

任务二　微生物引起食品腐败变质条件及防腐技术

🌐 任务要求

1. 了解微生物引起食品腐败变质条件。
2. 了解引起食品变质的微生物类群。
3. 掌握食品微生物防腐常用技术。

食品在理化性质或感官状态上发生的不利改变都称为食品变质，但是由于微生物引起的变质则称为食品的腐败。食品中的营养物质是决定微生物能否引起食品变质的重要条件。蛋白质被微生物分解造成的食品败坏，称之为腐败；碳水化合物或脂肪被微生物分解造成的败坏，则称之为酸败。

一、微生物引起食品腐败变质的条件

（一）食品腐败变质的条件

微生物污染食品后能否生长繁殖引起腐败变质，除了受微生物自身影响外，还要取决于食品基质条件和外界环境条件。

1. 食品基质条件

（1）食品的营养成分与微生物生长的适应性　食品含有蛋白质、糖类、脂肪、无机盐、维生素和水分等丰富的营养成分，是微生物生长的良好培养基。因而微生物污染食品后很容易迅速生长繁殖，造成食品的变质。

① 分解蛋白质类食品的微生物　分解蛋白质而使食品变质的微生物，主要是细菌、霉菌和酵母菌，它们多数是通过分泌胞外蛋白酶来完成的。

细菌中，芽孢杆菌属、梭状芽孢杆菌属、假单胞菌属、变形杆菌属、链球菌属等分解蛋白质能力较强，即使无糖存在，它们在以蛋白质为主要成分的食品上也能生长良好；小球菌属、葡萄球菌属、黄杆菌属、产碱杆菌属、埃希菌属等分解蛋白质能力较弱；肉毒梭状芽孢杆菌分解蛋白质能力微弱，但该菌为厌氧菌，可引起罐头的腐败变质。

许多霉菌都具有分解蛋白质的能力，霉菌比细菌更能利用天然蛋白质，常见的青霉属、毛霉属、曲霉属、木霉属、根霉属等都有很强的蛋白质分解能力。

大多数酵母菌分解蛋白质的能力都极弱。如啤酒酵母属、毕赤氏酵母属、汉逊氏酵母属、假丝酵母属、球拟酵母属等只能使凝固的蛋白质缓慢分解。因此，在某些食品腐败上，酵母菌竞争不过细菌，往往是细菌占优势。

② 分解糖类食品的微生物　细菌中能够分解淀粉的种类为数不多，主要是芽孢杆菌属和梭状芽孢杆菌属的某些种，如枯草芽孢杆菌、巨大芽孢杆菌、马铃薯芽孢杆菌、蜡样芽孢杆菌、淀粉梭状芽孢杆菌等，它们是引起米饭发酵、面包黏液化的主要菌株；能分解纤维素和半纤维素的细菌只有芽孢杆菌属、梭状芽孢杆菌属和八叠球菌

属的一些种；但绝大多数细菌都具有分解糖类的能力，特别是利用单糖的能力极为普遍；还有些细菌能利用单糖和有机酸或醇类；而能分解果胶的细菌主要有芽孢杆菌属、欧氏植病杆菌属、梭状芽孢杆菌属中的部分菌株，它们是导致果蔬腐败的重要原因。

多数霉菌都有分解简单糖类的能力；但能够分解纤维素的霉菌并不多见，主要是青霉属、曲霉属、木霉属等中的几个种，其中绿色木霉、里氏木霉、康氏木霉等分解纤维素的能力极强。分解果胶能力较强的霉菌主要有曲霉属、毛霉属、蜡叶芽枝霉等；曲霉属、毛霉属和镰刀霉属等还具有利用某些简单有机酸和醇类的能力。

绝大多数酵母不能直接利用淀粉；少数酵母如脆壁酵母能分解果胶；大多数酵母具有利用单糖和有机酸的能力。

③ 分解脂肪类食品的微生物　分解脂肪的微生物都能够合成脂肪酶，使脂肪水解为甘油和脂肪酸。一般来讲，对蛋白质分解能力强的需氧性细菌，大多数同时也能分解脂肪。细菌中的假单胞菌属、无色杆菌属、黄色杆菌属、产碱杆菌属和芽孢杆菌属中的许多种，都具有分解脂肪的特性。

能分解脂肪的霉菌比细菌多，在食品中常见的有曲霉属、白地霉、代氏根霉、娄地青霉和芽枝霉属等。

酵母菌分解脂肪的菌种不多，主要是解脂假丝酵母，这种酵母对糖类不发酵，但分解脂肪和蛋白质的能力却很强。因此，在肉类食品、乳及其制品中的脂肪酸败时，也应考虑到是否因酵母而引起。

（2）食品 pH 与微生物生长的适应性　根据食品的 pH 范围，可将食品划分为酸性食品（pH<4.5，细菌受抑制，酵母菌和霉菌可生长）和非酸性食品（pH>4.5，细菌、酵母菌和霉菌都能生长）。酸性食品主要为一些碳水化合物含量较高的果蔬制品，非酸性食品多为肉、蛋、奶类等蛋白质含量较高的食物。

（3）食品的水分活度与微生物生长的适应性　食品中水分以游离水和结合水两种形式存在。微生物在食品上生长繁殖，能利用的水是自由水，因而微生物在食品中的生长繁殖所需水不是取决于总含水量（%），而是取决于水分活度（a_w）。通常情况，自由水对水分活度有贡献，而结合水无贡献。

二维码7-3 造成
食品污染的微生物

为了防止食品变质，最常用的办法，就是要降低食品的水分活度，使 a_w 值降低至0.70 以下，这样可以较长期地进行保存。许多研究报道，a_w 值在 0.80～0.85 的食品，一般只能保存几天；a_w 值在 0.72 左右的食品，可以保存 2～3 个月；如果 a_w 在 0.65 以下，则可保存 1～3 年。

2. 食品外界环境条件

（1）环境温度　根据微生物对温度的适应性，可将微生物分为三个生理类群，即嗜冷、嗜温、嗜热三大类微生物。

低温对微生物生长极为不利，但由于微生物具有一定的适应性，在 5℃左右或更低的温度下仍有少数微生物能生长繁殖，使食品发生腐败变质，我们称这类微生物为嗜冷微生物。嗜冷微生物是引起冷藏、冷冻食品变质的主要微生物，常见有部分革兰氏阳性无芽孢杆菌属、少数革兰氏阴性菌属及个别的酵母菌和霉菌等。嗜温微生物是指生长的最适温度在 15～45℃之间的微生物，绝大部分微生物属于该类，是导致常温食品腐败的主要微生物。嗜热微生物是一类能在高于 45℃条件下生长的微生物，大部分为细菌，常用于发酵生产。

（2）气体状况　微生物与 O_2 有着十分密切的关系。一般来讲，在有氧的环境中，好氧微生物进行有氧呼吸，生长、代谢速度快，食品变质速度也快；缺乏 O_2 条件下，由厌氧性微生物引起的食品变质速度较慢。O_2 存在与否决定着兼性厌氧微生物是否生长和生长速度的快慢，例如当 a_w 值为 0.86 时，无氧条件下金黄色葡萄球菌不能生长或生长极其缓慢，而在有氧状况下则能良好生长。

新鲜食品原料中，由于组织内一般存在着还原性物质（如动物原料组织内的巯基），因而具有抗氧化能力。一般情况下，在食品原料内部生长的微生物绝大部分应是厌氧微生物；而在原料表面生长的则是好氧微生物。食品经过加工，组织结构改变，伴随好氧微生物进入组织内部，食品更易发生变质。

另外，H_2 和 CO_2 等气体的存在，对微生物的生长也有一定的影响。实际工作中，可通过控制 H_2 或 CO_2 的浓度来防止食品腐败变质，如气调贮藏。

二维码7-4
微生物引起腐败
变质的条件

（二）食品变质的症状、判断及引起变质的微生物类群

1. 罐藏食品的变质

罐藏食品是将食品原料经一系列处理后，再装入容器，经密封、杀菌而制成的一种特殊形式保藏的食品。

（1）罐藏食品的性质　引起罐藏食品变质的相关因素主要有 pH 值、贮藏温度、食品基质等，罐藏食品的分类及热力灭菌温度要求见表 7-2。

表7-2　罐藏食品的分类及热力灭菌温度要求

分类	食品种类	热力灭菌
低酸性食品 （pH 值 5.3 以上）	谷类、豆类、肉、禽、乳、鱼、虾等	高温杀菌 105～121℃
中酸性食品 （pH 值 5.3～4.5）	蔬菜、甜菜、瓜类等	高温杀菌 105～121℃
酸性食品 （pH 值 4.5～3.7）	番茄、菠菜、梨、柑橘等	沸水或 100℃以下 介质中杀菌
高酸性食品 （pH 值 3.7 以下）	酸泡菜、果酱等	沸水或 100℃以下 介质中杀菌

（2）引起罐藏食品变质的微生物　引起罐藏食品腐败变质的微生物主要有芽孢杆菌、非芽孢细菌、酵母菌和霉菌。

① 芽孢杆菌　嗜热脂肪芽孢杆菌和凝结芽孢杆菌是引起罐头平盖酸败（即产酸不产气的腐败）的嗜热菌；枯草芽孢杆菌、巨大芽孢杆菌和蜡样芽孢杆菌是引起罐头平盖酸败的中温菌。

TA 细菌（如嗜热解糖梭菌）是一类能分解糖、专性嗜热、产芽孢的厌氧菌，特别是厌氧的肉毒梭状芽孢杆菌，在食品中生长繁殖并能产生肉毒毒素，该毒素属神经毒，毒性极强，死亡率大约为 25%～50%。因此，罐藏食品常常把能否杀死肉毒梭菌的芽孢作为灭菌标准。

罐藏食品发生由芽孢杆菌引起的腐败，多是由于杀菌不彻底造成的。

② 非芽孢细菌　非芽孢细菌中，一类是肠杆菌，如大肠杆菌、产气杆菌、变形杆菌等；另一类是球菌，如乳链球菌、类链球菌和嗜热链球菌等，它们均能分解糖类产酸，并产生气体造成罐头胀罐。

罐藏食品发生由非芽孢细菌引起的腐败，常常是由于罐头密封不良漏气造成的，或由于杀菌温度过低造成的。

③ 酵母菌　引起罐藏食品变质的酵母菌主要是球拟酵母属、假丝酵母属、啤酒酵母属。由于罐头食品加热杀菌不充分，或罐头密封不良而导致了酵母菌残存于罐内引起腐败。

酵母菌多为兼性厌氧菌，可发酵糖产生二氧化碳造成腐败胀罐。

④ 霉菌　霉菌具有耐酸、耐高渗透压的特性，因此若引起罐藏食品变质，常见于高酸度（pH 值 4.5 以下）罐藏食品中。

霉菌多为好氧菌，且不耐热，若罐藏食品中有霉菌出现，说明罐藏食品存在真空度不够、漏气或杀菌不彻底而导致霉菌残存，常见有青霉属、曲霉属等。

2. 果蔬及其制品的腐败变质

（1）微生物的来源　果蔬表面直接接触外界环境，因而污染有大量微生物，此外还有运输和加工过程污染的微生物。

（2）果蔬的腐败变质　水果和蔬菜的表皮和表皮外覆盖着一层蜡质状物质，有防止微生物侵入的作用，一般正常的果蔬内部组织是无菌的。当果蔬表皮组织受到损伤时，微生物会侵入并进行繁殖，从而促进果蔬的腐烂变质，尤其是成熟度高的果蔬更易损伤。

① 水果与蔬菜的物质组成特点　糖类和水分含量高，是果蔬容易引起微生物变质的一个重要因素。

② 水果与蔬菜的酸碱度　一般水果 pH<4.5，蔬菜 pH 值在 5～7，决定了水果蔬菜中能进行生长繁殖的微生物类群。能引起果蔬变质的微生物主要有酵母菌、霉菌和少数耐酸的细菌。

③ 果蔬腐败变质的性状表现　微生物引起果蔬腐败变质后，表皮出深色斑点，组织变得松软、凹陷，并逐渐变成浆液状甚至水液状，伴有各种不同的味道，如酸味、芳香味、酒味等。

（3）果汁的腐败变质

① 引起果汁变质的微生物

a. 细菌　能引起果汁变质的细菌主要有植物乳杆菌、明串珠菌和嗜酸链球菌，该类菌可以利用果汁中的糖、有机酸生长繁殖并产生乳酸、CO_2 和少量丁二酮、3- 羟基 -2- 丁酮等香味物质，明串珠菌还可产生黏多糖等增稠物质使果汁变质。

b. 酵母菌　能引起果汁变质的酵母菌主要有假丝酵母菌属、圆酵母菌属、隐球酵母菌属和红酵母菌属。该类菌是从鲜果中带来的，也可是在压榨过程中被环境污染的。酵母菌能在 pH>3.5 的果汁中生长，并引起腐败变质。

此外，苹果汁保存于低 CO_2 气体中时，常会见到汉逊氏酵母菌生长，此菌可产生具水果香味的酯类物质；柑橘汁中常出现有越南酵母、葡萄酒酵母、圆酵母等，这些菌是在加工中污染的；浓缩果汁由于糖度和酸度较高，细菌的生长会受到抑制，但其中常有鲁氏酵母、蜂蜜酵母等耐渗透压的酵母菌生长。

c. 霉菌　能引起果汁变质的霉菌中以青霉属最为多见，如扩张青霉、皮壳青霉，其次是曲霉属，如构巢曲霉、烟曲霉等。霉菌引起果汁变质时常伴有难闻的气味产生。

霉菌的孢子抵抗力强，可以较长时间保持其活力，但霉菌一般对 CO_2 敏感，故果汁中充入 CO_2 可以抑制霉菌生长。

② 微生物引起果汁变质的现象　微生物引起果汁变质一般会出现液体混浊，产生酒精，导致有机酸变化等现象。

3. 乳及乳制品的腐败变质

各种不同的乳，如牛乳、羊乳、马乳等，其成分虽各有差异，但都含有丰富的营养成分，容易消化吸收，是微生物生长繁殖的良好培养基。乳一旦被微生物污染，在适宜条件下，就会迅速繁殖引起腐败变质而失去食用价值，甚至可能引起食物中毒。

（1）乳中微生物的来源及主要类群　乳中微生物根据其来源可以分为两类：

① 乳房内的微生物　乳在乳房内不是无菌状态。乳房中的正常菌群，主要是小球菌属和链球菌属。由于这些细菌能适应乳房的环境而生存，故称为乳房细菌。

② 环境中的微生物　包括挤奶过程中细菌的污染和挤后食用前的一切环节中受到的细菌污染。

污染的微生物的种类、数量直接受到牛体表面卫生状况、牛舍的空气、挤奶用具、容器、挤奶工人的个人卫生情况的影响。另外，挤出的奶在处理过程中如不及时加工或冷藏，不仅会增加新的污染机会，而且会使原来存在于鲜乳内的微生物数量增多，这样很容易导致鲜乳变质。所以挤奶后要尽快进行过滤、冷却。

（2）乳的变质过程　乳发生变质的原因主要是鲜乳及消毒乳都残留有一定数量的微生物，特别是污染严重的鲜乳，消毒后残存的微生物还很多，常引起乳的酸败。

乳中含有溶菌酶等抑菌物质，使乳汁本身具有抗菌特性。这种特性延续时间的长短，随乳汁温度高低和细菌的污染程度而不同。通常新挤出的乳，迅速冷却到 0℃ 可保持 48h，5℃ 可保持 36h，10℃ 可保持 24h，25℃ 可保持 6h，30℃ 仅可保持 2h。在这段时间内，乳内细菌是受到抑制的。

当乳的自身杀菌作用消失后，静置于室温下，可观察到乳所特有的菌群交替现象。这种有规律的交替现象分为 5 个阶段：

① 抑制期（混合菌群期）　在新鲜的乳液中含有溶菌酶、乳素等抗菌物质，对乳中存在的微生物具有杀灭或抑制作用。在杀菌作用终止后，乳中各种细菌均发育繁殖，由于营养物质丰富，暂时不发生互联或拮抗现象。这个时期约持续 12h。

② 乳链球菌期　鲜乳中的抗菌物质减少或消失后，存在于乳中的微生物，如乳链球菌、乳酸杆菌、大肠杆菌和一些蛋白质分解菌等迅速繁殖，其中以乳链球菌生长繁殖居优势，分解乳糖产生乳酸，使乳中的酸性物质不断增高。由于酸度的增高，抑制了腐败菌、产碱菌的生长。以后随着产酸增多，乳链球菌本身的生长也受到抑制，数量开始减少。

③ 乳杆菌期　当乳链球菌在乳液中繁殖，乳液的 pH 值下降至 4.5 以下时，由于乳酸杆菌耐酸力较强，尚能继续繁殖并产酸。在此时期，乳中可出现大量乳凝块，并有大量乳清析出，这个时期约 2d。

④ 真菌期　当酸度继续下降至 pH 值 3.0～3.5 时，绝大多数的细菌生长受到抑制或死亡。而霉菌和酵母菌尚能适应高酸环境，并利用乳酸作为营养来源而开始大量生长繁殖。由于酸被利用，乳液的 pH 值回升，逐渐接近中性。

⑤ 腐败期（胨化期）　经过以上 4 个阶段，乳中的乳糖已基本上消耗掉，而蛋白

质和脂肪含量相对较高。因此，此时能分解蛋白质和脂肪的细菌开始活跃，凝乳块逐渐被消化，乳的 pH 值不断上升，向碱性转化，同时并伴随有芽孢杆菌属、假单胞杆菌属、变形杆菌属等腐败细菌的生长繁殖，于是乳中出现腐败臭味。

在菌群交替现象结束时，乳会产生各种异色、苦味、恶臭味及有毒物质，外观上呈现黏滞的液体或清水状。

（3）乳制品的腐败变质

① 奶粉　主要腐败菌为耐热的细菌，如芽孢杆菌、微球菌、嗜热链球菌等。

② 淡炼乳　主要由耐热的厌氧芽孢杆菌如刺鼻芽孢杆菌、面包芽孢杆菌引起腐败。

③ 甜炼乳　主要由霉菌引起腐败。

4. 肉及肉制品的腐败变质

（1）肉类中的微生物　肉类中的微生物主要有腐生微生物和病原微生物。

① 腐生微生物　包括细菌、酵母菌和霉菌，它们污染肉品，使肉品发生腐败变质。

a. 细菌　主要包括好氧的革兰氏阳性菌，如蜡样芽孢杆菌、枯草芽孢杆菌和巨大芽孢杆菌等；好氧的革兰氏阴性菌，如假单胞杆菌属、无色杆菌属、黄色杆菌属、产碱杆菌属、埃希菌属、变形杆菌属等；此外还有腐败梭菌、溶组织梭菌和产气荚膜梭菌等厌氧梭状芽孢杆菌。

b. 酵母菌和霉菌　主要包括假丝酵母菌属、丝孢酵母属、交链孢霉属、曲霉属、芽枝霉属、毛霉属、根霉属和青霉属。

② 病原微生物　病畜、病禽肉类可能带有的各种病原菌，如沙门氏菌、金黄色葡萄球菌、结核分枝杆菌、炭疽杆菌和布氏杆菌等。它们对肉的主要影响并不在于使肉腐败变质，而是传播疾病，造成食物中毒。

（2）肉类变质现象和原因

① 发黏　微生物在肉表面大量繁殖后，使肉体表面有黏状物质产生，这是微生物繁殖后所形成的菌落，以及微生物分解蛋白质的产物。造成发黏的微生物主要有革兰氏阴性细菌、乳酸菌和酵母菌。

② 变色　肉类腐败变质，常在肉的表面出现各种颜色变化。最常见的是绿色，这是由于蛋白质分解产生的硫化氢与肉中的血红蛋白结合后形成的硫化氢血红蛋白（$H_2S\text{-}Hb$）造成的。另外，黏质赛氏杆菌在肉表面产生红色斑点，深蓝色假单胞杆菌能产生蓝色，黄杆菌能产生黄色。有些酵母菌能产生白色、粉红色、灰色等斑点。

③ 霉斑　肉体表面有霉菌生长时，往往形成霉斑。如美丽枝霉和刺枝霉在肉表面产生羽毛状菌丝；白色侧孢霉和白地霉产生白色霉斑；草酸青霉产生绿色霉斑；蜡叶芽枝霉在冷冻肉上产生黑色斑点。

④ 气味　肉体腐败变质，常有一些不正常或难闻的气味产生，如微生物分解蛋白质产生恶臭味，乳酸菌和酵母菌产生挥发性有机酸的酸味，霉菌生长繁殖产生霉味等。

（3）鲜肉变质过程　肉类随着保藏条件的变化与变质过程的发展，细菌的种类也发生变化，呈现菌群交替现象。这种菌群交替现象一般分为 3 个时期，即需氧菌繁殖期、兼性厌氧菌繁殖期和厌氧菌繁殖期。

① 需氧菌繁殖期　腐败分解的前 3～4d，细菌主要在表层蔓延，最初见到各种球菌，继而出现大肠杆菌、变形杆菌、枯草杆菌等。

② 兼性厌氧菌繁殖期　腐败分解 3～4d 后，细菌已在肉的中层出现，能见到产气

荚膜杆菌等。

③ 厌氧菌繁殖期　在腐败分解的 7～8d 以后，深层肉中已有细菌生长，主要是腐败杆菌。

肉类中菌群交替现象与肉的保藏温度有关，例如当肉的保藏温度较高时，杆菌的繁殖速度较球菌快。

（4）肉制品的腐败变质

① 熟肉类制品　主要腐败菌为细菌、霉菌及酵母菌。

② 腌腊制品　主要腐败菌有酵母菌、霉菌等。

③ 香肠和灌肠制品　主要腐败菌有微杆菌、革兰氏阴性杆菌等。

④ 干制品　主要腐败菌为霉菌。

5. 禽蛋的腐败变质

（1）禽蛋中的微生物　鲜蛋中常见的微生物有大肠菌群、无色杆菌属、假单胞菌属、产碱杆菌属、变形杆菌属、青霉属、枝孢属、毛霉属、枝霉属等。另外，禽蛋中也可能存在沙门氏菌、金黄色球菌等病原菌。

（2）鲜蛋的腐败变质

① 腐败　主要是由细菌引起的鲜蛋变质。其变质过程为：鲜蛋→散黄蛋→酸败蛋、泻黄蛋、粘壳蛋→坏蛋。

变质初期：形成散黄蛋。

泻黄蛋：蛋中的蛋白质进一步被微生物分解，产生吲哚、H_2S、NH_3 等分解产物，蛋液变为灰绿色并有恶臭气体。

酸败蛋：蛋中的糖类被微生物分解，酸使蛋白质变性，蛋清变得黏稠，有凝块出现。

粘壳蛋：霉菌侵入蛋内，菌落将蛋白或蛋黄粘在蛋壳。

② 霉变　霉菌菌丝经过蛋壳气孔侵入后，首先在蛋壳膜上生长，逐渐形成斑点菌落，造成蛋液粘壳，蛋内成分分解并有霉变气味产生。

二、常见的食品微生物防腐技术

（一）食品的低温抑菌保藏

低温保藏分为冷藏和冻藏两种方式。冷藏是指在较低温下贮藏但无冻结过程，新鲜果蔬类和短期贮藏的食品可用此法。冻藏是指将保藏物降温至冰点以下，使水部分或全部呈冻结状态，一般动物性食品常用此法。

1. 食品的冷藏

冷藏一般是指在不冻结状态下的低温贮藏。病原菌和腐败菌大多为中温菌，其最适生长温度为 20～40℃，在 10℃以下大多数微生物难以生长繁殖；-10℃以下仅有少数嗜冷性微生物还保持有活性；-18℃以下几乎所有的微生物不再生长繁殖。大多数酶的适宜催化温度为 30～40℃，低温可使酶活性大大降低，温度维持在 10℃以下，酶的活性将受到很大程度的抑制，因此冷藏可延缓食品的变质。

在最低生长温度时，微生物生长非常缓慢，但它们仍在进行生命活动。如霉菌中的侧孢霉属、枝孢属在 -6.7℃还能生长；青霉属和丛梗孢霉属的最低生长温度为 4℃；细菌中假单胞菌属、无色杆菌属、产碱杆菌属、微球菌属等可在 -4～7.5℃条件下生长。

冷藏的温度一般在 0～10℃内，该温度下可降低大部分微生物活性，但不能完全抑制，因此冷藏常被用于短期贮藏食品（一般为数天或数周）。

2. 食品的冻藏

冻藏是指采用缓冻或速冻方法先将食品冻结，而后再在能保持食品冻结状态的温度下贮藏的保藏方法。常用的冻藏温度为 −23～−12℃，而以 −18℃最常适用。

当食品中的微生物处于冰冻状态时，细胞内游离水形成冰晶体，失去了可利用的水分，水分活度 a_w 值降低，渗透压提高，细胞内细胞质因浓缩而增大黏性，引起 pH 值和胶体状态的改变，从而使微生物的活动受到抑制，甚至死亡；同时，由于微生物细胞内的水结为冰晶，冰晶体对细胞有机械性损伤作用，也直接导致部分微生物的裂解死亡。

食品在冻结过程中，不仅损伤微生物细胞，鲜肉类、果蔬等生鲜食品的细胞也同样受到损伤，致使其品质下降。食品冻结后，其质量是否优良，受冻结时生成冰晶的形状、大小与分布状态的影响很大。

（二）食品加热灭菌保藏

加热灭菌主要是通过热量将微生物菌体中的蛋白质变性，进而杀灭其生长活性。巴氏杀菌是食品生产最为常用的一种加热杀菌保藏方法，其操作方法有多种，虽设备、温度和时间各不相同，但都能达到消毒杀菌目的。目前鲜乳的巴氏消毒灭菌方法主要有以下几种：

1. 低温长时消毒法

该消毒条件为温度 60～65℃，加热保温 30min，适用于乳类、啤酒、饮料、液态调味品、酸渍食品、盐渍食品的消毒。此法存在消毒时间长、杀菌效果不理想的缺点。

2. 高温短时消毒法

将牛乳置于 72～75℃加热 4～6min，或 80～85℃加热 10～15s，可杀灭原有菌数 99.9%。用此法对牛乳消毒时，有利于牛奶的连续消毒，但如果原料污染严重时，难以保证消毒的效果。

3. 高温瞬时消毒法

高温瞬时消毒法是指在温度 85～95℃条件下，2～3s 加热杀菌，其消毒效果比前两者好，但对牛乳的质量有影响，容易出现乳清蛋白凝固、褐变和加热发臭等现象。

4. 超高温瞬时灭菌法

牛乳先经 75～85℃预热 4～6min，接着通过 136～150℃的高温 2～3s。预热过程中，可使大部分的细菌杀死，其后的超高温瞬时加热，主要是杀死耐热的芽孢细菌。该方法生产的液态奶可长期保存。

（三）食品的高渗透压保藏

1. 盐渍

食品经盐渍不仅能抑制微生物的生长繁殖，并可赋予其新的风味。食盐的防腐作用主要在于提高渗透压，使细胞质浓缩发生质壁分离；降低水分活度，不利于微生物生长；减少水中溶解氧，使好氧性微生物的生长受到抑制等。

由于各种微生物对食盐浓度的适应性不同，因而食盐浓度的高低决定了所能生长的微生物菌群。例如肉类中食盐浓度在 5% 以下时，主要是细菌的繁殖；食盐浓度在 5% 以上，存在较多的是霉菌；食盐浓度超过 20%，主要生长的微生物是酵母菌。

2. 糖渍

糖渍是指通过改变糖度，利用糖液增加食品渗透压、降低水分活度，从而抑制微生物生长的一种贮藏方法。

一般微生物在糖浓度超过 50% 时生长便受到抑制，但有些耐渗透压的酵母和霉菌，在糖浓度高达 70% 以上仍可生长。因而糖渍时仅靠增加糖浓度有一定局限性，可考虑多种抑菌方法综合作用。

（四）食品的化学保藏

化学保藏主要指防腐剂保藏。食品防腐剂是具有抑制或杀死微生物的作用，并可用于食品防腐保藏的化学物质。防腐剂能抑制微生物酶系的活性以及破坏微生物细胞的膜结构。

防腐剂按其来源和性质可分为有机防腐剂和无机防腐剂两类。有机防腐剂主要包括苯甲酸及其盐类、山梨酸及其盐类、脱氢乙酸及其盐类、对羟基苯甲酸酯类、丙酸盐类、双乙酸钠、邻苯基苯酚、联苯、噻苯达唑等，此外还有天然的细菌素、溶菌酶、海藻糖、甘露聚糖、壳聚糖、辛辣成分等。无机防腐剂主要包括过氧化氢、硝酸盐、亚硝酸盐、二氧化碳、亚硫酸盐和食盐等。

1. 山梨酸和山梨酸钾

山梨酸和山梨酸钾为无色、无味、无臭的化学物质。山梨酸难溶于水（600∶1），易溶于酒精（7∶1），山梨酸钾易溶于水。山梨酸及其盐对人体有极微弱的毒性，是近年来各国普遍使用的安全防腐剂，也是我国食品安全国家标准允许使用的有机防腐剂之一。

山梨酸分子能与微生物细胞酶系中的巯基（—SH）结合，从而达到抑制微生物生长和防腐的目的。山梨酸和山梨酸钾对细菌、酵母菌和霉菌均有抑制作用，但对厌氧性微生物和嗜酸乳杆菌几乎无效。其防腐效果与 pH 值相关，pH 值 5~6 以下适宜使用，效果随 pH 值增高而减弱，在 pH 为 3 时抑菌效果最好。

按食品添加剂使用标准要求，酱油、醋、果酱、人造奶油、腌制的蔬菜、面包、糕点、烘干水产品、熟制水产品、乳酸菌饮料、复合调味料、调味糖浆等的最大允许用量为 1.0g/kg（以山梨酸计，1g 山梨酸相当于其钾盐 1.33g）；酱及酱制品、蜜饯凉果、经表面处理的新鲜果蔬、果冻、冰棍类等最大用量 0.5g/kg；果酒最大用量 0.6g/kg；葡萄酒最大用量 0.2g/kg；浓缩果蔬汁（仅限食品工业用）应低于 2g/kg。

2. 丙酸

丙酸是食品中的正常成分，也是人体代谢的中间产物，丙酸盐不存在毒性问题，故 ADI（每日允许摄入量）无需作特殊规定。丙酸已广泛用于面包、糕点、果冻、酱油、醋、豆类制品等的防霉。在以上食品中，丙酸盐（以丙酸计）的最大使用量为 2.5g/kg；原粮最大使用量为 1.8g/kg；生湿面制品（如面条、饺子皮、馄饨皮、烧卖皮）的最大使用量为 0.25g/kg。丙酸可用于防霉变，抑制霉菌和枯草芽孢杆菌生长。

3.SO₂ 和亚硫酸盐

SO_2 和亚硫酸盐是强还原剂，具有漂白和抗氧化作用。①可减少植物组织中的氧气，抑制褐变反应；②抑制氧化酶的活性，比如多酚氧化酶；③可与有色物质作用而漂白，如对花青素、胡萝卜素的漂白作用；④防止非酶褐变；⑤抑菌作用、抑制昆虫作用。亚硫酸及其盐可以抑制霉菌和好氧性细菌，但对酵母的作用稍差。

4. 硝酸盐和亚硝酸盐

硝酸盐和亚硝酸盐主要是作为肉的发色剂而被使用。亚硝酸与血红素反应，形成亚硝基肌红蛋白，使肉呈现鲜艳的红色。另外硝酸盐和亚硝酸盐也有延缓微生物生长作用，尤其是对防止耐热性的肉毒梭状芽孢杆菌芽孢的发芽，有良好的抑制作用。但亚硝酸在肌肉中能转化为亚硝胺，有致癌作用，因此在肉制品加工中应严格限制其使用量。

腌腊肉制品类、酱卤肉制品类、熏烧烤肉类、油炸肉类、肉灌肠类、发酵肉制品类的亚硝酸盐最大使用量为 0.15g/kg 以下（以亚硝酸钠计，残留量≤ 30mg/kg）；西式火腿类最大使用量为 0.15g/kg 以下（以亚硝酸钠计，残留量≤ 70mg/kg）；肉罐头类为 0.15g/kg 以下（以亚硝酸钠计，残留量≤ 50mg/kg）。

5. 乳酸链球菌肽

乳酸链球菌肽，又称乳酸链球菌素，是从乳酸链球菌发酵产物中提取的一类多肽化合物，食入胃肠道易被蛋白酶分解，是一种安全的天然食品防腐剂。FAO（世界粮农组织）和 WHO（世界卫生组织）已于 1969 年给予认可，是一种允许作为防腐剂在食品中使用的细菌素。

（五）食品的辐照保藏

食品的辐照保藏是指用放射线辐照食品，借以延长食品保藏期的技术。辐射线包括紫外线、X 射线和 γ 射线等。紫外线穿透力弱，只有表面杀菌作用，X 射线和 γ 射线是高能电磁波，能激发被辐照物质的内部分子，使之引起电离作用，进而影响生物的各种生命活动。

1. 辐照对微生物的影响

微生物受电离放射线的辐照，细胞膜、细胞质分子引起电离，进而引起各种化学变化，使细胞直接死亡。在放射线的高能量作用下，水电离为 OH^- 和 H^+，从而也间接引起微生物细胞的致死作用；微生物细胞中的 DNA 和 RNA 对放射线的作用尤为敏感，放射线的高能量导致 DNA 的较大损伤和突变，直接影响着细胞的遗传和蛋白质的合成。

射线剂量常用 D 值表示，即杀灭食品中活菌数的 90%（或者说"减少一个对数周期"）所需要吸收的射线剂量，单位是戈瑞（Gy，即 1kg 被辐照物质吸收 1J 的能量为 1Gy），实际生产常用千戈瑞（kGy）表示。例：按罐藏食品的杀菌要求，必须完全杀灭肉毒梭状芽孢杆菌 A、B 型菌的芽孢，所需要的剂量为 40～60kGy。根据 12D 的杀菌要求（几 D 表示杀死几个数量级，6D 就是杀完菌之后，变成原来的 1×10^{-6}，12D 就是原来的 1×10^{-12}），破坏 E 型肉毒杆菌芽孢的 D 值为 21kGy。

2. 环境条件对辐照杀菌的影响

氧气的有无对杀菌效果有显著的影响，有氧气存在的情况下，放射线杀菌的效果更好，但厌氧时辐照对食品成分破坏不及有氧时的 1/10，故实际运用放射线对食品杀菌时，多在厌氧状态下进行；辐照效果与环境温度也存在直接关系，温度越高，破坏性大；另外，半胱氨酸、谷胱甘肽、氨基酸、葡萄糖等化合物对微生物体有保护作用，也会减弱辐照效果，但是放射线辐照对于食品中原有毒素的破坏几乎是无效的。因此在辐照时，应尽量采用低温、缺氧，以减轻对食品的副作用，提高辐照杀菌的效果。

3. 辐照在食品保藏中的应用

利用放射线辐照食品，因其处理目的不同，所用剂量及处理方法也有所不同。一般将 1kGy 以下者称为低剂量，1～10kGy 者称为中剂量，10kGy 以上者称为高剂量。

低剂量辐照，目的并不在于杀菌，而是为了调节和控制生理机能（如抑制种子发芽）以及驱除虫害等。低剂量对食品组织以及成分的影响是极微小的。

中剂量辐照，是以延长食品保藏期为目的。该辐照剂量尚不能将微生物孢子完全杀死，但对肉、鱼、虾类、香肠等加工食品表面所附着的主要病原菌及附着菌可全部杀灭。通过辐照可延长保藏期 2～4 倍。

高剂量辐照，是以食品在常温下进行长期贮藏为目的而进行的完全杀菌。但完全杀菌所用辐照剂量较高，将引起食品不同程度的变质。为了尽量减少副作用，在操作时应结合脱氧、冻结、杀菌增强剂及食品保护剂等方法。

常用的放射源有钴（^{60}Co）、铯（^{187}Cs）、磷（^{32}P）等，主要释放出 γ 射线。

（1）低剂量辐射（1kGy 以下）

① 抑制蔬菜的发芽　蔬菜中的马铃薯、洋葱和大蒜等，主要是通过控制其休眠来进行贮藏的。在结束休眠后，如果温度和湿度适宜时，便会旺盛地发芽。

辐射对生物体作用的机制目前尚未十分清楚，但可能与下列原因有关：

a. 由于射线的辐照，细胞中的 DNA 和 RNA 受到损伤，植物体生长点上的细胞不能发生分裂，所以马铃薯、洋葱、大蒜等经辐照后不会发芽。

b. 食品辐照时，干扰了 ATP 的合成，使细胞的核酸减少，抑制了植物体的发芽。

c. 植物组织处于休眠状态时，其生长点缺乏植物生长激素或生长激素被钝化，若把经过辐照的马铃薯放入生长激素赤霉素溶液中，马铃薯就又可以发芽。

② 杀虫和杀灭寄生虫　食品经辐照后，附着在食品上的微生物和昆虫发生了一系列生理学与生物学效应而导致死亡，其机制是一个十分复杂的问题，目前还没有完全研究清楚，一般认为与下面两点有密切关系：a. 造成遗传物质 DNA 的损伤；b. 辐射化学效应的产物与细胞组成发生反应。

③ 延缓果实后熟　果实采收后的成熟现象称为后熟，后熟的速度影响着储藏期的长短。对于具有呼吸高峰的果实，在高峰开始出现前夕，体内乙烯的合成明显增加，从而促进成熟的到来。若在高峰前对果实进行辐照处理，由于干扰了果实体内乙烯的合成，就能够抑制其高峰的出现，延长果实的储藏期。

（2）中剂量辐射（1～10kGy）　主要目的是减少食品中微生物的负荷量，减少非芽孢致病微生物的数量和改进食品的工艺特性。

① 辐射杀菌　利用辐射对食品进行消毒，杀灭食品中的非芽孢病原菌，主要是沙门氏菌。利用辐射对食品进行防腐，杀灭食品中的腐败微生物，延长保质期。特别适用于采用冷冻贮藏的未烹调预包装食品和真空包装的预烹调肉类制品的处理。

② 保持食品室温保藏的货架稳定性　造成新鲜农副产品霉变的大多数微生物对辐

射很敏感，利用辐射可大大降低霉变微生物的含量，延长产品的货架期。辐射保藏与其他保鲜措施结合，则保藏效果更好。

③ 改良食品的工艺品质　该类实例很多，如大豆经辐射处理后，可改进豆奶和豆腐的品质，并提高产率；葡萄经辐射处理后，可提高出汁率；脱水蔬菜（如春豆、芹菜等）经辐射处理后，可提高复水性能、复水速度和产品品质；白酒经辐射处理后，可加速陈化，消除杂味，改善品质；牛肉经辐射处理后，可使其蛋白纤维降解，肉质变嫩；小麦经辐射处理后，制成的面包体积增大，口感提高。

（3）高剂量辐射（10～50kGy）　主要用于商业目的的灭菌和杀灭病毒。经此处理后，食品在无污染条件下可达到一定的贮藏期。常用于香料和调味品的灭菌。

4. 辐照食品的安全性

安全性试验是整个辐照保藏食品研究最早且研究最深入的问题。涉及辐照食品可否食用，有无毒性，营养成分是否被破坏，是否致畸、致癌、致突变等。

二维码7-5
常见的食品微生物
防腐技术

20世纪90年代中期，世界卫生组织（WHO）回顾了辐照食品的安全与营养平衡的研究，并得出如下结论：

① 辐照不会导致对人类健康有不利影响的食品成分的毒性变化。

② 辐照食品不会增加微生物学的危害。

③ 辐照食品不会导致人们营养供给的损失。

联合国粮农组织、国际原子能机构与世界卫生组织在50多年研究的基础上也得出结论：在正常的辐照剂量下进行辐照的食品是安全的。

思考与交流

1. 常见食品变质的症状有哪些？试分析判断引起变质的微生物类群。

2. 防腐剂的种类有哪些？

3. 什么是超高温瞬时灭菌？

4. 辐照食品的安全性如何？

走近院士　　　沈善炯与金霉素

沈善炯（1917.4—2021.3），我国著名微生物生物化学和遗传学家，江苏吴江人，1942年毕业于西南联合大学，1980年当选为中国科学院学部委员（院士），中国科学院分子植物科学卓越创新中心研究员。

1950年，沈善炯在美国加州理工学院获得生化遗传学博士学位，于当年8月踏上了回国的轮船。实现抗生素国产化，改变我国缺医少药的状况，为新中国站起来做贡献，是沈善炯当时最大的心愿。当时金霉素的生产由美国的雷特尔药厂垄断，菌种独占，技术保密，其他各国建厂必须通过与该厂合股投资的方式进行。20世纪50年代，我国的抗生素生产几乎处于空白状态，一些发达国家禁止对我国出口抗生素，我国必须自力更生发展抗生素生产，这是一项急迫的国家任务。

　　1953 年，沈善炯带领几位科研人员从零开始，全身心投入到金霉素的研制中。研究中他发现金色链霉菌分解己糖时，戊糖循环的运转与金霉素的合成有关。根据这一发现，团队联合生产部门开展了菌株间混合培养、增强微生物对某些基质的代谢作用、控制磷酸盐在发酵液中的含量、克服铁离子抑制金霉素生产等方面的研究，培育出了高活力的菌株，有效提高了金霉素的产量。沈善炯团队在抗生素研究上的成绩，在学术上和生产实践上都有重要价值。1954 年，他在《实验生物学报》上最先发表了我国关于金霉素研究的论文，随后又培育出了高活力的菌株，解决了金霉素生产的关键问题。1957 年，国产金霉素通过了临床试验，在上海第三制药厂正式投产。次年，沈善炯参与指导的华北制药厂全线投产，成为亚洲最大的抗生素生产基地，使我国成为继美国、英国、意大利之后，全球第四个能够量产金霉素的国家，彻底打破了美国对金霉素的垄断局面。

　　沈善炯在美国上学时的老师和同学有不少人获得诺贝尔奖，而学业优秀的他却依然选择回国执教，曾经有人问他是否感到遗憾，他不加思索地回答：留下来或许能在科学上做出更多的成果，但在自己的国土建立实验室、培养学生，使科学在自己的国土开花、结果，为祖国做贡献更为重要。

 **任务实施**

操作　常用食品防腐剂抑菌效果测定

一、目的要求

1. 掌握利用滤纸片法比较不同食品防腐剂对某些微生物的抑菌效果。

2. 了解化学因素、生物因素对微生物生长的影响。

二、方法原理

1. 防腐剂能使病原微生物蛋白质变性，沉淀或凝固。

2. 防腐剂能与病原微生物酶系统结合，影响或阻断其新陈代谢过程。

3. 防腐剂具有降低表面张力的作用，增加菌体细胞膜的通透性，使细胞破裂、溶解。

三、仪器与试剂

1. 培养基

LB 培养基（液体）、牛肉膏蛋白胨培养基（固体）。

2. 仪器

恒温培养箱、滤纸片、镊子、涂布器等。

3. 菌种

大肠杆菌、金黄色葡萄球菌、沙门氏菌、铜绿假单胞菌。

4. 防腐剂

0.1% 山梨酸、0.2% 山梨酸、0.3% 山梨酸、0.1% 苯甲酸、3% 过氧化氢等。

四、测定步骤

1. 制备平板

将已灭菌并冷却至 50℃左右的牛肉膏蛋白胨培养基倒入无菌平皿中，待凝固。

2. 接种、培养

将各菌样分别接种于 LB 培养基 37℃培养 18h。按无菌操作各取 0.1mL 菌悬液，分别用涂布器均匀涂布于牛肉膏蛋白胨培养基平板上。

3. 标记

按培养皿大小确定放置药敏纸片的位置，并标明抑菌剂的名称。

4. 贴药敏纸片

用镊子取一片滤纸片浸入抑菌剂液体 2～3s，在瓶口沥去多余的水分，置于含菌平板标记的相应位置。

5. 培养

静置 15min，放入 37℃培养箱中倒置培养 24h。

6. 观察记录结果

用直尺测量抑菌圈直径，单位 mm。

五、结果及分析

实验结果填入表 7-3。

表7-3　抑菌效果结果

抑菌剂	抑菌圈大小 /mm			
	大肠杆菌	金黄色葡萄球菌	沙门氏菌	铜绿假单胞菌
0.1% 山梨酸				
0.2% 山梨酸				
0.3% 山梨酸				
0.1% 苯甲酸				
3% 过氧化氢				

防腐剂抑菌效果结论：_____。

📋 任务评价

操作步骤	分值	考核得分	备注
制备平板	20		
接种、培养	20		
标记、贴药敏纸片	20		
培养	20		
结果填写	20		

思考与交流

1.常见防腐剂的种类有哪些?

2.防腐剂用量要遵循什么要求?

3.如何理解防腐剂抑菌原理?

项目小结

食品微生物污染是指食品在加工、运输、贮藏、销售过程中被微生物及其毒素污染。污染食品的微生物来源主要为土壤、空气、水、人及动物携带、加工机械设备、包装材料、原料及辅料等。食品微生物的污染主要包括细菌及细菌毒素污染和霉菌及霉菌毒素污染。控制微生物污染应采取加强生产环境的卫生管理,严格控制加工过程中的污染,注意贮藏、运输和销售卫生等措施。

食品腐败变质的过程实质上是食品中糖类、蛋白质、脂肪在微生物的作用下分解变化、产生有害物质的过程。食品腐败变质取决于食品基质条件和外界环境条件。食品基质条件主要是食品的营养成分、pH、水分活度;外界环境条件主要指环境温度、气体组成等。不同的食品变质,其症状、判断及引起变质的微生物类群各异。

常见的食品保藏技术有低温抑菌保藏、加热灭菌保藏、高渗透压保藏、化学保藏、辐射保藏等。低温保藏有冷冻和冷藏;加热灭菌保藏主要通过加热使菌体蛋白变性而达到杀菌目的;高渗透压保藏主要有盐渍和糖渍两种;化学保藏主要通过防腐剂的防腐抑菌原理实现保藏目的;辐照保藏是指用放射线辐照食品,借以延长食品保藏期的技术,包括紫外线、X射线和 γ 射线等电离辐射。

练一练测一测

1. 名词解释

(1) 食品的腐败变质　(2) 食品微生物污染

2. 单选题

(1) 下列不属于巴氏消毒条件的是(　　　)。

A. 62～63℃,30min　　　　　　　　　　B. 71℃,15min

C. 80～90℃,1min　　　　　　　　　　　D. 100℃,1min

(2) 下列(　　　)可与血红素反应,使肉呈现鲜艳的红色,并且能延缓微生物生长。

A. 食盐　　　　　　　B. 亚硝酸盐　　　　C. 蔗糖　　　　　　D. 香辛料

(3) 水果的 pH 值大多在(　　　)。

A. 3.5 以下　　　　　B. 4.5 以下　　　　C. 5.5 以下　　　　D. 6.5 以下

(4) 肉类加工中常用的防腐剂是(　　　)。

A. 丙酸　　　　　　　　　　　　　　　　B. 山梨酸及其盐类

C. 苯甲酸及其盐类   D. 亚硝酸盐

3. 判断题

（1）将食品保藏在其冰点以下即称冷冻保藏，一般冷冻保藏温度为 –18℃。（　　）

（2）果蔬在 0～10℃的环境中贮藏，可有效地减缓酶的作用，对微生物活动也有一定抑制作用，可有效地延长果蔬贮藏时间。（　　）

（3）土壤中的微生物数量可达 $10^7～10^9$ 个 /g，其中细菌占有比例最大，放线菌次之，再次为真菌、藻类和原生动物。（　　）

（4）海洋、高山、乡村、森林等空气清新的地方微生物的数量较多。（　　）

4. 填空题

（1）微生物引起果汁变质一般会出现_____、_____和_____。

（2）污染食品的微生物主要来自_____、_____、_____、_____、加工机械设备、包装材料、原料及辅料等。

（3）常用的食品防腐剂有_____、_____、_____、_____、硝酸盐和亚硝酸盐、乳酸链球菌素等。

5. 简答题

（1）什么是食品腐败变质？条件是什么？

（2）怎样预防食品腐败变质？

项目八
食品微生物发酵技术

项目引导

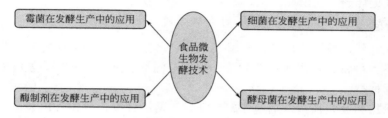

发酵生产离不开微生物，不同的微生物在不同的环境条件下能产生不同的产品。通过对发酵生产中不同微生物的特征分析和微生物代谢特点的研究，掌握微生物在发酵生产中的应用技术，以及微生物来源的酶制剂在食品生产中的开发和利用，有助于推动微生物发酵生产的变革，更好地服务于人类生产生活。

想一想

微生物与生产生活息息相关，那么有哪些微生物是应用于食品生产？各类微生物在发酵生产中是如何起作用的呢？

任务　微生物在发酵生产中的应用

任务要求

1. 了解发酵生产中的微生物类型及其特点。
2. 熟悉各类微生物在发酵生产中的应用。
3. 掌握微生物在典型发酵食品生产中的应用。

自古以来，人们就一直不断地探索和研究如何利用微生物服务人类。到目前为止，微生物为人类提供了方方面面的产品，面包、馒头、酒类、酱醋、发酵肉、酶制剂、单细胞蛋白、单细胞脂类等都是微生物生产应用的杰作。人们利用的微生物主要有细菌、酵母菌、霉菌等，根据它们各自的生产特性生产出各类适于人类生产生活需要的产品。

一、细菌在发酵生产中的应用

（一）乳酸菌

乳酸菌是一类能利用可发酵碳水化合物产生大量乳酸的细菌的通称。这类细菌在自然界分布极为广泛，具有丰富的物种多样性。它们不仅是研究分类、生化、遗传、分子生物学和基因工程的理想材料，在理论上具有重要的学术价值，而且在工业、农牧业、食品和医药等与人类生活密切相关的重要领域应用价值也极高。主要包括乳酸杆菌、乳酸链球菌、明串珠菌、片球菌、双歧杆菌等。

1. 乳杆菌属

菌体呈杆状，单个或成链，有时成丝状、产生假分枝，为化能异养型微生物，营养要求严格。可将乳杆菌属划分为三个类群：同型发酵群、兼异型发酵群、异型发酵群。代表菌种：

（1）保加利亚乳杆菌　细胞形态长杆状，两端钝圆，为兼性厌氧菌，固体培养生长的菌落呈棉花状，易与其他乳酸菌区别。最适生长温度 40～45℃，温度高于 50℃或低于 20℃不生长。适宜 pH 为 7.0～7.2，在 pH 3.0～4.5 时亦能生长。常作发酵酸奶生产菌。

（2）嗜酸乳杆菌　细胞形态比保加利亚乳杆菌小，呈细长杆状。最适生长温度 37℃，20℃以下不生长，耐热性差。最适生长 pH 5.5～6.0，耐酸性强，能在其他乳酸菌不能生长的酸性环境中生长。

2. 链球菌属

菌体细胞呈球形或卵圆形，成对或成链排列。革兰氏染色阳性，无芽孢，不运动，不产生色素。生理生化特点为化能异养型微生物，同型乳酸发酵产生右旋乳酸，兼性厌氧型细菌，接触酶反应阴性，厌氧培养生长良好。代表菌种：

（1）嗜热链球菌　细胞呈长链球状，兼性厌氧或微好氧的革兰氏阳性菌。最适生长温度 40～45℃，耐热性强，可耐受 65～68℃的高温，温度低于 20℃不产酸。常作发酵酸乳、干酪的生产菌。

（2）乳酸链球菌　细胞形态呈双球、短链或长链状，同型乳酸发酵。10～40℃均产酸，最适生长温度 30℃，对热抵抗力弱，60℃条件下 30min 全部死亡。常作干酪、酸制奶油及乳酒菌种。

（3）乳脂链球菌　细胞比乳酸链球菌大，长链状，同型乳酸发酵。产酸温度较低，约 18～20℃，37℃以上不产酸、不生长。常作为干酪、酸制奶油发酵剂菌种。

3. 明串珠菌属

细胞呈球形或豆状，成对或成链排列，革兰氏染色阳性，不运动，无芽孢，化能异养型，生长繁殖需要复合生长因子。生长温度为 5～30℃，最适生长温度为 25℃。固体培养，菌落较小，光滑、圆形、灰白色，液体培养通常混浊均匀，但长链状菌可形成沉淀。代表菌种：

肠膜明串珠菌，菌体细胞呈球形或豆状，成对或短链排列。固体培养，菌落较小，液体培养基，混浊均匀。最适生长温度 25℃，生长的 pH 范围 3.0～6.5。

4. 片球菌属

菌体细胞呈球形，成对或四联球排列，革兰氏染色阳性，无芽孢，不运动。固体培养，菌落大小可变，直径 1.0～2.5mm，无细胞色素。该菌为化能异养型，生长繁殖需要复合生长因子。生长温度范围 25～40℃，最适生长温度 30℃，可在含 6%～8% NaCl 的环境中生长，耐受 NaCl 浓度为 13%～20%。

5. 双歧杆菌属

菌体细胞呈多样形态，革兰氏染色阳性，无芽孢、无鞭毛，不运动，末端常常分叉。该菌为化能异养型，对营养要求苛刻，专性厌氧。生长温度范围 25～45℃，最适生长温度 37℃。生长 pH 范围 4.5～8.5，最适生长 pH 6.5～7.0，不耐酸，酸性环境对菌体存活不利。

6. 乳酸菌在食品工业中的应用

（1）双歧杆菌酸奶生产工艺

① 双歧杆菌酸奶的生产工艺流程

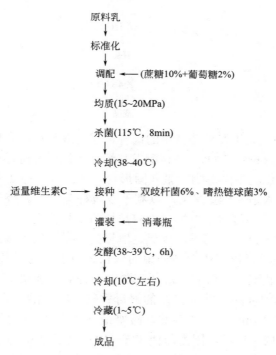

② 生产工艺条件　双歧杆菌产酸能力低，凝乳时间长，约需 18～24h，且由于其属于异型发酵，最终产品的口味和风味欠佳。因而，生产上常选择一些对双歧杆菌生长无太大影响，但产酸快的乳酸菌，如嗜热链球菌、保加利亚乳杆菌、嗜酸乳杆菌、明串珠菌等与双歧杆菌共同发酵。这样既可以使制品中含有足够量的双歧杆菌，又可以提高产酸能力，大大缩短凝乳时间，缩短生长周期，并改善制品的口感和风味。

（2）双歧杆菌、酵母共生发酵乳生产工艺

① 双歧杆菌、酵母共生发酵乳的生产工艺流程

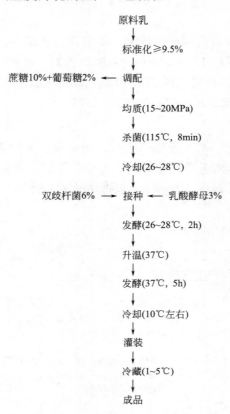

原料乳
↓
标准化≥9.5%
↓
蔗糖10%+葡萄糖2% ← 调配
↓
均质(15~20MPa)
↓
杀菌(115℃，8min)
↓
冷却(26~28℃)
↓
双歧杆菌6% → 接种 ← 乳酸酵母3%
↓
发酵(26~28℃，2h)
↓
升温(37℃)
↓
发酵(37℃，5h)
↓
冷却(10℃左右)
↓
灌装
↓
冷藏(1~5℃)
↓
成品

② 生产工艺条件　共生发酵法常用的菌种搭配为双歧杆菌和用于马奶酒制造的乳酸酵母，接种量分别为6%和3%。在调配发酵培养用原料乳时，用适量脱脂乳粉加入新鲜脱脂乳中，以强化乳中固形物含量（固形物≥9.5%），并加入10%蔗糖和2%葡萄糖，接种时还可加入适量维生素C，以利于双歧杆菌生长。酵母菌的最适生长温度为26~28℃。为了有利于酵母先发酵，为双歧杆菌生长营造一个适宜的厌氧环境，接种后，首先在温度26~28℃下培养，以促进酵母的大量繁殖和基质乳中氧的消耗，然后提高温度到30℃左右，以促进双歧杆菌的生长。由于采用了共生混合的发酵方式，双歧杆菌生长迟缓的状况大为改观，总体产酸能力提高，加快了凝乳速度，所得产品酸甜适中，富有纯正的乳酸口味和淡淡的酵母香气，制品酸度为80~90°T 双歧杆菌活菌数保证在100万个/mL以上。因此，酸奶最好在生产7d内销售出去，而且在生产与销售之间必须形成冷冻链，因为即使在5~10℃以下存放7d后，双歧活菌的死亡率也高达96%，20℃下存放7d后，死亡率则达99%以上。

二维码8-1
酸奶与微生物

（二）醋酸菌

菌体细胞从椭圆到杆状，单生、成对或成链。在老培养物中易呈多种畸形，如球形、丝状、棒状、弯曲等。幼龄菌呈革兰氏阴性，老龄菌不稳定。

1. 醋酸菌的主要种类

醋酸菌主要分为醋酸杆菌属和葡萄糖氧化菌属。

2. 生物学特性

菌体细胞呈椭圆形杆状，革兰氏染色阳性，无芽孢，有鞭毛或无鞭毛，运动或不运动。不产色素，液体培养形成菌膜，为化能异养型微生物。

3. 主要醋酸菌种

① 纹膜醋酸杆菌　培养时液面形成乳白色、皱褶状的黏性菌膜。生长温度范围4～42℃，最适生长温度30℃，能耐14%～15%的酒精。

② 奥尔兰醋酸杆菌　为纹膜醋酸杆菌的亚种，生长温度范围7～39℃，最适温度30℃。

③ 许氏醋酸杆菌　耐酸能力较弱，最适生长温度25～27.5℃，最高生长温度37℃。

④ AS1.41醋酸杆菌　细胞为杆状，常呈链排列，液体培养形成菌膜并沿容器上升。最适生长温度28～30℃，最适生长pH值3.5～6.5。耐酒精浓度8%。

⑤ 沪酿1.01醋酸杆菌　细胞为杆状，常呈链状排列。液体培养形成淡青色薄层菌膜。氧化酒精生成醋酸的转化率达93%～95%。

4. 醋酸菌与食醋酿造

（1）醋酸发酵原理　醋酸菌在充分供给氧的情况下生长繁殖，并把基质中的乙醇氧化为醋酸，这是一个生物氧化过程，其总反应式为：

$$C_2H_5OH+O_2 \longrightarrow CH_3COOH+H_2O$$

（2）醋酸菌种制备工艺流程　斜面原种→斜面菌种（30～32℃，48h）→锥形瓶液体菌种（一级种子30～32℃，振荡24h）→种子罐液体菌种（二级种子）（30～32℃，通气培养22～24h）→醋酸菌种子

（3）食醋生产工艺流程

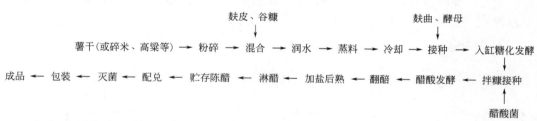

（4）食醋生产工艺

① 原料配比及处理　甘薯或碎米、高粱等100kg，细谷糠80kg，麸皮120kg，水400kg，麸皮50kg，砻糠50kg，醋酸菌种子40kg，食盐3.75～7.5kg（夏多冬少）。

将薯干或碎米等粉碎，加麸皮和细谷糠拌合，加水润料后以常压蒸煮1h或在0.15MPa压力下蒸煮40min，出锅冷却至30～40℃。

② 发酵　原料冷却后，拌入麸曲和酒母，并适当补水，使醅料水分达60%～66%。入缸品温以24～28℃为宜，室温在25～28℃。入缸第二天后，品温升至38～40℃时，应进行第一次倒缸翻醅，然后盖严维持醅温30～34℃进行糖化和酒精发酵。入缸后5～7d酒精发酵基本结束，醅中可含酒精7%～8%，此时拌入砻糠和醋酸菌种子，同时倒缸翻醅，此后每天翻醅一次，温度维持37～39℃。约经12d醋酸发酵，醅温开始下降，醋酸含量达7.0%～7.5%时，醋酸发酵基本结束。此时应在醅料表面加食盐。一般每缸醋醅夏季加盐3kg，冬季加盐1.5kg。拌匀后停放2d，醋醅成熟即可淋醋。

③ 淋醋　淋醋工艺多采用三套循环法。先用二醋浸泡成熟醋醅20～24h，淋出来的是头醋，剩下的头渣用三醋浸泡，淋出来的是二醋，缸内的二渣再用清水浸泡，淋出三醋。如以头淋醋套头淋醋为老醋；二淋醋套二淋醋2～3次为双醋，双醋较一般单淋醋质量要好。

④ 陈酿及熏醋　陈酿是醋酸发酵后为改善食醋风味进行的贮存、后熟过程。陈酿有两种方法：一种是醋醅陈酿，即将成熟醋醅压实盖严，封存数月后直接淋醋，常用此法贮存醋醅，待销售旺季淋醋出厂；另一种是醋液陈酿，即在醋醅成熟后就淋醋，然后将醋液贮入缸或罐中，封存1～2个月，可得到香味醇厚、色泽鲜艳的陈醋。有时为了提高产品质量，改善风味，则将部分醋醅用文火加热至70～80℃，24h后再淋醋，此过程称熏醋。

⑤ 配兑和灭菌　陈酿醋或新淋出的头醋都还是半成品，头醋进入澄清池沉淀，调整其浓度、成分，使其符合质量标准。除现销产品及高档醋外，一般要加入0.1%苯甲酸钠防腐剂后进行包装。陈醋或新淋的醋液应于85～90℃维持50min杀菌，灭菌后应迅速降温后方可出厂。一般一级食醋的含酸量5.0%，二级食醋含酸量3.5%。

5. 酿醋的新型工艺技术

（1）酶法液化通风回流制醋　酶法液化通风回流新工艺，是利用自然通风和醋汁回流代替倒醅的制醋新工艺。本法的特点：α-淀粉酶制剂将原料进行淀粉液化后再加麸曲糖化，提高了原料的利用率；采用液态酒精发酵、固态醋酸发酵的发酵工艺；醋酸发酵池近底处设假底的池壁上开设通风洞，让空气自然进入，利用固态醋醅的疏松度使醋酸菌得到足够的氧，全部醋醅都能均匀发酵；利用假底下积存的温度较低的醋汁，定时回流喷淋在醋醅上，以降低醋醅温度调节发酵温度，保证发酵在适当的温度下进行。

① 工艺流程

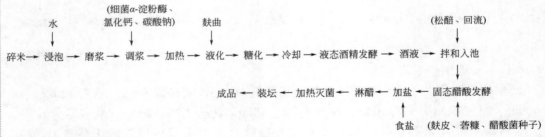

② 生产工艺

a. 配料　碎米1200kg、麸皮1400kg、砻糠1650kg、碳酸钠1.2kg、氯化钙2.4kg、α-淀粉酶（以碎米130酶活力/g计）3.9kg，麸曲60kg、酒母500kg、醋酸菌种子200kg、食盐100kg、水3250kg（配发酵醅用）。

b. 磨浆与调浆　将碎米浸泡使米粒充分膨胀，将米与水按1:1.5的比例送入磨粉机，磨成70目以上的细度粉浆。使粉浆浓度在20%～23%，用碳酸钠调至pH值6.2～6.4，加入氯化钙和α-淀粉酶后，送入液化锅。

c. 液化和糖化　粉浆在液化锅内应搅拌加热，在85～92℃下维持10～15min，用碘液检测显棕黄色表示已达到液化终点，再升温至100℃维持10min，达到灭菌和使酶失活的目的，然后送入糖化锅。将液化醪冷至60～65℃时加入麸曲，保温糖化

35min，待糖液降温至 30℃左右，送入酒精发酵容器。

　　d. 酒精发酵　将糖液加水稀释至 7.5～8.0°Bé（波美度），调 pH 值至 4.2～4.4 接入酒母（即酵母），在 30～33℃下进行酒精发酵 70h，得到约含酒精 8.5% 的酒醪，pH 在 0.3～0.4。然后将酒醪送至醋酸发酵池。

　　e. 醋酸发酵　将酒醪与砻糠、麸皮及醋酸菌种拌和，送入有假底的发酵池，扒平盖严。进池品温 35～38℃为宜，而中层醋醪温度较低，入池 24h 进行一次松醪，将上面和中间的醋醪尽可能疏松均匀，使温度一致。

　　当品温升至 40℃时进行醋汁回流，即从假底放出部分醋液，再泼回醋醪表面，一般每天回流 6 次，发酵期间共回流 120～130 次，使醪温降低。醋酸发酵温度，前期可控制在 42～44℃，后期控制在 36～38℃。经 20～25d 醋酸发酵，醋汁含酸达 6.5%～7.0% 时，发酵基本结束。醋酸发酵结束，为避免醋酸被氧化成二氧化碳和水，应及时加入食盐以抑制醋酸菌的氧化作用。方法是将食盐置于醋醪的面层，用醋汁回流溶解食盐使其渗入到醋醪中。淋醋仍在醋酸发酵池内进行。用二醋淋浇醋醪，池底继续收集醋汁，当收集到的醋汁含酸量降到 5% 时，停止淋醋。此前收集到的为头醋。然后在上面浇三醋，由池底收集二醋，最后上面加水，下面收集三醋。二醋和三醋供淋醋循环使用。

　　f. 灭菌与配兑　灭菌是通过加热的方法把陈醋或新淋醋中的微生物杀死，并破坏残存的酶，使醋的成分基本固定下来。同时经过加热处理，醋的香气更浓，味道更和谐。灭菌后的食醋应迅速冷却，并按照质量标准配兑。

　　（2）液体深层发酵制醋　液体深层发酵制醋是利用发酵罐通过液体深层发酵生产食醋的方法。通常是将淀粉质原料经液化、糖化后先制成酒醪或酒液，然后在发酵罐里完成醋酸发酵。液体深层发酵法制醋具有机械化程度高、操作卫生条件好、原料利用率高（可达 65%～70%）、生产周期短、产品的质量稳定等优点。缺点是醋的风味较差。

　　① 工艺流程

麸曲　　酒母　　　　醋酸菌
↓　　　↓　　　　　↓
碎米 → 浸泡 → 磨浆 → 调浆 → 液化 → 糖化 → 酒精发酵 → 酒醪 → 醋酸发酵 → 醋醪 → 压滤 → 配兑 → 灭菌 → 陈醋 → 成品

　　② 生产工艺　在液体深层发酵制醋过程中，到酒精发酵为止的工艺均与酶法液化通风回流制醋相同，不同的是从醋酸发酵开始，采用较大的发酵罐进行液体深层发酵，并需通气搅拌，醋酸菌种子为液态，即醋母。

　　醋酸液体深层发酵温度为 32～35℃，通风量前期为 1：0.13/min；中期为 1：0.17/min；后期为 1：0.13/min。罐压维持 0.03MPa。连续进行搅拌。醋酸发酵周期为 65～72h。经测定已无酒精，残糖极少，且酸度不再增加，说明醋酸发酵结束。

　　液体深层发酵制醋也可采用半连续法，即当醋酸发酵成熟时，取出三分之一成熟醪，再加三分之一酒醪继续发酵，如此每 20～22h 重复一次。目前生产上多采用此法。

二维码8-2
果醋与微生物

（三）谷氨酸菌

1. 主要种类

谷氨酸菌主要包括谷氨酸棒杆菌、乳糖发酵短杆菌、黄色短杆菌。我国使用的生产菌株是北京棒杆菌 AS1.299、北京棒杆菌 D110、钝齿棒杆菌 AS1.542、棒杆菌 S-914 和黄色短杆菌 T6-13 等。

在已报道的谷氨酸产生菌中，除芽孢杆菌外，虽然它们在分类学上属于不同的属种，但都有一些共同的特点，如菌体为球形、短杆至棒状、无鞭毛、不运动、不形成芽孢、革兰氏染色阳性、需要生物素、在通气条件下培养产生谷氨酸。

2. 谷氨酸发酵及味精生产

（1）生产原料　发酵生产谷氨酸的原料有淀粉质原料玉米、小麦、甘薯、大米等，其中甘薯淀粉最为常用；糖蜜原料有甘蔗糖蜜、甜菜糖蜜等；氮源有尿素或氨水等。

（2）工艺流程　味精生产全过程可分五个部分：淀粉水解糖的制取；谷氨酸生产菌种子的扩大培养；谷氨酸发酵；谷氨酸的提取与分离；由谷氨酸制成味精。

```
                                    菌种的扩大培养
                                         │
淀粉质原料 → 糖化 → 中和、脱色、过滤 → 培养基调配 → 接种 → 发酵
                                                          │
成品 ← 干燥 ← 过滤 ← 脱色 ← 谷氨酸钠 ← 谷氨酸 ← 提取(等电点法、离子交换法等)
```

（3）发酵生产工艺

① 培养基成分

a. 碳源　是构成菌体和合成谷氨酸的碳架及能量的来源。由于谷氨酸产生菌是异养微生物，因此只能从有机物中获得碳素，而细胞进行合成反应所需能量也是从氧化分解有机物过程中得到的。实际生产中以糖质原料为主，培养基中糖浓度对谷氨酸发酵有密切的关系。在一定的范围内，谷氨酸产量随糖浓度的增加而增加。

b. 氮源　是合成菌体蛋白质、核酸及谷氨酸的原料。碳氮比对谷氨酸发酵有很大影响。大约85%的氮源被用于合成谷氨酸，另外15%用于合成菌体。谷氨酸发酵需要的氮源比一般发酵工业多得多，一般发酵工业碳氮比为 $100:(0.2\sim2.0)$，谷氨酸发酵的碳氮比为 $100:(15\sim21)$。

c. 无机盐　无机盐是微生物维持生命活动不可缺少的物质。其主要功能是：构成细胞的组成成分；作为酶的组成成分；激活或抑制酶的活力；调节培养基的渗透压；调节培养基的 pH；调节培养基的氧化还原电位。无机盐具有调节微生物生命活动的作用。发酵时，使用的无机离子有 K^+、Mg^{2+}、Fe^{2+}、Mn^{2+} 等阳离子和 PO_4^{3-}、SO_4^{2-}、Cl^- 等阴离子，其用量如下：

KH_2PO_4	$0.05\%\sim0.2\%$
K_2HPO_4	$0.05\%\sim0.2\%$
$MgSO_4 \cdot 7H_2O$	$0.005\%\sim0.1\%$
$FeSO_4 \cdot 7H_2O$	$0.0005\%\sim0.01\%$
$MnSO_4 \cdot 4H_2O$	$0.0005\%\sim0.005\%$

d. 生长因子　凡是微生物生命活动不可缺少，而微生物自身又不能合成的微量有机物质都称为生长因子。生长因子通常是指氨基酸、嘌呤、嘧啶和维生素等。糖质为碳源的谷氨酸生产菌几乎都是生物素缺陷型，也就是说这些细菌本身都不能合成生物素，必须由原料供应。一般生长因子都具有调节代谢途径和细胞渗透性的作用。生长因子含量的多少，与生产有着十分密切的关系。实际生产中通过添加玉米浆、麸皮、水解液、糖蜜等作为生长因子的来源，以满足谷氨酸产生菌对生长因子的需要。

② 培养基

a. 斜面培养基　葡萄糖 0.1%，牛肉膏 1.0%，蛋白胨 1.0%，氯化钠 0.5%，琼脂 2.0%，pH 7.0～7.2，121℃灭菌 30min（传代和保藏斜面不加葡萄糖）。

b. 一级种子、二级种子及发酵培养基（以 1L 计）

一级种子：葡萄糖 2.5%，尿素 0.6%，KH_2PO_4 0.1%，$MgSO_4 \cdot 7H_2O$ 0.04%，玉米浆 2.3～3.0mL，pH 7.0。

二级种子：水解糖 3.0%，尿素 0.6%，玉米浆 0.5～0.6mL，K_2HPO_4 0.1%～0.2%，$MgSO_4 \cdot 7H_2O$ 0.04%，pH 7.0。

发酵培养基：水解糖 12%～14%，尿素 0.5%～0.8%，玉米浆 0.6mL，$MgSO_4 \cdot 7H_2O$ 0.06%，KCl 0.05%，Na_2HPO_4 0.17%，pH 7.0。

③ 发酵条件的控制

a. 温度　谷氨酸发酵前期（0～12h）是菌体大量繁殖阶段，在此阶段菌体利用培养基中的营养物质来合成核酸、蛋白质等，供菌体繁殖用，而控制这些合成反应的最适温度为 30～32℃。在发酵中、后期，是谷氨酸大量积累的阶段，而催化谷氨酸合成的谷氨酸脱氢酶的最适温度为 32～36℃，故发酵中、后期适当提高罐温对积累谷氨酸有利。

b.pH 值　发酵液的 pH 值影响微生物的生长和代谢途径。发酵前期如果 pH 值偏低，则菌体生长旺盛，长菌但不产酸；如果 pH 值偏高，则菌体生长缓慢，发酵时间拉长。在发酵前期将 pH 值控制在 7.5～8.0 左右有利于菌体生长，而在发酵中、后期将 pH 值控制在 7.0～7.6 左右对提高谷氨酸产量有利。

c. 通风　在谷氨酸发酵过程中，发酵前期以低通风量为宜；发酵中、后期以高通风量为宜。实际生产中，可以用气体转子流量计来检查通气量，即以每分钟单位体积的通气量表示通风强度。另外发酵罐大小不同，所需搅拌转速与通风量也不同。

d. 泡沫的控制　在发酵过程中由于强烈的通风和菌体代谢产生的 CO_2，使培养液产生大量的泡沫，不仅使氧在发酵液中的扩散受阻，而且影响菌体的呼吸和代谢。由于泡沫会给发酵带来危害，所以必须加以消泡。消泡的方法有机械消泡（耙式、离心式、刮板式、蝶式消泡器）和化学消泡（天然油脂、聚酯类、醇类、聚硅氧烷等化学消泡剂）两种方法。

e. 发酵时间　不同的谷氨酸产生菌对糖的浓度要求也不一样，其发酵时间也有所差异。一般低糖（10%～12%）发酵，其发酵时间为 36～38h；中糖（14%）发酵，其发酵时间为 45h。

二、酵母菌在发酵生产中的应用

（一）啤酒酵母

啤酒酵母是指用于酿造啤酒的酵母，多为酿酒酵母的不同品种。其细胞形态与其他培养酵母相同，为近球形的椭圆体，但与野生酵母不同。

1. 形态特征

啤酒酵母细胞呈圆形或卵圆形，不运动。

2. 培养特征

啤酒酵母在麦芽汁固体培养，菌落呈乳白色，不透明，有光泽，表面光滑湿润，边缘略呈锯齿状，随着培养时间延长，菌落颜色变暗，失去光泽。麦芽汁液体培养，表面产生泡沫，液体变混，培养后期菌体悬浮在液体面上，形成酵母泡盖。

3. 生理生化特性

啤酒酵母为化能异养型微生物，最适生长温度25℃，发酵最适温度为10～25℃，最适pH值为4.5～6.5，真正发酵度达60%～65%。

（二）葡萄酒酵母

1. 形态特征

葡萄酒酵母细胞呈椭圆形或长椭圆形，并可形成有规则的假菌丝。

2. 培养特征

葡萄酒酵母在葡萄汁固体培养，菌落呈乳黄色，不透明，有光泽，表面光滑湿润，边缘整齐，随着培养时间延长，菌落颜色变暗。液体培养变混浊，表面形成泡沫，聚凝性较强，培养后期菌体沉降于容器底部。

3. 生理生化特点

葡萄酒酵母为化能异养型微生物，最适生长温度25℃，葡萄酒发酵最适温度为15～25℃，最适发酵pH为3.3～3.5。其耐酸、耐高渗、耐二氧化硫能力强于啤酒酵母，葡萄酒酵母发酵后乙醇含量可达16%以上。

（三）卡尔酵母

1. 形态特征

卡尔酵母细胞呈椭圆形，分散独立存在，不运动。

2. 培养特征

卡尔酵母在麦芽汁固体培养，菌落呈乳白色，不透明，有光泽，表面光滑湿润，边缘整齐，随着培养时间延长，菌落颜色变暗，失去光泽。液体培养，表面产生泡沫，液体变混，培养后期菌体沉降于容器底部。

3. 生理生化特点

卡尔酵母为化能异养型微生物，最适生长温度25℃，啤酒发酵最适温度为5～10℃，最适发酵pH值为4.5～6.5，真正发酵度为55%～60%。

（四）产蛋白假丝酵母

1. 形态特征

产蛋白假丝酵母细胞呈圆形、椭圆形或腊肠形，以多边出芽方式进行无性繁殖，形成假丝。

2. 培养特征

产蛋白假丝酵母在麦芽汁固体培养，菌落呈乳白色，表面光滑湿润，有光泽或无光泽，边缘整齐或菌丝状。

3. 生理生化特点

产蛋白假丝酵母为化能异养型微生物，最适生长温度25℃，最适生长pH为4.5～6.5。

（五）酵母菌在食品工业中的应用

1.啤酒酿造

啤酒是以优质大麦芽为主要原料，大米、酒花等为辅料，经过制麦、糖化、啤酒酵母发酵等工序酿制而成的一种含有 CO_2、低酒精浓度和多种营养成分的饮料酒。它是世界上产量最大的酒种之一。

（1）原辅料　大麦作为生产啤酒的主要原料，其原因是大麦在世界范围种植面积广泛，价格相对便宜，并且发芽能力强；大麦经发芽、干燥后制成的干大麦芽内含各种水解酶类和丰富的可浸出物，能较容易制备得到符合啤酒发酵用的麦芽汁；大麦的谷皮是很好的麦芽汁过滤介质。大米是啤酒酿造的辅助原料，主要是为啤酒酿造提供淀粉来源。酒花是在啤酒酿造中不可少的辅助原料。酒花在啤酒生产中的主要作用是赋予啤酒香气和爽口的苦味；提高啤酒泡沫的持久性；使蛋白质沉淀，有利于啤酒的澄清；酒花本身有一定抑菌作用，可增强麦芽汁和啤酒的防腐能力。

（2）制麦　制麦的目的是使大麦产生各种水解酶类，并使麦粒胚乳细胞的细胞壁受纤维素酶和蛋白水解酶作用后变成网状结构，便于在糖化时酶进入胚乳细胞内，进一步将淀粉和蛋白质水解。通过制麦，使大麦胚乳细胞壁适度受损，淀粉和蛋白质等达到溶解状态，在糖化阶段被溶出。同时要将绿麦芽进行干燥处理，除去过多的水分和生腥味，而且要使麦芽具有酿造啤酒特有的色、香、味。

① 工艺流程

原料大麦 ⟶ 粗选 ⟶ 精选 ⟶ 分级 ⟶ 洗麦 ⟶ 浸渍 ⟶ 发芽 ⟶ 绿麦芽 ⟶ 干燥

成品麦芽 ⟵ 贮藏 ⟵ 除根

② 制麦工艺　水分、氧气和温度是麦粒发芽的必要条件。大麦经水浸渍后，含水量达 40%～48%，在制麦过程中需要通入饱和湿空气，环境的相对湿度要维持在 85%以上。麦粒发芽因呼吸作用而耗氧，同时产生大量的 CO_2，因此在制麦芽时要注意通风。通风既可供给氧气，又能带走麦粒呼吸产生的 CO_2，有利于麦粒发芽。但通风要注意适度，通风过大，麦芽呼吸作用太旺盛，营养物质消耗过多；通风过少，容易发生霉烂现象。大麦发芽的温度一般为 13～18℃，温度过低，发芽周期延长；温度太高，麦芽生长速度快，营养物质耗费多。

大麦在发芽过程中，酶原被激活并生成许多水解酶，例如淀粉酶、蛋白酶、磷酸酯酶和半纤维素酶等。与此同时，麦粒本身含有的物质如淀粉、蛋白质等大分子在各种水解酶的作用下达到适度的溶解。溶解的程度直接关系到糖化的效果，进而影响到啤酒的品质。质量好的麦芽粉碎后，粗、细粉差与浸出率差比较小，糖化率及最终发酵度高，溶解氮和氨基氮的含量高，黏度小。另外，在大麦发芽的过程中，应避免阳光直射，因日光能促进叶绿素形成，有害啤酒风味和色泽。

（3）麦汁的制备　啤酒生产过程中的麦汁制备也叫糖化。麦汁的制备就是将干麦芽粉碎后，依靠麦芽自身含有的各种酶类，以水为溶剂，将麦芽中的淀粉、蛋白质等大分子物质分解成可溶性的小分子糊精、低聚糖、麦芽糖和肽、陈、氨基酸，制成营养丰富、适合于酵母生长和发酵的麦汁。质量好的麦汁，麦芽内容物的浸出率可达到 80%。

① 工艺流程

麦芽 → 粉碎 → 麦芽粉 ┐　　　麦糟　　酒花
　　　　　　　　　↓　　　　↓　　　↓
大米 → 粉碎 → 大米粉 → 糊化 → 糖化 → 过滤 → 煮沸 → 澄清 → 冷却 → 定型麦汁
　　　　　　　　↑
　　　　　　　　水

② 原料处理　为了提高浸出率，原料和辅料必须进行粉碎。麦芽原料的粉碎要求做到皮壳破而不碎，且胚乳尽可能细，从而避免由于皮壳过细造成的过滤困难。对于大米辅料则要求越细越好。

③ 糊化及糖化　糊化是指辅料在 50℃ 的料液中，其淀粉颗粒吸水膨胀，表层胶质溶解，内部的淀粉分子脱离膨胀的表层进入水中，再升温至 70℃ 左右成糊状物，为下一步进行糖化反应作必要的准备。糖化是啤酒酿造最重要的工艺之一，它主要是利用麦芽自身的各种酶类，把原料中的不溶性的高分子物质，分解成可溶性的低分子物质。因此，如何最大限度地利用各种酶的活力，是问题的关键。不同的酶有其自身最合适的反应温度、pH 值和糖化工艺，在本工艺过程中主要就是围绕这三者来进行的。另外，还应注意在最大限度地提高浸出率的同时，还要控制适当的糖与非糖的比例。

糖化的方法很多，主要可分为煮出法和浸出法两大类。煮出糖化法根据醪液煮沸的次数，又可分为一次、两次及三次煮出法。目前国内绝大多数企业生产淡色啤酒都采用二次煮出法进行糖化。

二次煮出法的特点是将辅助原料和部分麦芽粉在糊化锅中与 45℃ 温水混合，并升温煮沸糊化（第一次煮沸）。与此同时，麦芽粉与温水在糖化锅中混合并以 45～55℃ 保温，进行蛋白质休止（即蛋白质分解过程），时间在 30～90min。接着将糊化锅中已煮沸的糊化醪泵入糖化锅，使混合醪温达到糖化温度（65～68℃），保温进行糖化，直到与碘液不起呈色反应为止。然后从糖化锅中取出部分醪液（一般取底部占总量二分之一的浓醪）泵入糊化锅煮沸（第二次煮沸），再泵回糖化锅，使醪液升温至 75～78℃，静置 10min 后进行过滤。

（4）过滤　麦汁过滤的方法有过滤槽法、压滤机法和快速过滤法等。目前国内多数啤酒生产企业主要采用过滤槽法。过滤槽法是以麦糟本身为过滤介质，在过滤前先形成过滤层，逐渐过滤出清亮的麦汁。当糖化液即将过滤完毕时（在过滤层漏出之前）要立即进行洗糟，洗出残留于糟层中的糖分等，提高麦汁回收率。洗糟水的温度为 75～78℃ 为好。若水温过高，将会把皮层的苦味成分如多酚类物质溶出，影响啤酒的质量；若水温过低，则残糖不易从皮糟中洗出。

（5）煮沸和酒花添加　经过滤后清亮的麦汁，还需要煮沸。煮沸是蒸发掉多余水分，浓缩到规定浓度；破坏全部酶系，稳定麦汁成分；使热凝固物析出；杀死麦汁中的杂菌及浸出酒花中的有效成分。麦汁煮沸的基本要求是要有一定的煮沸强度和时间。煮沸强度是指单位时间内所蒸发掉的水分占麦汁的百分比。一般煮沸强度以 8%～12% 为宜，煮沸时间为 1.5～2h。酒花是在煮沸过程中添加的，用量为麦汁总量的 0.1%～0.2%。酒花一般在麦汁煮沸过程中分三次添加，第一次在麦汁初沸时加入，为总量的 1/5，第二次在麦汁煮沸后 40～50min 加入，为总量的 2/5，第三次在结束麦汁煮沸前 10min 加入，为总量的 2/5。但也有的企业分两次或四次加入酒花。

（6）澄清及冷却　麦汁经过煮沸后，含有一定量的酒花糟和产生一系列的热凝固物，后者对啤酒发酵过程与啤酒的非生物学稳定性有很大的危害。一般啤酒企业采用回旋沉淀法和自然沉淀法除去。麦汁冷却的目的，主要是使麦汁达到主发酵最适宜的温度 6～8℃，同时使大量的冷凝固物析出。另外，为了满足酵母在主发酵初期繁殖的需要，要充入一定量的无菌空气，此时的麦汁叫定型麦汁。麦汁冷却设备通常采用薄板冷却器。

（7）发酵

① 啤酒酵母　根据酵母在啤酒发酵液中的性状，可将它们分成两大类：上面啤酒酵母和下面啤酒酵母。上面啤酒酵母在发酵时，酵母细胞随 CO_2 浮在发酵液面上，发酵终了形成酵母泡盖，即使长时间放置，酵母也很少下沉。下面啤酒酵母在发酵时，酵母悬浮在发酵液内，在发酵终了时酵母细胞很快凝聚成块并沉积在发酵罐底。按照凝聚力大小，把发酵终了细胞迅速凝聚的酵母，称为凝聚性酵母；而细胞不易凝聚的下面啤酒酵母，称为粉末性酵母。影响细胞凝聚力的因素，除了酵母细胞的细胞壁结构外，外界环境（例如麦汁成分、发酵液 pH 值、酵母排出到发酵液中的 CO_2 量等）也起着十分重要的作用。国内啤酒厂一般都使用下面啤酒酵母生产啤酒。

上面啤酒酵母和下面啤酒酵母，两者在细胞形态、对棉籽糖发酵能力、凝聚性以及啤酒发酵温度等方面有明显差异。但当培养组分和培养条件改变时，两种酵母各自的特性也会发生变化。

用于生产上的啤酒酵母，种类繁多。不同的菌株，在形态和生理特性上不一样，在形成双乙酰高峰值和双乙酰还原速度上都有明显差别，造成啤酒风味各异。

② 啤酒酵母的扩大培养流程　扩大培养是将实验室保存的纯种酵母逐步增殖，使酵母数量由少到多，直至达到一定数量后，供生产需要的酵母培养过程。

斜面试管→5mL 麦汁试管 3 支（各活化 3 次）→25mL 麦汁试管 3 只→250mL 麦汁锥形瓶 3 支→3L 麦汁锥形瓶 3 支→100L 铝桶 1 只（第 1 次加麦汁 18L，第 2 次加麦汁 73L）→100L 大缸 3 只（一次加满）→1t 增殖槽 1 只（加麦芽汁 600L）→5t 发酵槽（第一次加麦汁 1.8t，第二次加麦汁 3.2t）

③ 啤酒酵母扩大培养工艺　在无菌室打开原菌试管，挑取 1 菌环酵母菌菌落，接入已灭菌的盛有 5mL 麦汁的试管中，共 3 支试管，每支接 1 菌环。接种后塞好棉塞，置 25℃恒温箱中培养 24h。

从上述 3 支已活化 1 次的酵母试管中，分别挑取菌液 3～4 菌环，接种到盛有 5mL 已灭菌麦芽汁的另外 3 支试管中，于 25℃培养 24h。接着再重复 1 次，总共活化 3 次。

将 3 支经 3 次活化的试管酵母，分别倒入 3 支盛有 25mL 灭菌麦汁的试管中。接种后，试管口用火焰灭菌，再放入 25℃恒温箱中培养 24h。用于接种的酵母培养液与麦汁体积之比为 1：5。

将上述培养好的酵母种液，分别倒入 3 个盛有 250mL 灭菌麦汁的 500mL 锥形瓶中。接种后瓶口用火焰灭菌，然后放入 25℃恒温箱中培养 24h。酵母种液与麦汁体积之比为 1：10。培养期间要经常振荡容器，以增加溶解氧。

将上述培养好的酵母种液，分别倒入 3 个盛有 3L 灭菌麦汁的 5L 锥形瓶中。接种后瓶口用火焰灭菌，然后将锥形瓶置于灭菌室在常温下培养 24h。酵母种液与麦汁体积之比为 1：12。培养温度比上一次培养要低，目的是让酵母逐步适应低温发酵的要求，但降温幅度不能太大，否则会影响酵母活性。培养期间要经常振荡大锥形瓶。

在培养室，将上述 3 个大锥形瓶内的酵母种液一次倒入 1 个已灭菌的铝桶内，加入冷麦汁 18L。酵母种液与麦汁体积之比为 1∶2。在 13～14℃下培养 24～36h。培养期间要通入无菌空气，以满足酵母细胞对氧气的需求。

在上述 27L 酵母培养液中，加入 73L 冷麦汁，于 12～13℃下继续培养 24～36h。酵母种液与麦汁体积之比为 1∶2.7。

将上述 100L 酵母种液等量倒入 3 只 100L 大缸内，每缸一次性加麦汁到满量 100L。培养温度为 9～10℃，培养时间 24～36h。种液与麦汁体积之比为 1∶2。培养期间要通入无菌空气。

将培养好的 300L 酵母种子液倒入容积 1t 的增殖槽中，加入冷麦汁 600L，在 8～9℃下培养 24h。酵母种子液与麦汁体积比为 1∶2。培养期间要通入无菌空气。

将上述酵母培养液倒入 5t 发酵槽内，加入冷麦汁 1.8t，达到酵母种子液与麦汁体积之比为 1∶2，在 7～7.5℃下培养 24h，期间通入无菌空气。之后追加冷麦汁至满量 5t。满槽后转入正常发酵。冷麦汁的量与酵母种子液体积之比为 1∶0.85。主发酵（也称前发酵）6～7d。主发酵结束后，即将发酵液（俗称嫩啤酒）从酒液排出口引入后发酵罐，并完成后发酵，待嫩啤酒排完，应及时回收发酵槽底部的酵母，经过筛和漂洗，得到零代酵母，这种酵母泥即可供生产使用。酵母泥存放的时间不得超过 3d，并做到先洗涤的先用。扩大培养后，经过车间生产周转过来的第 1 次沉淀酵母，称为第一代种子。在正确洗涤和正常发酵条件下，酵母使用代数一般为 7～8 代。

④ 啤酒发酵 将酵母泥与麦汁按 1∶1 进行混合，通入无菌空气，使酵母细胞悬浮并压送到酵母增殖池的麦汁中，使麦汁与酵母细胞充分混匀，待满池后再放置 12～24h。在长出新酵母细胞和分离去凝固物后，将酵母培养液和新麦汁同时添加到发酵罐。

然后采用下部顶 CO_2 泵入大罐，由于其容量较大，常需分批送入麦汁，一般要求在 10～18h 内装满罐，品温以 9℃为宜。装满罐后麦汁即进入发酵阶段。24h 后要在锥罐底排放一次冷凝固物和酵母死细胞。5～7d 后，当麦汁糖度降到 4.8°～5.0° 左右时，要封罐让其自升温至 12℃，当罐压升到 0.08～0.09MPa，糖度降到 3.6°～3.8° 时，要提高罐压到 0.10～0.12MPa，并以 0.2～0.3℃/h 的速度使罐温降温到 5℃，并保持此罐温 12～24h，自发酵的第 7～8d 开始排放酵母。由于罐压较大，排放的酵母不能再回收利用。在发酵接近后期时，在 2～3d 内继续以 0.1℃/h 的速度降温，使罐温降至 0～1℃，并保持此温 7～10d，且保持罐压 0.1MPa，啤酒发酵总时间需 21～28d。

啤酒的发酵也遵循微生物的生长规律，低泡期、高泡期、落泡期和泡盖形成期。在啤酒发酵过程中，酵母在厌氧环境中经过糖酵解途径（EMP）将葡萄糖降解成丙酮酸，然后脱羧生成乙醛，后者在乙醇脱氢酶催化下还原成乙醇。在整个啤酒发酵过程中，酵母利用葡萄糖除了产生乙醇和 CO_2 外，还生成乳酸、醋酸、柠檬酸、苹果酸和琥珀酸等有机酸，同时有机酸和低级醇进一步聚合成酯类物质；经过麦芽中所含的蛋白质降解酶将蛋白质降解成多肽后，酵母菌自身含有的氧化还原酶继续将低含氮化合物进一步转化成氨基酸和其他低分子物质。这些复杂的发酵产物决定了啤酒的风味、泡持性、色泽及稳定性等各项指标，使啤酒具有独特的风格。

（8）啤酒过滤与包装 经后发酵的啤酒，还有少量悬浮的酵母及蛋白质等杂质，需要采取一些手段将这些杂质除去。目前多数采用硅藻土过滤法、纸板过滤法、离心分离法和超滤。过滤的效果直接影响到啤酒的生物学稳定性和品质。因此，在啤酒过滤的过程中，啤酒的温度、过滤时的压力及后熟酒的质量是关键因素。

包装是啤酒生产的最后一道工序，对保证成品的质量和外观十分重要。啤酒包装以瓶装和罐装为主。

2. 果酒酿造

果酒酿造以水果为原料，进行破碎、压榨，抽取果汁，再经发酵而成。下面以红葡萄酒为例进行介绍。

酿制红葡萄酒一般采用红葡萄品种。我国酿造红葡萄酒主要以干红葡萄酒为原酒，然后按标准调配成半干、半甜、甜型葡萄酒。

（1）工艺流程

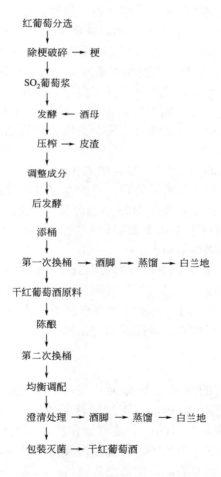

（2）发酵

① 前发酵（主发酵）　葡萄酒前发酵主要目的是进行酒精发酵、浸提色素物质和芳香物质。前发酵进行的好坏是决定葡萄酒质量的关键。红葡萄酒发酵方式按发酵中是否隔氧可分为开放式发酵和密闭发酵。发酵容器过去多为开放式水泥池，近年来逐步被新型发酵罐所取代。

接入酵母 3～4d 后发酵进入主发酵阶段。此阶段升温明显，一般持续 3～7d，控制最高品温不超过 30℃，在 25℃左右下进行。当发酵液的相对密度下降到 1.020 以下时，即停止发酵，出池取新酒。

发酵生产中应注意的问题如下：

a. 发酵容积利用率　葡萄浆在进行酒精发酵时体积增加。原因是发酵时本身产生热量，发酵醪温升高使体积增加，另外产生大量 CO_2 气体不能及时排出，也导致体积增加。为了保证发酵的正常进行，一般容器充满系数为 80%。

b. 皮渣的浸渍　葡萄破碎后送入敞口发酵池，因葡萄皮密度比葡萄汁小，再加上发酵时产生的 CO_2，葡萄皮渣往往浮在葡萄汁表面，形成很厚的盖子，这种盖子也称"酒盖"。因酒盖与空气直接接触，容易感染有害杂菌，败坏葡萄酒的质量。为保证葡萄酒的质量，并充分浸渍皮渣上的色素和香气物质，须将皮盖压入醪中。

c. 温度控制　温度对红葡萄酒质量有很大的影响。发酵温度是影响红葡萄酒色素物质含量和色度值大小的主要因素。一般来讲，发酵温度高，葡萄酒的色素物质含量高，色度值高。从红葡萄酒质量考虑，如口味醇和、酒质细腻、果香酒香等综合考虑，发酵温度控制低一些为好。红葡萄酒发酵温度一般控制在 25～30℃。红葡萄酒发酵降温方法有循环倒池法、发酵池内安装蛇形冷却管法、外循环冷却法。

d. 葡萄汁的循环　红葡萄酒发酵时进行葡萄汁的循环可以起以下方面的作用：增加葡萄酒的色素物质含量；降低葡萄汁的温度；开放式循环可使葡萄汁和空气接触，增加酵母的活力；葡萄浆与空气接触可促使酚类物质的氧化，使之与蛋白质结合成沉淀，加速酒的澄清。

e. 二氧化硫的添加　SO_2 在葡萄酒酿造中的作用主要有三个方面：一是杀菌作用，酿酒用的葡萄汁在发酵前不进行灭菌处理，有的发酵是开放式的，因此，为了消除细菌和野生酵母对发酵的干扰，在发酵时添加一定量的 SO_2；二是溶解作用，SO_2 在水中生成亚硫酸，能将葡萄皮中不溶于葡萄汁和发酵液的色素溶解出来；三是澄清作用，SO_2 能很快使不溶性的物质沉淀下来。

② 压榨　当残糖降至 5g/L 以下，发酵液面只有少量 CO_2 气泡，"酒盖"已经下沉，液面较平静，发酵液温度接近室温，并且有明显酒香，此时表明前发酵已结束，可以出池。一般前发酵时间为 4～6d。出池时先将自流原酒由排汁口放出，放净后打开人孔清理皮渣进行压榨，得压榨酒。自流原酒和压榨原酒成分差异较大，若酿制高档名贵葡萄酒，应单独贮存。

③ 后发酵

a. 后发酵目的　残糖的继续发酵称为后发酵。前发酵结束后，原酒中还残留 3～5g/L 的糖分，这些糖分在酵母作用下继续转化成酒精与 CO_2，即为后发酵过程。通过后发酵一般可以达到三个目的：一是澄清作用，前发酵得到的原酒，还残留部分酵母及其他果肉纤维悬浮于酒液中，在低温缓慢的发酵中，酵母及其他成分逐渐沉降，后发酵结束后形成沉淀即酒泥，使酒逐步澄清；二是陈酿作用，新酒在后发酵过程中，进行缓慢的氧化还原作用，并促使醇酸酯化，乙醇和水的缔合排列，使酒的口味变得柔和，风味上更趋完善；三是降酸作用，有些红葡萄酒在压榨分离后诱发苹果酸 - 乳酸发酵，对降酸及改善口味有很大好处。

b. 后发酵的管理

ⓐ 补加二氧化硫　前发酵结束后，压榨得到的原酒需补加二氧化硫，添加量（以

游离计）为 30～50mg/L。

　　ⓑ 温度控制　原酒进入后发酵容器后，品温一般控制在 18～25℃。若品温高于 25℃，不利于新酒的澄清，给杂菌繁殖创造条件。

　　ⓒ 隔绝空气及卫生管理　后发酵的原酒应避免与空气接触，工艺上常称为隔氧发酵。后发酵的隔氧措施一般在容器上安装水封。前发酵的原酒中含有糖类物质、氨基酸等营养成分，易感染杂菌，影响酒的质量。搞好卫生是后发酵的重要管理内容。

　　正常后发酵时间为 3～5d，但可持续一个月左右。

　　3. 白酒酿造

　　白酒是以淀粉质谷物、薯类为主要原料，采用酒曲作为糖化发酵剂，经淀粉糖化、酒精发酵、蒸馏、陈酿、勾兑等工艺制成的具有较高酒精含量、独特芳香和风味的酒精饮料。

　　（1）制曲工艺（以大曲为例）　一般大曲可分为高温曲、中温曲和低温曲，其工艺为：原料→粉碎→拌和→踩曲→入房培菌→出曲（贮存）。

　　① 高温曲制曲工艺　高温曲多用于酱香型酒的制曲，如：茅台 55～65℃ 或 65～70℃、郎酒 60～65℃、习酒 55～65℃。

　　工艺流程：

小麦→筛选→磨碎→粗麦粉→拌和→踩曲→曲坯→晾干→入房堆积培菌→翻曲→出房→贮存

　　② 中温曲制曲工艺　工艺流程：

小麦 → 发水 → 翻造 → 堆积 → 磨碎 → 加水拌和 → 装箱 → 踩曲 → 晾汗 → 入室安曲 → 保温培菌 → 打扰
　　　　　　　　　　　　　　　　　　　　　　　　　　　　　　　　　　　　　　↓
　　　　　　　　　　　　　　　　　　　　　　　　　　　　　　入库贮存 ← 出曲

　　③ 低温曲制曲工艺　工艺流程：

原料 → 混合 → 粉碎 → 加水搅拌 → 踩曲 → 入房排列 → 培菌（长霉、凉霉、起潮火、起大火、挤后火、养曲）
　　　　　　　　　　　　　　　　　　　　　　　　　　　　　　　　　　　↓
　　　　　　　　　　　　　　　贮存 ← 出房

　　制大曲的原料一般为大麦、小麦和豌豆。大麦皮多，性质疏松，微生物易生长，但水分热量也易散失，单独使用不易充分繁殖；豌豆粉碎后原料较黏稠，水分热量不易散失；小麦粉碎后原料黏着力强，营养丰富，含丰富的面筋质。在用大麦或其他原料时，一般加入一定量的豆类（有时加 1% 大曲粉），以增加黏着力，否则水分易蒸发，热量难保持。但豆类过多，黏性太强，易引起高温菌的繁殖。

　　（2）酿酒工艺（以续渣法为例）　将渣子（原料）蒸料后，加曲入窖（发酵池）发酵，取出酒醅（又称母糟）蒸酒，在蒸完酒的醅子中，再加入清蒸过的原料，或者将酒醅与没蒸过的原料混合后一起在甑桶（蒸馏器）内进行混烧（蒸馏和蒸料），然后又加曲继续回窖发酵，即续渣法。在续渣法生产过程中一直不断地加入新料及曲，继续发酵，或者说新料中始终加一定量糟子。

　　原料单独进行蒸料称为清蒸，新料和酒醅混合同时蒸料、蒸酒称为混烧。在实际生产过程中，混烧法应用较广。

　　混烧操作法优点：

　　① 粮食本身所特有的香味物质，会随酒气带入白酒，起增香作用，主要有酯类，以及芳香族酚类、香兰素等，量很少，称为粮香。

② 原料酒醅混合后，原料吸收酒醅中的酸和水，有利于原料的糊化。

③ 在酒醅中混入新料，起疏松作用，可减少填充料（小米或米糠）的用量。

4. 面包加工

面包生产有传统的一次发酵法、二次发酵法及新工艺快速发酵法等。我国生产面包多用一次发酵法及二次发酵法，近年来快速发酵法应用也较多。

（1）发酵工艺

① 一次发酵法工艺流程

$$活化酵母$$

原料处理 → 面团调制 → 面团发酵 → 分块、搓圆 → 整形 → 醒发 → 烘烤 → 冷却 → 包装

一次发酵法的特点是生产周期短，所需设备和劳力少，产品有良好的咀嚼感，有较粗糙的蜂窝状结构，但风味较差。该工艺对时间相当敏感，大批量生产时较难操作，生产灵活性差。

② 二次发酵法工艺流程

（部分面粉、部分水、全部酵母）　　　（加入剩下的原辅料）

原辅料处理 → 第一次和面 → 第一次发酵 → 第二次和面 → 第二次发酵 → 整形 → 醒发 → 烘烤 → 冷却 → 成品

二次发酵法即采取两次搅拌、两次发酵的方法。第一次搅拌时先将部分面粉（占配方用量的 1/3）、部分水和全部酵母混合至刚好形成疏松的面团。然后将剩下的原料加入，进行二次混合调制成成熟面团。成熟面团再经发酵、整形、醒发、烘烤制成成品。

二次发酵法应用较多，其特点是生产出的面包体积大、柔软，且具有细微的海绵状结构，风味良好，生产容易调整，但周期长、操作工序多。

（2）面包生产工艺　主要包括面团调制、发酵、整形与醒发、烘烤、冷却和包装、老化等工序。

① 面团调制　调制面团是生产面包的关键工序之一，它是将经过处理的原辅料按配方用量和工艺要求，通过和面机的机械作用调制成发酵面团的过程。面团调制主要作用是使酵母、水和其他各种辅料与面粉混合均匀，使和好的面团具有良好的工艺性能和组织结构，以利于发酵和烘烤。

面团调制分为一次搅拌法和二次搅拌法。一次搅拌法就是先将全部面粉和水投入和面机内，再倒入糖、盐等辅料溶液，搅拌后加入活化好的酵母液，混合片刻，最后加入油脂，继续搅拌，直至面团成熟。

二次搅拌法是先利用 30%～70% 的面粉、40% 左右的水、全部酵母液，和成软硬合适、温度为 26～28℃ 的面团，开始第一次发酵。此次调制的目的是为制备种子面团作准备。第二次调制是将第一次发酵成熟的种子面团和剩下的原辅料（不包括油脂）在和面机中一起搅拌，快成熟时放入油脂继续搅拌，直至面团温度合适（26～38℃）、不粘手、均匀而有弹性时为止，然后进行第二次发酵。

② 面团发酵

a. 面团发酵的一般原理　面团发酵就是在适宜条件下，酵母利用面团中的营养物质进行繁殖和新陈代谢，产生 CO_2 气体，使面团膨松，并使面团营养物质分解为人体易于吸收的物质。

单糖是酵母最好的营养物质，而面粉中单糖含量很少，不能满足酵母发酵的需

要。但面粉中含有相当多的淀粉酶，它们将淀粉分解为麦芽糖，麦芽糖在酵母本身分泌的麦芽糖酶作用下分解为单糖被酵母利用。面包用酵母是一种典型的兼性厌氧微生物，有氧时呼吸旺盛，酵母将糖氧化分解成 CO_2 和水，并释放能量。随着发酵的进行，面团中氧气迅速减少，酵母的有氧呼吸转变为无氧呼吸，糖被分解为酒精和少量 CO_2 及能量。实际生产中，上述两种作用是同时进行的，发酵初期，前者为主反应；发酵后期，为使发酵旺盛进行，应排除面团中的 CO_2 气体，补充空气。整个发酵过程中均有大量 CO_2 气体产生，因而能使面团膨松，形成大量蜂窝。

b. 发酵

一次发酵法：发酵室温度 26～28℃，相对湿度 75%，发酵时间 2～4h，在发酵期间常进行 1～2 次揿粉以排除 CO_2，补充空气。

二次发酵法：第一次发酵即种子面团发酵，温度为 25～30℃，时间 2～4h，相对湿度 75%；第二次发酵即生面团发酵，温度 28～32℃，时间 2～3h。

③ 整形与醒发　发酵成熟的面团应立即进入整形工序。整形工序包括面团的切块、称量、搓圆、静置、整形和入盘。整形后的面包坯在醒发室进行最后一次发酵，然后入炉烘烤。

醒发就是将整形后的面包坯在较高温度下经最后一次发酵（酵母快速呼吸，释放出更多的气体），使面包坯迅速起发到一定程度，形成松软的海绵状组织和面包的基本形状，以保证成品体积大而丰满且形状美观。醒发一般在醒发室内进行，温度 38～40℃，相对湿度 85%，时间 45～60min。

④ 烘烤

a. 烘烤原理　醒发后的面包坯应立即进入烤炉烘烤，面包坯在炉内经过高温作用，由生变熟，并产生面包特有的膨松组织、金黄色表皮和可口风味。面包坯在烘烤过程中会发生一系列的物理、化学及微生物的变化。

面包坯中酵母在入炉初期，开始了比以前更加旺盛的生命活动，产生大量 CO_2 气体，使面包坯体积进一步增大。当烘烤继续进行，面包坯温度上升到 44℃ 时，酵母产气能力下降，50℃ 时开始死亡，60℃ 时全部死亡。除了酵母菌外，面包中还有部分产酸菌，主要是乳酸菌，当面包坯进入烤炉时，它们的主要生命活动随温度升高而加快，当超过其最适温度时，其生命活动逐渐减弱，大约到 60℃ 时，全部死亡。

淀粉和蛋白质是面包坯的两大主要成分。在烘烤过程中，淀粉遇热糊化，面包坯由生变熟，同时，部分淀粉在酶的作用下分解为糊精和麦芽糖。面包坯中的蛋白质主要以面筋形式存在，当加热面包至 60～70℃ 时，面包中蛋白质开始变性凝固，并释放出胀润时所吸收的水分。部分蛋白质在酶作用下分解为肽、胨及氨基酸。

面包表皮的褐色是在高温下产生的。食品的褐变主要有三种：酶促褐变、焦糖化反应及美拉德反应。面包表皮的褐变因在高温下产生而与酶促褐变无关。许多研究表明，面包褐变主要是由面包坯中的氨基酸与还原糖在 150℃ 的高温下产生美拉德反应引起，焦糖化反应是次要的。

b. 面包焙烤技术　面包的焙烤过程大致可分为三个阶段：

入炉初期，焙烤应当在温度较低和相对湿度较高（60%～70%）的条件下进行。面火要低（120℃），底火要高（250℃），这样有利于面包体积的增大，烘烤时间 2～3min。当面包内部温度达到 50～60℃ 时，便进入第二阶段。这时，可适当提高炉温，底火、面火温度都可达270℃，这样有利于面包快速失水及定型，主要作用是使面包皮着色和增加香气。接下来应降低炉温，面火温度高于底火温度，为180～200℃，底火温度140～160℃，此时为第三阶段。

面包烘烤时间，因面包的质量、大小、形状、烤模形式等而不同，大面包则时间长且温度不宜过高，否则会皮焦心不熟。同样质量的面包，圆面包、装模面包时间相应要长些。

⑤ 面包的冷却和包装　面包冷却的方法有自然冷却和吹风冷却两种。前者是在室温下进行，产品质量好，但所需的时间长；后者是用吹风机强行冷却，优点是速度快且卫生，但风力过大会使面包表面开裂。冷却至面包中心温度为35～36℃或室温即可。在此过程中，面包质量会损失1%～3.5%。

冷却后的面包应及时包装。经包装的面包可以避免水分的大量损失，防止干硬，保持面包的新鲜度，同时可以减少微生物的侵染，保持面包的清洁卫生，还能使产品美观，便于出售。

⑥ 面包的老化　面包的货架期很短，这是因为随着存放时间的延长，在面包中会发生一系列不良变化，主要有面包皮变硬、内部变紧、风味变差、吃起来易掉渣等，这些现象统称为面包的"老化"。现代研究表明，面包的老化主要是因为淀粉的重结晶引起的。预防老化的方法有及时包装、贮运，使用乳化剂、α-淀粉酶、油脂等添加剂，使用高筋粉，在较高温度下贮藏（温度高于20℃）等。

5. 单细胞蛋白（SCP）的开发

SCP又称单细胞蛋白，由于微生物对营养要求适应性强，往往可利用多种廉价原料进行生产。用于生产单细胞蛋白的微生物种类很多，主要以酵母菌、细菌等单细胞微生物为主。这些微生物通常要具备下列条件：①所生产的蛋白质等营养物质含量高；②对人体无致病作用，味道好并且易消化吸收；③对培养条件要求简单，生长繁殖迅速等。

（1）单细胞蛋白生产　单细胞蛋白的生产过程相对比较简单。在培养液配制及灭菌完成以后，将它们和菌种投放到发酵罐中，控制好发酵条件，菌种就会迅速繁殖；发酵完毕，用离心、沉淀等方法收集菌体，最后经过干燥处理，就制成了单细胞蛋白成品。

（2）单细胞蛋白的作用　通过微生物发酵可以生产大量的微生物蛋白，不仅可供人类直接食用，也可作为家畜、家禽的高蛋白饲料，为人类提供质优价廉的肉类蛋白。一方面微生物蛋白食品的开发可以缓解人口不断增长与耕地减少、粮食紧缺之间的矛盾；另一方面高蛋白的微生物蛋白食品的开发，也有利于改善人们的食品结构。

① 作为畜禽饲料添加剂　酵母单细胞蛋白中蛋白质含量为45%～55%，比大豆高30%以上；细菌的单细胞蛋白中蛋白质的含量高达70%，比大豆高50%，比鱼粉高20%。因此，在各类饲料中加入单细胞蛋白添加剂，可以取得诸如使猪长得更快、牛产奶更多这样的效果。如在畜禽的饲料中，只要添加3%～10%的单细胞蛋白，便能大大提高饲料的营养价值和利用率。

② 作为食用蛋白质　单细胞蛋白所含的营养物质极为丰富。其中，蛋白质含量高达40%～80%，氨基酸的组成较为齐全，含有人体必需的8种氨基酸，尤其是谷物中含量较少的赖氨酸。单细胞蛋白中还含有多种维生素、碳水化合物、脂肪、矿物质，以及丰富的酶类和生物活性物质，如辅酶A、辅酶Q、谷胱甘肽、麦角固醇等。单细

胞蛋白不仅能制成"人造肉"供人们直接食用，而且还能提高食品的某些物理性能。

③ 开发单细胞蛋白的意义　蛋白质是维持生命的基本物质，是组成人体器官、组织和体内酶、激素以及免疫球蛋白的主要成分。全世界蛋白质缺乏的问题已存在多年，生物技术开发单细胞蛋白是解决这一问题的重要途径。单细胞蛋白是现代饲料工业和食品工业中重要的蛋白来源，其发展前景十分广阔。

三、霉菌在发酵生产中的应用

霉菌在食品加工工业中用途十分广泛，许多酿造发酵食品、食品原料的制造，如豆腐乳、豆豉、酱、酱油、柠檬酸等都是在霉菌的参与下生产加工出来的。绝大多数霉菌能把加工所用原料中的淀粉、糖类等碳水化合物、蛋白质等含氮化合物及其他种类的化合物进行转化，制造出多种多样的食品、调味品及食品添加剂。不过，在许多食品制造中，除了利用霉菌以外，还要有细菌、酵母菌的共同作用来完成。在食品酿造业中，常常以淀粉质为主要原料，只有霉菌先将淀粉转化为糖才能被酵母菌及细菌利用。

（一）生产用霉菌菌种

淀粉的糖化、蛋白质的水解均是通过霉菌产生的淀粉酶和蛋白质水解酶进行的。通常情况是先进行霉菌培养制曲。淀粉、蛋白质原料经过蒸煮糊化加入种曲，在一定温度下培养，曲中由霉菌产生的各种酶起作用，将淀粉、蛋白质分解成糖、氨基酸等水解产物。

在生产中利用霉菌作为糖化菌种很多。根霉属中常用的有日本根霉（AS3.849）、米根霉、华根霉等；曲霉属中常用的有黑曲霉、宇佐美曲霉、米曲霉和泡盛曲霉等；毛霉属中常用的有鲁氏毛霉；还有红曲属中的一些种也是较好的糖化剂，如紫红曲霉、安氏红曲霉、锈色红曲霉、变红曲霉（AS3.976）等。

（二）酱类

酱类包括大豆酱、蚕豆酱、面酱、豆瓣酱、豆豉及其加工制品，都是利用一些粮食和油料作物为主要原料，利用以米曲霉为主的微生物经发酵酿制的。酱类发酵制品营养丰富，易于消化吸收，既可作小菜，又是调味品，具有特有的色、香、味，价格便宜，是一种受欢迎的大众化调味品。

用于酱类生产的霉菌主要是米曲霉，生产上常用的有沪酿 3.042、黄曲霉 Cr-1 菌株（不产生毒素）、黑曲霉等。所用的曲霉具有较强的蛋白酶、淀粉酶及纤维素酶的活力，它们把原料中的蛋白质分解为氨基酸，淀粉转变为糖，在其他微生物的共同作用下生成醇、酸、酯等，形成酱类特有的风味。

市场上的豆酱种类繁多，其生产酿造工艺也不尽相同，生产用原辅料差异很大。下面是大豆酱的生产工艺。

1. 制曲工艺

（1）制曲工艺流程

（2）制曲原料的处理　大豆洗净、浸泡及蒸熟；面粉在过去采用炒焙方法进行处

理，现在有些厂家直接利用生面粉而不予以处理。

（3）制曲操作　制曲时原料配比为大豆 100kg，标准粉 40～60kg。种曲用量为 0.15%～0.3%，种曲使用时先与面粉拌和。为了使豆酱中麸皮含量减少，种曲最好用分离出的孢子（曲精）；由于豆粒较大，水分不易散发，制曲时间应适当延长。

2. 制酱

（1）工艺流程

大豆曲 → 发酵容器 → 自然升温 → 加第一次盐水 → 酱醅保温发酵 → 加第二次盐水及盐 → 翻酱 → 成品

（2）制酱工艺　先将大豆曲倒入发酵容器内，表面扒平，稍予压实，很快会自然升温至 40℃左右。在将准备好的 14.5°Bé 热盐水（加热至 60～65℃）加至面层，让它逐渐全部渗入曲内。最后面层加封面用细盐一层，并将盖子盖好。大豆曲加入热盐水后，醅温即能达到 45℃左右，以后维持此温度 10d，酱醅成熟。发酵完毕，补加 24°Bé 盐水及所需细盐（包括封面盐），充入压缩空气或翻酱机充分搅拌，务使所加的细盐全部溶化，同时混合均匀，在室温中后发酵即得成品。

（三）酱油

酱油是人们常用的一种食品调味料，营养丰富，味道鲜美，在我国已有两千多年的历史。它是用蛋白质原料（如豆饼、豆粕等）和淀粉质原料（如麸皮、面粉、小麦等），利用曲霉及其他微生物的共同发酵作用酿制而成的。

酱油生产中常用的霉菌有米曲霉、黄曲霉和黑曲霉等，应用于酱油生产的曲霉菌株应符合如下条件：不产黄曲霉毒素；蛋白酶、淀粉酶活力高，有谷氨酰胺酶活力；生长快速、培养条件粗放、抗杂菌能力强；不产生异味，制曲酿造的酱制品风味好。

1. 酱油生产霉菌

酱油生产所用的霉菌主要是米曲霉。生产上常用的米曲霉菌株有：AS3.951（沪酿3.042）；UE328、UE336；AS3.863；渝 3.811 等。

生产中常常是由两菌种以上复合使用，以提高原料蛋白质及碳水化合物的利用率，提高成品中还原糖、氨基酸、色素以及香味物质的水平。除曲霉外，还有酵母菌、乳酸菌参与发酵，它们对酱油香味的形成也起着十分重要的作用。

2. 种曲原料及其配比

目前一般采用的几种配比：

（1）配方 1　麸皮 80kg、面粉（或甘薯干粉）20kg、水 70kg 左右。

（2）配方 2　麸皮 85kg、面粉 85kg、水 90kg、麸皮 100kg、水 95～100kg。

3. 原料处理

先将麸皮与辅料拌匀，再加水充分拌和。由于一次加水蒸煮后熟料黏度高，团块多，过筛困难，应采用两次润水方法。即在混合原料中先加 40%～50% 的水，蒸熟过筛后再补充清洁的冷开水 30%～45%。为防止杂菌的污染，可在冷开水中添加按总原料计 0.3% 的食用级冰醋酸或 0.5～1% 的醋酸钠拌匀。蒸料时先开蒸汽，排尽冷水，分层进料。注意原料必须洒于冒蒸汽处，洒料要求松散，切忌将原料压实而堵塞蒸汽，导致蒸料不匀。进料完毕，全面冒气后加盖蒸煮。常压蒸煮冒气后维持 1h，焖

30min，或采用加压蒸煮 0.1MPa 维持 30min 出锅，然后过筛、摊开，适当翻拌，使之快速冷却。

4. 种曲制备

（1）工艺流程

一级种 —→ 二级种 —→ 三级种
↓
麸皮、面粉 —→ 加水混合 —→ 蒸料 —→ 过筛 —→ 冷却 —→ 接种 —→ 装匾 —→ 曲室培养 —→ 种曲

（2）试管斜面菌种培养

① 培养基　5°Bé 豆饼汁 100mL，$MgSO_4$ 0.05g，NaH_2PO_4 0.1g，可溶性淀粉 2.0g，琼脂 1.5g，0.1MPa 蒸汽灭菌 30min，制成斜面试管。

② 培养　将菌种接入斜面，置于 30℃培养箱中培养 3d，待长出茂盛的黄绿色孢子，并无杂菌，即可作为锥形瓶菌种扩大培养。

（3）锥形瓶纯菌种扩大培养

① 培养基　麸皮 80g，面粉 20g，水 80～90mL 或麸皮 85g，豆饼粉 15g，水 95mL。原料混合均匀分装入带棉塞的锥形瓶中，瓶中料厚度 1cm 左右，在 0.1MPa 蒸汽压力下灭菌 30min，灭菌后趁热摇松曲料。

② 培养　曲料冷却后接入试管斜面菌种，摇匀，置 30℃培养箱内培养 18h 左右，当瓶内曲料已发白结饼，摇瓶一次，将结块摇碎，继续培养 4h，再摇瓶一次，经过 2d 培养，把锥形瓶倒置，以促进底部曲霉生长，继续培养 1d，待全部长满黄绿色的孢子即可使用。若放置较长时间，应置于阴凉处或冰箱中。

（4）种曲培养

① 曲料配比　目前一般采用的曲料配比有：麸皮 80kg，面粉 20kg，水 70kg 左右；麸皮 100kg，水 95～100kg。加水量应视原料的性质而定。根据经验，以拌料后的原料手捏成团、触之即碎为宜。原料拌匀后过 3.5 目筛。堆积润水 1h，0.1MPa 蒸汽压下蒸料 30min，或常压蒸料 1h 再焖 30min。要求熟料疏松，含水量 50%～54%。

② 培养　待曲料品温降至 40℃左右即可接种，将锥形瓶的种曲散布于曲料中，翻拌均匀，使米曲霉孢子与曲料充分混匀，接种量一般为 0.5%～1%。制种曲的常用方法有竹匾培养和曲盘培养两种。

a. 竹匾培养　接种完毕，曲料移入竹匾内摊平，厚度约 2cm，种曲室温度控制在 28～30℃，培养 16h 左右，当曲料上出现白色菌丝，品温升高到 38℃左右时可进行翻曲。翻曲前调换曲室的空气，将曲块用手捏碎，用喷雾器补加 40℃左右的无菌水，补加水量 40% 左右，喷水完毕，再过筛 1 次，使水分均匀。然后分匾摊平，厚度 1cm，上盖湿纱布，以保持足够的湿度。翻曲后，种曲室温控制在 26～28℃，4～6h 后，可见面上菌丝生长，这一阶段必须注意品温，随时调整竹匾上下位置及室温，勿使品温超过 38℃，并经常保持纱布潮湿，这是制好种曲的关键。若品温过高，会影响发芽率。再经过 10h 左右，曲料呈淡黄绿色，品温下降至 32～35℃。在室温 28～30℃下，继续培养 35h 左右，曲料上长满孢子，此时可以揭去纱布，开窗放出室内湿气，并控制室温略高于 30℃，以促进孢子完全成熟。整个培养时间需 68～72h。

b. 曲盘培养　接种完毕，曲料装入曲盘内，将曲盘柱形堆叠于曲室内，室温 28～30℃，培养 16h 左右。当曲面面层稍有发白、结块，品温达到 40℃时，进行第一

次翻曲。翻曲后，曲盘改为"品"字形堆叠，控制品温 28～30℃，4～6h 后品温上升到 36℃，即进行第二次翻曲。每翻毕一盘，盘上盖灭菌的草帘一张，控制品温 36℃，再培养 30h 后揭去草帘，继续培养 24h 左右，种曲成熟。

5. 成曲生产

（1）工艺流程

（2）操作要点

① 原料的选择和配比　酱油生产中是以酿制酱油的全部蛋白质原料和淀粉质原料制曲后，再经发酵生产酱油的。所以制曲原料的选用，既要满足米曲霉正常生长繁殖和产酶，又要考虑到酱油本身质量的需要。脱脂大豆的蛋白质含量非常丰富，宜作原料；麸皮质地疏松，适合于米曲霉的生长和产酶，可以作辅料。制曲的配比生产厂家不尽相同。酱油的鲜味主要来源于原料中的蛋白质分解产物氨基酸，而酱油的香甜则来源于原料中淀粉分解产物糖及发酵生成的醇、酯等物质。所以，若需酿制香甜味浓厚、状态黏稠的酱油，则在配比中要适当增加淀粉质原料。使用豆粕（豆饼）和麸皮为原料，常用的配比是 8∶2、7∶3、6∶4 和 5∶5。

② 制曲原料的处理

a. 原料粉碎及润水　豆饼粉碎使其有适当的粒度，便于润水和蒸煮。一般若原料颗粒小，则表面积大，米曲霉生长繁殖面积大，原料利用率高。粉碎后的豆饼与麸皮按一定的比例充分拌匀后，即可进行润水。所谓润水，就是给原料加上适当的水分，并使原料均匀而完全地吸收水分的工艺。其目的在于使原料吸收一定量水分后膨胀、松软，在蒸煮时蛋白质容易达到适度的变性；使淀粉充分糊化；溶出曲霉生长所需的营养成分，也为曲霉生长提供了所需的水分。

b. 原料蒸料　蒸料的目的是使原料中蛋白质达到适度变性，成为酶易作用的状态；使原料中的淀粉充分糊化，以利于糖化；杀灭原料中的杂菌，减少制曲时的污染。蒸料要均匀并掌握蒸料的最适程度，达到原料蛋白质的适度变性；防止蒸料不透或不均匀而存在未变性的蛋白质，或蒸煮过度而过度变性使蛋白质发生褐变现象。目前国内蒸煮设备有三种类型，即常压蒸煮锅、加压蒸煮锅和连续管道蒸煮设备。

③ 厚层通风制曲　就是将曲料置于曲池（也称曲箱）内，其厚度增至 30cm 左右，利于通风机供给空气及调节温度，促使米曲霉迅速生长繁殖。

曲料制种进入曲箱后，米曲霉得到适当的温度和水分，开始发芽生长。曲霉的最适发芽温度为 30～32℃。通风制曲开始时的堆积，品温以维持 32℃ 左右为宜。在最初的 4～5d 是米曲霉的孢子发芽阶段，所以称为孢子发芽期。

孢子发芽后，接着生长菌丝。当静止培养 8h 左右时，品温已逐渐上升到 36℃，需要进行间歇或连续通风，一方面调节品温，另一方面换新鲜空气，以利于曲霉生长。继续维持品温在 35℃ 左右，培养 12h 左右，当肉眼稍见曲料发白时进行第一次翻曲，称为菌丝生长期。

6. 发酵

在酱油发酵过程中，根据醪醅的状态，有稀醪发酵、固态发酵及固稀发酵之分；

根据加盐量的多少，可分为高盐发酵、低盐发酵和无盐发酵三种；根据加温状况不同，又可分为日晒夜露与保温速酿两类。

（1）工艺流程

成曲→打碎→加盐水拌和（在 12～13°Bé，55℃左右的盐水，含水量 50%～55% 等条件下）→保温发酵（50～55℃，4～6d）→成熟酱醅

（2）固态低盐发酵工艺

① 食盐水的配制　食盐溶解后，以波美计测定其浓度，并根据当时温度调整到规定的浓度。一般经验是 100kg 水加盐 1.5kg 左右得盐水 10°Bé，但往往因食盐质量不同及温度不同而需要增减用盐量。采用波美计检定盐水浓度一般是以 20℃ 为标准温度，而实际生产上配制盐水时，往往高于或低于此温度，因此必须换算成标准温度。

② 发酵料的配制　先将已准备好的糖浆盐水加热到 50～55℃（根据下池后发酵品温的要求，掌握糖浆盐水温度的高低），再将成曲与糖浆盐水一起拌和均匀，倒入发酵池内。拌曲完毕后，将多出的糖浆盐水浇于料面。待糖浆盐水全部吸入料内，最后面层加盖聚乙烯薄膜，四周加盐将膜压紧，并在指定的点上插入温度计测温。

③ 保温发酵及管理　发酵时，成曲与糖浆盐水拌和入池后，酱醅品温要求在 42～46℃，保持 4d。在此期间，品温基本稳定，夏天不需要开蒸汽保温，冬天如醅温不足需要进行保温。从第 5d 起按每天开汽 3 次的办法使品温逐步上升，最后提高到 48～50℃。低盐发酵的时间一般为 10d，酱醅已基本上成熟。但为了增加风味，往往延长发酵期 12～15d，发酵温度前期为 42～44℃，中间为 44～46℃，后期为 46～48℃。有的企业还采用淋浇发酵的办法，酱醅面上不封盐，制醅后相隔 2～3h 将酱汁（曲液水）先回浇一次于酱醅内，使酶和水分较为均匀。发酵温度：5d 内为 40～45℃，5d 后逐步提高品温至 45～48℃。前 4d 每天淋浇两次，4d 后每天淋浇一次。发酵期共为 10d。淋浇对发酵是有好处的，使发酵温度均匀，酱汁中的酶充分利用，并且可以减少面层的氧化，因而能提高酱油的风味。但缺点是需要增加淋浇设备与淋浇操作，在工艺上带来不便。

固态低盐发酵期间要有专人负责，按时测定酱醅温度，做好记录。冬天要防止四周及面层的酱醅温度过低。如发现不正常状况，必须及时采取适当的措施。

7. 浸出提油及成品配制

（1）工艺流程

（2）成品配制　以上提取的头油和二油并不是成品，必须按统一的质量标准或不同的食用用途进行配兑，调配好的酱油还须经灭菌、包装，并经检验合格后才能出厂。

二维码8-4
酱油与微生物

（四）柠檬酸

柠檬酸分子式为 $C_6H_8O_7$，又名枸橼酸，外观为白色颗粒状或白色结晶粉末，无臭，具有令人愉快的强烈的酸味，相对密度为 1.6550。柠檬酸易溶于水、酒精，不溶于醚、酯、氯仿等有机溶剂。商品柠檬酸主要是无水柠檬酸和一水柠檬酸，前者在高于 36.6℃的水溶液中结晶析出，后者在低于 36.6℃水溶液中结晶析出。柠檬酸是生物体主要代谢产物之一，天然存在于果实中，其中以柠檬、柑橘、菠萝、无花果等含量较高。早期的柠檬酸生产是以柠檬、柑橘等天然果实为原料加工而成的。1893 年德国微生物学家 Wehmen 发现两种青霉菌能够积累柠檬酸，1923 年美国科学家研究成功了以废糖蜜为原料的浅盘法柠檬酸发酵，并设厂生产。1951 年美国 Miles 公司首先采用深层发酵大规模生产柠檬酸。我国 1968 年用薯干为原料采用深层发酵法生产柠檬酸成功，由于工艺简单、原料丰富、发酵水平高，各地陆续办厂投产，至 20 世纪 70 年代中期，柠檬酸工业已初步形成了生产体系。

1. 柠檬酸在食品中的应用

（1）饮料与冰淇淋　柠檬酸广泛用于配制各种水果型的饮料以及软饮料。柠檬酸本身是果汁的天然成分之一，不仅赋予饮料水果风味，而且具有增溶、缓冲、抗氧化等作用，能使饮料中的糖、香精、色素等成分交融协调，形成适宜的口感和风味；添加柠檬酸也可以改善冰淇淋的口味，增加乳化稳定性，防止氧化作用。

（2）果酱与酿造酒　柠檬酸在果酱与果冻中同样可以增进风味，并具抗氧化作用。由于果酱、果冻的凝胶性质需要一定范围的 pH 值，添加一定量的柠檬酸可以满足这一要求。

当葡萄或其他酿酒原料成熟过度而酸度不足时，可以用柠檬酸调节，以防止所酿造的酒口味单薄。柠檬酸加到这些果汁中还有抗氧化和保护色素的作用，以保护果汁的新鲜感和防止变色。

（3）腌制品　各种肉类和蔬菜在腌制加工时，加入或涂上柠檬酸可以改善风味，除腥去臭，抗氧化。

（4）罐头食品　罐头加工时，加入柠檬酸除了调酸作用之外，还有螯合金属离子的作用，保护其中的抗坏血酸，使之不被金属离子破坏。

（5）豆制品及调味品　用含有柠檬酸的水浸渍大豆，可以脱腥并便于后续加工。柠檬酸可以用于大豆等豆类蛋白、葵花籽蛋白的水解，生产出风味别致的调味品。它也可以用于成熟调味品（酱油等）的调味。

（6）其他　柠檬酸在医药、化学等其他工业中也有一定的作用。柠檬酸铁铵可以用作补血剂；柠檬酸钠可用作输血剂；柠檬酸还可制造食品包装用薄膜及无公害洗涤剂等。

2. 柠檬酸发酵

目前生产上常用产酸能力强的黑曲霉作为生产菌。

（1）黑曲霉的形态特征　黑曲霉在固体培养基上，菌落由白色逐渐变至棕色。孢子区域为黑色，菌落呈绒毛状，边缘不整齐。菌丝有隔膜和分枝，是多细胞的菌丝体，无色或有色，有足细胞，顶囊生成一层或两层小梗，小梗顶端产生一串串分生孢子。

（2）黑曲霉的生理特征　黑曲霉生产菌可在薯干粉、玉米粉、可溶性淀粉糖蜜、葡萄糖麦芽糖、糊精、乳糖等培养基上生长、产酸。生长最适 pH 值因菌种而异，一般为 pH 3～7；产酸最适 pH 值为 1.8～2.5。最适生长温度为 33～37℃，产酸最适温度在 28～37℃，温度过高易形成杂酸。斜面培养要求在麦芽汁 40°Bé 左右的培养基上。黑曲霉主要以无性生殖的形式繁殖，具有多种活力较强的酶系，能利用淀粉类物质，并且对蛋白质、单宁、纤维素、果胶等具有一定的分解能力。黑曲霉可以边长菌、边糖化、边发酵产酸的方式生产柠檬酸。

3. 柠檬酸发酵机制

关于柠檬酸发酵的机制虽有多种理论，但目前大多数学者认为它与三羧酸循环有密切的关系。糖经糖酵解途径（EMP 途径），形成丙酮酸，丙酮酸羧化形成 C_4 化合物（草酰乙酸），丙酮酸脱羧形成 C_2 化合物（乙酰 CoA），两者缩合形成柠檬酸。

4. 柠檬酸发酵用原料

柠檬酸发酵的原料有糖质原料（甘蔗废糖蜜、甜菜废糖蜜）、淀粉质原料（番薯、马铃薯、木薯等）和正烷烃类原料三大类。

5. 柠檬酸发酵工艺

（1）试管斜面菌种培养

① 察氏琼脂培养基　$NaNO_3$ 3g，蔗糖 20g，K_2HPO_4 1g，KCl 0.5g，$MgSO_4 \cdot 7H_2O$ 0.5g，$FeSO_4$ 0.01g，琼脂 20g，用水定容至 1000mL，pH 自然。

② 察氏 - 多氏琼脂培养基　蔗糖 30g，$NaNO_3$ 2g，$MgSO_4 \cdot 7H_2O$ 0.5g，KH_2PO_4 1g，KCl 0.5g，$FeSO_4 \cdot 7H_2O$ 0.01g，溴甲酚绿 0.4g，琼脂 20g，蒸馏水 1000mL，pH 自然。

③ 蔗糖合成琼脂培养基　蔗糖 140g，NH_4NO_3 2g，KH_2PO_4 2g，$MgSO_4 \cdot 7H_2O$ 0.25g，$FeCl_3 \cdot 6H_2O$ 0.02g，$MnSO_4 \cdot 4H_2O$ 0.02g，麦芽汁 20mL，琼脂 20g，用水定容至 1000mL。

④ 米曲汁琼脂培养基　一份米曲加四倍质量的水，于 55℃ 保温糖化 3～4h 后煮沸，滤液用水调整浓度至 10°Bx，并用碱液将 pH 值调制到 6.0，加入琼脂 2%。确认所制成的斜面无杂菌污染后，接入黑曲霉孢子悬液 0.1mL，于 32℃ 培养 4～5d。

（2）种子扩大培养

① 二级扩大培养

a. 培养基　有琼脂固体培养和液体表面培养两种方法，前者的培养基组成与斜面培养基相同，后者的组成如下：麦芽汁 70°Bx，氯化铵 2%，尿素 0.1%。

b. 培养　固体培养时，500mL 茄子瓶装 80mL 琼脂培养基，250mL 茄子瓶装 50mL 琼脂培养基。灭菌后摆成斜面，凝固后的斜面至 37℃ 下培养 24h。确认无杂菌污染即可使用。

液体培养时，将液体培养基装入锥形瓶中，使液层深度达 45cm，于 0.1MPa 下湿热灭菌 15min。

按无菌操作接种培养，培养温度 32℃。液体培养需 7～10d，琼脂固体培养需 6～7d。

② 三级扩大培养　可采用麸曲固定培养、液体表面培养或琼脂固定培养。所用培

养基如下：

    a. 麸曲培养基　新鲜小麦麸皮 1kg，加水 1.1～1.3L。

    b. 液体培养基　与第二级扩大培养基所用液体培养基相同。

    c. 琼脂固体培养基　与斜面培养基相同。

（3）发酵生产

① 工艺流程　以薯干粉为原料的液体深层发酵工艺流程：

$$斜面菌种 \longrightarrow 麸曲瓶 \longrightarrow 种子$$
$$薯干粉 \longrightarrow 调浆 \longrightarrow 灭菌（间歇或连续式）\longrightarrow 冷却 \longrightarrow 发酵 \longrightarrow 发酵液 \longrightarrow 提取 \longrightarrow 成品$$
$$无菌空气$$

以薯渣为原料的固体发酵工艺流程：

$$试管斜面 \longrightarrow 锥形瓶菌种 \longrightarrow 种曲$$
$$薯渣 \longrightarrow 粉碎 \longrightarrow 蒸煮 \longrightarrow 摊凉接种 \longrightarrow 装盘 \longrightarrow 发酵 \longrightarrow 出曲 \longrightarrow 提取 \longrightarrow 成品$$
$$米糠$$

② 液体发酵

    a. 不置换法　培养液一次加入，发酵结束后弃去菌盖，发酵液用来提取柠檬酸。具体操作是：接种后，培养温度维持在 35℃，这是黑曲霉的适宜生长温度，需维持 72h 左右，以促进孢子发芽及菌体发育。当温度逐渐下降时，必须通入约 50℃ 的空气以维持 35℃ 的培养温度，通风量为 3～5m³/（m³·h）。接种后 20h 左右可出现灰白色、很薄的菌膜，72h 时菌膜已完全形成，菌膜相当厚且有皱褶。48h 起由于菌体耗氧增加，可增大通风量，空气温度为 40℃ 左右，风量为 7m³/（m³·h），湿度为 75% 以上，以防培养液水分蒸发过快。自接种后 72h 起进入产酸期，这时菌体代谢速率高，耗糖快，发酵液酸度急剧升高，并释放出大量热，最高时可达 1000kJ/（m²·h），此时应加强通风措施，严格将发酵温度控制在 26～28℃，以利于柠檬酸的形成。因此，一般在进入产酸期前 8h 左右需增大风量至 15～18m³/（m³·h）且降低进气温度在 25℃ 以下，湿度仍在 75% 以上。约 160h 以后发酵结束。

    b. 置换法　置换法一般是采用糖浓度低而营养较丰富的培养液先培养菌盖，待菌盖形成之后再更换发酵培养基。可更换 1 次也可数次，发酵液用来提取柠檬酸。培养菌盖，一般使用 5% 的糖液，视糖蜜质量再补充少量 NH_4NO_3、K_2HPO_4 等盐类。接种孢子后，室温保持在 34～36℃，培养液品温为 32～34℃，使孢子发芽，正常情况下 40h 即可形成紧密有皱的菌盖。菌盖形成后，放掉培养基，更换发酵培养基（即第 1 次置换），并将室温降至 30～32℃，待发酵 48～60h 后再放掉发酵液，加入新培养液即进行第 2 次置换。如此重复，一般可置换培养基 8～10 次，总发酵周期为 14～20d，收集起来的发酵液，用来提取柠檬酸。置换法的优点是节省了大量培菌时间，发酵速度快，而且原本不适宜长菌的原料却可用作发酵培养基。但为了保持菌盖的高活性，因此不能将发酵液残糖控制得很低，以免给后道提取柠檬酸工序带来困难。

③ 固体发酵

    a. 浅盘发酵　将曲置于曲室内培养，室温可按需要调节。在孢子发芽和菌丝生长期，由于产生的热量少，品温会逐渐下降，在入室后的 18h 内，应维持品温在

27～31℃。培养 18～48h 期间，由于发酵热的大量释放，品温上升迅速，应采取措施，不得让品温超过 43℃，接下来由于菌体活力下降，品温会随之下降，此时应维持在 35℃左右，直至发酵结束。为了克服上、下曲盘的温差，在发酵 40h 左右时应将曲盘上下对调。整个发酵期间不必翻曲。曲室相对湿度在 85%～90%。发酵终点根据酸度来判定，从 48h 开始测量酸度，以后每隔 12h 测定 1 次，自 72h 以后则每隔 4h 测定 1 次，在酸度达到最高时即出料，否则时间延长，柠檬酸反而被菌体消化。

b. 厚层通风发酵　与浅盘发酵明显不同的是，在物料铺摊厚度上，厚层发酵的曲醅厚度在 50cm 左右，比浅盘发酵的 15～20cm 要大出许多。为了给曲霉菌提供氧，在培养过程中需要进行机械通风。培养过程中的温度控制与浅盘发酵的温度管理相似，但最高品温不能超过 40℃。温度和湿度主要靠通风来调节，因为物料厚度大，所以培养过程中需要翻料。厚层发酵比浅盘发酵优越之处在于占地面积小，污染杂菌可能性小，机械化程度高。

（五）苹果酸

L- 苹果酸广泛存在于生物体中，是生物体三羧酸循环的成员。苹果酸广泛应用于食品领域。因为苹果酸具有比柠檬酸酸味柔和、滞留时间长、口味更佳的优点，所以作为食品酸味剂更为理想。

许多微生物都能产生苹果酸，但能在培养液中积累苹果酸并适合于工业生产的，目前仅限于少数几种，大致有：用于一步发酵法的黄曲霉、米曲霉、寄生曲霉；用于两步发酵法的华根霉、无根根霉、短乳杆菌；用于酶转化法的短乳杆菌、大肠杆菌、产氨短杆菌、黄色短杆菌。

1. 一步发酵法

以糖类为发酵原料，用霉菌直接发酵生产 L- 苹果酸的方法称为一步发酵法。

（1）菌种　一步发酵法采用黄曲霉 A-114 生产苹果酸。

（2）种子培养基组成　$C_6H_{12}O_6$ 3%，豆饼粉 1%，$FeSO_4$ 0.05%，K_2HPO_4 0.02%，NaCl 0.001%，$MgSO_4$ 0.01%，$CaCO_3$ 6%（单独灭菌）。

（3）种子培养　将保存在麦芽汁琼脂斜面上的黄曲霉孢子用无菌水洗下并移接到装有 100mL 种子培养基的 500mL 锥形瓶中，在 33℃下静置培养 2～4d，待长出大量孢子后，将其转入到种子罐扩大培养，接种量为 5%。种子罐的培养基与锥形瓶培养基的组成相同，只是另外添加 0.4%（体积分数）泡敌（一种消泡剂）。种子罐的装液量为 70%，罐压 0.1MPa，培养温度 33～34℃，通风量 0.15～0.3 m^3/（$m^3 \cdot min$），培养时间 18～20h。

（4）发酵培养基组成　葡萄糖（$C_6H_{12}O_6$）7%～8%，其余成分的组成及用量与种子罐培养基相同。

（5）发酵　发酵罐的装液量为 70%，接种量 10%，罐压 0.1MPa，培养温度 33～34℃，通风量 0.7m^3/（$m^3 \cdot min$），搅拌转速 180r/min，发酵时间 40h 左右。发酵过程中控制滴加泡敌，防止泡沫产生过多。当残糖在 1% 以下时，终止发酵，产苹果酸 7%。

2. 两步发酵法

两步发酵法是以糖类为原料，先由根霉菌发酵生成富马酸（延胡索酸）和苹果酸的混合物，然后接入酵母菌或细菌，将混合物中的富马酸转化为苹果酸。

（1）富马酸发酵

① 菌种　两步发酵法以华根霉6508为菌种生产苹果酸。

② 斜面培养　华根霉6508于葡萄糖马铃薯汁琼脂斜面上，30℃培养7d，长出大量孢子。

③ 摇瓶发酵

a. 培养基组成　$C_6H_{12}O_6$ 10%，$(NH_4)_2SO_4$ 0.5%，K_2HPO_4 0.1%，聚乙二醇10%，$MgSO_4$ 0.05%，$FeCl_3$ 0.002%，$CaCO_3$ 5%（单独灭菌）。

b. 富马酸发酵　在500mL锥形瓶中装入50mL培养基，灭菌，冷却。接种华根霉孢子，置往复式摇床上，于30℃下培养4～5d，发酵得到含富马酸和苹果酸的混合液。

（2）转换发酵——酶转化法　酶转化法是国外用来生产L-苹果酸的主要方法。酶转化法是以富马酸盐为原料，利用微生物的富马酸酶转化成苹果酸（盐）。酶转化法可分为游离细胞酶法、固定化细胞酶法。

① 游离细胞酶转化法　在pH 7.5含18%富马酸的溶液中接入2%湿菌体，于35℃、150r/min条件下转化24～36h。转化率达90%以上。

② 固定化细胞酶转化法　以产氨短杆菌或黄色短杆菌为菌种，将化学法合成的富马酸钠作为底物，进行固定化细胞生产苹果酸。使用固定化细胞易于生成与苹果酸难以分离的琥珀酸。因此，细胞被固定以后必须经化学试剂处理，以防止这种副反应的发生。

3. 苹果酸的提取和精制

（1）从发酵醪液中提取苹果酸

① 工艺流程

发酵液→酸解→过滤→滤液→中和→过滤→沉淀→酸解→过滤→滤液→精制→浓缩→结晶→干燥→成品

② 操作方法

在发酵醪液中边搅拌边加入无砷硫酸，将pH值调节至1.5左右；过滤除去沉淀后，在滤液中加入碳酸钙，直到不再有CO_2放出，此时生成苹果酸钙；接着，用石灰乳将体系的pH值调至7.5，静置6～8h。过滤，收集苹果酸钙沉淀，并用少量冷水洗去沉淀中的残糖和其他可溶性杂质；在苹果酸钙盐中加入近一倍量的温水，搅拌成悬浊液，接着加入无砷硫酸，使pH值达到1.5左右，继续搅拌30min，最后静置数小时，使石膏渣沉淀充分析出；过滤，制得粗制苹果酸溶液，其中含有微量富马酸、Fe^{2+}、Ca^{2+}、Mg^{2+}和色素；从联合柱流出的高纯度苹果酸溶液，在70℃下减压浓缩到苹果酸浓度为65%～80%，然后冷却至20℃，添加晶种析晶；晶体于40～50℃下真空干燥，得苹果酸成品。

（2）从混杂富马酸发酵醪液中提取苹果酸

① 工艺流程

发酵醪液→浓缩→析出富马酸结晶→过滤→滤液→浓缩→析出富马酸结晶→过滤→滤液→冷却，加晶种→苹果酸结晶→干燥→成品

② 操作方法　将发酵醪液浓缩到苹果酸浓度为50%并冷却至20～30℃，使富马酸结晶析出；过滤除去富马酸后，母液在70℃下减压浓缩到苹果酸浓度为65%～80%，再冷却至20℃使富马酸结晶再次析出。为了防止苹果酸与富马酸同时析出，造成苹果酸提取收率下降，结晶温度不宜低于20℃；将过滤除去富马酸结晶后的苹果酸溶液冷却至20℃，投入苹果酸晶种，缓慢搅拌，使苹果酸结晶徐徐析出。

（3）从酶法转化液中提取苹果酸　从固定化细胞反应柱中流出的酶法转化液是清亮的，其中苹果酸盐含量为 12.5% 左右，富马酸盐含量为 3% 左右。在上述转化液中加入硫酸，使富马酸结晶析出，过滤后往滤液中添加碳酸钙，使苹果酸形成苹果酸钙沉淀析出。将苹果酸钙沉淀用硫酸酸解，酸解液经阴离子交换树脂处理后浓缩结晶，得苹果酸成品。游离细胞酶法转化液在除去细胞和其他不溶物后，按上述方法处理。

四、酶制剂在发酵生产中的应用

酶是一种生物催化剂，具有催化效率高、反应条件温和、专一性强等特点，已经日益受到人们的重视，应用也越来越广泛。生物界中已发现有多种生物酶，在生产中广泛应用的仅有淀粉酶、蛋白酶、果胶酶、脂肪酶、纤维素酶、葡萄糖异构酶、葡萄糖氧化酶等十几种。利用微生物生产生物酶制剂要比从植物瓜果、种子、动物组织中获得更容易。因为动、植物来源有限，且受季节、气候和地域的限制，而微生物不仅不受这些因素的影响，而且种类繁多、生长速度快、加工提纯容易、加工成本相对比较低，充分显示了微生物生产酶制剂的优越性。现在除少数几种酶仍要从动、植物中提取外，绝大部分是用微生物来生产的。食品加工常用的酶制剂见表 8-1。

表 8-1　微生物酶制剂及其在食品工业中的应用

酶	用　途	来源
耐高温 α- 淀粉酶	水解淀粉生成葡萄糖、麦芽糖、糊精	细菌、霉菌
糖化酶	水解淀粉成葡萄糖	细菌、霉菌
普鲁兰酶	水解淀粉成直链低聚糖	细菌、霉菌
蛋白酶	软化肌肉纤维、啤酒果酒澄清、动植物蛋白质水解营养液	细菌、霉菌
脂肪酶	用于制作干酪和奶油，增进食品香味，大豆脱腥等	酵母、霉菌
纤维素酶	用于大米、大豆、玉米脱皮，淀粉制造	霉菌
半纤维素酶	用于大米、大豆、玉米脱皮，提高果汁澄清度等	霉菌
果胶酶	用于柑橘脱囊衣，饮料、果酒澄清等	霉菌、细菌
葡萄糖氧化酶	用于蛋白质脱葡萄糖以防止食品褐变，食品除氧防腐	霉菌
葡萄糖异构酶	可使葡萄糖转化为果糖	细菌、放线菌
蔗糖酶	制造转化糖，防止高浓度糖浆中蔗糖析出，防止糖果发沙	酵母
橙皮苷酶	防止柑橘罐头的白色沉淀	霉菌
乳糖酶	乳糖酶缺乏的乳品制造，防止乳制品中乳糖析出	酵母、霉菌
单宁酶	食品脱涩	霉菌
凝乳酶	防止水果制品变色，白葡萄酒脱去红色乳液凝固剂	霉菌
胺氧化酶	胺类脱臭	酵母、细菌

（一）淀粉酶类应用

在淀粉类食品的加工中，多种酶被广泛地应用，其中主要有 α- 淀粉酶、β- 淀粉酶、糖化酶、支链淀粉酶、葡萄糖异构酶等。这些酶类都可以由微生物发酵生产，例如利用 BF7658 枯草芽孢杆菌生产 α- 淀粉酶。现在国内外葡萄糖的生产绝大多数是采用淀粉酶水解的方法。酶法生产葡萄糖是以淀粉为原料，先经 α- 淀粉酶液化成糊精，再利用糖化酶生成葡萄糖。果葡糖浆则是葡萄糖异构酶再催化葡萄糖异构生成果糖，而得到含有葡萄糖和果糖的混合糖浆。

（二）果胶酶类应用

在果蔬类食品的生产过程中，为了提高产量和产品质量，常用果胶酶处理果汁、果酒、果冻、果蔬罐头等的生产。在果汁生产过程中，应用果胶酶处理，有利于压榨、提高出汁率。在沉淀、过滤、离心分离过程中，能促进凝聚沉淀物的分离，使果汁澄清。经酶处理的果汁比较稳定，可防止混浊。果胶酶已广泛用于苹果汁、葡萄汁、柑橘汁等的生产。用于果汁处理的果胶酶一般均是混合果胶酶，其中含有果胶酯酶、内切聚半乳糖醛酸酶、外切聚半乳糖醛酸酶、内切聚半乳糖醛酸裂解酶、外切聚半乳糖醛酸裂解酶、内切聚甲基半乳糖醛酸裂解酶、外切聚甲基半乳糖醛酸裂解酶。在应用果胶酶处理果汁时，要特别注意 pH 值、温度、作用时间、酶量等对果汁澄清速度的影响。

（三）蛋白酶应用

在蛋白质食品的生产过程中，主要使用的酶是各种蛋白酶。蛋白酶是一类催化蛋白质水解的酶，来自微生物的蛋白酶主要是枯草杆菌蛋白酶、黑曲霉蛋白酶等。蛋白质是由各种氨基酸通过肽键连接而成的高分子化合物，在蛋白质酶的作用下，可水解生成蛋白胨、多肽、氨基酸等蛋白质水解产物。这些产物在食品、医药、细菌培养等领域有广泛的应用价值。

酶作为一种高效生物催化剂，逐渐在食品添加剂的生产中获得较广泛的应用。酶的催化工艺具有其他方法无法比拟的优点：酶的催化活性高，产品合成速度快；酶的催化特异性，产品纯度高，且能获得指定构象的产品。酶的使用确实能解决化学合成和天然提取方法中的问题，也为食品添加剂的生产提出新的思路。

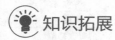
思考与交流

1.微生物在发酵生产中的应用除了介绍的几类外，还有没有其他微生物在发酵生产中应用？

2.举例说明在生产中被广泛使用的其他酶类。

知识拓展

中国白酒第一坊——水井坊

水井坊位于成都老东门大桥外的水井街上，是一座元、明、清三代 600 多年的川酒老烧坊的遗址，享有"中国白酒第一坊"的美誉，2000 年被国家文物局评为 1999 年度全国"十大考古发现"之一，其史学价值堪与秦始皇兵马俑相媲美。

遗址已发现面积约 1700 平方米，发掘面积近 280 平方米，揭露的遗迹现象包括晾堂 3 座、酒窖 8 口、炉灶 4 座、灰坑 4 个及路基、木柱、酿酒设备基座等。酒厂遗址的发现揭示了明清时代酿酒工艺的全过程，从发掘现场看，该遗址为"前店后坊"的布局形式，晾堂、酒窖、炉灶等是"后坊"遗迹；在酒坊旁边清理的街道路面及陶瓷饮食酒具，则是临街酒铺的遗物。这是我国发现的古代酿酒和酒店的唯一实例。遗址位于至今仍在生产的全兴酒厂老窖所在地，叠压堆积的地层和器物的类型学排序表明从元、明、清、民国至当代，此处延续 600 多年未间断生产。

水井坊遗址

水井坊的考古发掘让人们第一次清晰地看到了古代中国人酿酒的全过程：

粮食蒸煮，是古代酿酒的第一道工序，粮食拌入酒曲，经过蒸煮后，更有利于微生物发酵。蒸煮半熟的粮食出锅后，要进行"晾堂"，即铺撒蒸煮后的粮食在地面上，目的是进行搅拌、配料、堆积和前期发酵等操作，这是古代酿酒的第二道工序。水井坊遗址一共发掘了 3 座晾堂，依次重叠。晾堂旁边的土坑是酒窖遗址，就像一个个陷在地里的巨大酒缸。水井坊共发掘出 8 口酒窖，内壁和底部都用黄泥涂抹，窖泥厚度 8~25cm。酒窖的作用是对原料进行后期发酵，属于酿酒的第三道工序。

经过窖池发酵老熟的酒母，酒精浓度仍然很低，需要经进一步蒸馏和冷凝，才能得到较高浓度的白酒，传统工艺通常使用"天锅"进行蒸馏实现。水井坊遗址清代断层上发现了一个奇怪的圆形基座，就像水井一样。考古学家经过大量研究最后定论，这是中国最早用来蒸馏酒母的实物。当年在基座上架着巨大的天锅，天锅可分上下两层，下层锅里装酒母，上层锅里装冷水，基座里点柴生火，蒸煮酒母，含有酒精的气体被上面的冷水冷却，凝结成蒸馏酒，从管道流出。

专家推断，在清代古井坊就已经可以生产蒸馏酒，而且技术和现代酿酒技术十分接近。专家对水井坊几口老窖池的微生物进行了分析检测，分离得到了红曲和根霉等微生物。水井坊考古证实，中国最晚在元末明初，就已经有了非常成熟的蒸馏酒酿造技术。

由于目前发掘的面积有限，第三层以下还没有进行深入发掘。在遗址的下面很有可能还埋藏着更早年代的文物和遗址，不同历史断层的文物遗迹或许会在未来的进一步发掘中告诉我们更多的历史真相。

任务实施

操作1　甜酒酿制作

一、目的要求

1. 通过甜酒酿的制作，了解酿酒的基本原理。
2. 掌握酿酒的基本技术。

二、方法原理

糯米经蒸煮糊化后，拌入甜酒药。甜酒药中的根霉代谢生成的酶类可以将糯米中的蛋白质大分子物质降解为氨基酸小分子，并且可以将淀粉糖化，水解为葡萄糖。然后酵母菌利用葡萄糖进行酒精发酵，将一部分葡萄糖转化为酒精。

三、仪器与材料

1. 实验器材

蒸锅、滤布、恒温培养箱等。

2. 实验材料

糯米、小曲（甜酒药）。

四、实验步骤

1. 浸米

浸米 3～4h，当用手掐一下米，感觉米变酥碎即可。

2. 洗米

将浸好的米进行淘洗。

3. 蒸饭

蒸饭的作用：①糊化；②灭菌；③排除生青物质。

蒸饭的要求：内无生心，外硬内软，熟而不烂。

4. 淋饭、拌曲

将凉开水淋在蒸好的糯米上，一方面使米饭快速降温，另一方面用水将米打散，产生空隙。待米饭温度降至 28～30℃后，拌入小曲（甜酒药）。

5. 搭窝

将拌入酒药的糯米装入瓶中，用筷子在米中心挖一个"V"字形坑，即搭窝，一方面可以扩大菌与空气的接触面积，另一方面也可使后续浸出的甜汤不浸没糯米。

6. 糖化发酵

28～30℃，3d。

五、数据记录与处理

发酵期间注意每天观察，记录发酵现象；对产品进行感官评定，写出品尝体会。

六、操作注意事项

（1）浸米时间要充分，否则米发硬，不易熟。

（2）蒸饭要将米蒸透、蒸熟。

（3）淋饭要用凉开水，不能用自来水，防止引起杂菌污染。

📋 任务评价

评价内容	分值	考核得分	备注
实验原理熟悉情况	10		
实验操作熟练情况	40		
实验结果正确情况	20		
实验分析讨论情况	10		
实验总结改进情况	20		

思考与交流

1.甜酒药中的根霉在酒酿生产中起什么作用？

2.酒酿为什么有甜味？

操作2　黄酒制作

一、目的要求

1. 了解黄酒生产的原料及要求。

2. 掌握黄酒生产工艺。

二、方法原理

黄酒酿造时，酒醅在发酵过程中的物质变化主要有淀粉的水解、酒精的形成，伴随进行的还有蛋白质、脂肪的分解和有机酸、酯、醛、酮等副产物的生成，它们共同构成了黄酒特有的风味。

三、仪器与材料

1. 实验器材

蒸锅、滤布、恒温培养箱、发酵设备等。

2. 实验材料

大米、水、麦曲（小麦制曲）、酒母（微生物）。

四、实验步骤

1. 工艺流程

糯米 → 浸米 → 蒸饭 → 摊凉

水+浆水 → 入缸 ← 麦曲

糖化发酵

淋饭酒母 → 后发酵 → 压榨 → 酒糟

酱色 → 生酒 → 澄清 → 过滤 → 煎酒 → 陈酿 → 勾兑 → 装瓶 → 灭菌 → 成品

2. 操作要点

（1）原料选择　黄酒酿造所用的主要原料是经过精白处理的糯米和大米。酿造黄酒的大米应该米粒洁白丰满、大小整齐、夹杂物少。所用的水要清洁卫生，符合饮用水的标准。

（2）浸米　其目的是使淀粉吸水，便于蒸煮糊化。传统工艺浸米时间长达18～20d，主要目的是取得浸米浆水，用来调节发酵醪液的酸度（因为浆水含有大量乳酸）。新工艺生产一般浸米时间2～3d即可使米吸足水分。

（3）蒸饭　蒸饭目的是使淀粉糊化。常压蒸煮米饭25min即可，蒸煮过程中可喷洒85℃左右的热水并进行翻拌。蒸饭要求"外硬内软、内无生心、疏松不糊、透而不烂、均匀一致"。

（4）落缸发酵 蒸熟的米饭经过摊冻降温到60～65℃，再投入盛有水的发酵缸内，并加水、麦曲（原料米量的10%）、酒母（约发酵醪液体积的10%），混合均匀。品温控制在24～26℃。落缸10～12h，品温升高，进入主发酵阶段。这时必须控制发酵温度在30～31℃，通过开耙操作调节醪液温度并使酵母呼吸和排出二氧化碳。开耙时以测量饭面下15～20cm的缸心温度为依据，结合气温高低灵活掌握。主发酵一般3～5d完成。

（5）后发酵 经过主发酵后，发酵趋缓弱，即可把酒醪移入后发酵缸，控制品温和室温在15～18℃，静止发酵20～30d，使酵母进一步发酵，改善酒的风味。

（6）压榨、澄清、消毒 后发酵结束，将黄酒液体和酒糟分离，让酒液在低温下澄清2～3d，吸取上层清液经过滤后，在70～75℃灭菌20min，杀灭酒中的酵母菌和细菌，并使酒中沉淀物凝聚而进一步澄清，让酒体成分得到固定。灭菌后趁热灌装，并严密包装，入库陈酿一年。

五、数据记录与处理

发酵期间注意每天观察，记录发酵现象；对产品进行感官评定，写出品尝体会。

六、操作注意事项

（1）开耙温度的高低影响成品酒的风味。高温开耙（头耙在35℃以上），酵母易于早衰，发酵能力不会持久，使酒醪残糖含量增多，酿成的酒口味较甜，俗称热作酒；低温开耙（头耙温度不超过30℃），发酵较完全，酿成的酒甜味少而辣口，俗称冷作酒。

（2）蒸熟后的米饭要经过摊凉降温到60～65℃，再投入盛有水的发酵缸内，以防止"烫酿"，造成发酵不良。

任务评价

评价内容	分值	考核得分	备注
实验原理熟悉情况	10		
实验操作熟练情况	40		
实验结果正确情况	20		
实验分析讨论情况	10		
实验总结改进情况	20		

思考与交流

1.什么叫落缸发酵？有何要求？

2.有哪些微生物参与黄酒的发酵？

操作3　酸乳制作

一、目的要求

1. 掌握凝固型酸乳的加工原理和加工方法，熟悉其工艺过程。

2. 了解酸乳加工过程出现的常见问题，能够根据实际情况找出原因并加以解决。

二、方法原理

酸乳是以牛乳或乳制品为原料，经均质、杀菌、冷却后，加入特定的乳酸菌发酵剂而制成的产品。乳酸菌在乳中生长繁殖，发酵分解乳糖产生乳酸等有机酸，导致乳的 pH 值下降，使乳酪蛋白在其等电点附近发生凝集，形成乳凝状的凝固型酸奶。

三、仪器与材料

1. 实验器材

烘箱、培养箱、酸乳瓶、冰箱等。

2. 实验材料

牛奶、蔗糖、发酵菌种等。

四、实验步骤

1. 凝固型酸乳工艺流程

原料→杀菌→冷却→加发酵剂→灌装→封口→发酵→冷藏→检验→成品

2. 操作要点

（1）消毒灭菌　玻璃瓶、接种器皿等在高压蒸汽灭菌锅内灭菌 20～30min，如用常压煮沸灭菌需 45～60min，接种室需紫外线灭菌 50min。

（2）牛奶灭菌　把鲜牛奶装入加热罐，并加入 10%～12% 的蔗糖，在 85～90℃下灭菌 30min。

（3）接种　将降温至 43℃ 的灭菌牛奶分装于较大无菌容器中，并按牛奶 2%～4% 的接种量在接种室内接种混匀。

（4）灌装　将接种后的牛奶分装于无菌酸乳瓶。灌装要满，不留空隙，灌装好后立即封口，以保证乳酸发酵的厌氧条件。

（5）发酵　发酵分为前、后两个发酵阶段。前发酵是指在（42±1）℃条件下发酵 3.5～5h，发酵酸度约为 70°T；后发酵又称后熟冷藏，是指在 0～5℃条件下后熟 12～24h，酸度升至 90°～120°T。

五、数据记录与处理

发酵期间注意观察，记录发酵现象；对产品进行感官评定，写出酸乳的色、香、味、形及组织状态，分析实验的得失，并写出原因。

六、操作注意事项

（1）操作过程要建立无菌操作意识，注意所有器皿的灭菌。

（2）蔗糖用量适中，糖用量过多或过少都会影响产品的口感和乳酸菌的生长。

（3）牛奶分装后需要立即封口，以保证乳酸发酵的厌氧条件。

📋 任务评价

评价内容	分值	考核得分	备注
实验原理熟悉情况	10		
实验操作熟练情况	40		
实验结果正确情况	20		
实验分析讨论情况	10		
实验总结改进情况	20		

👥 思考与交流

1.酸乳的发酵原理是什么？

2.牛奶经过前发酵后为什么要进行后熟冷藏？

🗂 项目小结

　　在发酵食品生产中应用的微生物主要包括细菌、酵母菌和霉菌。其中，细菌主要有乳酸菌、醋酸菌等。乳酸菌包括乳杆菌属、链球菌属、明串珠菌属、片球菌属、双歧杆菌属；醋酸菌分为醋酸杆菌属和葡萄糖氧化菌属。酵母菌主要应用于酿酒、面包生产等。霉菌主要应用于酱类、有机酸、酶制剂的生产。

　　单细胞蛋白，是微生物对营养要求适应性强，可利用多种廉价原料进行生产的一类生物蛋白制品。用于生产单细胞蛋白的微生物种类很多，主要以酵母菌、细菌等单细胞微生物为主。

　　在生产中广泛应用的淀粉酶、蛋白酶、果胶酶、脂肪酶、纤维素酶等酶制剂，除个别外，基本上都是利用微生物生产的。微生物生产生物酶制剂要比从植物瓜果、种子、动物组织中获得更容易。因其不受季节、气候和地域的限制，且种类繁多、生长速度快、加工提纯容易、加工成本相对比较低，充分显示了微生物生产酶制剂的优越性。

✏ 练一练测一测

1. 单选题

（1）不参与传统固态酿醋工艺的微生物主要有（　　　）。

A. 许氏醋酸菌
B. 米曲霉 AS3.951
C. K氏酵母菌（酿酒酵母）
D. 五通桥毛霉

（2）酸奶发酵时常用的菌种是（　　　）。

A. 保加利亚乳杆菌和嗜盐片球菌
B. 植物乳杆菌和酿酒酵母
C. 保加利亚乳杆菌和嗜热链球菌
D. 双歧杆菌和北京棒杆菌

（3）固态法食醋生产中，醋酸菌发酵基本结束后采用醅料表面加盐，目的在于：

a. 调味；b. 抑制杂菌生长；c. 抑制醋酸菌过度氧化；d. 传统操作方法，无任何作用。下列哪组答案正确？（　　）

  A. a 和 b   B. c 和 b   C. d 和 b   D. c 和 a

（4）干葡萄酒与半干葡萄酒的分类，依据（　　）。

  A. 发酵方法不同 B. 酒中的糖含量 C. 酒精含量 D. 酒的味道

（5）在食醋生产中黑曲霉的作用是（　　）。

  A. 酒精发酵   B. 糖化   C. 蛋白质分解 D. 氧化酒精

（6）酱油在食用过程中，有时其表面会产生一层膜，形成该膜的微生物是（　　）。

  A. 产膜酵母   B. 枯草杆菌   C. 酒精酵母   D. 球拟酵母

（7）啤酒发酵时主要参与的微生物是（　　）。

  A. 细菌   B. 霉菌   C. 放线菌   D. 酵母菌

2. 判断题

（1）红葡萄酒发酵过程中，常利用明串珠菌等乳酸菌将酒液中苹果酸脱羧变成乳酸，使葡萄酒的酸度降低，使葡萄酒的风味变得醇厚柔和。（　　）

（2）白酒的堆积发酵常在酒窖进行，窖泥中的微生物与白酒质量密切相关，窖泥使用时间越长，厌氧的己酸菌、丁酸菌越多。（　　）

（3）大曲是用小麦或添加部分大麦、豌豆等原料自然发酵制成的，而麸曲是用麸皮为原料，接种纯种曲霉制成的。（　　）

（4）葡萄酒酵母往往需要能够耐受一定浓度的二氧化硫。（　　）

（5）发酵工业中常用的细菌有：枯草芽孢杆菌、乳酸杆菌、醋酸杆菌、棒状杆菌、短杆菌等。（　　）

（6）酵母菌属厌氧菌，因此须提供厌氧条件才能使发酵彻底。（　　）

（7）米曲霉分泌的蛋白酶中以碱性和中性蛋白酶最多。（　　）

项目九
微生物资源开发和育种技术

项目引导

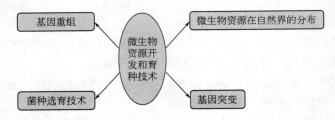

微生物资源开发和育种是微生物检验理论的延伸，是微生物检验技术相关知识的拓展。微生物种类繁多，形态多样，生活环境各不相同，也造就了微生物所特有的多样性。通过对微生物的生活性状进行分析、研究，掌握微生物基因育种操作技术，更加有助于实现人类对微生物资源的全面开发和利用。

想一想

微生物无处不在，无时不在，那么在高温、强酸、高盐、高压等条件下它们又是如何生存的呢？

任务一 微生物资源在自然界的分布

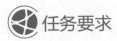任务要求

1. 认识微生物在自然界中的分布情况。
2. 了解极端环境微生物生活特性。
3. 了解微生物的生物环境之间的关系。

微生物广泛分布于自然界中，无论是高山平原、江河湖海、动植物体内外，乃至一

般生物无法生存的近地空间、深海底部和火山口处等环境，都有微生物存在。研究微生物在自然界中的分布规律和生长特性，有利于发掘丰富的菌种资源，推动微生物资源分类鉴定和开发利用。

一、微生物在自然界中的分布

微生物生态是指微生物间、微生物与其他生物间以及微生物与自然环境间的各种相互关系。微生物种类繁多、生长繁殖快、适应能力强、生理生化特征各异，地球上分布极广，数目庞大，其在地球生物圈中所起的作用巨大，是有机质的分解者和生产者，参与完成了地球物质和能量循环。

（一）土壤中的微生物

土壤是微生物天然的良好生境。土壤中具备了微生物生长发育所需的营养、水分、pH 值、渗透压、气体组成、温度等各类条件，是微生物的"大本营"和"菌种资源库"。土壤中多种类群的微生物对自然界物质、能量的转化和循环起着极其重要的作用，对农业生产和环境保护也有着不可忽视的影响。

土壤中微生物的类群、数量及分布，受土壤质地、肥力、季节、作物种植状况、土壤深度和层次等因素影响。一般而言，1g 肥沃土壤中大约含有 10^8 个细菌，10^7 个放线菌，10^6 个霉菌，10^5 个酵母菌，10^4 个藻类，10^3 个原生动物，它们之间大致呈 10 倍递减。土壤微生物中细菌数量最多、作用强度和影响最大，放线菌和真菌类次之，藻类和原生动物数量较少，影响也相对较小。

1. 细菌

土壤中细菌约占土壤微生物总量的 70%～90%，其生物量约占土壤重量的 1/10000。土壤中的细菌数量大、个体小，与土壤接触的表面积大，是土壤中最大的生命活动面，也是土壤中最活跃的生物因素，推动着土壤中的各种物质循环。土壤中的细菌大多为异养型细菌，少数为自养型细菌，种类包括固氮细菌、氨化细菌、纤维分解细菌、硝化细菌、反硝化细菌、硫酸盐还原细菌、产甲烷细菌等。细菌在土壤中的分布一般黏附于土壤团粒表面，形成菌落或菌团，也有一部分散于土壤溶液中。

2. 放线菌

土壤中放线菌的数量仅次于细菌，它们以分枝丝状营养体缠绕于有机物或土壤颗粒表面，并伸展于土壤孔隙中，赋予了土壤特有的泥腥味。土壤中放线菌的种类十分繁多，占土壤微生物总数的 5%～30%，其主要分布于耕作层，并随土壤深度的增加，数量、种类逐渐减少。

3. 真菌

真菌是土壤中第三大类微生物，主要包括霉菌和酵母菌，广泛分布于土壤耕作层。霉菌的菌丝体与放线菌类似，缠绕在有机物碎片和土壤颗粒表面，向四周伸展，蔓延于土壤孔隙中。酵母菌在土壤中含量相对较少，但在含糖相对较高的土壤如在果园、养蜂场等场所的土壤中，含量较高。酵母菌是降解糖类形成酒精的主要菌种。

4. 藻类

土壤中藻类的数量远较其他微生物少，占土壤微生物总量的 1% 以下，主要分布在潮湿的土壤表面和近表土层中。藻类多为光合型微生物，可进行光合作用，并能将CO_2转化成有机物，为土壤积累有机物质。

5. 原生动物

土壤中原生动物在富含有机质的土壤中含量较高，如纤毛虫、鞭毛虫和根足虫等单细胞能运动的原生动物。该类微生物形态和大小差异很大，以分裂方式进行无性繁殖。原生动物可吞食有机物残片和土壤中细菌、单细胞藻类、放线菌及真菌的孢子，因此原生动物的生存数量往往会影响土壤中其他微生物的生物量。

（二）水体中的微生物

占地球表面积71%的海洋，贮存了地球上97%的水。其余的水存储于冰川、湖泊、河流和地下。微生物广泛存在于各类水体，而水体中也含有微生物生长所需的各种营养，因而水体也是微生物的天然生境。

水体微生物主要来自土壤、空气、动植物体、工业生产及生活污水等。水体中含有的各种营养物质，可供微生物生命活动之需。但由于各类水体中所含的有机物和无机物种类和数量以及酸碱度、渗透压、温度等存在差异，各水域中生长的微生物种类和数量也各不相同。

根据水体中含盐量可将水体中的微生物分为两大类：

一类是海水微生物，因海水中盐分较高，渗透压较大，则生存在海水中的微生物主要为嗜（耐）盐、嗜（耐）冷、耐高压的微生物，有利于促进海洋物质循环，提供水产、油气等资源。

另一类是淡水微生物，主要分布于陆地的江河湖海、池塘、水库等淡水区域。远离人类生活区域的池塘、湖泊、河流、地下水等，由于未受污染，有机质含量较低，微生物较少。人口密集区域的水源由于受到污染，有机质含量高，微生物也较多。

淡水微生物依据其生态特点又可分为清水型水生微生物和腐生型水生微生物。清水型水生微生物是指生长于含有机物质不丰富的清水中的化能自养型或光能自养型微生物，如硫细菌、蓝细菌、紫细菌等，它们仅从水域中获取无机物质或少量有机物质作为营养。腐生型水生微生物存在于生物残体或排泄物、生活污水和工业废水等富营养水体中，并利用这些有机废物废水作为营养而大量发育繁殖，随着有机物质被分解矿化为无机态后，水被净化变清。这类微生物多以无芽孢革兰氏阴性杆菌为主，如变形杆菌、大肠杆菌、产气杆菌、产碱杆菌等，可用来进行污水处理。

（三）空气中的微生物

空气中缺乏营养物质和水分，易受紫外线照射，其理化条件均不适合微生物生长繁殖，但空气中也有相当数量的微生物，如能产色素的细菌和多种真菌，它们对人类也会产生一定的影响。空气中微生物主要来自灰尘、水滴、呼吸道排泄物、体表脱落细胞等，其种类、数量随空气流动、场所不同而异。近地面空气、城市、公共场所、人口密度大的区域，空气中微生物较多，远离地表的空气、乡村、人口较少区域，空气中微生物则较少。

（四）极端环境中的微生物

自然界中，存在一些被人们认为是生命禁区的极端环境，如高温、低温、高酸、高碱、高盐、高压、高辐射等环境。通常把能够在极端环境下正常生长繁殖的微生物统称为极端环境微生物或极端微生物，如嗜热菌、嗜冷菌、嗜酸菌、嗜碱菌、嗜盐菌、嗜压菌和耐辐射菌等。微生物能够适应于极端环境，是自然选择的结果。极端微生物为了适应生存，在进化过程中逐步形成了独特的结构、机能和遗传基因等。20世纪70年代以来，极端微生物已成为微生物研究的新领域及新的资源宝库。

1. 嗜热微生物

嗜热微生物可分为嗜热和耐热两类。嗜热微生物的最适生长温度一般在45~110℃，有异常的发育速度，对数生长期持续时间短，代谢快，代时短，酶促反应温度高，对热有良好的稳定性。嗜热菌的细胞膜内含有丰富饱和脂肪酸，保证了细胞膜能在高温下保持稳定并具有功能；核酸中的GC含量高，有利于DNA的抗热；酶和蛋白质具有较高的热稳定性，核糖体抗热性高，蛋白质合成系统对热稳定。

嗜热微生物以古细菌为主，主要分布在火山口、温泉、煤堆、有机物堆、强烈太阳辐射加热的地面等。常见代表菌有栖热菌属、嗜热脂肪芽孢杆菌、热解糖梭菌等。该类微生物研究应用广泛，利用嗜热菌的特异性为基因工程技术领域提供特异性基因；利用嗜热菌的高温特性，在发酵工业中可提高反应温度，增大反应速度，减少杂菌污染，降低能耗；利用嗜热菌对某些矿物有特殊的浸溶能力，对某些金属具有较强的耐受能力，可应用于矿产开发等。

2. 嗜冷微生物

嗜冷微生物可分为嗜冷和耐冷两类。该类微生物能在0℃或更低温度下生长，最适生长温度低于15℃，最高生长温度不超过20℃，细胞结构特点为细胞壁厚，细胞膜中含有较多的不饱和脂肪酸，保证了细胞膜在低温条件下保持着半流动性，酶活性在低温下较高。

该类菌主要分布于地球极地环境、雪山、深海、冰箱等低温条件下。常见代表菌有芽孢杆菌属、分枝杆菌属、微球菌属等细菌，链霉菌属、诺卡氏菌属等放线菌，还有部分酵母菌。嗜冷微生物是造成冷藏食品腐败变质的主要原因，常说的"电冰箱病"就是指人们食入冰箱中被耶尔森氏菌污染了的食物而引起的肠炎疾病。

3. 嗜酸微生物

嗜酸微生物可分为嗜酸和耐酸两类。嗜酸微生物是指只能生活在低pH（<4）条件下，在中性pH下即死亡的微生物；耐酸微生物是指生长在低pH下，但在中性pH下也能生活的微生物。嗜酸菌体内pH为中性，胞内酶既不嗜酸也不耐酸。煤堆和酸性温泉中常分布有嗜酸菌，如煤炭中的硫化叶菌就属于嗜酸菌，生产中可用来脱除煤炭中的硫化物。常见代表菌有氧化硫硫杆菌、氧化亚铁硫杆菌、硫化叶菌等。

4. 嗜碱微生物

嗜碱微生物可分为嗜碱和兼性嗜碱两类。嗜碱微生物是一类能专性生活在pH 10~11的碱性条件下而不能生活在中性条件下的微生物；兼性嗜碱细菌的最适生长pH ≥ 10，但在中性pH条件下也能生长。嗜碱菌体内也是中性的，胞内酶既不嗜碱也不耐碱，但它们的体外酶具耐碱和嗜碱性，例如一般菌的淀粉酶最适pH为7.0左右，而来自嗜碱菌的淀粉酶在pH 7时失活，pH 9~11产生活性，最适pH为10~10.5。

嗜碱细菌常出现在天然或人为的高碱环境中，如盐碱地、碱湖、水泥厂等。常见嗜碱菌多为芽孢杆菌属。利用嗜碱菌处理碱性废液不仅经济、简便，而且可变废为宝。日本已有利用嗜碱细菌将碱性纸浆废液转化成单细胞蛋白的报道。此外，嗜碱细菌还有望用于化工和纺织工业中某些废液的处理。

5. 嗜盐微生物

必须在高盐浓度条件才能生长的微生物称为嗜盐微生物，可分为嗜盐和耐盐两类。耐盐微生物是指既能在高盐度环境下生活，又能在低盐度条件下正常生活的微生物；嗜盐微生物专指只能在一定浓度的盐溶液中才能生长的微生物。依据嗜盐浓度不同，嗜盐微生物可又分为低度嗜盐菌（最适盐浓度为 0.2～0.5mol/L）、中度嗜盐菌（最适盐浓度 0.5～2.0mol/L）和极端嗜盐菌（最适盐浓度为 2.5～5.2mol/L），其中部分极端嗜盐菌为古细菌。

嗜盐微生物多分布于海洋、盐湖以及用盐保藏的食物中，是引起食品腐败和食物中毒的主要菌种之一，如副溶血弧菌广泛分布于海洋，可引起食物中毒，常通过污染海产品、咸菜等而致病。此外，嗜盐菌也可用于生产胞外多糖、聚羟基丁酸（PHB）、食用蛋白、海水淡化、盐碱地开发利用以及能源开发等。

6. 嗜压微生物

嗜压微生物是指必须生长在高静水压环境中的微生物。虽然压力可引起蛋白质变性失活，但在深海之中，却存在着嗜压菌。深海是高压低温（<5℃）区域，所以存在于深海的微生物嗜压并嗜冷。例如，从深海获取并分离的一株假单胞菌，在 $1.013×10^8$Pa、3℃下培养，经 4 个月潜伏期后开始繁殖，33d 后菌量倍增，一年后达到平衡期。目前发现的嗜压微生物主要有微球菌属、芽孢杆菌属、弧菌属、螺菌属等细菌和个别嗜压酵母菌。利用个别嗜压菌特性可用于石油油井下产气增压和降低原油黏度，借以提高采油率。

7. 耐辐射微生物

耐辐射微生物只是对高辐射环境具有耐受性，而不是对辐射特别嗜好。与微生物有关的辐射有可见光、紫外线、X射线等，其中生物接触最多、最频繁的是太阳光中的紫外线。生物一般具有多种防御机制，或能使其免受放射线的损伤，或能在损伤后加以修复。抗辐射的微生物就是这类防御机制发达的生物，是作为生物抗辐射机制研究的极佳材料。相比较而言，革兰氏阳性菌比阴性菌耐受性强，芽孢菌比非芽孢菌耐受性强。革兰氏阳性球菌是非芽孢菌中抗性最强的一类，包括微球菌、链球菌和肠球菌；A型肉毒梭状芽孢杆菌的芽孢在所有细菌芽孢中耐辐射能力最强。研究耐辐射菌 DNA 损伤与修复系统具有非常重要的意义，它可为解决日益严重因辐射过量所致疾病的治疗提供新的线索；另外，辐照灭菌已被确定为一种理想的冷杀菌方式，而耐辐射菌是造成辐照保藏食品腐败的主要原因，研究耐辐射菌对辐照条件探索将提供重要参考依据。

二维码9-1 微生物
资源分布

二、微生物的生物环境

在自然界中，微生物极少单独存在，总是较多种群聚集在一起，当微生物的不同种类或微生物与其他生物出现在同一个限定的空间内，它们之间则相互影响，既相互依赖又相互排斥，既有互利又互有损害，表现出相互间既多样又复杂的关系，但从总的方面来看，大体可分为互生、共生、拮抗、寄生和捕食 5 种关系。

（一）互生

互生是指两种可以单独生活的生物，当它们生活在一起时，通过各自的代谢活动而有利于对方，或偏利于一方的一种生活方式。这是一种"可分可合、合比分好"的相互关系。例如，土壤中纤维素分解菌与好氧性自生固氮菌生活在一起时，后者可将固定的有机氮供前者需要，而前者因分解纤维素而产生的有机酸可作为后者的碳素养料和能源物质，两者相互为对方创造有利的条件，促进了各自的生长繁殖。再如，酸奶制作中常用的保加利亚乳杆菌和嗜热链球菌作混合培养，保加利亚乳杆菌在发酵过程中可以产生蛋白分解酶，在这种酶的作用下，大量的氨基酸从酪蛋白中游离出来，促进嗜热链球菌的发育，而嗜热链球菌产生的甲酸盐和二氧化碳又可以促进保加利亚乳杆菌产酸，最终共同作用形成色、香、味、形和营养俱佳的酸乳制品。

人体肠道正常菌群与宿主间的关系也主要是互生关系。人体为肠道微生物提供了良好的生态环境，使微生物能在肠道得以生长繁殖；而肠道内的正常菌群可以完成多种代谢反应，如多种核苷酶反应，固醇的氧化、酯化、还原、转化、硫胺素、核黄素等维生素的合成等，均对人体生长发育有重要意义。此外，人体肠道中的正常菌群还可抑制或排斥外来肠道致病菌的侵入。

（二）共生

共生是指两种生物共居在一起，相互分工协作，甚至达到难分难解、合二为一的相互关系。这是一种"你中有我、我中有你、难舍难分"的相互关系，一旦彼此分离两者都不能很好地生活。地衣是微生物间共生的典型例子，可分为菌藻和菌菌两种。前者是真菌和绿藻的共生体，后者是真菌和蓝细菌的共生体。其中藻类或蓝细菌进行光合作用，为真菌提供有机营养，而真菌以其产生的有机酸分解岩石中的矿物质成分，为藻类或蓝细菌提供生长所必需的矿物质。

根瘤菌与豆科植物共生形成根瘤共生体，也是一种典型的互惠共生关系。根瘤菌固定大气中的氮气，为植物提供氮素养料，而豆科植物根系的分泌物能刺激根瘤菌的生长，并为根瘤菌提供保护和稳定的生长条件。

微生物与动物共生的例子也很多，如反刍动物与瘤胃微生物的共生。

（三）拮抗

拮抗是指一种微生物在其生命活动过程中，产生某种代谢产物或改变环境条件，从而抑制其他微生物的生长繁殖，甚至杀死其他微生物的现象。这是一种"损人利己"的相互关系。根据拮抗作用的选择性，可将微生物间的拮抗关系分为非特异性拮抗和特异性拮抗两类。在制造泡菜、青贮饲料过程中，乳酸杆菌能产生大量乳酸导致环境的 pH 下降，从而抑制了其他微生物的生长繁殖，这是一种非特异拮抗关系，因为这种抑制作用没有特定专一性，对不耐酸的细菌均有抑制作用。许多微生物在生命活动过程中，能产生某种抗生素，具有选择性地抑制或杀死别种微生物的作用，这是一种特异性拮抗关系，如青霉菌产生的青霉素抑制革兰氏阳性菌、链霉菌产生的制霉菌素抑制酵母菌和霉菌等。

（四）寄生

寄生是指一种小型生物生活在另一种较大型生物的体内或体表，从中获得营养并进行生长繁殖，同时使后者蒙受损害甚至被杀死的现象。前者称为寄生物，后者称为寄主（也称宿主）。有些寄生物一旦离开寄主就不能生长繁殖，这类寄生物称为专性寄生物；有些寄生物在脱离寄主以后营腐生生活，这些寄生物称为兼性寄生物。

在微生物中，噬菌体寄生于细菌是常见的寄生现象，病毒、蛭弧菌、立克次氏体、衣原体、个别真菌均为寄生生活。此外，细菌与真菌、真菌与真菌之间也存在着寄生关系，如土壤中存在着一些寄生细菌，它们侵入真菌体内，生长繁殖，最终杀死了寄主真菌，造成真菌菌丝溶解。

（五）捕食

捕食又称猎食，一般指一种大型生物直接捕捉、吞食另一种小型生物以获取其所需营养的现象。微生物间的捕食关系主要有原生动物捕食菌藻类，也有个别真菌的特化菌丝体如菌环、菌网捕食线虫等。

🫂 思考与交流

自然界中微生物与微生物之间的生物环境除了介绍的5类外，还有没有其他形式？请根据观察进行思考和讨论。

📖 想一想

地球上的生物形形色色，多种多样，各不相同，是什么原因造就了这个万千变化的生物界？

任务二　基因突变

🌐 任务要求

1. 认识微生物遗传变异的机制。

2. 了解基因突变的定义。

3. 了解人工诱变与自发突变的机制。

遗传和变异是生物体最基本的属性之一，微生物也不例外。遗传是亲子之间表型性状的传递，是遗传物质从亲代传递给子代的现象。变异是指遗传过程中在各种因素作用下，引起遗传物质发生的极微小的改变，而且这种变化具有遗传性。遗传和变异既矛盾又统一，它们是生物界普遍发生的现象，也是物种形成和生物进化的基础。

一、遗传物质——核酸

20 世纪 50 年代以前，许多学者一直认为蛋白质对于遗传变异起着决定性的作用，后来通过对高等动植物染色体的化学结构分析，发现染色体是由核酸和蛋白质组成的，并且主要是脱氧核糖核酸（DNA）组成的。因此，要回答"究竟是蛋白质还是核酸对于遗传变异起着决定性的作用"这一命题，必须寻求一种简单快捷的实验材料作为研究对象。大量实验表明，以微生物为研究材料具有特殊的优越性，通过巧妙构建肺炎双球菌的转化实验、噬菌体感染实验、烟草花叶病毒重建实验三个经典的实验，充分证明了遗传物质基础是核酸。目前已知地球上现存的生命，除部分病毒的遗传物质是 RNA 外，其他生物的遗传物质都是 DNA。

二、遗传物质的存在形式

核酸在微生物细胞中的主要存在部位是细胞核（拟核），在核外的细胞器中也有少量 DNA，如真核生物的线粒体、原核生物的质粒中就存在较短的 DNA 链。生物化学课程中对核酸的存在形式从细胞水平、细胞核水平、染色体水平、核酸水平、基因水平、密码子水平、核苷酸水平等 7 个层次进行介绍，已经比较详尽。我们这里主要讨论真核细胞、原核细胞、病毒三者之间核酸存在形式的差异。

真核微生物的染色体不止一个，少的几个，多的几十个甚至更多，染色体呈丝状，由组蛋白和 DNA 缠绕而成。细胞内的染色体主要由核膜包裹构成细胞核结构，是遗传信息的主要载体。真核细胞核外 DNA 主要存在于细胞器中（如线粒体和叶绿体），通常为闭合环状结构，含量极少，通常只占细胞染色体 DNA 的不足 1%。

原核微生物的染色体通常只有一个，是由单纯的核酸链组成的。细菌和放线菌的遗传物质是由一条共价环状双链 DNA 构成的染色体，拉直时是细胞长度的若干倍，并与少量的蛋白质结合，没有核膜包裹，一般位于细胞中央，高度折叠形成具有一定空间结构的拟核。DNA 链中因含有磷酸根阴离子，染色体会带有一定的负电荷。原核微生物 DNA 的负电荷被 Mg^{2+} 和有机碱（如精胺、亚精胺和腐胺等）中和形成共价结构；真核生物 DNA 的负电荷则被碱性蛋白质（如组蛋白和鱼精蛋白）中和。原核微生物染色体外的 DNA 称为质粒（又称 cccDNA），例如细菌的性因子（F 因子）、耐药性因子（R 因子）等，它们的 DNA 只占染色体 DNA 的极少部分。

病毒中的遗传物质只可以是 DNA 或 RNA 中的一种，一般为双链或单链，呈环状或线状，但病毒的核酸不与蛋白质相结合。病毒的核酸即核心，通常存在于蛋白质衣壳内部，是病毒遗传信息的重要载体，复制和表达要借用寄主的代谢系统辅助完成。

三、基因突变

基因突变（简称突变）是指染色体数量、结构及组成等遗传性状突然发生稳定的可遗传的变化，分为广义和狭义两种情况。广义的突变包括点突变和染色体畸变，狭义的突变仅指点突变。在自然界中，突变的概率（简称突变率）极低，一般为 $10^{-9} \sim 10^{-8}$；经过人工诱变后突变率可提升至 $10^{-6} \sim 10^{-5}$。一个基因内部的碱基数目、类型或 DNA 序列等发生任何轻微改变而导致的遗传变化都称为点突变，其 DNA 损伤微小。染色体畸变是指染色体上发生较大损伤，包括染色体的缺失、重复、插入、易位、倒位等，其 DNA 损伤较大。

基因突变是重要的生物学现象，是一切生物变化的根源，连同基因转移、重组一起推动了生物进化的遗传多变性。但要注意的是，由于附加体等外源遗传物质的整合而引起 DNA 的改变不属于突变的范围，如处于整合态的溶源性细菌获得的一些溶源现象。

（一）突变的类型

基因突变的类型多种多样，从实用的目的出发，按突变后极少数突变株的表型是否能在选择性培养基上加以鉴别来区分，凡能用选择性培养基快速选择出来的突变型，称选择性突变株，反之则称非选择性突变株。常见的突变类型详见表 9-1。

表9-1　常见的突变类型

突变株的表型	成　因	检出方法
营养缺陷型	因突变而丧失合成一种或几种生长因子的能力，不能在基本培养基上生长的突变株	补充培养基筛选
抗性突变型	因突变而产生了对某种化学药物或致死物理因子的抗性	药物培养基筛选
条件致死突变型	突变后在某种条件下可正常生长、繁殖并实现其表型，而在另一条件下却无法生长繁殖的突变型	改变培养条件筛选
形态突变型	因突变而产生的个体或菌落形态变异	形态观察
抗原突变型	因突变而引起的抗原结构发生改变	借助抗原抗体反应筛选
产量突变型	因突变而获得的在有用代谢物产量方面有别于原始菌株的突变株	测定产量筛选
其他突变型	如毒力、糖发酵能力、代谢产物等发生变化	依据代谢变化选择合适方法筛选

1. 营养缺陷型

营养缺陷型是指某微生物菌株因发生基因突变丧失一种或几种生长因子的合成能力，不能在基本培养基中生长繁殖，必须补充相应的营养物质才能生长的变异类型。该突变型可在加有相应生长因子的基本培养基上选出。

2. 抗性突变型

抗性突变型是指因基因突变而对药物、致死物理因子或噬菌体等产生抗性的突变类型。该类型可在加有相应药物的培养基、用相应物理因子处理的培养基或涂有相应噬菌体的培养基上选出。抗性突变型普遍存在，在遗传学基本理论的研究中很有价值。

3. 条件致死突变型

条件致死突变型是指某菌株经基因突变后，在某种条件下可正常地生长、繁殖并实现其表型，而在另一种条件下却无法生长、繁殖的突变类型。该类型通过改变培养条件即可区分。温度敏感突变株（又称 Ts 突变株）就是对温度敏感的菌株，在某一温度下可正常生长，在另一温度下则不能生长，如大肠杆菌的个别菌株在 37℃ 能够正常生长，但在 42℃ 下却不能生长。

4. 形态突变型

形态突变型是指因突变而产生的个体或菌落形态发生的表型变异，如形状、大小、颜色、细胞结构等变化。形态变化多用肉眼或显微镜观察可见。

5. 抗原突变型

抗原突变型是指因基因突变而引起的抗原结构发生突变的变异类型。具体类型很多，包括细胞壁缺陷变异、荚膜或鞭毛成分变异等。

6. 产量突变型

产量突变型是指通过基因突变而获得的在目的代谢产物产量上明显有别原始菌株

的突变株。突变后产量增加称为正突变，若产量降低则称为负突变。由于产量性状是由多个遗传因子共同作用的结果，因此产量突变型的突变机制非常复杂，产量的提高也是逐步累积的过程。该类突变型筛选通常以测定最终代谢产物产量进行菌株筛选。产量突变型的筛选是一个烦琐而漫长的"大海捞针"式工作，要求工作人员要有耐心、责任心，工作认真、踏实、细致。

7. 其他突变型

因突变而产生某些代谢性状如毒力、糖发酵能力、代谢产物的种类和数量以及对某种药物的依赖性等发生改变的突变型。

基因突变类型并不是各自独立、彼此排斥的。比如营养缺陷型也可以认为是一种条件致死突变型，因为在没有补充相应菌株所需的营养物质的培养基上缺陷型菌株不能生长。另外，所有的突变型都可以看成生化突变型，因为任何突变不论是形态、产量还是生长条件变化，都必然有它对应的生化基础的变化。

（二）基因突变的特点

在整个生物界，由于遗传物质的本质是相同的，因此显示在遗传变异的特点上也都遵循着相同的规律，这在基因突变的水平上更为突出。基因突变一般遵循以下 7 个特点：

① 不对应性　即突变的原因与突变后表现的结果之间无直接对应关系。例如菌株经紫外线照射不一定产生抗紫外线突变株，使用抗生素处理菌样也不一定产生耐药性突变株。

② 自发性　指菌株可自发产生各种遗传型突变。这主要受自然环境影响或微生物内部代谢产物积累的影响，属于非人工诱变情况下产生的突变。

③ 独立性　指菌株发生各种突变时不会受彼此之间影响而独立进行，也就是说某种基因突变率不会受到其他基因突变率的影响。

④ 稀有性　指基因突变的概率极低。自发突变率一般在 $10^{-9}\sim10^{-8}$ 之间，人工诱变率虽显著提高，在 $10^{-6}\sim10^{-5}$ 之间，但整体仍然很低。

⑤ 诱变性　指突变可以通过物理、化学诱发剂处理提高突变率，一般可提高 $10^2\sim10^4$ 倍。

⑥ 稳定性　指基因突变后形成稳定的遗传物质结构，并可世代传递下去。

⑦ 可逆性　野生型菌株通过突变成为突变型菌株的过程，称为正向突变；相反，突变型菌株也可再次发生突变恢复成野生型菌株，这一过程称为回复突变。实验证明，正向突变和回复突变发生的可能性同时存在，并且发生的概率基本相同。

（三）基因突变机制

基因突变机制是多样的，从突变涉及 DNA 链的长短，可以分为点突变和染色体畸变；从突变是否经过人工处理，又可分为自发突变和人工诱变。前面已介绍，自发突变是自然界中自然发生的突变，突变率极低；而人工诱变指经人工诱变剂处理后发生的突变，突变率相对较高。

1. 自发突变机制简介

虽然自发突变没有人工参与，但并不意味着这种突变没有原因。通过对诱变机制的研究，科学家们对自发突变机制归纳为 4 种情况：①背景辐射和环境因素引起的突变，如太阳光中的紫外线、太空中的宇宙射线以及自然界中存在的一些低浓度的诱变物质的作用等；②微生物自身有害代谢产物引起的突变，如细胞代谢过程中形成的咖啡碱、硫氰化合物、重氮丝氨酸、过氧化氢等；③DNA复制过程中碱基配对错误引起的突变，据统计DNA链在一次复制过程中约有$10^{-11}\sim10^{-7}$的碱基错配概率；④转座子引起的插入或缺失诱导的突变。

2. 人工诱变机制简介

人工诱变是人为利用理化因子作用提高突变概率的手段。一般把能显著提高突变率的理化因子统称为诱变剂，包括两大类：紫外线、X射线、γ射线、快中子、β射线、激光和等离子等物理诱变剂；以及亚硝酸盐、烷化剂、吖啶类、羟胺等化学诱变剂。诱变处理往往可以造成轻微和严重两种损伤结果，前者可引起点突变，后者可引起染色体畸变。

（1）点突变　又称基因突变，指发生在一个基因内部的遗传物质结构或碱基数目的变化。通常只涉及一个或少数几个碱基。点突变包括碱基对的置换和碱基对的增减。置换又可分为转换和颠换（见图9-1）。转换是指一种嘌呤被另一种嘌呤替换或一种嘧啶被另一种嘧啶替换；颠换是指嘌呤被嘧啶替换或嘧啶被嘌呤替换。若DNA链上少数碱基出现的增减变化而造成此处以后全部密码子及其编码的氨基酸序列发生变化，这类突变称为移码突变。移码突变和置换都属于DNA分子的微小损伤。

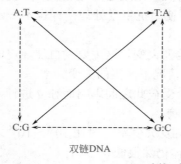
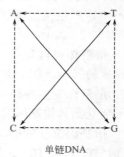

实线—转换；虚线—颠换

图9-1　各种类型的转换和颠换

（2）染色体畸变　是指在某些剧烈诱变剂作用下，染色体数目的增减或结构的改变，属于DNA的严重损伤。染色体畸变可分为结构畸变和数目畸变两大类。结构畸变是一些不发生染色体数目变化而在染色体上有较大范围结构改变的变异，如DNA片段缺失、重复、插入、易位、倒位等造成染色体异常的突变。缺失，指在一条染色体上失去一个或多个基因的片段；重复，指在一条染色体上增加了一段染色体片段，使同一染色体上某些基因重复出现的突变；插入，指一段外源DNA片段插入到染色体的某个部位；易位，指断裂下来的一小段染色体再顺向或逆向地插入到同一条染色体的其他部位上；倒位，指断裂下来的DNA片段旋转180°后，重新插入到原来染色体的位置上。数目畸变则是染色体数目发生变化。

二维码9-2　基因
突变及特点

四、紫外线诱变机制

紫外线属于一种常用的物理诱变剂，用它处理微生物后主要引起的生化反应有：

① DNA 链和氢键的断裂，破坏核糖和磷酸间的键联；

② DNA 分子间（内）的交联；

③ 引起胞嘧啶和尿嘧啶的水合作用；

④ 形成胸腺嘧啶二聚体，使 DNA 结构发生改变；

⑤ 产生碱基对转换；

⑥ DNA 修复后造成错误和缺失。

紫外线诱变处理的有效波长为 200～300nm，其中以 254nm（此波长为核酸的最强吸收峰）的诱变效果最强。嘧啶对紫外线的敏感性比嘌呤强得多，DNA 分子中嘧啶吸收紫外光后形成嘧啶二聚体（TT、TC、CC），特别是胸腺嘧啶二聚体和水合物，两个相邻的嘧啶共价连接，二聚体出现会减弱双键间氢键的作用，并引起双链结构扭曲变形，造成碱基间无法正常配对，从而引起微生物突变或死亡。另外，二聚体的形成还会妨碍 DNA 解链，进而影响 DNA 的复制和转录。总之，紫外线照射可以引起碱基转换、颠换、移码突变或缺失等多种突变形式。

紫外线诱变处理要在暗室红光下进行，以避免光复活修复作用。诱变过程是先将一定数量的菌种用 15W 紫外线下 30cm 处照射 10～50s，然后再将菌种培育出来，观察菌种生长状况，发现产生了需要的性状后将该菌株分离纯化保留。考虑到菌种发生突变的概率极小，前期进行诱变的种子数量一定要足够大，且要选用单细胞菌种作为处理对象。

 思考与交流

文中主要讨论了紫外线的诱变机制，请大家试查阅一下相关资料了解亚硝酸盐诱变机制。

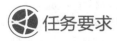 想一想

前面我们已经介绍了无性繁殖和有性繁殖，试想一想：为什么有性繁殖优于无性繁殖？

任务三　基因重组

任务要求

1. 掌握原核微生物基因重组的主要形式。

2. 了解转化、转导、接合三者之间的异同。

3. 熟悉原核微生物基因重组的条件。

4. 了解原生质融合的操作步骤。

基因重组是分子水平上的概念，是不同核酸链经修饰和重新拼接后形成新核酸分子的过程，是生物遗传变异的一种机制。基因重组可以理解为遗传物质分子水平上的杂交，但有别于细胞水平上的杂交。基因重组又称为遗传传递，是指遗传物质从一个微生物细胞向另一个微生物细胞传递而达到基因的改变，形成新遗传型个体的过程。利用基因重组技术可以在人为设计的条件下发生，使其服务于人类育种的目的。

一、原核生物的基因重组

原核生物的基因重组方式有转化、转导、接合和原生质体融合四种，其中前三种在自然界中自然存在，第四种则是人工处理的方法。原核生物的基因重组相对较为原始，存在参与重组的遗传分子片段小、只能供体菌向受体菌单向传递核酸、遗传物质传递方式多样等特点。

（一）转化

1. 定义

同源或异源的游离 DNA 分子（质粒或染色体 DNA）被自然或人工感受态细胞摄取，并获得部分遗传性状的基因转移过程，称为转化。转化后的受体菌繁殖产生带有外来基因性状的后代，称转化子。被摄取的游离 DNA 片段称转化因子，一般质粒状态的转化因子转化频率最高。

在原核微生物中，转化是一种比较普遍的现象。除肺炎双球菌转化外，目前发现嗜血杆菌属、假单胞杆菌属、奈氏杆菌属、芽孢杆菌属、葡萄球菌属、黄单胞杆菌属等细菌，部分放线菌和蓝细菌中也存在转化现象。

2. 发生转化的条件

原核微生物发生转化必须满足两个条件：①受体菌必须是具有摄取外源 DNA 能力的感受态细胞；②必须要有外源游离 DNA 分子作为转化因子。

感受态是指细胞能从环境中接受转化因子的一种特殊生理状态，分为自然感受态和人工感受态两类。自然感受态是细胞一定生长阶段的生理特性，受细菌自身的基因控制；人工感受态则是通过人为诱导的方法，使细胞具有摄取 DNA 的能力或人为地将 DNA 导入细胞内。处于感受态的细胞，其摄取 DNA 的能力比一般细胞大 1000 倍。感受态可以产生，也可以消失，它的出现受菌株的遗传特性、生理状态（如菌龄）、培养环境等综合影响。例如肺炎双球菌的感受态出现在对数生长期的中后期，枯草芽孢杆菌则出现在对数生长期末和平衡初期。转化时向培养环境中加入环腺苷酸（cAMP）或用 $CaCl_2$ 处理细胞、电穿孔等人工转化手段都可以使感受态水平大幅提升。

转化因子的吸附、吸收和整合。不论是否处于感受态，细胞都能吸附 DNA，但只有处在感受态的细菌，其吸附的 DNA 才被吸收。受体细胞吸附的转化因子，必须是双链 DNA，且 DNA 的分子量不小于 3×10^5，但转化时只能一条单链进入受体细胞并与受体菌染色体整合，另一条单链会被细胞表面的核酸外切酶分解。

3. 转化的过程

转化过程见图 9-2。受体菌在基因调控、生长环境等条件下经历生理感受态。接着外源 DNA 片段与感受态受体菌的细胞表面特定位点结合。在结合位点上，DNA 片段中的一条单链逐步被降解，另一条单链进入受体细胞，这是一个消耗能量的过程。进入受体细胞的 DNA 单链与受体菌染色体上同源区段配对，而受体菌染色体组的相应单链片段被切除，并被进入受体细胞的外源单链 DNA 所取代，随后修复合成，连接成部分杂合双链。最后受体菌杂合染色体进行复制，其中杂合区段被分离成两个：一个类似供体菌，一个类似受体菌。当细胞分裂时，形成一个带有外源 DNA 片段转化子和一个保留原受体菌基因的子代。

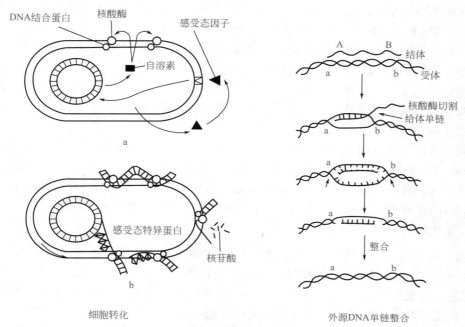

图9-2　细菌转化示意图

（二）转导

1. 定义

转导是以噬菌体为媒介的细菌细胞间进行遗传物质交换的一种方式。一个细胞的 DNA 通过病毒载体的感染转移到另一个细胞中，能将一个细菌宿主的部分染色体或质粒 DNA 带到另一个细菌的噬菌体称为转导噬菌体。转导又分为普遍性转导和局限性转导。

普遍性转导是指转导噬菌体可以介导供体染色体的任何部分到受体细胞，转导频率一般为 $10^{-8} \sim 10^{-5}$。大肠杆菌 P1 噬菌体、枯草杆菌 PBS1 噬菌体、伤寒沙门氏菌 P22 噬菌体等都能进行普遍性转导。局限性转导是指噬菌体只能转导供体染色体上某些特定的基因，转导频率为 10^{-6}。大肠杆菌 K12 温和性噬菌体和 λ 噬菌体可进行局限性转导。

2. 发生转导的条件

1951 年，Joshua Lederberg 和 Norton Zinder 为了证实大肠杆菌以外的其他菌种是否也存在接合作用，用两株具有不同的多重营养缺陷型携带有 P22 噬菌体的鼠伤寒沙门氏菌 LT22A 溶源性细菌进行类似的接合实验，发现两株营养缺陷型混合培养后确实

产生了 $10^{-8} \sim 10^{-6}$ 的重组子，成功地证实了该菌中存在的重组现象。当改用"U"形管进行同样实验时，惊奇地发现在供体和受体细胞不接触的情况下，同样出现原养型细菌。这一结果让他们推测必然有一种能透过"U"形管滤板的"物质"携带了两种营养缺陷型菌的互补基因进行了传递。经过后来进一步对可过滤因子的研究和比较获得证实，这个可传递基因的"物质"就是 P22 噬菌体，从而发现了普遍性转导这一重要的基因转移途径。

普遍性转导必须满足三个条件：①要有供体菌被噬菌体侵染；②要有缺陷型噬菌体与供体菌 DNA 片段形成误包；③误包的缺陷型噬菌体侵入受体菌后表达而不被降解。

形成转导颗粒的缺陷型噬菌体可以是温和的也可以是烈性的，但必须具有能偶尔识别宿主 DNA 的包装机制并在宿主基因组完全降解前进行包装。

局限性转导要满足的三个条件：①转导噬菌体必须是温和噬菌体；②供体菌染色体上必须有特定的基因序列能与温和噬菌体整合；③转导噬菌体侵入到受体菌后能够顺利表达。

局限性转导与普遍性转导主要有两点区别：一是局限性转导中被转导的基因与噬菌体 DNA 共价连接，并与噬菌体 DNA 一起进行复制、包装以及被导入受体细胞中，而普遍性转导包装的可能全部是宿主菌的基因；二是局限性转导颗粒只能携带特定的染色体片段并将固定的个别基因导入受体，而普遍性转导携带的宿主基因具有随机性。

3. 转导的过程

（1）普遍性转导过程　能进行普遍转导的噬菌体，含有一个使供体菌株染色体断裂的酶。当噬菌体 DNA 被噬菌体蛋白外壳包裹时，正常情况下是将噬菌体本身的 DNA 包裹进蛋白衣壳内。但也有异常情况出现，供体菌染色体 DNA（通常和噬菌体 DNA 长度相似）偶然错误地被包进噬菌体外壳，而噬菌体本身的 DNA 却没有完全包进去，装有供体菌染色体片段的噬菌体称为转导颗粒。转导颗粒可以感染受体菌株，并把供体菌 DNA 注入受体细胞内，与受体细胞的 DNA 进行基因重组，形成部分二倍体。通过重组，供体基因整合到受体细胞的染色体上，从而使受体细胞获得供体菌的部分遗传性状，产生变异，形成稳定的转导子，这种转导称为完全转导（图9-3）。在

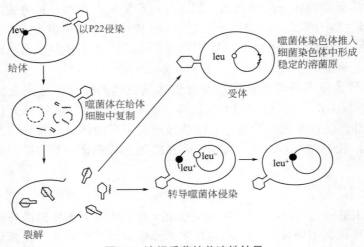

图9-3　沙门氏菌的普遍性转导

普遍性转导中，有时转导来的供体菌 DNA 不一定都能整合到受体染色体上产生稳定转导子，更多的则是转导来的供体染色体不能整合到受体染色体上，也不能复制，但可以表达，这种转导称为流产转导（图 9-4）。第三种情况是外源 DNA 被受体细胞内的核酸酶降解，导致转导失败。

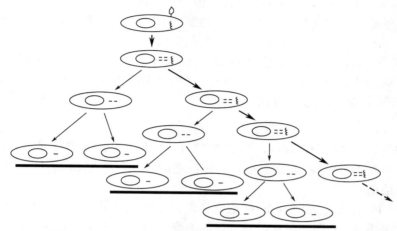

图9-4　流产转导中所形成的微小菌落示意图

（2）局限性转导过程　大肠杆菌 λ 温和性噬菌体裂解寄主时会发生染色体的不正常切割，只能错误包裹含有半乳糖发酵基因（*gal*）或生物素基因（*bio*）的 DNA 片段，形成缺陷型噬菌体，转导概率一般仅有 10^{-6}。当 λ 噬菌体侵入大肠杆菌 K12 后，使其溶源化，λ 原噬菌体的核酸被整合到大肠杆菌 DNA 特定位置上，即 *gal* 基因或 *bio* 基因座位的附近。λ 噬菌体可以通过附着位置间的一次切离，从细菌染色体上脱落下来，偶尔在噬菌体和细菌染色体之间发生不正常交换，诱发产生转导型噬菌体，带有细菌染色体基因 *gal* 或基因 *bio*，而噬菌体的部分染色体（大约 25% 的噬菌体 DNA）被留在细菌染色体上，形成带有 *gal* 基因或 *bio* 基因的不完整的噬菌体。其中带有 *gal* 基因的转导颗粒称为 λd*gal*，d 表示缺陷的意思。这种转导颗粒不能独立复制，当它侵染受体菌时，不能产生侵染性子代噬菌体，而赋予受体菌部分供体菌的遗传性状。当受体菌的杂合染色体复制并完成子代细胞分裂后，形成转导子。

（三）接合

1.定义

接合是指供体菌与受体菌之间直接通过性菌毛连接并将遗传物质由供体菌导入受体菌后形成接合子的过程。性菌毛是 F 质粒（性因子）表达的中空管状纤毛，通常一根或数根。接合普遍存在于大肠杆菌、鼠伤寒沙门氏菌等原核微生物中。

2.发生接合的条件

发生接合必然要有雄性菌株（F^+ 菌株）、雌性菌株（F^- 菌株）、高频重组菌株（Hfr 菌株）和 F' 菌株四种接合型菌株参与。

1946 年 Joshua Lederberg 和 Edward L.Taturm 在细菌的多重营养缺陷型杂交实验中找到细菌接合作用的有力证据。1950 年 Bernard Davis 运用 "U" 形管实验证实了接合过程需要细胞间的直接接触。以大肠杆菌为例，接合型菌株与其细菌表面的性纤毛有关。

① F^+ 菌株　有性纤毛，菌体内 F 因子（又称性因子、F 质粒、致育因子）游离在细胞染色体之外，为自主复制的小环状 DNA 分子的菌株。

② F^- 菌株　无性纤毛，菌体内不含 F 因子的菌株。

③ Hfr 菌株　又称高频重组菌株，有性纤毛，但 F 因子整合在细菌染色体上，成为细菌染色体的一部分，随同染色体一起复制的菌株。

④ F′菌株　F 因子从核染色体 DNA 上面脱落下来，呈游离态存在，但在脱落时 F 因子有时会携带一小段细胞核 DNA，这种游离存在的但又携带一小段核染色体 DNA 的 F 因子的菌株即为 F′菌株。

3. 接合的过程

研究细菌的四种接合型发现，除 F^- 菌株外，其他三种均长有性纤毛，并携带有完整或部分 F 质粒 DNA。将上述三种长有性纤毛的雄性菌株与 F^- 菌株接合时，将产生三种不同的结果：

（1）$F^+ \times F^-$ 杂交　当 F^+ 和 F^- 细胞混合时，不同类型的细胞可以短时间内连接在一起，即 F^+ 细胞与 F^- 细胞配对，同时在两细胞间形成一根细长的接合管，即性纤毛。F 因子穿过接合管，由 F^+ 细胞进入 F^- 细胞，使后者转变为 F^+ 菌株。F^+ 细胞通过滚环复制仅向 F^- 细胞转移 F 因子，而不转移自身染色体 DNA。

（2）$Hfr \times F^-$ 杂交　当 Hfr 细菌与 F^- 细胞混合时，不同类型细胞接合配对，Hfr 细胞可把自身染色体通过接合管定向转移给 F^- 细胞。Hfr 菌株与 F^- 菌株接合完整转移染色体耗时很长，并且中途稍遇干扰转移就会中断，从而造成不同的接合结果（图 9-5）。在大多数情况下，受体细菌仍是 F^- 菌株，但携带有供体菌的部分性状；只有在极少数情况下，由于遗传物质转移的完整，受体细胞才能成为 Hfr 菌株。造成上述结果的原因是：F 因子基因一般位于 Hfr 菌株染色的末端。在转移过程中，由于一些因素的影响，Hfr 染色体常常发生断裂，因此 Hfr 菌株的许多基因虽然可以进入 F^- 菌株，越是前端的基因，进入的机会越多，在 F^- 菌株中出现重组子的时间就越早，频率也高。而

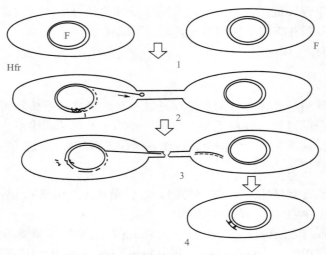

图9-5　大肠杆菌的 Hfr × F^- 接合过程

对于末端的 F 因子，进入 F⁻ 菌株的机会非常少，引起性别变化的可能性也非常小。所以 Hfr 与 F⁻ 菌株接合的结果重组频率虽高，却很少出现 F⁺ 菌株。

（3）F′×F⁻ 杂交　F′菌株与 F⁻ 菌株的接合过程同 F⁺ 与 F⁻ 菌株的接合过程基本相似，稍有不同的是 F′×F⁻ 杂交中，供体菌的部分染色体基因随 F 因子一起转入受体细胞，并且接合后会产生部分双倍体。

（四）原生质体融合

1.定义

原生质体融合是指通过人为的方法，使遗传性状不同的两个细胞的原生质体进行融合，借以获得兼有双亲遗传性状的稳定重组子的过程。原生质体融合打破了微生物种的界限，实现远缘菌株之间的基因重组。

2.原生质体融合的过程

原生质体融合的主要操作有以下 6 个步骤：

① 选择亲本　选择两个具有育种价值并带有选择性遗传标记的菌株作为亲本。

② 制备原生质体　经脱壁酶除去细胞壁，制备出原生质体，并置于等渗或高渗溶液中维持其稳定。

③ 促进融合　在原生质体中加入促融合剂以促进融合。聚乙二醇（PEG）是一种表面活性剂，能强制性促进原生质体融合，如有 Ca^{2+}、Mg^{2+} 存在，促进融合的效果更好。

④ 原生质体再生　原生质体虽有生物活性，但在普通培养基上不生长，必须涂布在再生培养基上使之再生细胞壁。

⑤ 检出融合子　利用选择培养基上的遗传标记，检出融合子。

⑥ 筛选融合子　产生的融合子中可能有杂合双倍体和单倍重组体不同的类型，前者性能不稳定，要选出性能稳定的单倍重组体，并进行生产性能鉴定。

二维码9-3　原核微生物基因重组

二、真核微生物的基因重组

真核微生物的基因重组方式很多，但最主要的方式是有性杂交和准性杂交。

（一）有性杂交

有性杂交指性细胞之间的结合和随之发生的染色体重组，并产生新遗传型后代的一种育种技术。具体过程是：两个不同性别的细胞相互接合，通过质配、核配后形成二倍体的结合子，随之结合子进行减数分裂，部分染色体可能发生交换而进行随机分配，产生重组染色体及新的遗传型，并把遗传性状按一定的规律性遗传给后代的过程。有性杂交被广泛用于优良品种的培育，凡是能产生有性孢子的酵母菌和霉菌，都能进行有性杂交。

（二）准性杂交

准性杂交是指同种生物的两个不同的体细胞发生融合，进行有丝分裂后导致低频率的基因重组并产生重组子的杂交方式。准性杂交是在准性生殖基础上建立起来的，以同一亲本的两个体细胞发生融合，产生重组子的频率极低，形成的重组细胞和亲本体细胞没有本质区别。

思考与交流

> 　　原核微生物基因重组是我们讨论的重点，请大家试比较一下"转化""转导"和"接合"三种基因重组形式有何异同。

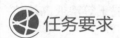 想一想

　　制作酸奶的原料相同、工艺方法相同，为什么不同厂家和品牌做出的风味就不一样呢？

任务四　菌种选育技术

⚙ 任务要求

1. 了解菌种选育的流程。
2. 了解诱变育种的步骤。
3. 熟悉基因工程育种的原理和方法。

　　微生物菌种的优良决定了发酵产品的工业价值及发酵工程的成败，是微生物发酵工业的前提和基础。在应用微生物生产发酵时，首要问题是选取菌种，要挑选符合生产要求和环境要求的菌种。菌种可以根据生产要求向菌种保藏机构或科研单位直接购取；也可以根据所需菌种的形态、结构、生理生化和工艺特点等要求，在自然界特定的生态环境中进行分离筛选。获得菌种后还要根据菌种的遗传特性进行菌株改良和育种，满足生产要求。

一、自然选育

　　自然界中的土壤、水系、动植物体等都是微生物资源的天然宝库。自然选育就是从自然界中选育菌种的过程，其程序较为复杂，主要步骤有采样、增殖培养、分离纯化和筛选四步。但对于产毒菌株而言，除完成前面四步外还要进行毒性试验。

（一）采样

　　菌种采集的对象以土壤为主，也可以是水系、空气、动植物体或腐败物等。肥沃的土壤中微生物数量较多，中性偏碱的土壤以细菌、放线菌为主，果园、菜园和野果生长区域等碳水化合物含量高的土壤中酵母菌和霉菌丰富。"橘生于淮南则为橘，生于淮北则为枳"这句话对于微生物同样适用，微生物培养采样应充分考虑季节、时间、温度、水分、地理位置等因素。采样以温湿适宜的秋季最佳，所用器具应注意无菌，样品要具有代表性，如特定的土样类型和土层，叶子碎屑和腐物，根系及根系周围区

域，水、泥及沉积物等。

采集土样时，一般取离地表面 10～15cm 深处的土层，并将采集到的土样放入无菌的聚乙烯袋、牛皮袋或采样瓶中。采集好的样品注意完整地标注样本的名称、采集日期、地点、采集人及采集地的地理特点等。采集的土样应及时检验或置于 0～4℃ 条件下贮存。

采集水样时，应将无菌采样瓶浸入水中 30～40cm 处，瓶口朝下打开瓶盖，让水样自然进入，如果遇有急流，可直接将瓶口反向于急流。水样采集完毕后，采集瓶应迅速合盖并从水中取出。采集的水样应在 24h 内迅速进行检验或者 0～4℃ 条件下贮存。

空气采样相对较为简单，常用暴露平板法进行采样，具体步骤为：打开平皿盖，使平板在空气中暴露 5min，然后加盖送检。送检时间一般不得超过 4h，若样品保存于 0～4℃ 条件下，送检时间不得超过 24h。

（二）增殖培养

一般而言，如果采集的样品中生产所需的目的菌含量丰富，则可以直接进行分离纯化，但是如果样品中目的菌含量并不很多，并且还伴有大量杂菌存在，为了容易分离到所需要的菌种，让无关的杂菌至少是在数量上不再增加，必须设法增加目的菌的数量让其成为优势菌，以增加成功分离的概率，这就是增殖培养（也称富集培养）。

常用增殖培养方法很多，例如可以通过选择性地配制培养基（如营养成分、添加抑制剂等），也可选择一定的培养条件（如培养温度、培养基酸碱度等）来控制。培养过程要把握好"投其所好，取其所抗"的原则，最终达到增菌目的。"投其所好"就是在培养基中加入目的菌喜好的营养，以利于目的菌大量增殖（例如目的菌为酵母菌增殖培养时可加入糖液）；"取其所抗"则是在培养基中加入目的菌能耐受的抑制剂，以抑制或杀死杂菌保留目的菌（例如目的菌为产抗生素的放线菌增殖培养时可加入抗生素）。增殖培养可根据微生物特点进行培养基设计，比如依据微生物利用碳源的特点，可选择糖、淀粉、纤维素、石油烃等，以其中的一种为唯一碳源，那么只有能利用这一碳源的微生物才能大量正常生长，而其他微生物就可能死亡或淘汰。再如利用部分色素对细菌有抑制和选择作用进行增殖培养，如伊红-美蓝培养基中的伊红、美蓝对 G^+ 和一些难培养的 G^- 有抑制作用，可达到筛选和增殖培养 G^- 的目的。分离细菌时，培养基中添加浓度一般为 50μg/mL 的抗真菌剂（如放线菌酮、制霉菌素），可以抑制真菌的生长。分离放线菌时，培养基中加入 1～5mL 天然浸出汁（如植物、岩石、有机混合腐质等的浸出汁）作为最初分离的促进因子，有助于分离出不同类型的放线菌类。

（三）分离纯化

通过增殖培养，样品中的微生物仍处于混杂生长状态。所以要取得所需的微生物纯种，增殖培养后必须进行分离纯化。常用菌种分离方法有三种：划线分离法、稀释分离法和平板倾注法。划线分离法要首先倒培养基平板，然后用接种环挑取菌样，在平板上划线。划线方法可采用一段划线法和多段划线法，无论用哪种方法，基本原则都是确保培养出单个菌落。稀释分离法的基本方法是将样品进行适当 10 倍稀释，然后将稀释液涂布于培养基平板上进行培养，待长出独立的单个菌落，进行挑选分离。平板倾注法是先往培养皿中倾注一定量的菌液，然后再加入培养基，快速混匀，培养基凝固后，放入培养箱中培养，长出单个菌落后，进行分离筛选。

（四）筛选

经过分离纯化培养后，要对平板上的多个单菌落进行有关性状的初步测定，从中选出具有优良性状的菌落。例如，筛选抗生素生产菌，可应用抑菌圈实验选出抑菌圈大的菌落；筛选蛋白酶产生菌，可选透明圈大的菌落。总之，筛选菌种是细致漫长的工作，工作人员要依据经验，结合微生物特性查找出微生物性状与生产性能相关联的指标，设计出快速、简便、高效、直观的筛选方法。

二、微生物的诱变育种

从自然界直接分离的菌种，往往发酵活力比较低，不能达到工业生产的要求，因此要根据菌种的形态、生理上的特点，按照生产需求进行菌种改良。微生物常规育种是以自然突变为基础，从中筛选出具有优良性状菌株的一种育种方法。但这种方法由于受到 DNA 的半保留复制以及校正酶系的校正作用和光复活、切除修复、重组修复等修复作用影响，发生突变的概率极低（一般为 $10^{-9} \sim 10^{-8}$），而且用于工业生产的菌株的性状往往由单一或少数基因控制，所以常规育种存在时间长、工作量大等缺点，逐步被生产淘汰。诱变育种是采用物理和化学诱变剂处理促进菌种基因突变，提高突变率的育种方法，它是目前国内外提高菌种产量、性能的主要手段。诱变育种具有极其重要的意义，该方法不仅能提高菌种生产性能而且能改进产品质量、丰富品种和简化生产工艺等，具有方法简便、工作效率高和效果显著等优点，是诱变育种领域广泛使用的育种技术。

二维码9-4 微生物资源开发

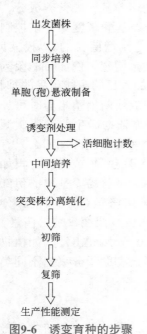

图9-6 诱变育种的步骤

（一）诱变育种的步骤

诱变育种的步骤见图 9-6。

1. 出发菌株的选择

用来进行诱变或基因重组育种处理的起始菌株称为出发菌株。在诱变育种中，出发菌株的选择会直接影响到最后的诱变效果，因此必须对出发菌株的产量、形态、生理等方面做出全面的了解，挑选出对诱变剂敏感性强、变异幅度广、产量高的出发菌株。具体方法是选取自然界新分离的野生型菌株，它们对诱变因素敏感，容易发生变异；选取生产中由于自发突变或长期在生产条件下驯化而筛选得到的菌株，与野生型菌株类似，容易达到较好的诱变效果；选取每次诱变处理都有一定提高的菌株，往往多次诱变可能效果叠加，积累更多的提高效果。另外，出发菌株还可以同时选取 2~3 株，在处理比较后，将更适合的菌株保留继续诱变。

2. 同步培养

在诱变育种中，处理材料一般采用生理状态一致的单倍体细胞，并要求菌悬液的细胞应尽可能达到相同生理状态，即同步培养。细菌处理最好在对数期，此时群体生长状态较为同步，并且容易变异，重复性好。如亚硝基胍诱变时作用于复制叉处，生长旺盛的细胞中复制叉点较多，碱基类似物也在此时期比较容易进入 DNA 链中。霉菌处理最好使用分生孢子，将分生孢子在液体培养基中短时间培养，使孢子孵化，处于活化状态，但未形成菌丝体，此时易于诱变。

3. 单胞（孢）悬液制备

单胞（孢）悬液制备即单细胞（或单孢子）悬液的制备。这一步的关键是制备一定浓度的分散均匀的单细胞或单孢子悬液，为此要进行细胞的培养，并收集菌体、过滤或离心、洗涤。细菌、酵母菌可以制作单细胞悬液，而放线菌、霉菌等丝状微生物要用其单倍体孢子进行单孢子悬液的制备。菌悬液可用无菌生理盐水或缓冲溶液配制，如果是用化学诱变剂处理，考虑到处理时 pH 值变化，必须使用缓冲溶液。另外，还应注意分散度，可先用玻璃珠振荡打散，再用脱脂棉或滤纸过滤，一般要求处理后分散度应达 90% 以上，以保证菌悬液能够均匀地接触到诱变剂，获得最好的诱变效果。通常认为，最后制得的菌悬液，霉菌孢子或酵母菌细胞的浓度大约为 $10^6 \sim 10^7$ 个 /mL，细菌或放线菌孢子的浓度大约为 10^8 个 /mL。菌悬液的细胞浓度可用平板计数法、血球计数板或光密度法测定，但以平板计数法最为准确。

4. 诱变剂处理

首先选择合适的诱变剂，然后确定诱变剂使用剂量。常用诱变剂分为两大类：物理诱变剂和化学诱变剂。常用的物理诱变剂有紫外线、X 射线、γ 射线、α 射线、β 射线、超声波等。常用的化学诱变剂有碱基类似物、烷化剂、羟胺、吖啶类化合物等。

在诱变育种时，可根据实际情况，采用多种诱变剂复合处理的办法。复合处理方法主要有三类：第一类是两种或多种诱变剂先后使用；第二类是同一种诱变剂的重复使用；第三类是两种或多种诱变剂的同时使用。使用不同作用机制的诱变剂做复合处理，处理效果常会呈现一定的协同效应，这对诱变育种工作很有意义。

5. 中间培养

对于刚经诱变剂处理过的菌株，有一个表现迟滞的过程，即细胞内原有酶的稀释过程（即生理延迟现象），需 3 代以上的繁殖才能将突变性状表现出来。因此应让变异处理后的细胞在液体培养基中培养一定时间，使细胞的遗传物质复制，繁殖几代，以得到纯正的变异细胞。若不经液体培养基的中间培养，直接在平板上分离，就会出现变异和未变异细胞共存，形成混杂菌落，以致造成筛选结果的不稳定和将来的菌株退化。

6. 分离和筛选

经过中间培养后，分离出大量的较纯的单个菌落。接着，要从数以千计的菌落中筛选出适合育种的菌株，即筛选出性能良好的正突变菌株，这将花费大量的人力和物力。设计花费较少的工作量达到最好的效果的筛选方法，是筛选工作中的重要原则。实际生产中一般会采用生产与形态联系的简化方法，利用鉴别性培养基的原理或其他方法有效地把原来肉眼观察不到的生理性状或产量性状转化为可见的"形态"性状。例如，在琼脂平板上，蛋白酶水解圈的大小、淀粉酶变色圈的大小、抗生素抑制圈的大小、生长因子周围某菌生长圈的大小、外毒素的沉淀反应圈的大小等，都可用于初筛工作中估计某菌产生相应代谢产物能力的"形态"指标。

（二）诱变育种的原则

诱变育种过程中要遵循的原则主要有：

① 选择简便有效的诱变剂。在选用理化因素作诱变剂时，在同样效果下，应选用最简便的诱变剂；在同样简便的条件下，应选用最高效的诱变剂。

② 挑选优良的出发菌株。最好采用生产上已发生自发突变的菌株，选用对诱变剂敏感的菌株，选取有利于进一步研究或应用性状的菌株。

③ 处理单胞（孢）悬液。为保证每个细胞能均匀接触诱变剂并防止长出杂合菌落，必须要求待诱变的菌液为均匀分散的单倍体细胞或孢子悬液状态。

④ 选用合适的诱变剂量。通常以杀菌率作为判断诱变剂使用剂量依据。要确定一个合适的剂量，常常要经过多次试验。就一般微生物而言，在一定的剂量范围内，突变率往往随剂量的增高而提高，但正变较多出现在偏低的剂量中，而负变则较多出现在偏高的剂量中；还发现经多次诱变而提高产量的菌株中，更容易出现负变。因此，在诱变育种工作中，目前大家比较倾向于采用较低的剂量。

⑤ 充分利用复合处理的协同效应。诱变剂的复合处理常常呈现一定的协同效应。常见的复合处理有：两种或多种诱变剂的先后使用；同一种诱变剂的重复使用；两种或多种诱变剂的同时使用等。

⑥ 利用和创造形态、生理与产量间的相关指标。找出形态、生理与产量三者间的相关性，大大提高育种效率。

⑦ 设计和选用高效的筛选方法。设计高效筛选方案、创新高效的筛选方法，减少工作量，将菌种筛选分为初筛、复筛两步进行，对于育种工作具有重要价值。

三、基因工程

基因工程是用人为的方法将所需要的某一供体生物的遗传物质 DNA 大分子提取出来，在离体的条件下用适当的工具酶进行切割修饰后，把它与作为载体的 DNA 分子连接起来，然后与载体一起导入某一更易生长、繁殖的受体细胞中使供体 DNA 进行正常的复制和表达，从而获得新物种的一种崭新的育种技术。这项技术使人类能定向改造基因，编码特定蛋白，广泛应用于工业、农业、医疗、环保等方面，从此人类获得了主动改造生命的能力。

基因工程操作一般分为目的基因的获得、载体的选择、目的基因与载体 DNA 的体外重组、重组载体导入受体细胞并表达四步。

（一）目的基因的获得

获得基因的方法主要有化学合成法、从供体细胞的 DNA 中分离和通过反转录酶的作用由 mRNA 合成 cDNA 三种。

（二）载体的选择

基因工程载体必须具备 4 个条件：①必须是一个复制子，在细胞中能进行独立自主的复制；②在受体细胞中有较高的复制率；③最好只有一个内切酶切割位点，便于外源 DNA 的插入；④必须具有选择性遗传标记。

目前常用的载体有质粒、λ 噬菌体、柯斯质粒、M13 噬菌体、真核细胞的克隆载体、人工染色体等。

（三）目的基因与载体 DNA 的体外重组

在基因工程中，必须使用限制性核酸内切酶（一般为 Ⅱ 型内切酶）消化目的基因与载体 DNA，使它们产生互补的黏性末端或平末端。黏性末端再通过 DNA 连接酶使目的基因与载体重新组合成一个新的整体。

（四）重组载体导入受体细胞并表达

通过转化、转染、转导、显微注射、电穿孔等方式将重组载体导入受体细胞中，并复制和表达，形成新的物种。

思考与交流

在自然界中，微生物无处不在，无时不在，它们时时处处都在为人类服务，请你在身边找一找，日常生活有哪些事物是由微生物参与实现的。

前沿技术

核酸检测与PCR

所有生物除朊病毒外都含有核酸，核酸包括脱氧核糖核酸（DNA）和核糖核酸（RNA），新型冠状病毒是一种仅含有 RNA 的病毒，病毒中特异性 RNA 序列是区分该病毒与其他病原体的标志物。新型冠状病毒出现后，我国科学家在极短的时间里完成了对新型冠状病毒全基因组序列的解析，并通过与其他物种的基因组序列对比，发现了新型冠状病毒中的特异核酸序列。临床实验室检测过程中，如果能在患者样本中检测到新型冠状病毒的特异核酸序列，则表明该患者可能被新型冠状病毒感染。

检测新型冠状病毒特异序列的方法最常见的是荧光定量 PCR（聚合酶链式反应）。因 PCR 反应模板仅为 DNA，因此在进行 PCR 反应前，应将新型冠状病毒核酸逆转录为 DNA。在 PCR 反应体系中，包含一对特异性引物以及一个 Taqman 探针，该探针为一段特异性寡核苷酸序列，两端分别标记了报告荧光基团和猝灭荧光基团。如反应体系不存在靶序列（即不存在病毒 DNA 或病毒 RNA 逆转录的 DNA），探针完整，报告荧光基团发射的荧光信号会被猝灭荧光基团吸收，对外不发出荧光；如反应体系存在靶序列，PCR 反应时探针与模板结合，DNA 聚合酶沿模板利用酶的外切酶活性将探针酶切降解，报告荧光基团与猝灭荧光基团分离，发出荧光。通过 PCR 扩增，每扩增一条 DNA 链，就有一个荧光分子产生，扩增出来的靶基因序列越多，累积的荧光信号就越强。而没有病毒的样本中，由于没有靶基因序列扩增，因此就检测不到荧光信号增强。所以，核酸检测实质就是通过检测荧光信号的累积来判断样本中是否含有病毒核酸，进而判断人体内是否存在病毒。

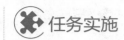 任务实施

操作　**土壤中分离可产柠檬酸的黑曲霉**

一、目的要求

1. 熟悉柠檬酸发酵菌种黑曲霉的菌种特性。

2. 掌握柠檬酸发酵菌种黑曲霉的分离操作方法。

3. 熟悉菌种筛选方法设计。

二、方法原理

柠檬酸是食品工业常用的酸味剂。能用于生产柠檬酸的微生物体内必须存在发达的 TCA 循环，其中以黑曲霉产柠檬酸能力最强，且能利用多种碳源，是生产中最为常见的菌种之一。

依据柠檬酸生产菌耐酸性强及霉菌为陆生真菌等特点，通过比较变色圈直径与菌落直径大小从土壤菌落中选取生产性能良好的柠檬酸发酵生产菌种黑曲霉。

三、仪器与试剂

1. 实验器材

高压蒸汽灭菌锅、恒温培养箱、干燥箱、超净工作台、恒温摇床、培养皿、锥形瓶、烧杯、接种环、试管、量筒、滤纸、酒精灯等。

2. 实验试剂

加有 0.04% 溴甲酚绿的察氏 - 多氏琼脂培养基。

培养基配方：

蔗糖	30g	$NaNO_3$	2g	$MgSO_4 \cdot 7H_2O$	0.5g
KH_2PO_4	1g	KCl	0.5g	$FeSO_4 \cdot 7H_2O$	0.01g
溴甲酚绿	0.4g	琼脂	20g	蒸馏水	1000mL

四、测定步骤

1. 采样

选择碳水化合物含量相对较高的土壤（如果园、菜园等处土层），取土表面下 10～15cm 的土层。将采集到的土样放入无菌采样瓶中，做好标签，待用。

2. 分离纯化——指示剂法（变色圈法）

土壤浸出液稀释一定倍数以后，涂布于加有 0.04% 溴甲酚绿的察氏 - 多氏琼脂培养基平板上，30℃培养。由于产酸，菌落周围会出现黄色变色圈。在变色圈还未互相连成一片时，测量计算变色圈直径（C）与菌落直径（H）之比。取 C/H 比值较大者，并且具有黑曲霉特征的菌落挑出接种到斜面上（使用点接法，点接在斜面中部偏下方），筛选时要考虑菌种耐高温、抗杂菌污染及原料要求等。

3. 筛选

（1）初筛　初筛可根据需要选择下列原料进行操作培养：

① 薯干粉直接发酵　25% 薯干粉蒸煮后，用液化型淀粉酶（如枯草杆菌淀粉酶）液化，升温灭酶灭菌后，加入 α- 萘粉 1mg/L 或氯化十六烷基吡啶胺 1mg/L。

② 水解糖发酵　水解糖稀释至含葡萄糖 150g/L，加入 NH_4NO_3 2g/L，$MgSO_4 \cdot 7H_2O$ 0.5g/L，一氟乙酸钠 50mg/L。

③ 葡萄糖母液发酵　母液稀释至含葡萄糖 150g/L，加入 NH_4NO_3 1～2g/L，一氟乙酸钠 50mg/L。

④ 糖蜜发酵　糖蜜稀释至含蔗糖 150g/L，灭菌后加入 30mL/L 甲醇或乙醇。

将上述培养基以每瓶 50mL 分装到 250mL 锥形瓶内，灭菌后各接入孢子 2 环，在 30～33℃条件进行摇床振荡培养。摇床转速 120r/min，往复摇床冲程 6cm，连续摇瓶。

（2）生产性能测定　发酵 4～6d 后，用细针头注射器抽取发酵液 1mL，用 0.1mol/L NaOH 滴定酸度。产酸高者再进一步用纸色谱或五溴丙酮法测定柠檬酸含量，并将产酸的黑曲霉菌种接种于斜面保存。

五、数据记录与处理

（1）详细描述黑曲霉菌的生物学特性和在选择性培养时的变化现象。

（2）准确记录和计算发酵液酸度。

六、操作注意事项

（1）选择合适的采样区域及土层厚度。

（2）土壤稀释倍数要控制合理，浓度过高，则菌落数目较多且混杂，难以分离；浓度过低，菌落稀少甚至没有，难以达到筛选目的。

（3）土壤稀释液涂布时要均匀，不要有遗漏；操作时注意无菌操作。

任务评价

评价内容	分值	考核得分	备注
实验原理熟悉情况	10		
实验操作熟练情况	40		
实验结果正确情况	20		
实验分析讨论情况	10		
实验总结改进情况	20		

思考与交流

1. 土样采集时有哪些要求？

2. 如何理解变色圈大小与菌种产量之间的关系？

项目小结

微生物同其他生物一样，是地球上宝贵的资源，广泛分布于任何地方。土壤、水、空气是微生物的天然生境。土壤中以细菌含量最为丰富，放线菌次之，真菌第三，其中放线菌赋予了土壤泥腥味。水源可分海水和淡水，所含的微生物也不尽相同。海水中的微生物嗜（耐）盐，而淡水微生物又可分为清水型、腐生型两种类型。空气中的微生物数量与随离地面高度成反比，离地面越近，微生物数目越多；反之，越稀少。极端微生物主要分布在地球上的一般生物难以生存的极端环境中，如高盐、高温、高酸、高碱、高压及高辐射环境，由于这些条件苛刻，一般微生物难以生存，所以该类微生物往往是人们研究的热点。

微生物极少单独存在，总是较多种群聚集在一起。微生物与微生物或其他生物之间存在多种相互关系，如互生、共生、拮抗、寄生和捕食等。互生是指两种可以单独生活的生物，当它们生活在一起时，通过各自的代谢活动而有利于对方或偏利于一方的一种生活方式。共生是指两种生物共居在一起，分工协作、难舍难分、合二为一的相互关系。拮抗是指一种微生物在其生命活动过程中，产生某种代谢产物或改变环境条件，从而抑制其他微生物的生长繁殖，甚至杀死其他微生物的现象。寄生是指一种小型生物生活在另一种较大型生物的体内或体表，从中获得营养并进行生长繁殖，同时使后者蒙受损害甚至被杀死的现象。捕食是指一种大型生物直接捕捉、吞食另一种小型生物以获取其所需营养的现象。

基因突变又称突变，是指染色体数量、结构及组成等遗传物质突然发生稳定的可遗传的变化，包括点突变和染色体畸变。点突变属小损伤，包括碱基对的置换和碱基对的增减；染色体畸变属较大损伤，包括DNA片段缺失、重复、插入、易位、倒位及染色体数目变化等。常见的突变类型主要有营养缺陷型、抗性突变型、条件致死突变型、形态突变型、抗原突变型和产量突变型等，其中营养缺陷型是我们学习和研究的重点。

基因重组是不同核酸链经修饰和重新拼接后形成新核酸分子的过程，是生物遗传变异的一种机制。原核微生物基因重组是我们研究的重点，主要有转化、转导、接合和原生质体融合四种，前三种在自然界中存在，原生质体融合是一种人工处理方法。转化的发生要求受体细胞处于感受态，并且存在游离DNA；转导的发生条件为缺陷型噬菌体、供体菌和受体菌，根据缺陷型噬菌体"误包"DNA的位置又可分为普遍性转导和局限性转导两种；接合发生要求带有性因子的供体菌和受体菌同时存在，根据性因子在供体菌中的位置可分为F+菌株、Hfr菌株和F′菌株三种雄性细胞。原生质体融合是指通过人为的方法，使遗传性状不同的两个细胞的原生质体进行融合，借以获得兼有双亲遗传性状的稳定重组子的过程。该基因重组方法打破了微生物种的界限，实现远缘菌株之间的基因重组。

练一练测一测

1. 单选题

（1）土壤中微生物数量最多的为（　　）。

A. 细菌　　　　　　B. 真菌　　　　　　C. 放线菌　　　　　　D. 藻类与原生动物

（2）根瘤菌属于（　　）。

A. 共生固氮菌　　　B. 自生固氮菌　　　C. 内生菌根　　　　　D. 外生菌根

（3）地衣是微生物间的（　　）。

A. 竞争关系　　　　B. 共生关系　　　　C. 互生关系　　　　　D. 寄生关系

（4）噬菌体与细菌的关系为（　　）。

A. 互生　　　　　　　B. 共生　　　　　　　C. 寄生　　　　　　　D. 拮抗

（5）加大接种量可控制少量污染菌的繁殖，是利用微生物间的（　　）。

A. 互生关系　　　　B. 共生关系　　　　C. 竞争关系　　　　D. 拮抗关系

2. 判断题

（1）原核微生物基因重组的类型有准性杂交、有性杂交和原生质体融合等多种。

（　　）

（2）原噬菌体是整合在寄主 DNA 上的 DNA 片段，不能进行繁殖、传代。

（　　）

（3）移码突变是由诱变剂引起的 DNA 链缺失的突变。　　　　（　　）

（4）微生物与生物环境间的相互关系主要有互生、共生、寄生、拮抗和捕食等 5 类。

（　　）

（5）细菌接合中假如受体细胞接受 F 因子，受体细胞就会变为雌性细胞。

（　　）

（6）细菌中紫外线引起的突变是由于相邻鸟嘌呤分子彼此结合而形成二聚体的突变。

（　　）

项目十
食物中毒及其控制技术

项目引导

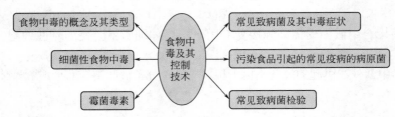

食物中毒是指人体吃了含有有害微生物或微生物毒素的食物，或者吃了含有有毒化学物质的食物而引起的中毒。按照食物中毒的原因分为：微生物性食物中毒、动植物自然食物中毒、化学性食物中毒。这里我们将针对微生物引起的食物中毒及其控制措施加以分析和研究。

想一想

食物中毒是由什么引起的，常见致病菌有哪些？污染食品会引起哪些常见的疾病？

任务一　常见致病菌及其中毒症状

任务要求

1. 了解食物中毒的概念及其类型。
2. 了解细菌性中毒和霉菌毒素。

微生物是引起食物中毒的主要因素，研究微生物生长代谢及产毒情况有利于实现微生物食物中毒的防治，分析微生物引起食物中毒的症状，有助于实现早期救治和处理。

一、食物中毒的概念及其类型

一般将人体吃了含有有害微生物或微生物毒素的食物，或者吃了含有有毒化学物质的食物而引起的中毒称为食物中毒。按照食物中毒的病因分为：微生物性食物中毒、动植物自然食物中毒、化学性食物中毒。其中微生物性食物中毒是我们讨论的重点。微生物引起的食物中毒根据中毒类群可分为细菌性食物中毒和霉菌性食物中毒；根据中毒机制不同又可分为感染性食物中毒和毒素性食物中毒。

二、细菌性食物中毒

细菌是污染食品和引起食品腐败变质的主要微生物类群，因此多数食品卫生的微生物学标准都是针对细菌制定的。

（一）沙门氏菌

1. 形态与染色特性

沙门氏菌是革兰氏阴性、两端钝圆的短杆菌，大小约为（0.7～1.5）μm×（2～5）μm，不产生荚膜和芽孢，除鸡白痢和鸡伤寒沙门氏菌外，均具有周身鞭毛，能运动，多数细菌具有菌毛，能吸附于细胞表面并可与豚鼠红细胞发生凝集反应。形态上与大肠杆菌相似。

2. 培养特性

沙门氏菌为好氧及兼性厌氧菌。生长温度范围6.7～45.6℃，最适生长温度37℃。生长pH值范围4.1～9.0，最适生长pH值6.8～7.8。营养要求不高，在普通琼脂培养基上均能生长良好，培养24h后，形成中等大小、圆形、表面光滑、无色、半透明、边缘整齐的菌落。

3. 中毒症状

沙门氏菌食物中毒的临床症状一般在进食染菌食物12～24h后出现。主要表现为急性胃肠炎症状，如呕吐、腹痛、腹泻等。另外，由于细菌毒素作用于中枢神经，还可引起头痛、发热，严重的会出现寒战、抽搐和昏迷等症状。病程为3～7d，一般愈后良好，但老年人、儿童和体弱者如不及时进行急救处理也可致死。沙门氏菌食物中毒的病死率通常低于1%。

（二）金黄色葡萄球菌

1. 形态与染色特性

金黄色葡萄球菌为革兰氏阳性球菌，直径为0.5～1.0μm，呈葡萄状排列。无芽孢，无鞭毛，无荚膜，不能运动。

2. 培养特性

金黄色葡萄球菌为兼性厌氧菌，营养要求不高，在普通琼脂培养基上培养18～24h，形成圆形隆起、边缘整齐、光滑湿润、不透明的菌落，直径1～2mm，颜色呈金黄色。最适生长温度为35～37℃，最适pH值7.4。

3. 毒素

金黄色葡萄球菌主要产生肠毒素。肠毒素是金黄色葡萄球菌产生的一种毒性蛋白，目前根据抗原性的不同，发现有6种肠毒素，即A型、B型、C型、D型、E型、F型，其中A型肠毒素引起的食物中毒最多，B型和C型次之。食品经煮沸、巴氏消毒、烹调及其他热处理均不能完全破坏食品中的肠毒素。

4. 中毒症状

中毒的潜伏期一般为 1～5h，最短为 15min，最长不超过 8h。中毒症状为急性胃肠炎症状，恶心、反复呕吐，并伴有腹痛、头晕、头痛、腹泻等。儿童对肠毒素比成年人更敏感，病情也较成年人重。但金黄色葡萄球菌食物中毒一般不导致死亡，只要及时补充吐泻的水分，1～2d 内就能恢复正常。

（三）致病性大肠杆菌

1. 形态与染色特性

大肠杆菌是肠杆菌科埃希氏菌属的细菌，为革兰氏阴性、两端钝圆的小杆菌，长为 1～3μm，宽约 0.6μm，该菌为周生鞭毛菌，能运动，不产生荚膜。

2. 培养特性

大肠杆菌为好氧及兼性厌氧菌，对营养要求不高，在普通琼脂培养基上即可生长良好，最适生长温度为 37℃，最适 pH 值 7.2～7.4。新分离出来的大肠杆菌一般是光滑型（S）菌株；在普通琼脂平板上培养 24h，可形成圆形、凸起、光滑、湿润、半透明或接近无色的中等大菌落。

3. 中毒症状

致病性大肠杆菌食物中毒的潜伏期较短，通常在摄食后 4～10h 突然发病。肠道致病性大肠杆菌和侵袭性大肠杆菌引起的症状与志贺氏菌引起的菌疾相似，表现为腹痛、腹泻、呕吐、发烧，大便呈水样，有时伴有脓血和黏液；产毒性大肠杆菌引起的症状与霍乱相似，表现为腹痛、腹泻、呕吐、发烧，大便呈米泔水样，但无脓血。

（四）肉毒梭状芽孢杆菌

1. 形态与染色特性

肉毒梭状芽孢杆菌是两端钝圆的粗大杆菌，大小为（0.9～1.2）μm×（4～6）μm，多单生，偶见成双或短链，有周生鞭毛，无荚膜，能形成椭圆形芽孢，革兰氏染色阳性。

2. 培养特性

肉毒梭状芽孢杆菌为严格厌氧菌，对营养要求不高，在普通琼脂培养基上生长良好，生长最适温度为 28～37℃，生长最适 pH 值 6.8～7.6，产毒最适 pH 值 7.8～8.2。该菌在血清琼脂上培养 48～72h，形成中央隆起、边缘不整齐、灰白色、表面粗糙的绒球状菌落。

肉毒梭状芽孢杆菌的繁殖体抵抗力一般，经加热 80℃ 30min 或 100℃ 10min 即可杀死，但其芽孢的抵抗力很强，可耐煮沸 1～6h 之久，于 180℃ 干热 5～15min、121℃ 高压蒸汽灭菌 15～20min 才能杀死。肉毒毒素抵抗力也较强，80℃ 30min 或 100℃ 10min 才能完全破坏，正常胃液和消化酶于 24h 不能将其破坏，因此可在胃肠吸收而引起中毒。

3. 中毒症状

肉毒梭状芽孢杆菌食物中毒由肉毒素所引起，所以它属于毒素型食物中毒。主要作用于神经和肌肉的连接处及神经末梢，阻碍神经末梢乙酰胆碱的释放，导致肌肉收缩和神经功能不全。

（五）志贺氏菌

志贺氏菌属的细菌（通称痢疾杆菌）是细菌性痢疾的病原菌。在我国广大农村地区由于卫生条件差，经常有食品或水源受到志贺氏菌污染而引起的痢疾、腹泻等疾病。

1. 培养特性

志贺氏菌为好氧或兼性厌氧。营养要求不高，能在普通培养基上生长，最适温度为 37℃，但在 10～40℃范围内也可以生长，在 pH 值 6.4～7.8 时生长良好，最适 pH 值约为 7.2。该菌属都能分解葡萄糖，产酸不产气。大多不发酵乳糖，靛基质产生情况不确定，甲基红阳性，V.P. 试验阴性，不分解尿素，不产生 H_2S。

2. 侵袭力

志贺氏菌进入大肠后，由于菌毛的作用黏附于大肠黏膜的上皮细胞上，继而进入上皮细胞并在其内繁殖，扩散至邻近细胞及上皮下层。由于毒素的作用，上皮细胞死亡，黏膜下发炎，并有毛细管血栓形成以致坏死、脱落，形成溃疡。志贺氏菌一般不侵犯其他组织，偶尔可引起败血症。目前认为，不论是产生外毒素的还是只有内毒素的志贺氏菌，必须侵入肠壁才能致病。因此，对黏膜组织的侵袭力是决定致病力的主要因素。

3. 中毒症状

志贺氏菌可通过产生的内毒素、外毒素两类毒素引起中毒。

（1）内毒素　志贺氏菌属中各菌株都有强烈的内毒素，作用于肠壁，使通透性增高，从而促进毒素的吸收。继而作用于中枢神经系统及心血管系统，引起临床上一系列毒血症症状，如发热、神志障碍，甚至中毒性休克。

（2）外毒素　志贺氏菌Ⅰ型及部分Ⅱ型（斯密兹痢疾杆菌）菌株能产生强烈的外毒素。外毒素为蛋白质，不耐热，75～80℃加热 1h 即可被破坏。其作用是使肠黏膜通透性增加，并导致血管内皮细胞损害。

（六）副溶血性弧菌

副溶血性弧菌又称致病性嗜盐菌，也是常见的引起食物中毒的病原菌。其中毒常表现为三种类型，即：由肠毒素引起的毒素型；活菌侵入肠黏膜引起的感染型；以及两者共同引起的混合型。

1. 形态与染色特性

副溶血性弧菌为多形态，表现为杆状、稍弯曲的弧状，有时呈棒状、球状或球杆状等。该菌无芽孢，有单鞭毛，能运动，革兰氏染色阴性。

2. 培养特性

副溶血性弧菌为好氧或兼性厌氧菌，但在厌氧时生长非常缓慢。生长温度范围 8～44℃，最适生长温度为 37℃，生长的 pH 范围 4.8～11.0，最适 pH 为 7.7～8.0。

副溶血性弧菌的抵抗力不强，不耐热，经 56℃ 30min、75℃ 5min、90℃ 1min 加热即可杀死。对醋酸极为敏感，在食醋中经 5min 即死亡，1% 醋酸 1min 可致死。在淡水中生存不超过 2d，在盐渍酱菜中存活 30d 以上，在海水中能存活 47d 以上。该菌对四环素、氯霉素、金霉素敏感。

3. 中毒症状

副溶血性弧菌引起的食物中毒，一般发病急，潜伏期为 1～24h，多为 6～10h。初期临床表现为上腹部疼痛、恶心、呕吐、发热、腹泻，随后剧烈腹痛，持续约 1～2d，拉水样便，便中带有黏液和脓血。少数病人可出现意识不清、痉挛、脸色苍白、血压下降及休克等症状。

三、霉菌毒素

霉菌在自然界分布很广，同时由于其可形成各种微小的孢子，因而很容易污染食品。霉菌污染食品后不仅可造成腐败变质，而且有些霉菌还可产生毒素，造成误食人畜霉菌毒素中毒。霉菌毒素是霉菌产生的一种有毒的次生代谢产物，自从 20 世纪 60 年代发现强致癌物黄曲霉毒素以来，霉菌与霉菌毒素对食品的污染日益引起重视。霉菌毒素通常具有耐高温、无抗原性、主要侵害实质器官的特性，而且霉菌毒素多数还具有致癌作用。

霉菌毒素的作用包括减少细胞分裂，抑制蛋白质合成和 DNA 的复制，抑制 DNA 和组蛋白形成复合物，影响核酸合成，降低免疫应答等。根据霉菌毒素作用的靶器官，可将其分为肝脏毒、肾脏毒、神经毒、光过敏性皮炎等。人和动物一次性摄入含大量霉菌毒素的食物常会发生急性中毒，而长期摄入含少量霉菌毒素的食物则会导致慢性中毒和癌症。因此，粮食及食品霉变不仅会造成经济损失，有些还会因人畜误食造成急性或慢性中毒，甚至导致癌症。

1. 霉菌毒素引起食物中毒的特点

（1）发生中毒与某些食物有联系。

（2）霉菌毒素中毒症发生往往有季节性和地区性，但无感染性。

（3）霉菌毒素是小分子有机化合物，不是复杂的蛋白质分子，不能刺激机体产生相应的抗体，无免疫性。

（4）人和家畜家禽一次性摄入含有大量霉菌毒素的食物，往往会发生急性中毒，长期少量摄入会发生慢性中毒和致癌。

（5）霉菌毒素食物中毒易并发维生素缺乏症，但补充维生素无效。

2. 常见的霉菌毒素及其引起的食物中毒

（1）黄曲霉毒素　是黄曲霉和寄生曲霉的代谢产物。寄生曲霉的所有菌株都能产生黄曲霉毒素，但我国寄生曲霉罕见。黄曲霉是我国粮食和饲料中常见的真菌，由于黄曲霉毒素的致癌力强，因而受到重视，但并非所有的黄曲霉都是产毒菌株，即使是产毒菌株也必须在适合产毒的环境条件下才能产毒。

黄曲霉毒素的化学结构是一个双氢呋喃和一个氧杂萘邻酮。现已分离出 B_1、B_2、G_1、G_2、B_{2a}、G_{2a}、M_1、M_2、P_1 等十几种。其中以 B_1 的毒性和致癌性最强，它的毒性比氰化钾强 100 倍，仅次于肉毒毒素，是真菌毒素中毒性最强的；致癌作用比已知的化学致癌物都强，比二甲基亚硝胺强 75 倍。黄曲霉毒素具有耐热的特点，裂解温度为 280℃，在水中溶解度很低，但能溶于油脂和多种有机溶剂。

黄曲霉毒素是一种强烈的肝脏毒，对肝脏有特殊亲和性并有致癌作用。它主要强烈抑制肝脏细胞中 RNA 的合成，破坏 DNA 的模板作用，阻止和影响蛋白质、脂肪、线粒体、酶等的合成与代谢，干扰动物的肝功能，导致突变、癌症及肝细胞坏死。同时，饲料中的毒素可以蓄积在动物的肝脏、肾脏和肌肉组织中，人食入后可引起慢性中毒。

中毒症状分为三种类型：

① 急性和亚急性中毒　短时间摄入黄曲霉毒素量较大，迅速造成肝细胞变性、坏死、出血以及胆管增生，在几天或几十天内死亡。

② 慢性中毒　持续摄入一定量的黄曲霉毒素，使肝脏出现慢性损伤，生长缓慢，体重减轻，肝功能降低，出现肝硬化，在几周或几十周后死亡。

③ 致癌性　实验证明许多动物小剂量反复摄入或大剂量一次摄入皆能引起癌症，主要是肝癌。

（2）黄变米毒素　黄变米是 20 世纪 40 年代日本在大米中发现的。这种米由于被真菌污染而呈黄色，故称黄变米。可以导致大米黄变的真菌主要是青霉属中的一些种。黄变米毒素可分为三大类：

① 黄绿青霉毒素　大米水分 14.6% 感染黄绿青霉，在 12～13℃ 便可形成黄变米，米粒上有淡黄色病斑，同时产生黄绿青霉毒素。该毒素不溶于水，加热至 270℃ 失去毒性；为神经毒，毒性强，中毒特征为中枢神经麻痹，进而心脏及全身麻痹，最后呼吸停止而死亡。

② 橘青霉毒素　橘青霉污染大米后形成橘青霉黄变米，米粒呈黄绿色。精白米易污染橘青霉形成该种黄变米。橘青霉可产生橘青霉毒素，暗蓝青霉、黄绿青霉、扩展青霉、点青霉、变灰青霉、土曲霉等霉菌也能产生这种毒素。该毒素难溶于水，为一种肾脏毒，可导致实验动物肾脏肿大、肾小管扩张和上皮细胞变性坏死。

③ 岛青霉毒素　岛青霉污染大米后形成岛青霉黄变米，米粒呈黄褐色溃疡性病斑，同时含有岛青霉产生的毒素，包括黄天精、环氯肽、岛青霉素、红天精。所产毒素主要为肝脏毒，急性中毒可造成动物发生肝萎缩现象；慢性中毒发生肝纤维化、肝硬化或肝肿瘤，可导致大白鼠肝癌。

（3）镰刀菌毒素　根据联合国粮农组织（FAO）和世界卫生组织（WHO）联合召开的第三次食品添加剂和污染物会议资料，镰刀菌毒素问题同黄曲霉毒素一样被看作是自然发生的最危险的食品污染物。镰刀菌毒素是由镰刀菌产生的。镰刀菌在自然界广泛分布，侵染多种作物。有多种镰刀菌可产生对人畜健康威胁极大的镰刀菌毒素。镰刀菌毒素已发现有十几种，按其化学结构可分为三大类，即单端孢霉烯族化合物、玉米赤霉烯酮和丁烯酸内酯。

① 单端孢霉烯族化合物　是由雪腐镰刀菌、禾谷镰刀菌、梨孢镰刀菌、拟枝孢镰刀菌等多种镰刀菌产生的一类毒素。它是引起人畜中毒最常见的一类镰刀菌毒素。

在单端孢霉烯族化合物中，我国粮食和饲料中常见的是脱氧雪腐镰刀菌烯醇（DON）。DON 主要存在于麦类赤霉病的麦粒中，在玉米、稻谷、蚕豆等作物中也能感染赤霉病而含有 DON。赤霉病的病原菌是赤霉菌，其无性阶段是禾谷镰刀霉。这种病原菌适合在阴雨连绵、湿度高、气温低的气候条件下生长繁殖。如在麦粒形成乳熟期感染，则随后成熟的麦粒皱缩、干瘪，有灰白色和粉红色霉状物；如在后期感染，麦粒尚且饱满，但胚部呈粉红色。DON 又称致吐毒素，易溶于水，热稳定性高，烘焙温度 210℃、油煎温度 140℃ 或煮沸，只能破坏 50%。

人误食含 DON 的赤霉病麦（含 10% 病麦的面粉 250g）后，多在 1h 内出现恶心、眩晕、腹痛、呕吐、全身乏力等症状。少数伴有腹泻、颜面潮红、头痛等症状。以病麦喂猪，猪的体重增长缓慢，宰后脂肪呈土黄色、肝脏发黄、胆囊出血。

② 玉米赤霉烯酮　是一种雌性发情毒素。动物吃了含有这种毒素的饲料，就会出现雌性发情综合症状。禾谷镰刀菌、黄色镰刀菌、粉红镰刀菌、三线镰刀菌、木贼镰刀菌等多种镰刀菌均能产生玉米赤霉烯酮。

玉米赤霉烯酮不溶于水，溶于碱性水溶液。禾谷镰刀菌接种在玉米培养基上，在 25～28℃ 培养 2 周后，再在 12℃ 下培养 8 周，可获得大量的玉米赤霉烯酮。赤霉病麦中有时可能同时含有 DON 和玉米赤霉烯酮。饲料中含有玉米赤霉烯酮在 1～5mg/kg 时才出现症状，500mg/kg 含量时出现明显症状。

③ 丁烯酸内酯　在自然界发现于牧草中，牛饲喂带毒牧草导致烂蹄病。丁烯酸内酯是三线镰刀菌、雪腐镰刀菌、拟枝孢镰刀菌和梨孢镰刀菌产生的，易溶于水，在碱性水溶液中极易水解。

（4）杂色曲霉毒素　是杂色曲霉和构巢曲霉等产生的，基本结构为一个双呋喃环和一个氧杂蒽酮。不溶于水，可以导致动物的肝癌、肾癌、皮肤癌和肺癌，其致癌性仅次于黄曲霉毒素。由于杂色曲霉和构巢曲霉经常污染粮食和食品，而且有 80% 以上的菌株产毒，所以杂色曲霉毒素在肝癌病因学研究上很重要。糙米中易污染杂色曲霉毒素，糙米经加工成标二米后，毒素含量可以减少 90%。

3. 防霉方式与去霉措施

（1）防霉方式　主要有物理防霉法和化学防霉法两种。

① 物理防霉法

a. 干燥防霉　控制水分和湿度，保持食品和贮藏场所的干燥，做好食品贮藏地的防湿防潮，相对湿度不超过 65%～70%，保持食品干燥，控制温差，防止结露，粮食及食品可在阳光下晾晒，风干、烘干或加吸湿剂，密封。

b. 低温防霉　把食品储藏温度控制在霉菌生长的适宜温度以下，从而抑菌防霉，冷藏的食品温度界限应在 4℃ 以下。

c. 气调防霉　控制气体成分，防止霉菌生长和毒素产生，通常采取除氧或加入 CO_2、N_2 等气体，运用密封技术控制和调节储藏环境中的气体成分，现已在食品储藏工作中广泛应用。

② 化学防霉法　使用防霉化学药剂，有熏蒸剂如溴甲烷、二氯乙烷、环氧乙烷，有拌合剂如有机酸、漂白粉、多氧霉素。如环氧乙烷熏蒸，用于粮食防霉效果良好；食品中加入 0.1% 的山梨酸，防霉效果很好。

（2）去霉措施　常用的有物理除霉法、化学除霉法和生物除霉法。

① 物理除霉法　是利用温度、湿度、紫外线等物理因素来除霉。霉菌生长的温度一般在 6～40℃，由于这个原因在低温库中很少看到霉菌生长。霉菌的生长和温度关系很大，所以在温度方面的控制可以适当地使用。用紫外线除霉是一种较好的方法，它既能杀菌，又能除霉，也有一些除臭的作用。但是这只能是对直接照射的部分起作用，一般每立方米用 0.33～3W 的紫外线辐射，在离照射面 2m 的高度照射 6h 可以起到杀灭微生物的作用。但是紫外光的作用受温度和湿度的影响，愈接近微生物生长正常温度，湿度愈高，杀菌除霉的能力愈强。紫外线能促进脂肪的氧化，所以在使用时

要注意控制剂量和时间。

②　化学除霉法　化学除霉药剂很多，用得较多的有乳酸、二氧化碳、臭氧、甲醛、漂白粉、氟化钠、羟基联苯酚钠等。

乳酸法是一种可靠的消毒方法，它能除霉，能杀菌，也能除臭。使用方法是先将库房出清，打扫干净，每立方米用 1mL 粗制乳酸，每份乳酸再加 1~2 份清水，将混合液放在搪瓷盆内，置于电炉上加热蒸发，一般要求将药液控制在 0.5~3h 左右蒸发完。然后关闭电炉，密闭库门 6~24h 左右，使乳酸充分与细菌或霉菌作用，以期达到消毒的目的。

二氧化碳法在任何浓度下都不能杀死霉菌，它仅能延缓霉菌的生长。在 0℃下如室内空气中 CO_2 的浓度达到 40% 时，可以完全阻止霉菌的生长。但是当 CO_2 在空气中的浓度超过 20% 时，由于变性血红蛋白的形成而使肉类变色。一般认为在 0℃下，室内 CO_2 的浓度为 10% 时，可以把冷却肉在冷藏间中的保存期延长到一倍以上。

臭氧法是一种比较好的方法，它既可以杀菌又可除霉除臭味。用这种方法应采用臭氧发生器，使空气中氧气裂化成臭氧。将形成的臭氧打入冷库内，其浓度约为 1~3mg/m³ 即可起作用。但是臭氧是一种强氧化剂，它能使瘦肉褪色和脂肪氧化，同时臭氧对人黏膜有刺激，所以采用时应该注意保护。

甲醛法即福尔马林熏蒸法。这种方法能除毒也能灭菌，但福尔马林气味刺激，如果被肉吸收则不能供食用，同时福尔马林对人毒性很大，使用时要注意安全。该法常用于厂房、仓库等建筑物的灭菌，使用此法应先将库房出清，打扫干净，一般为每立方米用 15mL 福尔马林熏蒸。用福尔马林消毒数小时后，再用氨水放在室内吸收福尔马林气味，最后经过通风，消毒完成。

漂白粉法是用 4% 漂白粉溶液进行刷洗消毒，消毒效果好。如果在 5 份漂白粉中加 7 份碳酸钠效果更好，消毒数小时后进行通风排气。

氟化钠法是用 2% 氟化钠和 20% 高岭土混合粉刷墙壁，在 0℃下可以 1~2 年不生霉。

羟基联苯酚钠法即用 2% 羟基联苯酚钠溶液涂刷除霉。采用这种方法可以使气味不传到食品上，也不会腐蚀器皿，但在涂刷时要做好防护措施。

③　生物除霉法　生物除霉法是指利用一些有益微生物及其分泌的酶，在适宜条件下使其生长繁殖，降解食品原料中本身含有的有害物质或不利于动物对营养物质吸收的抗营养因子，从而使得食品营养向有利于利用的方向发展的一种除霉方法。主要是利用微生物自身代谢特点将食品中的霉变物质分解，从而降低霉变程度，常用的微生物有酵母菌、细菌等。

思考与交流

1. 引起细菌性食物中毒的微生物有哪些？

2. 常用的防霉方法有哪些？

想一想

是什么引起的食品污染？如何进行微生物学检查？

任务二　污染食品引起的常见疫病的病原菌

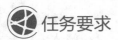任务要求

1. 了解污染食品引起疾病的常见病原菌。
2. 了解污染食品引起疾病常见致病菌的微生物检查方法。

污染食品引起疫病的常见病原菌主要有炭疽杆菌、布氏杆菌、结核分枝杆菌、单核细胞增生李斯特菌等，下面举例说明。

一、炭疽杆菌

炭疽杆菌属于好氧芽孢杆菌属，能引起羊、牛、马等动物及人类的炭疽病。目前，皮肤炭疽病在我国各地还时有发生，不能放松警惕。

（一）生物学性状

1. 形态染色

炭疽杆菌菌体粗大，排列似竹节状，无鞭毛，不运动，革兰氏染色阳性，该菌在氧气充足、温度适宜（25～30℃）的条件下易形成芽孢。芽孢呈椭圆形，位于菌体中央，其宽度小于菌体的宽度。形成荚膜是毒性特征。

2. 培养特性

炭疽杆菌受低浓度青霉素作用，菌体可肿大形成圆珠，称为"串珠反应"，这也是炭疽杆菌特有的反应。炭疽杆菌其他培养特性如下：

（1）炭疽杆菌为好氧微生物，在普通培养基中易繁殖。

（2）最适温度为37℃，最适 pH 值为7.2～7.4。

（3）在琼脂平板培养24h，粗糙菌落。菌落呈毛玻璃状，边缘不整齐，呈卷发状，有一个或数个小尾突起，这是细菌向外伸延繁殖所致。

（4）在 5%～10% 绵羊血液琼脂平板上，菌落周围无明显的溶血环，但培养较久后可出现轻度溶血。菌落有黏性，用接种环钩取可拉成丝，即"拉丝"现象。

（5）在普通肉汤培养基中培养18～24h，试管底有絮状沉淀生成，无菌膜，菌液清亮。有毒株在碳酸氢钠平板、20% 浓度 CO_2 培养下，形成黏液状菌落（有荚膜），而无毒株则为粗糙状。

3. 抵抗力

炭疽杆菌营养体抵抗力不强，易被一般消毒剂杀灭，而芽孢抵抗力强，在干燥的室温环境中可存活数十年，在皮毛中可存活数年。芽孢对碘、青霉素、头孢菌素、链霉素、卡那霉素等敏感。

（二）致病性

人类主要通过工农业生产而感染。机体抵抗力降低时，接触污染物品可发生下列

疾病：

（1）皮肤炭疽　最常见，多发生于屠宰、制革或毛刷工人及饲养员。炭疽菌由体表破损处进入体内，开始在入侵处形成水疖、水疱、脓疱，中央部呈黑色坏死，周围有浸润水肿。如不及时治疗，细菌可进一步侵入局部淋巴结或侵入血液，引起败血症死亡。

（2）纵隔障炭疽　较少见，由吸入病菌芽孢所致，多发生于皮毛工人，病死率高。病初似感冒，进而出现严重的支气管肺炎，可在 2～3d 内死于中毒性休克。

（3）肠炭疽　由食入病兽肉制品所致，以全身中毒症状为主，并有胃肠道溃疡、出血及毒血症，发病后 2～3d 内死亡。

上述疾病若引起败血症时，可继发炭疽性脑膜炎。炭疽杆菌的致病性取决于荚膜和毒素的协同作用。

（三）微生物学检查

采集皮肤炭疽的脓液、渗出物，吸入性炭疽的痰液，肠炭疽的粪便以及病人的血液等送检，兽尸禁止解剖，可割取耳朵或舌尖一片送检。

将标本直接涂片，沙黄荚膜染色镜检，观察形态及荚膜特征，可以初步帮助诊断，确诊应进行血平板分离培养，37℃培养 12～15h，挑取可疑菌落，进行青霉素串珠试验、噬菌体裂解试验、碳酸氢钠平板二氧化碳培养、荚膜肿胀试验和小白鼠致病力试验等与其他好氧芽孢杆菌进行鉴别确定。

（四）特异防治

预防人类炭疽首先应防止家畜炭疽的发生。家畜炭疽感染消灭后，人类的传染源也随之消灭。目前我国使用的炭疽活疫菌，作皮上划痕接种，免疫力可维持半年至一年。青霉素是治疗炭疽的首选药物，但对肠道及吸入性炭疽治疗困难，有条件的可选用抗血清。

二、布氏杆菌

布氏杆菌是一类革兰氏阴性的短小杆菌，牛、羊、猪等动物最易感染，引起母畜传染性流产。人类接触带菌动物或食用病畜及其乳制品，均可被感染。布氏杆菌属包括羊、牛、猪、鼠、绵羊及犬布氏杆菌 6 个种，20 个生物型。我国流行的主要是羊、牛、猪三种布氏杆菌，其中以羊布氏杆菌病最为多见。

（一）生物学性状

1. 形态染色

布氏杆菌属初次分离培养时多呈小球杆状，毒力菌株有荚膜，经传代培养渐呈杆状，革兰氏染色阴性。

2. 培养特性

布氏杆菌为严格好氧菌。牛布氏杆菌在初次分离时，需在 5%～10% CO_2 环境中才能生长，最适温度 37℃，最适 pH 6.6～7.1，营养要求高，生长时需硫胺素、烟草酸、生物素、泛酸钙等，实验室常用肝浸液培养基或改良厚氏培养基。该菌生长缓慢，培养 48h 后出现透明的小菌落，鸡胚培养也能生长。

3. 抵抗力

布氏杆菌在自然界中抵抗力较强，在病畜的脏器和分泌物中，一般能存活 4 个月左右，在食品中约能生存 2 个月。对低温的抵抗力也强，对热和消毒剂抵抗力弱。对链霉素、氯霉素和四环素等敏感。

（二）致病性

布氏杆菌侵入人体后，被吞噬细胞吞噬，由于该菌具有荚膜，能抵抗吞噬细胞的吞噬销毁，并能在该细胞内增殖。反复出现菌血症。由于内毒素的作用，病人出现发热、无力等中毒症状，血液中细菌逐步消失，体温也逐渐消退。细菌在细胞内繁殖至一定程度时，再次进入血液出现菌血症，体温再次上升，反复呈波浪热型。布氏杆菌多为细胞内寄生，难治疗彻底，易转为慢性及反复发作，在全身各处引起迁徙性病变。

（三）主要症状

人感染布氏杆菌较家畜严重，病情复杂，表现乏力、全身软弱、食欲不振、失眠、咳嗽、有白色痰，可听到肺部干鸣，多呈波浪热，也有稽留热、不规则热或不发热，盗汗或大汗，一个或多个关节发生无红肿热的疼痛，肌肉酸痛，应用一般镇痛药不能缓解。布氏杆菌病多选用四环素与链霉素联合应用，也可用复方磺胺加链霉素。最近发现利福平与多西环素联合治疗，治疗好后很少复发。

（四）微生物学检查

急性期采集血液，慢性期采取骨髓，接种于双相肝浸液培养基（一半斜面，一半液体）置于 37℃ 条件 10% CO_2 环境中培养，每隔 2d 检查一次，如无细菌生长则摇荡培养基，使液体浸过斜面上，有细菌生长，可依鉴定项目确定是否为布氏杆菌；经一个月培养无细菌生长，可报告阴性。

三、单核细胞增生李斯特菌

单核细胞增生李斯特菌（单增李斯特菌）是一种人畜共患病的病原菌。它能引起人、畜的李斯特菌病，感染后主要表现为败血症、脑膜炎和单核细胞增多。它广泛存在于自然界中，食品中存在的单增李斯特菌对人类的安全具有潜在危险，该菌在 4℃ 的环境中仍可生长繁殖，是冷藏食品威胁人类健康的主要病原菌之一。

（一）生物学性状

1. 形态染色

该菌为革兰氏阳性短杆菌，大小约为 $0.5\mu m \times (1.0 \sim 2.0)\mu m$，直或稍弯，两端钝圆，常呈 "V" 字形排列，偶有球状、双球状，兼性厌氧，无芽孢，一般不形成荚膜，但在营养丰富的环境中可形成荚膜。在陈旧培养中的菌体可呈丝状及革兰氏阴性。该菌有 4 根周生鞭毛和 1 根端生鞭毛，但周生鞭毛易脱落。

2. 培养特性

该菌营养要求不高，在 20 ~ 25℃ 培养有动力，穿刺培养 2 ~ 5d 可见倒立伞状生长，肉汤培养物在显微镜下可见翻跟斗运动。该菌的生长温度范围为 2 ~ 42℃，最适温度为 35 ~ 37℃，在 pH 中性至弱碱性、氧分压略低、二氧化碳张力略高的条件下该菌生长良好，在 pH 3.8 ~ 4.4 条件下能缓慢生长，在 6.5% NaCl 肉汤中生长良好。在固体培养基上，菌落初始很小，透明，边缘整齐，呈露滴状，但随着菌落的增大，变得不透明。在 5%～7% 的血平板上，菌落通常也不大，灰白色，接种血平板培养后可产生窄小的 β 溶血环。在 0.6% 酵母浸膏胰酪大豆琼脂和改良 Mc Bride 琼脂上，用 45° 入射光照射菌落，通过解剖镜垂直观察，菌落呈蓝色、灰色或蓝灰色。

3. 抵抗力

该菌对理化因素抵抗力较强，在土壤、粪便、青贮饲料和干草内能长期存活，对碱和盐抵抗力强，60～70℃经 5～20min 可杀死，70% 酒精 5min，2.5% 石炭酸、2.5% 氢氧化钠、2.5% 福尔马林 20min 可杀死。该菌对青霉素、氨苄西林、四环素、磺胺均敏感。

（二）致病性

单增李斯特菌进入人体后是否发病，与菌的毒力和宿主的年龄、免疫状态有关，因为该菌是一种细胞内寄生菌，宿主对它的清除主要靠细胞免疫功能。因此，易感者为新生儿、孕妇及 40 岁以上的成年人。此外，酗酒者、免疫系统损伤或缺陷者、接受免疫抑制剂和皮质激素治疗的患者及器官移植者也易被该菌感染。

（三）主要症状

该菌感染后表现，健康成年人个体出现轻微类似流感症状，新生儿、孕妇、免疫缺陷患者表现为呼吸急促、呕吐、出血性皮疹、化脓性结膜炎、发热、抽搐、昏迷、自然流产、脑膜炎、败血症直至死亡。

（四）微生物学检查

食品中单增李斯特菌的传统检验方法是进行前增菌或选择性增菌，以分离培养得到的可疑菌落做生化反应实验、溶血实验、协同溶血实验等免疫学检测，被确定为单增李斯特菌后进一步进行血清分型。该方法中增菌和选择性增菌是不可缺少的步骤。增菌的方法主要包括：冷增菌法和常温培养方法。冷增菌法是在 4℃ 培养 30d，有时甚至长达一年。常温增菌需培养 24h～7d。故传统检测方法需要 7～11d 才能分离鉴定出单增李斯特菌，检测周期较长。

思考与交流

引起食品污染的致病菌在日常生活中应如何预防？

任务实施

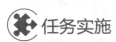 **常见致病菌检验（1）——沙门氏菌检验**

一、目的要求

1. 熟悉沙门氏菌检验的过程。
2. 掌握沙门氏菌的生物学特性。
3. 掌握沙门氏菌检验的生化试验的操作方法和结果的判断。
4. 掌握沙门氏菌属血清学试验方法。

二、方法原理

沙门氏菌属肠杆菌科，革兰氏阴性肠道杆菌。感染沙门氏菌的人或带菌者的粪便污染食品，可使人发生食物中毒。沙门氏菌检验须根据生化反应和血清学鉴定两方面进行。

（1）生化反应　样品革兰氏染色结果为阴性杆菌时，就要进行氧化酶试验，阴性时，挑取可疑菌落分别移种于 KIA 和 MIU 上，并进行生化反应。以沙门氏菌多价诊断血清做玻片凝集试验，凡符合 KIA（K/A、产气 +/-、H_2S+/-）和 MIU（动力 +、吲哚 -、脲酶 +、氧化酶 -、触酶 +、硝酸盐还原 +）、沙门氏菌多价血清玻片凝集试验结果为阳性，鉴定为沙门氏菌属。

（2）血清学鉴定　沙门氏菌血清学鉴定要借助于沙门氏菌 O 抗原多价血清与 O、H、Vi 抗原的单价因子血清。甲型副伤寒沙门氏菌、鼠伤寒沙门氏菌和伤寒沙门氏菌分别属于 A、B、D 血清群。

二维码10-1　沙门氏菌检测原理

三、仪器与试剂

1. 实验器材

恒温培养箱、冰箱、天平、振荡器、毛细管、无菌培养皿、1mL 吸管、10mL 吸管（微量移液器及吸头）、试管、250mL 锥形瓶、500mL 锥形瓶、pH 试纸、酒精灯等。

2. 试剂和培养基

缓冲蛋白胨水（BPW）、四硫黄酸钠煌绿（TTB）增菌液、亚硒酸盐胱氨酸（SC）增菌液、亚硫酸铋（BS）琼脂、HE 琼脂、木糖赖氨酸脱氧胆盐（XLD）琼脂、沙门氏菌属显色培养基、三糖铁（TSI）琼脂、蛋白胨水、靛基质试剂、尿素琼脂、氰化钾（KCN）培养基、赖氨酸脱羧酶试验培养基、糖发酵管、邻硝基酚、半固体琼脂、丙二酸钠培养基，沙门氏菌 O、H 和 Vi 诊断血清，生化鉴定试剂盒。

四、实验步骤

（一）检验程序

沙门氏菌的检验程序见图 10-1。

（二）操作方法

1. 预增菌

无菌操作称取 25g(mL)样品，置于盛有 225mL BPW 的无菌均质杯或合适容器内，以 8000～10000r/min 均质 1～2min，或置于盛有 225mL BPW 的无菌均质袋中，用拍击式均质器拍打 1～2min。若样品为液态，不需要均质，振荡混匀。如需调整 pH，用 1mol/mL 无菌 NaOH 或 HCl 调 pH 至 6.8±0.2。无菌操作将样品转至 500mL 锥形瓶或其他合适容器内（如均质杯本身具有无孔盖，可不转移样品），如使用均质袋，可直接进行培养，于（36±1）℃培养 8～18h。

如为冷冻产品，应在 45℃以下不超过 15min，或 2～5℃不超过 18h 解冻。

2. 增菌

轻轻摇动培养过的样品混合物，移取 1mL，转种于 10mL TTB 内，于（42±1）℃培养 18～24h。同时，另取 1mL，转种于 10mL SC 内，于（36±1）℃培养 18～24h。

3. 分离

分别用直径 3mm 的接种环取增菌液 1 环，划线接种于一个 BS 琼脂平板和一个

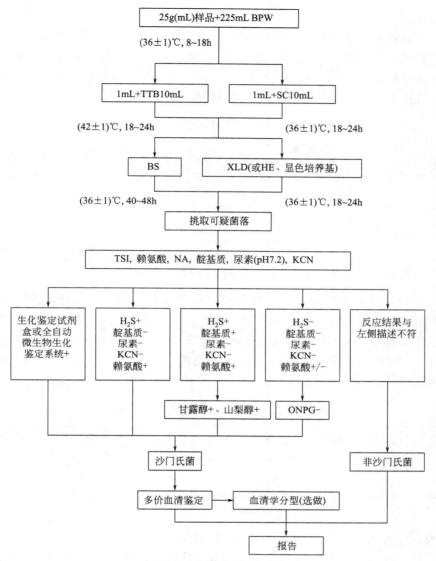

图10-1 沙门氏菌检验程序

XLD 琼脂平板（或 HE 琼脂平板或沙门氏菌属显色培养基平板），于（36±1）℃分别培养 40～48h（BS 琼脂平板）或 18～24h（XLD 琼脂平板、HE 琼脂平板、沙门氏菌属显色培养基平板），观察各个平板上生长的菌落，各个平板上的菌落特征见表 10-1。

表10-1 沙门氏菌属在不同选择性琼脂平板上的菌落特征

选择性琼脂平板	沙门氏菌菌落特征
BS 琼脂	菌落为黑色有金属光泽、棕褐色或灰色，菌落周围培养基可呈黑色或棕色；有些菌株形成灰绿色的菌落，周围培养基不变
HE 琼脂	蓝绿色或蓝色，多数菌落中心黑色或几乎全黑色；有些菌株为黄色，中心黑色或几乎全黑色
XLD 琼脂	菌落呈粉红色，带或不带黑色中心，有些菌株可呈现大的带光泽的黑色中心，或呈现全部黑色的菌落；有些菌株为黄色菌落，带或不带黑色中心
沙门氏菌属显色培养基	按照显色培养基的说明进行判定

4.生化试验

（1）自选择性琼脂平板上分别挑取 2 个以上典型或可疑菌落，接种三糖铁琼脂，先在斜面划线，再于底层穿刺；接种针不要灭菌，直接接种赖氨酸脱羧酶试验培养基和营养琼脂平板，于（36±1）℃培养 18～24h，必要时可延长至 48h。在三糖铁琼脂和赖氨酸脱羧酶试验培养基内，沙门氏菌属的反应结果见表 10-2。

表10-2　沙门氏菌属在三糖铁琼脂和赖氨酸脱羧酶试验培养基内的反应结果

三糖铁琼脂				赖氨酸脱羧酶试验培养基	初步判断
斜面	底层	产气	硫化氢		
K	A	+（−）	+（−）	+	可疑沙门氏菌属
K	A	+（−）	+（−）	−	可疑沙门氏菌属
A	A	+（−）	+（−）	+	可疑沙门氏菌属
A	A	+/−	+/−	−	非沙门氏菌
K	K	+/−	+/−	+/−	非沙门氏菌

注：K 表示产碱；A 表示产酸；+ 表示阳性；− 表示阴性；+（−）表示多数阳性，少数阴性；+/− 表示阳性或阴性。

（2）接种三糖铁琼脂和赖氨酸脱羧酶试验培养基的同时，可直接接种蛋白胨水（供做靛基质试验）、尿素琼脂（pH 7.2）、氰化钾（KCN）培养基，也可在初步判断结果后从营养琼脂平板上挑取可疑菌落接种。于（36±1）℃培养 18～24h，必要时可延长至 48h，按表 10-3 判定结果。将已挑菌落的平板贮存于 2～5℃或室温至少保留 24h，以备必要时复查。

表10-3　沙门氏菌属生化反应初步鉴别表

反应序号	硫化氢（H₂S）	靛基质	pH 7.2 尿素	氰化钾（KCN）	赖氨酸脱羧酶
A₁	+	−	−	−	+
A₂	+	+	−	−	+
A₃	−	−	−	−	+/−

注：+表示阳性；−表示阴性；+/−表示阳性或阴性。

① 反应序号 A₁　典型反应判定为沙门氏菌属。

如尿素、KCN 和赖氨酸脱羧酶 3 项中有 1 项异常，按表 10-4 可判定为沙门氏菌。如有 2 项异常为非沙门氏菌。

表10-4　沙门氏菌属生化反应鉴别

pH 7.2 尿素	氰化钾（KCN）	赖氨酸脱羧酶	判定结果
−	−	−	甲型副伤寒沙门氏菌（要求血清学鉴定结果）
−	+	+	沙门氏菌Ⅳ或Ⅴ（要求符合本群生化特性）
+	−	+	沙门氏菌个别变体（要求血清学鉴定结果）

注：+表示阳性；−表示阴性。

② 反应序号 A₂　补做甘露醇和山梨醇试验，沙门氏菌靛基质阳性变体两项试验结果均为阳性，但需要结合血清学鉴定结果进行判定。

③ 反应序号 A₃　补做 ONPG。ONPG 阴性为沙门氏菌，同时赖氨酸脱羧酶阳性，甲型副伤寒沙门氏菌为赖氨酸脱羧酶阴性。

必要时按表 10-5 进行沙门氏菌生化群的鉴别。

表10-5　沙门氏菌属各生化群的鉴别

项目	I	II	III	IV	V	VI
卫矛醇	+	+	－	－	+	－
山梨醇	+	+	+	+	+	－
水杨苷	－	－	－	+	－	－
ONPG	－	－	+	－	+	－
丙二酸盐	－	+	+	－	－	－
KCN	－	－	－	+	+	－

注：+表示阳性；－表示阴性。

（3）如选择生化鉴定试剂盒或全自动微生物生化鉴定系统，可根据（1）的初步判断结果，从营养琼脂平板上挑取可疑菌落，用生理盐水制备成浊度适当的菌悬液，使用生化鉴定试剂盒或全自动微生物生化鉴定系统进行鉴定。

5. 血清学鉴定

（1）检查培养物有无自凝性　一般采用 1.2%～1.5% 琼脂培养物作为玻片凝集试验用的抗原。首先排除自凝集反应，在洁净的玻片上滴加一滴生理盐水，将待试培养物混合于生理盐水滴内，使成为均一性的混浊悬液，将玻片轻轻摇动 30～60s，在黑色背景下观察反应（必要时用放大镜观察），若出现可见的菌体凝集，即认为有自凝性，反之无自凝性。对无自凝的培养物参照下面方法进行血清学鉴定。

（2）多价菌体抗原（O）鉴定　在玻片上划出 2 个约 1cm×2cm 的区域，挑取 1 环待测菌，各放 1/2 环于玻片上的每一区域上部，在其中一个区域下部加 1 滴多价菌体（O）抗血清，在另一区域下部加入 1 滴生理盐水，作为对照。再用无菌的接种环或针分别将两个区域内的菌苔研成乳状液。将玻片倾斜摇动混合 1min，并对着黑暗背景进行观察，任何程度的凝集现象皆为阳性反应。O 血清不凝集时，将菌株接种在琼脂量较高（如 2%～3%）的培养基上再检查；如果是由于 Vi 抗原的存在而阻止了 O 凝集反应时，可挑取菌苔于 1mL 生理盐水中做成浓菌液，于酒精灯火焰上煮沸后再检查。

（3）多价鞭毛抗原（H）鉴定　操作同（2）。H 抗原发育不良时，将菌株接种在 0.55%～0.65% 半固体琼脂平板的中央，待菌落蔓延生长时，在其边缘部分取菌检查；或将菌株通过接种装有 0.3%～0.4% 半固体琼脂的小玻管 1～2 次，自远端取菌培养后再检查。

五、数据记录与处理

综合以上生化试验和血清学鉴定的结果，报告 25g（mL）样品中检出或未检出沙门氏菌。

六、操作注意事项

（1）操作中严格按照无菌操作进行。

（2）样品要混合均匀，保证样品的代表性。

（3）如果由于 Vi 抗原的存在而阻止了 O 凝集反应时，要挑取菌苔于 1mL 生理盐水中制成浓菌液，并于酒精灯火焰上煮沸后再检查。

二维码10-2　沙门氏菌检测方法

二维码10-3　沙门氏菌检测报告

二维码10-4　沙门氏菌检验(动画)

任务评价

评价内容	分值	考核得分	备注
实验原理熟悉情况	10		
实验操作熟练情况	40		
实验结果正确情况	20		
实验分析讨论情况	10		
实验总结改进情况	20		

思考与交流

1. 什么是沙门氏菌？

2. 依据什么方法对沙门氏菌进行鉴定？

3. 如何判断培养物有无自凝性？

操作2　常见致病菌检验（2）——金黄色葡萄球菌检验

一、目的要求

1. 了解金黄色葡萄球菌检验原理。

2. 掌握金黄色葡萄球菌鉴定要点和检验方法。

二、方法原理

金黄色葡萄球菌是人类的一种重要病原菌，隶属于葡萄球菌属，有"嗜肉菌"的别称，是革兰氏阳性菌的代表，可引起皮肤组织炎症，还能产生肠毒素。

金黄色葡萄球菌能产生凝固酶，使血浆凝固，多数致病菌株能产生溶血毒素，使血琼脂平板菌落周围出现溶血环，在试管中出现溶血反应。这些是鉴定金黄色葡萄球菌的重要指标。

金黄色葡萄球菌在 Baird-Parker 平板上呈圆形，表面光滑、凸起、湿润、菌落直径为 2～3mm，颜色呈灰黑色至黑色，有光泽，常有浅色（非白色）的边缘，周围绕以不透明圈（沉淀），其外常有一清晰带。当用接种针触及菌落时具有黄油样黏稠感。

金黄色葡萄球菌镜检为革兰氏阳性球菌，排列呈葡萄球状，无芽孢，无荚膜。

三、仪器与试剂

1. 实验器材

恒温培养箱、冰箱、恒温水浴箱、天平、均质器、振荡器、无菌培养皿、1mL 吸管、10mL 吸管（或微量移液器及吸头）、试管、100mL 锥形瓶、500mL 锥形瓶等。

2. 实验试剂

生理盐水、磷酸盐缓冲液。

3. 实验材料

7.5% 氯化钠肉汤、血琼脂平板、Baird-Parker 琼脂平板、脑心浸出液肉汤（BHI）、

二维码10-5　金黄色葡萄球菌检测原理

兔血浆、营养琼脂小斜面、革兰氏染色液。

四、实验步骤

第一法　金黄色葡萄球菌定性检验

（一）检验程序

金黄色葡萄球菌定性检验程序见图 10-2。

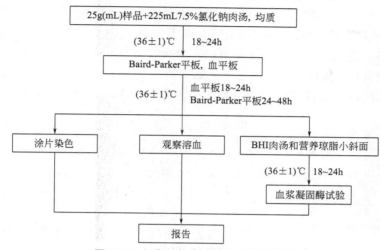

图10-2　金黄色葡萄球菌定性检验程序

（二）操作方法

1. 样品的处理

称取 25g 样品至盛有 225mL 7.5% 氯化钠肉汤的无菌均质杯内，8000～10000r/min 均质 1～2min，或放入盛有 225mL 7.5% 氯化钠肉汤无菌均质袋中，用拍击式均质器拍打 1～2min。若样品为液态，吸取 25mL 样品至盛有 225mL 7.5% 氯化钠肉汤的无菌锥形瓶（瓶内可预置适当数量的无菌玻璃珠）中，振荡混匀。

2. 增菌

将上述样品匀液于（36±1）℃培养 18～24h。金黄色葡萄球菌在 7.5% 氯化钠肉汤中呈混浊生长。

3. 分离

将增菌后的培养物，分别划线接种到 Baird-Parker 平板和血平板，血平板（36±1）℃培养 18～24h。Baird-Parker 平板（36±1）℃培养 24～48h。

4. 初步鉴定

金黄色葡萄球菌在 Baird-Parker 平板上呈圆形，表面光滑、凸起、湿润，菌落直径为 2～3mm，颜色呈灰黑色至黑色，有光泽，常有浅色（非白色）的边缘，周围绕以不透明圈（沉淀），其外常有一清晰带。当用接种针触及菌落时具有黄油样黏稠感。有时可见到不分解脂肪的菌株，除没有不透明圈和清晰带外，其他外观基本相同。从长期贮存的冷冻或脱水食品中分离的菌落，其黑色常较典型菌落浅些，且外观可能较粗糙，质地较干燥。在血平板上，形成菌落较大，圆形、光滑凸起、湿润、金黄色（有时为白色），菌落周围可见完全透明溶血圈。挑取上述可疑菌落进行革兰氏染色镜检及血浆凝固酶试验。

二维码10-6 金黄色
葡萄球菌检测方法

二维码10-7 金黄色
葡萄球菌检测报告

二维码10-8 金黄色
葡萄球菌检测(动画)

5. 确证鉴定

（1）染色镜检　金黄色葡萄球菌为革兰氏阳性球菌，排列呈葡萄球状，无芽孢，无荚膜，直径约为 0.5～1μm。

（2）血浆凝固酶试验　挑取 Baird-Parker 平板或血平板上至少 5 个可疑菌落（小于 5 个全选），分别接种到 5mL BHI 和营养琼脂小斜面，（36±1）℃培养 18～24h。

取新鲜配制兔血浆 0.5mL，放入小试管中，再加入 BHI 培养物 0.2～0.3mL，振荡摇匀，置（36±1）℃温箱或水浴箱内，每半小时观察一次，观察 6h，如呈现凝固（即将试管倾斜或倒置时，呈现凝块）或凝固体积大于原体积的一半，被判定为阳性结果。同时以血浆凝固酶试验阳性和阴性葡萄球菌菌株的肉汤培养物作为对照。也可用商品化的试剂，按说明书操作，进行血浆凝固酶试验。

结果如可疑，挑取营养琼脂小斜面的菌落到 5mL BHI，（36±1）℃培养 18～48h 重复试验。

6. 结果与报告

（1）结果判定　符合操作 4、5，可判定为金黄色葡萄球菌。

（2）结果报告　在 25g（mL）样品中检出或未检出金黄色葡萄球菌。

```
┌─────────────────────────────┐
│           检样               │
│ 25g(mL)样品+225mL稀释液, 均质 │
└─────────────────────────────┘
              ↓
┌─────────────────────────────┐
│        10倍系列稀释           │
└─────────────────────────────┘
              ↓
┌─────────────────────────────┐
│ 选择2～3个连续的适宜稀释度的   │
│ 样品匀液，接种Baird-Parker平板 │
└─────────────────────────────┘
              ↓
     (36±1)℃ │ 24～48h
┌─────────────────────────────┐
│        计数及鉴定试验          │
└─────────────────────────────┘
              ↓
┌─────────────────────────────┐
│           报告               │
└─────────────────────────────┘
```

图10-3　金黄色葡萄球菌平板
计数法检验程序

第二法　金黄色葡萄球菌平板计数法

（一）检验程序

金黄色葡萄球菌平板计数法检验程序见图 10-3。

（二）操作方法

1. 样品的稀释

（1）固体和半固体样品　称取 25g 样品置于盛有 225mL 磷酸盐缓冲液或生理盐水的无菌均质杯内，8000～10000r/min 均质 1～2min，或放入盛有 225mL 稀释液的无菌均质袋中，用拍击式均质器拍打 1～2min，制成 1∶10 的样品匀液。

（2）液体样品　以无菌吸管吸取 25mL 样品置盛有 225mL 磷酸盐缓冲液或生理盐水的无菌锥形瓶（瓶内预置适当数量的无菌玻璃珠）中，充分混匀，制成 1∶10 的样品匀液。

（3）稀释　用 1mL 无菌吸管或微量移液器吸取 1∶10 样品匀液 1mL，沿管壁缓慢注于盛有 9mL 稀释液的无菌试管中（注意吸管或吸头尖端不要触及稀释液面），振摇试管或换用 1 支 1mL 无菌吸管反复吹打使其混合均匀，制成 1∶100 的样品匀液。重复上述操作，制备 10 倍系列稀释样品匀液。每递增稀释一次，换用 1 次 1mL 无菌吸管或吸头。

2. 样品的接种

根据对样品污染状况的估计，选择 2～3 个适宜稀释度的样品匀液（液体样品可包括原液），在进行 10 倍递增稀释的同时，每个稀释度分别吸取 1mL 样品匀液以 0.3mL、0.3mL、0.4mL 接种量分别加入三块 Baird-Parker 平板，然后用无菌涂布棒涂布整个平板，注意不要触及平板边缘。使用前，如 Baird-Parker 平板表面有水珠，可放在 25～50℃的培养箱里干燥，直到平板表面的水珠消失。

3. 培养

在通常情况下，涂布后，将平板静置 10min，如样液不易吸收，可将平板放在培养箱（36±1）℃培养 1h；等样品匀液吸收后翻转平板，倒置后于（36±1）℃培养 24～48h。

4. 典型菌落计数和确认

（1）金黄色葡萄球菌在 Baird-Parker 平板上呈圆形，表面光滑、凸起、湿润，菌落直径为 2～3mm，颜色呈灰黑色至黑色，有光泽，常有浅色（非白色）的边缘，周围绕以不透明圈（沉淀），其外常有一清晰带。当用接种针触及菌落时具有黄油样黏稠感。有时可见到不分解脂肪的菌株，除没有不透明圈和清晰带外，其他外观基本相同。从长期贮存的冷冻或脱水食品中分离的菌落，其黑色常较典型菌落浅些，且外观可能较粗糙，质地较干燥。

（2）选择有典型的金黄色葡萄球菌菌落的平板，且同一稀释度 3 个平板所有菌落数合计 20～200CFU 的平板，计数典型菌落数。

（3）从典型菌落中至少选 5 个可疑菌落（小于 5 个全选）进行鉴定试验。分别做染色镜检、血浆凝固酶试验（见定性试验部分操作 5）；同时划线接种到血平板（36±1）℃培养 18～24h 后观察菌落形态，金黄色葡萄球菌菌落较大，圆形、光滑凸起、湿润、金黄色（有时为白色），菌落周围可见完全透明溶血圈。

5. 结果计算

（1）若只有一个稀释度平板的典型菌落数 20～200CFU，计数该稀释度平板上的典型菌落，按式（10-1）计算。

（2）若最低稀释度平板的典型菌落数小于 20CFU，计数该稀释度平板上的典型菌落，按式（10-1）计算。

（3）若某一稀释度平板的典型菌落数大于 200CFU，但下一稀释度平板上没有典型菌落，计数该稀释度平板上的典型菌落，按式（10-1）计算。

（4）若某一稀释度平板的典型菌落数大于 200CFU，而下一稀释度平板上虽有典型菌落但不在 20～200CFU 内，应计数该稀释度平板上的典型菌落，按式（10-1）计算。

（5）若 2 个连续稀释度的平板典型菌落数均在 20～200CFU，按式（10-2）计算。

计算公式：

$$T = \frac{AB}{Cd} \tag{10-1}$$

式中　T——样品中金黄色葡萄球菌菌落数；

A——某一稀释度典型菌落的总数；

B——某一稀释度鉴定为阳性的菌落数；

C——某一稀释度用于鉴定试验的菌落数；

d——稀释因子（第一稀释度）。

$$T = \frac{A_1 B_1 / C_1 + A_2 B_2 / C_2}{1.1d} \tag{10-2}$$

式中　T——样品中金黄色葡萄球菌菌落数；

A_1——第一稀释度（低稀释倍数）典型菌落的总数；

B_1——第一稀释度（低稀释倍数）鉴定为阳性的菌落数；

C_1——第一稀释度（低稀释倍数）用于鉴定试验的菌落数；

A_2——第二稀释度（高稀释倍数）典型菌落的总数；

B_2——第二稀释度（高稀释倍数）鉴定为阳性的菌落数；

C_2——第二稀释度（高稀释倍数）用于鉴定试验的菌落数；

1.1——计算系数；

d——稀释因子（第一稀释度）。

6. 报告

根据上述公式计算结果，报告每克（毫升）样品中金黄色葡萄球菌数，以 CFU/g（CFU/mL）表示；如 T 值为 0，则以小于 1 乘以最低稀释倍数报告。

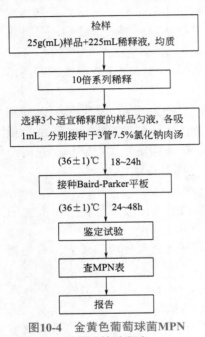

图10-4　金黄色葡萄球菌MPN
计数法检验程序

第三法　金黄色葡萄球菌 MPN 计数

（一）检验程序

金黄色葡萄球菌 MPN 计数法检验程序见图10-4。

（二）操作方法

1. 样品的稀释

（1）固体和半固体样品　称取 25g 样品置于盛有 225mL 磷酸盐缓冲液或生理盐水的无菌均质杯内，8000～10000r/min 均质 1～2min，或放入盛有 225mL 稀释液的无菌均质袋中，用拍击式均质器拍打 1～2min，制成 1:10 的样品匀液。

（2）液体样品　以无菌吸管吸取 25mL 样品置盛有 225mL 磷酸盐缓冲液或生理盐水的无菌锥形瓶（瓶内预置适当数量的无菌玻璃珠）中，充分混匀，制成 1:10 的样品匀液。

（3）稀释　用 1mL 无菌吸管或微量移液器吸取 1:10 样品匀液 1mL，沿管壁缓慢注于盛有 9mL 稀释液的无菌试管中（注意吸管或吸头尖端不要触及稀释液面），振摇试管或换用 1 支 1mL 无菌吸管反复吹打使其混合均匀，制成 1:100 的样品匀液。重复上述操作，制备 10 倍系列稀释样品匀液。每递增稀释一次，换用 1 次 1mL 无菌吸管或吸头。

2. 接种和培养

（1）根据对样品污染状况的估计，选择 3 个适宜稀释度的样品匀液（液体样品可包括原液），在进行 10 倍递增稀释的同时，每个稀释度分别吸取 1mL 样品匀液至 7.5% 氯化钠肉汤管（如接种量超过 1mL，则用双料 7.5% 氯化钠肉汤），每个稀释度接种 3 管，将上述接种物（36±1）℃培养，18～24h。

（2）用接种环从培养后的 7.5% 氯化钠肉汤管中分别取培养物 1 环，移种于 Baird-Parker 平板（36±1）℃培养，24～48h。

3. 典型菌落确认

按金黄色葡萄球菌平板计数法的"4.典型菌落计数和确认"的（1）（3）进行。

4. 结果与报告

根据证实为金黄色葡萄球菌阳性的试管数，查 MPN 检索表（表 10-6），报告 1g（mL）样品中金黄色葡萄球菌的最可能数，以 MPN/g（MPN/mL）表示。

表10-6　1g（mL）样品中金黄色葡萄球菌最可能数（MPN）的检索表

阳性管数			MPN	95% 置信区间		阳性管数			MPN	95% 置信区间	
0.10	0.01	0.001		上限	下限	0.10	0.01	0.001		上限	下限
0	0	0	<3.0	—	9.5	2	2	0	21	4.5	42
0	0	1	3.0	0.15	9.6	2	2	1	28	8.7	94
0	1	0	3.0	0.15	11	2	2	2	35	8.7	94
0	1	1	6.1	1.2	18	2	3	0	29	8.7	94
0	2	0	6.2	1.2	18	2	3	1	36	8.7	94
0	3	0	9.4	3.6	38	3	0	0	23	4.6	94
1	0	0	3.6	0.17	18	3	0	1	38	8.7	110
1	0	1	7.2	1.3	18	3	0	2	64	17	180
1	0	2	11	3.6	38	3	1	0	43	9	180
1	1	0	7.4	1.3	20	3	1	1	75	17	200
1	1	1	11	3.6	38	3	1	2	120	37	420
1	2	0	11	3.6	42	3	1	3	160	40	420
1	2	1	15	4.5	42	3	2	0	93	18	420
1	3	0	16	4.5	42	3	2	1	150	37	420
2	0	0	9.2	1.4	38	3	2	2	210	40	430
2	0	1	14	3.6	42	3	2	3	290	90	1000
2	0	2	20	4.5	42	3	3	0	240	42	1000
2	1	0	15	3.7	42	3	3	1	460	90	2000
2	1	1	20	4.5	42	3	3	2	1100	180	4100
2	1	2	27	8.7	94	3	3	3	>1100	420	—

注：1.本表采用3个稀释度0.1g（mL）、0.01g（mL）和0.001g（mL），每个稀释度接种3管。

2.表内所列检样量如改用1g（mL）、0.1g（mL）和0.01g（mL）时，表内数字应相应降低10倍；如改用0.01g（mL）、0.001g（mL）、0.0001g（mL）时，则表内数字应相应增高10倍，其余类推。

五、数据记录与处理

根据试验结果，报告检测结果：

在 25g（mL）样品中＿＿＿＿＿＿＿＿（是 / 否）检出金黄色葡萄球菌。

1g（mL）样品中金黄色葡萄球菌的菌落数是＿＿＿＿＿＿＿＿CFU/g（CFU/mL）。

1g（mL）样品中金黄色葡萄球菌的最可能数是＿＿＿＿＿＿＿＿MPN/g（MPN/mL）。

六、操作注意事项

（1）操作中必须有"无菌操作"的概念，所用玻璃器皿必须完全灭菌。

（2）采样必须具有代表性。固体样品必须经过均质或研磨，液体样品须经过振摇，以获得均匀稀释液。

（3）每递增稀释换用一次 1mL 无菌吸管或吸头。

（4）注意 MPN 检索表的查阅方法。

任务评价

评价内容	分值	考核得分	备注
实验原理熟悉情况	10		
实验操作熟练情况	40		
实验结果正确情况	20		
实验分析讨论情况	10		
实验总结改进情况	20		

思考与交流

1.金黄色葡萄球菌在Baird-Parker平板上的菌落有哪些特点？

2.简述金黄色葡萄球菌的革兰氏染色镜检特点。

3.金黄色葡萄球菌定性检验程序有哪几步？

操作3　常见致病菌检验（3）
——致病性大肠埃希氏菌O157：H7检验

一、目的要求

1. 了解病原性大肠埃希氏菌与非病原性大肠埃希氏菌的区别。

2. 掌握病原性大肠埃希氏菌检验的原理和方法。

二、方法原理

正常情况下，大肠埃希氏菌不致病，而且还能合成 B 族维生素和维生素 K，产生大肠菌素，对机体有利。但当机体抵抗力下降或大肠埃希氏菌侵入肠外组织或器官时，可作为条件性致病菌而引起肠道外感染。

致病性大肠埃希氏菌在 TSI 琼脂中，典型菌株为斜面与底层均呈黄色，产气或不产气，不产生硫化氢（H_2S）。置 MUG-LST 肉汤管于长波紫外灯下观察，MUG 阳性的大肠埃希氏菌株应有荧光产生，MUG 阴性的应无荧光产生，大肠埃希氏菌 O157：H7/NM 为 MUG 试验阴性，无荧光。利用以上特性可作为鉴定依据。

三、仪器与试剂

1. 实验器材

恒温培养箱、冰箱、天平、均质器、显微镜、无菌培养皿、1mL 吸管、10mL 吸管（或微量移液器及吸头）、pH 计或精密 pH 试纸、长波紫外光灯（365nm，功率 ≤ 6W）、微量离心管、磁板、磁板架、样品混合器、微生物鉴定系统等。

2. 培养基和试剂

改良 EC 肉汤（mEC+n）、改良山梨醇麦康凯琼脂（CT-SMAC）、三糖铁琼脂（TSI）、营养琼脂、半固体琼脂、月桂基硫酸盐胰蛋白胨肉汤 -MUG（MUG-LST）、氧化酶试剂、革兰氏染色液、PBS-Tween 20 洗液、亚碲酸钾（AR 级）、头孢克肟、大肠埃希氏菌 O157 显色培养基、大肠埃希氏菌 O157 和 H7 诊断血清或 O157 乳胶凝集试剂、鉴定试剂盒、抗 -*E. coli* O157 免疫磁珠。

四、实验步骤

第一法　常规培养法

（一）检验程序

大肠埃希氏菌 O157：H7 常规培养法检验程序见图 10-5。

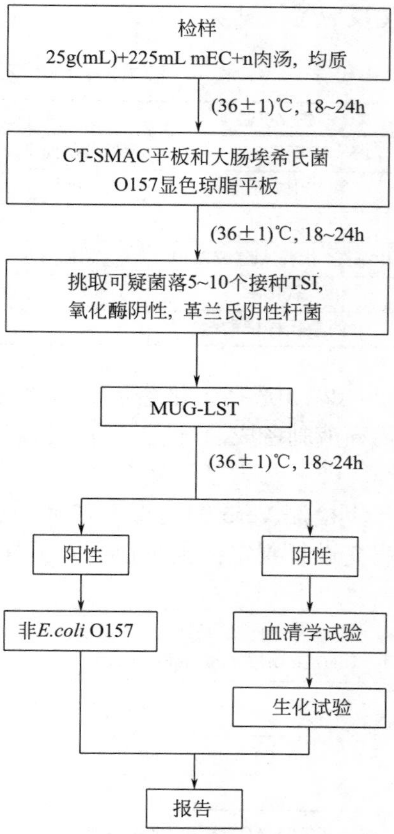

（二）操作方法

1. 增菌

以无菌操作称取检样 25g（或 25mL）加入含有 225mL mEC+n 肉汤的均质袋中，在拍击式均质器上连续均质 1～2min；或放入盛有 225mL mEC+n 肉汤的均质杯中，8000～10000r/min 均质 1～2min，（36±1）℃培养 18～24h。

2. 分离

取增菌后的 mEC+n 肉汤，划线接种于 CT-SMAC 平板和大肠埃希氏菌 O157 显色琼脂平板上，（36±1）℃培养 18～24h，观察菌落形态。在 CT-SMAC 平板上，典型菌落为圆形、光滑、较小的无色菌落，中心呈现较暗的灰褐色；在大肠埃希氏菌 O157 显色琼脂平板上的菌落特征按产品说明书进行判定。

图10-5　大肠埃希氏菌O157：H7
常规培养法检验程序

3. 初步生化试验

在 CT-SMAC 和大肠埃希氏菌 O157 显色琼脂平板上分别挑取 5～10 个可疑菌落，分别接种 TSI 琼脂，同时接种 MUG-LST 肉汤，并用大肠埃希氏菌株（ATCC25922 或等效标准菌株）作阳性对照和大肠埃希氏菌 O157：H7（NCTC12900 或等效标准菌株）作阴性对照，于（36±1）℃培养 18～24h。必要时进行氧化酶试验和革兰氏染色。在 TSI 琼脂中，典型菌株为斜面与底层均呈黄色，产气或不产气，不产生硫化氢（H_2S）。置 MUG-LST 肉汤管于长波紫外灯下观察，MUG 阳性的大肠埃希氏菌株应有荧光产生，MUG 阴性的应无荧光产生，大肠埃希氏菌 O157：H7/NM 为 MUG 试验阴性，无荧光。挑取可疑菌落，在营养琼脂平板上分纯，于（36±1）℃培养 18～24h，并进行下列鉴定。

4. 鉴定

（1）血清学试验　在营养琼脂平板上挑取分纯的菌落，用 O157 和 H7 诊断血清或 O157 乳胶凝集试剂作玻片凝集试验。对于 H7 因子血清不凝集者，应穿刺接种半固体琼脂，检查动力，经连续传代 3 次，动力试验均阴性，确定为无动力株。如使用不同公司生产的诊断血清或乳胶凝集试剂，应按照产品说明书进行。

（2）生化试验

① 自营养琼脂平板上挑取菌落，进行生化试验。大肠埃希氏菌 O157：H7/NM 生

化反应特征见表 10-7。

表10-7 大肠埃希氏菌 O157：H7/NM 生化反应特征

生化试验	特征反应	生化试验	特征反应
三糖铁琼脂	底层及斜面呈黄色，H_2S 阴性	赖氨酸脱羧酶	阳性（紫色）
山梨醇	阴性或迟缓发酵	鸟氨酸脱羧酶	阳性（紫色）
靛基质	阳性	纤维二糖发酵	阴性
甲基红-伏普试验（MR-VP）	MR 阳性，VP 阴性	棉籽糖发酵	阳性
氧化酶	阴性	MUG 试验	阴性（无荧光）
西蒙氏柠檬酸盐	阴性	动力试验	有动力或无动力

② 如选择生化鉴定试剂盒或微生物鉴定系统，应从营养琼脂平板上挑取菌落，用稀释液制备成浊度适当的菌悬液，使用生化鉴定试剂盒或微生物鉴定系统进行鉴定。

（3）毒力基因测定（可选项目） 样品中检出大肠埃希氏菌 O157:H7，如需要进一步检测 Vero 细胞毒素基因的存在，可通过接种 Vero 细胞或 HeLa 细胞，观察细胞病变进行判定；也可使用基因探针检测或聚合酶链反应（PCR）方法进行志贺毒素基因（stx1、stx2）、eae、hly 等基因的检测。如使用试剂盒检测上述基因，应按照产品的说明书进行。

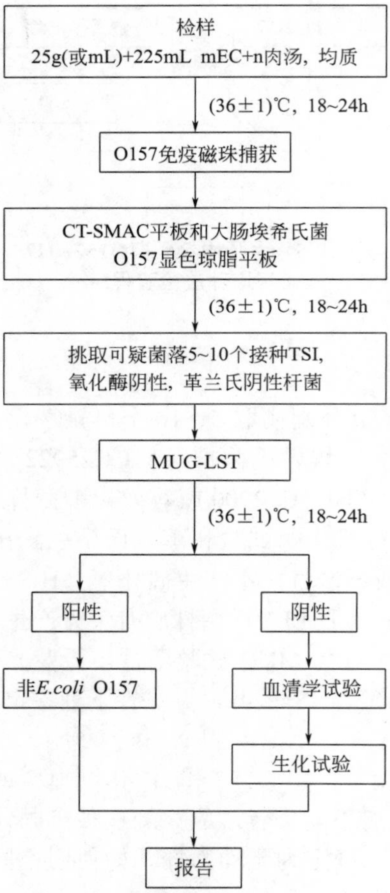

第二法 免疫磁珠捕获法

（一）检验程序

大肠埃希氏菌 O157：H7 免疫磁珠捕获法检验程序见图 10-6。

（二）操作方法

1. 增菌

以无菌操作称取检样 25g（或 25mL）加入含有 225mL mEC+n 肉汤的均质袋中，在拍击式均质器上连续均质 1～2min；或放入盛有 225mL mEC+n 肉汤的均质杯中，8000～10000r/min 均质 1～2min。（36±1）℃培养 18～24h。

2. 免疫磁珠捕获与分离

（1）应按照生产商提供的使用说明进行免疫磁珠捕获与分离。当生产商的使用说明与下面的描述可能有偏差时，按生产商提供的使用说明进行。

（2）将微量离心管按样品和质控菌株进行编号，每个样品使用 1 只微量离心管，然后插入到磁板架上。在漩涡混合器上轻轻振荡 E.coli O157 免疫磁珠混悬液后，用开盖器打开每个微量离心管的盖子，每管加入 20μL E.coli O157 免疫磁珠悬液。

（3）取 mEC+n 肉汤增菌培养物 1mL，加入微量离心管中，盖上盖子，然后轻微振荡 10s。每个样品更换 1 只加样吸头，质控菌株必须与样品分开

图10-6 大肠埃希氏菌 O157：H7 免疫磁珠捕获法检验程序

进行，避免交叉污染。

（4）结合　在 18～30℃环境中，将上述微量离心管连同磁板架放在样品混合器上转动或用手轻微转动 10min，使 *E.coli* O157 与免疫磁珠充分接触。

（5）捕获　将磁板插入到磁板架中浓缩磁珠。在 3min 内不断地倾斜磁板架，确保悬液中与盖子上的免疫磁珠全部被收集起来。此时，在微量离心管壁中间明显可见圆形或椭圆形棕色聚集物。

（6）吸取上清液　取 1 支无菌加长吸管，从免疫磁珠聚集物对侧深入液面，轻轻吸走上清液。当吸到液面通过免疫磁珠聚集物时，应放慢速度，以确保免疫磁珠不被吸走。如吸取的上清液内含有磁珠，则应将其放回到微量离心管中，并重复（5）步骤。每个样品换用 1 支无菌加长吸管。

免疫磁珠的滑落　某些样品特别是那些富含脂肪的样品，其磁珠聚集物易于滑落到管底。在吸取上清液时，很难做到不丢失磁珠。在这种情况下，可保留 50～100μL 上清液于微量离心管中。如果在后续的洗涤过程中也这样做的话，脂肪的影响将减小，也可达到充分捕获的目的。

（7）洗涤　从磁板架上移走磁板，在每个微量离心管中加入 1mL PBS-Tween 20 洗液，放在样品混合器上转动或用手轻微转动 3min，洗涤免疫磁珠混合物。重复上述步骤（5）～（7）。

（8）重复上述步骤（5）～（6）。

（9）免疫磁珠悬浮　移走磁板，将免疫磁珠重新悬浮在 100μL PBS-Tween20 洗液中。

（10）涂布平板　将免疫磁珠混匀，各取 50μL 免疫磁珠悬液分别转移至 CT-SMAC 平板和大肠埃希氏菌 O157 显色琼脂平板一侧，然后用无菌涂布棒将免疫磁珠涂布平板的一半，再用接种环划线接种平板的另一半。待琼脂表面水分完全吸收后，翻转平板，于（36±1）℃培养 18～24h。

注：若 CT-SMAC 平板和大肠埃希氏菌 O157 显色琼脂平板表面水分过多时，应在（36±1）℃下干燥 10～20min，涂布时避免将免疫磁珠涂布到平板的边缘。

3. 菌落识别

大肠埃希氏菌 O157：H7 在 CT-SMAC 平板上，典型菌落为圆形、光滑、较小的无色菌落，中心呈现较暗的灰褐色；在大肠埃希氏菌 O157 显色琼脂平板上的菌落特征按产品说明书进行判定。

4. 初步生化试验

同常规培养法操作方法 3。

5. 鉴定

同常规培养法操作方法 4。

五、结果报告

综合生化和血清学试验结果，报告 25g（或 25mL）样品中检出或未检出大肠埃希氏菌 O157：H7。

六、操作注意事项

（1）操作中必须有“无菌操作”的概念，所用玻璃器皿必须是完全灭菌的。所用剪刀、镊子等器具也必须进行消毒处理。

（2）采样必须具有代表性，样品要经过均质处理。

任务评价

评价内容	分值	考核得分	备注
实验原理熟悉情况	10		
实验操作熟练情况	40		
实验结果正确情况	20		
实验分析讨论情况	10		
实验总结改进情况	20		

思考与交流

1. 致病性大肠埃希氏菌O157：H7检验的原理是什么？

2. 致病性大肠埃希氏菌O157：H7的常规培养法检验程序有哪些？

3. 致病性大肠埃希氏菌O157：H7的免疫磁珠捕获法检验程序有哪些？

走近院士

钟南山与冠状病毒

钟南山（1936.10—），出生于江苏南京，福建厦门人，"共和国勋章"获得者，中国工程院院士，中国医学科学院学部委员，教授，博士生导师，我国著名呼吸内科专家。

钟南山教授出生于医学世家，1960年毕业于北京医学院，2007年获英国爱丁堡大学荣誉博士，2007年10月任呼吸疾病国家重点实验室主任，2014年获香港中文大学荣誉理学博士。他长期从事呼吸内科的医疗、教学、科研工作，重点开展哮喘、慢阻肺疾病、呼吸衰竭和呼吸系统常见疾病的规范化诊疗以及疑难病、少见病和呼吸危重症监护与救治等方面的研究。在两次冠状病毒（SARS病毒和新型冠状病毒）肆虐传播的非常时期，钟南山院士每一次都是不畏生死，第一时间赶赴疫情重灾区开展医疗救治。

冠状病毒是一个大型病毒家族，已知可引起感冒及中东呼吸综合征和严重急性呼吸综合征等较严重疾病。SARS病毒（SARS-CoV）是冠状病毒的一个变种，是引起非典型肺炎（SARS）的病原体。新型冠状病毒（SARS-CoV-2）是以前从未在人体中发现的冠状病毒新毒株，是引起新型冠状病毒性肺炎(2019-nCoV)的病原体。人类感染了冠状病毒后常见体征有呼吸道症状、发热、咳嗽、气促和呼吸困难等。在较严重病例中，感染可导致肺炎、严重急性呼吸综合征、肾衰竭，甚至死亡。

在旁人看来，抗击疫情是钟南山院士一生中遇到的大挑战。但他坦言，人生最大的挑战是早年留学英国的求学生涯。

1979 年，钟南山考取公派留学资格，前往英国伦敦爱丁堡大学进修。在当时英国法律不承认中国医生的资格，导师不信任钟南山，把 2 年的留学时间限制为 8 个月，钟南山暗下决心为祖国争口气。他拼命工作，取得了 6 项重要成果，完成了 7 篇学术论文，其中有 4 篇分别在英国医学研究学会、麻醉学会和糖尿病学会上发表。他的勤奋和才干，彻底改变了外国同行对中国医生的看法，赢得了他们的尊重和信任。英国伦敦大学圣·巴弗勒姆学院和墨西哥国际变态反应学会分别授予他"荣誉学者"和"荣誉会员"称号。当他完成 2 年的学习后，爱丁堡大学和导师弗兰里教授一再盛情挽留。但钟南山回国报效的决心已定，他说："是祖国送我来的，祖国正需要我，我的事业在中国！"

钟南山教授始终坚持为党工作高于生命，他把自己为祖国服务、为党工作的有限时间，看得比健康、比生命更宝贵！他积极在本职岗位上发挥党员的先锋模范作用，数十年如一日，坚持每周二的大查房和周四的专家门诊，为患者服务；他坚持教书育人和科学研究，教导学生"学本领和学做人相统一"，以身作则弘扬"医德就是想方设法解决病人的实际困难"的价值观。

现已进入耄耋之年的钟南山院士，在这个本可以安享天年的年龄，面对残酷的疫情，为了国家和人民的利益，他一如既往，不畏艰辛，勇往直前。向钟南山院士致敬！

项目小结

食物中毒根据中毒类型分为：细菌性食物中毒、霉菌性食物中毒。根据中毒机制分为：感染性食物中毒和毒素性食物中毒。

细菌是污染食品和引起食品腐败变质的主要微生物类群，因此多数食品卫生的微生物学标准都是针对细菌制定的。常见的致病菌有沙门氏菌、金黄色葡萄球菌、肉毒梭状芽孢杆菌、志贺氏菌、副溶血性弧菌等。

霉菌污染食品后不仅可造成腐败变质，而且有些霉菌还可产生毒素，造成误食人畜霉菌毒素中毒。霉菌毒素通常具有耐高温，无抗原性，主要侵害实质器官的特性，而且霉菌毒素多数还具有致癌作用。常见的霉菌毒素有黄曲霉毒素、黄变米毒素、镰刀菌毒素、杂色曲霉毒素。防霉方式主要有物理防霉法和化学防霉法两种。

练一练测一测

1. 单选题

（1）黄曲霉毒素中毒，主要靶器官是（　　　）。

A. 肾脏　　　　　　B. 骨骼　　　　　　C. 卵巢　　　　　　D. 肝脏

（2）金黄色葡萄球菌肠毒素中毒是由（　　　）引起。

A. 金黄色葡萄球菌污染的食物　　　B. 金黄色葡萄球菌肠毒素污染的食物

C. 化脓性球菌污染的食物　　　　　D. 金黄色葡萄球菌在肠道内大量繁殖

（3）肉毒梭菌毒素食物中毒是由（　　）引起。

A. 肉毒梭菌　　　　　　　　　　　　B. 肉毒杆菌

C. 肉毒梭菌产生的外毒素　　　　　　D. 肉毒梭菌产生的内毒素

（4）引起肉毒梭菌中毒最多见的食品是（　　）。

A. 肉制品　　　　　　B. 鱼制品　　　　　　C. 自制发酵食品　　D. 肉制品罐头

（5）黄变米中毒的致病菌是（　　）。

A. 黄曲霉菌　　　　　　B. 致病性大肠菌　　　C. 镰刀菌　　　　　　D. 黄绿青霉毒素

2. 多选题

（1）沙门氏菌的生物学特点有（　　）。

A. 沙门氏菌不耐热，100℃立即被杀死

B. 沙门氏菌不分解蛋白质，食物污染后无感官性状改变

C. 能产生肠毒素

D. 引起中毒的食品主要是动物性食品

E. 死亡率高

（2）食物中毒的特点是（　　）。

A. 发病呈暴发性

B. 中毒病人一般具有相似的临床的表现

C. 发病与进食有关

D. 食物中毒病人对健康人没有传染性

E. 食物中毒病人对健康人有传染性

（3）细菌性食物中毒的流行病学特点是（　　）。

A. 病程短、恢复快、预后好、病死率低　　　B. 发病季节性明显

C. 引起食物中毒的主要食品是动物性食品　　D. 发病季节性不明显

E. 人与人之间有传染性

（4）由霉菌引起的食物中毒包括（　　）。

A. 赤霉病麦　　　　　　B. 霉变甘蔗　　　　　　C. 霉变谷物

D. 毒蕈中毒　　　　　　E. 以上都是

（5）细菌性食物中毒包括（　　）。

A. 沙门氏菌食物中毒　　　　　　　　B. 副溶血性弧菌食物中毒

C. 变形杆菌食物中毒　　　　　　　　D. 金黄色葡萄球菌毒素中毒

E. 毒蕈中毒

（6）沙门氏菌食物中毒临床表现分为哪几种类型？（　　）

A. 急性胃肠炎　　　B. 类伤寒型　　　C. 类霍乱型

D. 败血症型　　　　E. 天花型

（7）肉毒梭菌毒素中毒典型临床症状有（　　）。

A. 吞咽困难　　　B. 言语障碍直至失声　　　C. 瞳孔散大

D. 上眼睑下垂　　E. 复视

（8）致泻性大肠埃希氏菌包括（　　）。

A. 产肠毒素大肠埃希氏菌　　　　　　B. 肠道侵袭性大肠埃希氏菌

C. 肠道致病性大肠埃希氏菌　　　　　D. 肠道出血性大肠埃希氏菌

E. 肠集聚性黏附大肠埃希氏菌

附 录

附录1　微生物实验常见器皿介绍及清洗

一、实验室常用玻璃器皿的种类

（一）试管

微生物实验室所用的玻璃试管，根据其大小和用途不同，分为大、中、小三种型号（见附图1）。

（1）大试管　规格 18mm×180mm，可装倒平板用的培养基，也可用作制备斜面和装液体培养基用。

（2）中试管　规格（13～15）mm×（100～150）mm，装液体培养基培养细菌或做斜面用，也可用于细菌、霉菌、病毒等微生物的稀释和血清学试验。

（3）小试管　规格（10～12）mm×100mm，一般用于糖发酵或血清学试验，有时也用于一些需要节省材料的试验。

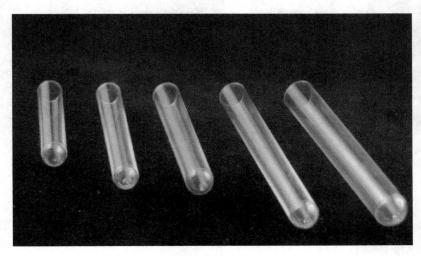

附图1　各种试管

（二）德汉氏小管

德汉氏小管（又称发酵小试管），规格 6mm×30mm，可用于观察细菌在糖发酵培养基内是否产气（见附图2）。使用时常在小试管内倒置一发酵小试管。

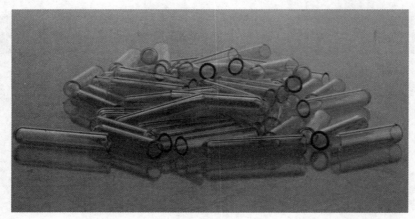

附图2　德汉氏小管

（三）塑料离心管

塑料离心管主要用于小量菌体的离心、DNA（或 RNA）分子的检测、提取等（见附图3）。

（四）玻璃吸管

微生物检验常使用 1mL、2mL、5mL、10mL 等刻度的玻璃吸管，可用来量取试剂（见附图4）。

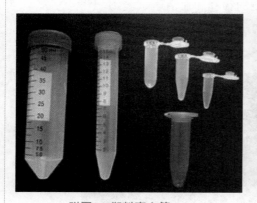

附图3　塑料离心管

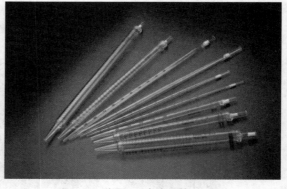

附图4　玻璃吸管

（五）培养皿

培养皿又称平皿，由一底一盖组成一套，常用的培养皿有直径 90mm 和 120mm 两种型号，可为玻璃或塑料制成，用于固体平板制作和菌种分离培养（见附图5）。

（六）锥形瓶与烧杯

锥形瓶有 100mL、250mL、500mL 和 1000mL 等不同的规格，常用来盛装无菌水、培养基和振荡培养微生物等。常用的烧杯有 50mL、100mL、250mL、500mL 和 1000mL 等，用来配制培养基与各种染液等（见附图6）。

附图5　培养皿

锥形瓶

烧杯

附图6　锥形瓶与烧杯

（七）载玻片与盖玻片

普通载玻片大小 75mm×25mm，用于微生物涂片、染色、形态观察等。如果在较厚的载玻片中央制一圆形的凹窝，就形成了凹玻片，可做悬滴观察活细菌。盖玻片一般为 18mm×18mm 的薄玻璃片，用于加盖载玻片上的菌样标本（见附图 7）。

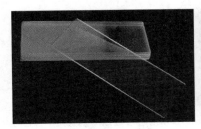

普通载玻片

凹玻片

盖玻片

附图7　载玻片与盖玻片

（八）滴瓶

用来装盛各种染色液、生理盐水等（见附图 8）。

（九）玻璃涂布棒

用涂布法在琼脂平板上分离单个菌落时需使用玻璃涂布棒。它是将玻璃棒弯曲或将玻璃棒一端烧红后压扁制成的（见附图 9）。

附图8　滴瓶

附图9　玻璃涂布棒

二、玻璃器皿的洗涤

根据实验目的、器皿的种类、所装的药品、洗涤剂的种类和沾污程度等不同，洗涤方法也有所不同。

（一）洗涤液的配制

1. 浓配方

重铬酸钾（工业用）50g，浓 H_2SO_4（工业用）1000mL。

配制方法：1000mL 工业用浓 H_2SO_4 在文火上加热，然后加入 50g 重铬酸钾溶解即可。

2. 稀配方

重铬酸钾（工业用）50g，自来水 850mL，浓 H_2SO_4（工业用）100mL。

配制方法：将重铬酸钾溶解在自来水中，慢慢加入浓硫酸，边加边搅拌，配好后，贮存于广口玻璃瓶内，盖紧塞子备用。

应用此类洗涤液时，器皿必须干燥，同时切忌把大量还原物质带入。洗涤液可多次使用，直至溶液变为绿色。

（二）新购置玻璃器皿的洗涤

新购置的玻璃器皿一般含较多游离碱，应在 2% 的盐酸或洗涤液内先浸泡数小时，浸泡后用自来水冲洗干净。洗净后的试管倒置于试管筐内，锥形瓶倒置于洗涤架上，培养皿的皿底皿盖分开，依次压皿边倒扣排列。自然晾干或 70～80℃干燥箱内烘干备用。

（三）使用过的玻璃器皿的洗涤方法

1. 试管、培养皿、锥形瓶、烧杯的洗涤

可用瓶刷或海绵沾上肥皂、洗衣粉或去污粉等洗涤剂刷洗，然后用自来水冲洗干净。洗涤后，若内壁的水均匀分布成一薄层，表示油垢完全洗净，若还挂有水珠，则需用洗涤液浸泡数小时，然后再用自来水冲洗。

盛放凡士林或石蜡的玻璃器皿，可先在 5% 苏打溶液内煮沸 2 次除去油污，再用温热肥皂水洗刷。若装有固体培养基的器皿应先将其刮去，然后洗涤。带菌的器皿在洗涤前要先浸在 2% 煤酚皂溶液或 0.25% 新洁尔灭消毒液内 24h 或煮沸 0.5h，再用上述方法洗涤。带致病菌的培养物应先灭菌，然后倒去培养物，再进行洗涤。

2. 玻璃吸管的洗涤

吸过菌液的吸管应立即投入 2% 煤酚皂溶液或 0.25% 新洁尔灭消毒液内，浸泡 24h 后方可取出冲洗。吸过血液、血清、糖溶液或染料溶液的吸管应立即投入自来水中浸泡，以免干燥后难以冲洗干净，待实验完毕，再集中冲洗。若吸管顶部塞有棉花，则冲洗前先将吸管尖端与装在水龙头上的橡皮管连接，用水将棉花冲出，然后再装入吸管自动洗涤器内冲洗，没有吸管自动洗涤器的实验室可用冲出棉花的方法多冲洗片刻，必要时可用蒸馏水冲淋。吸管的内壁如果有油垢，同样应先在洗涤液内浸泡数小时，然后再冲洗。洗净后的吸管置于搪瓷盘中晾干或 100℃ 烘箱内烘干。

3. 载玻片与盖玻片的洗涤

载玻片与盖玻片上如滴有香柏油，要先用纸擦去或浸在二甲苯内摇晃几次以溶解油垢，再在肥皂水中煮沸 5～10min，用软布擦拭后，立即用自来水冲洗，然后在低浓度洗涤液中浸泡 0.5～2h，自来水冲去洗涤液，最后用蒸馏水冲淋数次，待干后浸于 95% 乙醇中保存备用。使用时在火焰上烧去乙醇即可。若是检查过活菌的载玻片应先在 2% 煤酚皂溶液或 0.25% 新洁尔灭溶液中浸泡 24h，然后按上述洗涤、保存。

附录2　常用仪器设备的使用

一、恒温培养箱

恒温培养箱亦称培养箱，是培养微生物的主要设备。常用的是以电力作为热源的电热恒温培养箱，使用时应注意如下事项：

（1）使用电热温箱时，用前应检查其所需要的电压与所供应的电压是否一致，如不符合，则应使用变压器。

（2）初次使用时应检查温度调节器是否准确，箱内各部分的温度是否均匀一致。

（3）培养物放取时，动作要敏捷。用毕后应关好箱门，以免温度发生较大波动，影响微生物的正常生长。

（4）经常观察箱上的温度计所指示的温度是否与所设温度相符。

二、普通冰箱

在实验中普通冰箱主要为贮藏菌种、生化试剂、培养基和检验材料等之用。在实验室中，其使用方法如下：

（1）购入冰箱时，应注意冰箱所需要的电压是否与所供应者一致，如不一致，须用变压器调整，也要检查供电线路上的负荷及保险丝的种类是否符合冰箱的需要。

（2）冰箱应放置在通风阴凉的房间内。注意离墙壁要有一定的距离，利于散热。

（3）使用时应将温度调节器调节到所需的温度。通常冰箱冷藏内的温度设为3～5℃。

（4）打开冰箱取放物品时，要尽量缩短时间；过热的物品不能直接放入箱内，以免热量过多进入箱内，增加耗电量和冰箱负荷。

（5）如非无霜冰箱，箱内挥发管周围的冰层不宜过厚，以免阻碍传热。一般建议每1～2周除霜一次，这样可延长冰箱的使用年限。

（6）冰箱内应保持清洁干燥，如有霉菌生长，应先把电路关闭再进行内部清理，然后用福尔马林熏蒸消毒。

三、低温冰箱

低温冰箱主要用于保存病毒材料和病毒性疫苗等，一般可保持在 -30～-20℃的低温，再低亦可至 -80～-70℃。使用时应注意如下事项：

（1）低温冰箱宜放置于向北、阴凉、空气流通的房间内。

（2）新购入的冰箱安装时应注意冰箱所需的电压是否与所供应者一致，供电线路上的电荷及保险丝的种类是否合乎要求。

（3）在调试或停电后温度回升过高时，为了避免压缩机一次工作时间过长，应控制温度调节器，使温度逐渐下降。

（4）打开冰箱取放物品时，要尽量缩短时间，避免箱内温度波动过大。

（5）冷凝器散热片之间易受灰尘堵塞，影响冷凝效果，使用期间应定期清理。

（6）注意定期检修，建议每年维检一次。

四、离心机

微生物实验室常用离心机沉淀细菌、分离血清和其他比重不同的材料。普通离心机的转速一般为3000～4000r/min，使用方法如下：

（1）离心管装入液体之后，管内液体的平面与离心管边缘的距离应在1cm以上，并用天平配平，保证相对两管的重量相等（如材料仅一管，可用另一管装清水进行平衡）。彼此相对地插入底部放有胶皮垫的离心管金属套内，加盖离心机盖。

（2）开启电源开关，慢慢转动速度调节钮，逐步调至所需速度的刻度，维持一定时间（通常用15～20min）。

（3）离心一定时间后，将速度调节器的指针慢慢转回至零，然后关闭电源。待转子停止转动后，方可打开离心机并取出离心管。此时切勿摇动离心管，以免沉淀物再次混浊。

（4）使用过程中，如发现离心机振动或发出杂音，表示内部离心管重量不平衡；如发生金属音，则可能内部离心管破裂，两种情况均应立即停止离心，进行检查。

五、热风干燥箱

热风干燥箱亦称烘箱、干热灭菌器，常用于玻璃器皿如培养皿、吸管、试管、烧杯或金属制品等灭菌。烘箱的使用方法如下：

（1）将准备灭菌的玻璃器皿洗净、干燥，装入灭菌盒后放入烘箱内。注意避免放入过满，保证空气流通。

（2）关门，打开通气孔，接通电源加热。

（3）待烘箱内的温度达 100～105℃，关闭通气孔，继续加热（如果是鼓风干热灭菌器，当箱内温度升至 60～80℃时，可开动鼓风机 10min，以使箱内温度均匀一致），当温度到达 160～170℃时，维持 2h。

（4）切断电源，此时切勿马上打开烘箱门，以免玻璃器皿骤然遇冷而爆裂。待烘箱内的温度降至 60℃以下时才能开门，取出灭菌物品。

（5）在灭菌过程中，温度上升或下降都不能过急，否则玻璃器皿容易炸裂。

六、高压蒸汽灭菌锅

高压蒸汽灭菌锅简称高压灭菌锅，是根据沸点与压力成正比的原理设计的，使用方便，灭菌效果良好。耐高温和潮湿的物品，如玻璃器皿、培养基、药液、纱布、棉花敷料及工作服等，均可用它进行灭菌。根据要灭菌物品的不同，灭菌所需的压力和时间的长短也有差异。常用灭菌条件有 115℃灭菌 20～30min 和 121℃灭菌 15～20min 两种。具体使用方法及注意事项如下：

（1）使用前应先检查各部件是否正常，尤其是压力表和安全阀是否灵敏有效。

（2）灭菌锅中加注蒸馏水，注意水位高度。

（3）将包扎好要灭菌的物品放于灭菌锅内，盖上锅盖，对称扭紧螺旋，关闭排气阀，打开加热电源。

（4）待灭菌锅加热至压力表指针指到 0.05MPa 时，打开排气阀，进行排空气。当压力表指针到“0”时，再次关闭排气阀，使锅内温度慢慢上升。

（5）当压力上升到 0.1MPa 时，维持压力开始计时，灭菌时间 15～20min。灭菌完毕后停止加热，等待冷却至室温。

（6）冷却至室温后，再次打开排气阀，待压力平衡后，扭开螺旋，揭盖取出灭菌物品。

（7）使用完毕，如长时间不用，应将锅内余水全部放出，以免生锈。

七、流通蒸汽灭菌器

常见流通蒸汽灭菌器有阿诺氏灭菌器和柯赫氏灭菌器两种，适用于间歇灭菌。灭菌温度最高可达 100℃，适用于不耐高温高压的材料，如明胶和含牛奶、糖类的培养基等。

使用时先向灭菌器内加水，水量以不掩盖隔板为度。将欲灭菌的物品放入灭菌器内，关闭器门，在器底加热直至产生蒸汽，维持 30～60min 后，关闭热源，打开器门稍冷却后取出灭菌物品。因在普通压力下蒸汽温度不会超过 100℃，只能杀死细菌的营养体，即取出灭菌物品冷却后，放置室温内培养使尚存的芽孢发芽，第二日再灭菌，连续重复三次，即达到完全灭菌的目的。

八、细菌过滤器

细菌过滤器又称除菌器。常用以去除糖液、血清、某些药物等不耐热液体中的细菌以及分离细菌与病毒、细菌与毒素等。细菌过滤器的种类较多，一般实验室常用赛氏滤器、玻璃滤器和针筒式细菌过滤器等。

（一）赛氏滤器

由金属制成，中间夹石棉滤板，按滤孔大小分为 K 型（粗），可作澄清用；EK 型（细），能阻止细菌通过。使用前，先将石棉板光面向下夹于金属中间，扭紧螺丝，与滤瓶分别包装，121℃灭菌 20～30min。使用时，按无菌操作要求将滤器与滤瓶组装完整，使滤瓶的侧管与抽气机的抽气橡皮管相连（中间可安装压力计及缓冲瓶）。向滤器漏斗倒入被滤液体，开动抽气机，使滤瓶压力渐减，滤液流入滤瓶内。滤毕，关闭抽气机。然后先将抽气机橡皮管从滤瓶侧管处拔下，再拔开滤瓶的橡皮塞，迅速以无菌操作手法将瓶内滤液移入灭菌玻璃瓶内。若滤瓶中装有试管，则将盛有滤液的试管取出加塞即可。装置见附图 10。

附图10　赛氏滤器

（二）玻璃滤器

玻璃滤器全由玻璃制成，孔径大小有 0.15～250μm 不等，分为 G1、G2、G3、G4、G5、G6 等六种规格，后两种均能阻止细菌通过。使用前应放入热稀硫酸（其中加少许硝酸钠）浸泡 24h，取出后通入蒸馏水冲洗，然后再通入氢氧化钠溶液冲洗，直至滤液呈中性。最后再通入二重蒸馏水 2～3 次，晾干后与滤瓶分别包装，干热灭菌。使用方法与赛氏滤器相同。装置见附图 11。

附图11　玻璃滤器

附图12　针筒式细菌过滤器

（三）针筒式细菌过滤器

针筒式细菌过滤器一般用于少量较稀的液体。其滤膜孔径小于 0.22μm，可以过滤细菌，但不能过滤病毒。使用时只需按照无菌操作要求，将吸有待滤液体的注射器上安装过滤器并稍用气推行注射器，收集滤液即可。装置见附图12。

九、超净工作台

超净工作台是保证微生物无菌操作的最主要设备之一（见附图13），具有操作方便舒适、工作效率高、预备时间短等特点。

附图13　超净工作台

（一）操作方法及注意事项

（1）使用超净工作台时，应提前约1h做开机准备。开启紫外杀菌灯持续30min，杀灭操作区内表面积累的微生物，然后关闭紫外灯（注意此时不可打开可见光源），启动风机保持暗环境20～30min后即可打开可见光源进行操作使用。

（2）对新安装的或长期未使用的工作台，使用前必须对工作台和周围环境先用超净真空吸尘器或用不产生纤维的工具进行清洁工作，再采用药物灭菌法或紫外线灭菌法进行灭菌处理。

（3）操作区内不允许存放不必要的物品，保持工作区的洁净气流不受干扰。

（4）操作区内尽量避免做明显扰乱气流的动作。

（5）操作区域的使用温度不得超过60℃。

（二）维护方法

（1）根据环境的洁净程度，可定期（一般2～3个月）将粗滤布（涤纶无纺布）拆下清洗或给予更换。

（2）定期（一般为一周）对环境周围进行灭菌工作，同时经常用纱布蘸酒精或丙酮等有机溶剂将紫外线杀菌灯表面擦拭干净，保持表面清洁，以免影响杀菌效果。

（3）当加大风机电压也不能使风速达到0.32m/s时，必须更换高效空气过滤器。

（4）更换过滤器时，可打开顶盖，更换时应注意过滤器上的箭头标志，箭头指向即为空气流向。

（5）更换高效过滤器后，应用尘埃粒子计数器检查四周边框密封是否良好，调节风机电压，使操作区平均风速保持在0.32～0.48m/s范围内，再用尘埃粒子计数器检查洁净度。

附录3　微生物检验常用染色法

个体微小是微生物最主要的特征之一。要想观察微生物，必须先对其染色，在显微镜下才能清楚地观察到微生物的形态、结构等特征。常用的染色方法如下：

（一）美蓝染色法

1. 吕氏碱性美蓝染色液

美蓝（亚甲基蓝）	0.3g
95% 乙醇	30mL
0.01% 氢氧化钾溶液	100mL

将美蓝溶解于乙醇中，然后于氢氧化钾溶液混合。

2. 染色法

将涂片在火焰上固定，待冷却后滴加美蓝染液，染 1～3min，水洗，待干，镜检。

3. 结果

菌体呈蓝色。

（二）革兰氏染色法

1. 染色液

（1）结晶紫染色液

结晶紫	1g
95% 乙醇	20mL
1% 草酸铵水溶液	80mL

将结晶紫溶解于乙醇中，然后与草酸铵溶液混合。

（2）卢哥氏碘液

碘	1g
碘化钾	2g
蒸馏水	300mL

将碘与碘化钾先进行混合，加入蒸馏水少许，充分振摇，待完全溶解后，在加蒸馏水至 300mL。

（3）沙黄复染液

沙黄	0.25g
95% 乙醇	10mL
蒸馏水	90mL

将沙黄溶解于乙醇中，然后用蒸馏水稀释。

2. 染色法

① 将涂片在火焰上固定，滴加结晶紫染色液，染 1min，水洗。

② 滴加革兰氏碘液，作用 1min，水洗。

③ 滴加 95% 乙醇脱色，约 30s；或将乙醇滴满整个涂片，立即倾去，再用乙醇滴满整个涂片，脱色 10s。

④ 水洗，滴加复染液，复染 1min，水洗，待干，镜检。

3. 结果

革兰氏阳性菌呈紫色，革兰氏阴性菌呈红色。

（三）耐酸性染色法

1. 染色液

（1）石炭酸品红染色液

碱性品红	0.3g
95% 乙醇	10mL
5% 苯酚水溶液	90mL

将品红溶解于乙醇中，然后与苯酚溶液混合。

（2）3% 盐酸 - 乙醇

浓盐酸	3mL
95% 乙醇	97mL

（3）复染液（吕氏碱性美蓝染色液）

美蓝	0.3g
95% 乙醇	30mL
0.01% 氢氧化钾溶液	100mL

将美蓝溶解于乙醇中，然后与氢氧化钾溶液混合。

2. 染色法

① 将涂片在火焰上固定，滴加石炭酸品红染色液，徐徐加热至有蒸汽出现，但切不可使沸腾。染液因蒸发减少时，应随时添加。染色持续 5min，倾去染液，水洗。

② 滴加盐酸 - 乙醇脱色，直至无红色脱落为止（所需时间视涂片厚薄而定，一般为 1~3min），水洗。

③ 加吕氏碱性美蓝染色液，复染 30~60s，水洗，待干，镜检。

3. 结果

耐酸性细菌呈红色，其他细菌、细胞等呈蓝色。

（四）柯氏染色法

1. 染色液

（1）0.5% 沙黄染色液

沙黄（番红）	0.5g
95% 乙醇	10mL
蒸馏水	90mL

将番红溶解于乙醇中，然后用蒸馏水稀释。

（2）0.5% 孔雀绿染色液

孔雀绿	0.5g
蒸馏水	100mL

将孔雀绿溶于蒸馏水中。

2. 染色法

① 将涂片在火焰上固定，滴加 0.5% 沙黄液，并加热至出现气泡，约 2~3min，水洗。

② 滴加 0.5% 孔雀绿液，复染 40~50s，水洗，待干，镜检

3. 结果

布氏杆菌呈红色，其他细菌及细胞呈绿色。

（五）奥尔特氏荚膜染色法

1. 染色液

沙黄（番红）	3g

蒸馏水　　　　　　　　　　　　　　　　100mL

用乳钵研磨溶解。

2. 染色法

将涂片在火焰上固定，滴加染色液，并加热至产生蒸汽后，继续染3min，水洗，待干，镜检。

3. 结果

菌体呈赤褐色，荚膜呈黄色。

（六）瑞氏染色法

1. 染色液

瑞氏色素　　　　　　　　　　　　0.1g

甲醇　　　　　　　　　　　　　　60mL

用乳钵研磨溶解。

2. 染色法

① 待涂片自然干燥后，滴加染色液，固定1min。

② 加入等量蒸馏水（pH6.5），染色3～5min。

③ 用蒸馏水冲洗，待干，镜检。

3. 结果

细菌染成蓝色，细胞核紫色。

（七）鞭毛染色法

1. 染色液

（1）甲液

单宁酸　　　　　　　　　　　　　　　5g

氯化三铁　　　　　　　　　　　　　　1.5g

蒸馏水　　　　　　　　　　　　　　　100mL

将丹宁酸和氯化三铁溶于蒸馏水中，待溶解后加入1%氢氧化钠溶液1mL和15%甲醛溶液2mL。

（2）乙液

硝酸银　　　　　　　　　　　　　　　2g

蒸馏水　　　　　　　　　　　　　　　100mL

将硝酸银溶于蒸馏水中。

在90mL乙液中滴加浓氢氧化铵溶液，到出现沉淀后，继续滴加使其变为澄清，然后用其余10mL乙液小心滴加至澄清液中，至出现轻微雾状为止（此为关键性操作，应特别小心）。滴加氢氧化铵和用剩余乙液回滴时，要边滴边充分摇荡，染液当天配当天使用，2～3d后基本无效。

2. 染色法

在风干的载玻片上滴加甲液，4～6min后，用蒸馏水轻轻冲净，再加乙液，缓缓加热至冒汽，维持约半分钟（加热时注意勿出现干燥面），在菌体多的部位可呈深褐色到黑色，停止加热，水洗，待干，镜检。

3. 结果

菌体呈深褐色，鞭毛呈浅褐色。

（八）芽孢染色法

1. 染色液的配制

（1）5% 孔雀绿染色液

孔雀绿	5g
蒸馏水	100mL

将孔雀绿溶于蒸馏水中。

（2）0.5% 番红染色液

番红（沙黄）	0.5g
95% 乙醇	10mL
蒸馏水	90mL

将番红溶解于乙醇中，然后用蒸馏水稀释。

2. 染色法

① 将涂片在火焰上固定，滴加孔雀绿染液染色液，徐徐加热至有蒸汽出现，但切不可沸腾。染液因蒸发减少时，应随时添加。染色持续 5min，倾去染液，水洗。

② 滴加番红染色液复染 2～3min，水洗，待干，镜检。

3. 结果

菌体呈红色，芽孢呈绿色。

参考答案

项目一

1.（1）D （2）D （3）C

2.（1）× （2）√ （3）× （4）×

3.（1）巴斯德　科赫　　（2）细胞型　非细胞型

（3）个体微小，比表面积大　生长旺盛，繁殖迅速　吸收力强，代谢多样　适应性强，容易变异　种类繁多，分布广泛

（4）史前时期　启蒙时期　形成时期　发展成熟时期

4.（1）要点：微生物与人类既是朋友又是敌人。利用微生物进行生产，为人类造福；污染、疾病对人类造成伤害。

（2）要点：主要类型有细菌（包括真细菌、古细菌、蓝细菌）、真菌（酵母菌、霉菌）、放线菌、支原体、衣原体、立克次氏体、螺旋体和病毒（包括真病毒和亚病毒）。

项目二

1.（1）C （2）C （3）D （4）A （5）C （6）B （7）C （8）B （9）B
（10）C （11）C （12）D （13）C （14）C （15）C （16）B （17）C
（18）B （19）C （20）A

2.（1）× （2）× （3）× （4）× （5）× （6）× （7）× （8）√ （9）×
（10）× （11）√ （12）× （13）× （14）× （15）× （16）× （17）×
（18）√ （19）× （20）×

项目三

1.（1）营养：微生物吸收利用营养物质以获得能量和合成细胞物质的过程称为营养。

（2）碳源：凡能供给微生物碳素来源的各种含碳化合物称为碳源。

（3）生长因子：指那些微生物生长所必需而且需要量很小，但微生物自身不能合成或合成量不足以满足机体生长需要的有机化合物，一般包括维生素、氨基酸、嘌呤、嘧啶等。

2.（1）D （2）B （3）C

3.（1）× （2）× （3）√

4.（1）光能　二氧化碳　（2）运动性

（3）主动运输　基团移位

项目四

1.（1）巴氏消毒法，又称低温消毒法，一般在 62℃ 30min 或 72℃ 15min；用于牛奶、啤酒、果酒、酱油等不能进行高温灭菌的液体。该法是一种利用较低的温度既

可杀死病菌又能保持物品中营养物质风味不变的消毒法。

（2）间歇灭菌法利用反复多次的流通蒸汽加热，杀灭所有微生物，包括芽孢。适用于不耐高热的含糖或牛奶的培养基。

2.（1）B　（2）A　（3）D　（4）D　（5）A　（6）C　（7）A

3.（1）×　（2）×　（3）×　（4）×　（5）√

4.（1）下降　（2）2～3

5.（1）因为无水乙醇能使菌体表面蛋白质迅速凝固，形成保护层，阻碍乙醇向细胞内部渗入，影响杀菌效果。而75%乙醇能迅速通过细胞膜，溶解膜中脂类，同时使菌体蛋白质凝固、变性，杀菌力强。

（2）高压蒸汽灭菌时形成的水蒸气为热的传导提供了良好条件，而其中最重要的是使冷空气从灭菌器中顺利排出。因为冷空气导热性差，阻碍蒸汽接触欲灭菌物品，并且还可降低蒸汽分压使之不能达到应有的灭菌温度。另外，热空气的穿透力也比热蒸汽要差。因此，空气排除度小不利于杀菌。

项目五

1.（1）在微生物的生长过程中，由于变异的存在，使原有的优良性状发生负变，即菌种的退化。

（2）平板划线分离法，是指把杂菌样品通过在平板表面划线稀释而获得单菌落的方法。

2.（1）A　（2）B　（3）D

3.（1）√　（2）√　（3）×

4.（1）C　D　（2）斜面低温保藏法

5.（1）平板冷凝后，皿盖上会凝结水珠，凝固后的培养基表面的湿度也比较高，将平板倒置，既可以使培养基表面的水分更好地挥发，又可以防止皿盖上的水珠落入培养基，造成污染。

（2）为了长期保持菌种的优良特性，核心问题是必须降低菌种变异率，而菌种的变异主要发生于微生物旺盛生长、繁殖过程，因此必须创造一种环境，使微生物处于新陈代谢最低水平，生长繁殖不活泼状态。为达预期效果：①从微生物本身来讲，要挑选典型菌种的优良纯种，最好采用它们的休眠体（如分生孢子、芽孢等），如有孢子或芽孢的微生物，要在它们生出孢子或芽孢后再进行保藏；②从环境条件来讲，要创造一个适合其长期休眠的环境条件，诸如低温、干燥、缺氧、避光、缺乏营养以及添加保护剂或酸度中和剂等。大多数菌种保藏的方法都是根据这些因素或其中部分因素而设计的。

项目六

1.（1）B　（2）A　（3）B　（4）D　（5）A　（6）A　（7）D　（8）A　（9）D

2.（1）×　（2）×　（3）√　（4）×　（5）×　（6）√　（7）√　（8）√

项目七

1.（1）食品的腐败变质：在以微生物为主的各种因素的作用下，食品降低或失去食用价值的一切变化。

（2）食品微生物污染：食品在加工、运输、贮藏、销售过程中被微生物及其毒素污染。食品微生物的污染主要包括细菌及细菌毒素污染和霉菌及霉菌毒素污染。

2.（1）D （2）B （3）B （4）D

3.（1）√ （2）√ （3）√ （4）×

4.（1）混浊　产生酒精　有机酸的变化　（2）土壤　空气　水　人和动物携带

（3）苯甲酸及其盐类　山梨酸及其盐类　丙酸　SO_2和亚硫酸盐

5.（1）食品受到外界有害因素污染后，原有色、香、味和营养成分发生从量变到质变的变化，使其质量降低或完全不能食用，这个过程称为食品腐败变质。其本质是食品中蛋白质、糖类、脂肪等营养成分的分解变化产生有害物质的过程。食品腐败变质，取决于食品基质条件和外界环境条件。食品基质条件主要是食品的营养成分、pH、水分活度；外界环境条件主要指环境温度、气体状况等。

（2）为了防止食品腐败变质及延长食品货架期，可对食品采取各种加工处理措施，包括低温保藏、加热灭菌保藏、脱水保藏、提高渗透压保藏、化学防腐剂保藏、辐照保藏等。

项目八

1.（1）D （2）C （3）A （4）B （5）B （6）A （7）D

2.（1）√ （2）√ （3）× （4）√ （5）√ （6）× （7）√

项目九

1.（1）A （2）A （3）B （4）C （5）C （该题为拓展题目）

2.（1）× （2）× （3）× （4）√ （5）× （6）×

项目十

1.（1）D （2）B （3）C （4）D （5）D

2.（1）ABD （2）ABCD （3）ABC （4）ABC （5）ABCD （6）ABCD （7）ABCDE （8）ABCDE

参考文献

[1] 中华人民共和国国家标准，食品安全国家标准，食品微生物学检验.北京：中国标准出版社，2016.

[2] 周德庆.微生物学教程.3版.北京：高等教育出版社，2011.

[3] 车振明.工科微生物学教程.成都：西南交通大学出版社，2007.

[4] 李志香，张家园.微生物学及其技能训练.北京：中国轻工业出版社，2017.

[5] 雅梅.食品微生物检验技术.北京：化学工业出版社，2012.

[6] 李自刚，李鸣晓.生物检验技术.北京：中国轻工业出版社，2016.

[7] 张敬慧.酿酒微生物.北京：中国轻工业出版社，2015.

[8] 黄亚东，时小艳.微生物实验技术.北京：中国轻工业出版社，2013.

[9] 苏世颜.食品微生物检验手册.北京：中国轻工业出版社，1998.

[10] 吴爱武.临床微生物学与检验实验指导.3版.北京：人民卫生出版社，2007.

[11] 沈萍.微生物学.北京：高等教育出版社，2000.

[12] 吴晓彤.食品检测技术.北京：化学工业出版社，2008.

[13] 王一凡.食品检验综合技能实训.北京：化学工业出版社，2009.

[14] 陈红霞，李翠华.食品微生物学及实验技术.北京：化学工业出版社，2010.

[15] 郝涤非，雷琼.食品微生物学.北京：中国计量出版社，2010.

[16] 何国庆，贾英民.食品微生物学.北京：中国农业大学出版社，2002.

[17] 沈萍，陈向东.微生物学实验.4版.北京：高等教育出版社，2007.

[18] 刘春兰.药学微生物.3版.北京：化学工业出版社，2021.

[19] 张炳烛，孙祎敏.工业微生物及育种技术.3版.北京：化学工业出版社，2021.